北京理工大学"双一流"建设精品出版工程

Fundamentals of Solid Propellant Rocket Motor

固体火箭发动机原理

李军伟　魏志军　隋欣 ◎ 编著

北京理工大学出版社
BEIJING INSTITUTE OF TECHNOLOGY PRESS

内 容 简 介

本书讲述了固体火箭发动机的工作原理、物理现象以及发动机的热力计算和工作性能分析的方法。全书分为8章，主要内容包括绪论、固体火箭发动机的工作原理、火箭发动机的主要性能参数、固体推进剂、固体火箭发动机燃烧室热力计算、固体火箭发动机中的流动过程、固体火箭发动机中的燃烧和固体火箭发动机内弹道学。本书融合了作者多年的教学经验和最新科研成果，内容结构完整、逻辑脉络清晰、详略得当、重点突出、深入浅出，兼具理论深度和工程应用价值。

本书可作为高等学校"飞行器动力工程"本科生和"航空宇航推进理论与工程"研究生的学习教材，也可作为相关学科研究和工程设计人员的参考书。

版权专有　侵权必究

图书在版编目（CIP）数据

固体火箭发动机原理 / 李军伟，魏志军，隋欣编著.
-- 北京 ： 北京理工大学出版社，2023.2
ISBN 978-7-5763-2488-4

Ⅰ．①固… Ⅱ．①李… ②魏… ③隋… Ⅲ．①固体推进剂火箭发动机–高等学校–教材 Ⅳ．①V435

中国国家版本馆 CIP 数据核字（2023）第 111957 号

责任编辑：陈莉华　　**文案编辑**：陈莉华
责任校对：周瑞红　　**责任印制**：李志强

出版发行 / 北京理工大学出版社有限责任公司
社　　址 / 北京市丰台区四合庄路6号
邮　　编 / 100070
电　　话 / （010）68944439（学术售后服务热线）
网　　址 / http://www.bitpress.com.cn

版印次 / 2023年2月第1版第1次印刷
印　刷 / 保定市中画美凯印刷有限公司
开　本 / 787 mm×1092 mm　1/16
印　张 / 23.25
字　数 / 546千字
定　价 / 68.00元

图书出现印装质量问题，请拨打售后服务热线，负责调换

前言

航空航天产业是国家综合国力的集中体现和重要标志，是事关国家安全和发展全局的战略性领域。近年来航空航天领域的发展受到国家高度重视，同时也取得了重大进步。在国家第十四个五年规划中，也对航空航天产业的发展提出了新的要求和目标。固体火箭发动机以其结构简单、使用方便、工作可靠性高、质量比高、能长期保持在战备状态等特点，被应用于多种战略导弹以及航天运载器中。因此有必要深入研究固体火箭发动机，以根据需要对其进行设计和优化。

本书基于"工程热力学""空气动力学""大学化学"等专业基础课的知识，阐述了固体火箭发动机的工作原理、物理现象以及发动机的热力计算和工作性能分析的方法。

全书分为8章，第1章绪论，介绍了固体火箭发动机的发展历程和趋势；第2章固体火箭发动机的工作原理，解释了固体火箭发动机的基本组成和原理，使读者对其有基本的了解；第3章火箭发动机的主要性能参数，为后续章节的理论分析打下基础；第4章固体推进剂，介绍了固体推进剂的组成和分类以及选用原则；第5章固体火箭发动机燃烧室热力计算和第6章固体火箭发动机中的流动过程，分别对发动机的燃烧室和喷管中的工作过程进行了理论分析，并详细讲述了分析方法和计算流程；第7章固体火箭发动机中的燃烧，介绍了发动机中的燃烧相关内容，其中包括推进剂燃烧模型、燃速特性以及不稳定燃烧现象；第8章固体火箭发动机内弹道学，介绍了固体火箭发动机内弹道学相关内容，即燃烧室内压强的变化规律。

本书既可以作为高等院校本科学生的教科书，也可以供航空宇航推进理论与工程相关专业研究生和工程技术人员参考。本书以介绍相对成熟的理论和方法为主，力求体现近年来的技术发展和相关科研领域的新水平。

本书由北京理工大学喷气推进实验室的老师编写，李军伟编写了第1、第5～8章，魏志军编写了第2和第3章，隋欣编写了第4章。编著过程中参阅了大量中外文献资料，对所参考的资料的作者，以及参与编写工作的教师及学生，在此一并表示感谢。

限于作者的水平和经验，本书存在错误和不足在所难免，恳请同行、专家和读者批评、指正。

作　者
2022年7月

目 录
CONTENTS

第1章 绪论 ·· 001
  1.1 航空航天推进概述 ··· 001
  1.2 固体火箭发动机发展简史 ··· 004
  1.3 固体火箭发动机的特点 ·· 005
  1.4 固体火箭发动机的应用领域和发展现状 ·· 007
  1.5 固体火箭发动机的推力输出 ··· 008
  1.6 固体火箭发动机的推力调节 ··· 009

第2章 固体火箭发动机的工作原理 ··· 012
  2.1 固体火箭发动机的工作原理和基本组成 ·· 012
  2.2 理想固体火箭发动机 ··· 016
  2.3 固体火箭发动机的热力循环 ··· 017
  2.4 燃烧室内的能量转换 ··· 021
  2.5 喷管理论及基本关系式 ·· 025

第3章 火箭发动机的主要性能参数 ··· 043
  3.1 推力 ·· 043
  3.2 推力系数 ··· 049
  3.3 有效排气速度 ··· 056
  3.4 特征速度 ··· 057
  3.5 总冲 ·· 058
  3.6 比冲 ·· 060
  3.7 其他参数及参数间的相互关系 ·· 065
  3.8 效率与品质系数 ·· 068
  3.9 发动机性能对火箭飞行器性能的影响 ··· 071

第4章 固体推进剂 ·· 075
  4.1 固体推进剂的发展历程 ·· 075
  4.2 固体推进剂的基本组成 ·· 077
    4.2.1 氧化剂 ··· 077
    4.2.2 黏合剂 ··· 079

4.2.3 增塑剂 ………………………………………………………………… 080
4.2.4 高能燃烧剂 ……………………………………………………………… 080
4.2.5 溶剂、固化剂、交联剂、偶联剂 ……………………………………… 081
4.2.6 燃速调节剂 ……………………………………………………………… 081
4.2.7 其他添加剂 ……………………………………………………………… 081
4.3 固体推进剂的分类 …………………………………………………………… 082
4.3.1 双基推进剂 ……………………………………………………………… 082
4.3.2 复合推进剂 ……………………………………………………………… 083
4.3.3 改性双基推进剂 ………………………………………………………… 085
4.3.4 高能推进剂 NEPE ……………………………………………………… 085
4.3.5 其他推进剂类别 ………………………………………………………… 086
4.4 固体推进剂的选用原则 ……………………………………………………… 087
4.5 衬层、绝热层、包覆层 ……………………………………………………… 091

第 5 章 固体火箭发动机燃烧室热力计算

5.1 热力计算的理论基础 ………………………………………………………… 093
5.1.1 热力计算的任务 ………………………………………………………… 093
5.1.2 热力计算的内容 ………………………………………………………… 093
5.1.3 推进剂的总焓 …………………………………………………………… 094
5.1.4 假定化学式的计算 ……………………………………………………… 095
5.2 燃烧室热力计算的理论模型 ………………………………………………… 098
5.2.1 质量守恒方程 …………………………………………………………… 099
5.2.2 化学平衡方程 …………………………………………………………… 099
5.2.3 能量守恒方程和热力计算的一般步骤 ………………………………… 109
5.3 计算燃气组分的平衡常数法 ………………………………………………… 111
5.4 计算平衡组分的最小吉布斯自由能法 ……………………………………… 115
5.4.1 目标函数的建立 ………………………………………………………… 115
5.4.2 条件极值的拉格朗日乘数法求解 ……………………………………… 117
5.4.3 方程组的线性化及求解 ………………………………………………… 121
5.4.4 过程梳理和总结 ………………………………………………………… 124
5.4.5 迭代计算 ………………………………………………………………… 125
5.5 绝热燃烧温度和燃烧产物热力学特性计算 ………………………………… 125
5.6 特征速度和燃烧室性能损失 ………………………………………………… 132

第 6 章 固体火箭发动机中的流动过程

6.1 喷管流动过程分析 …………………………………………………………… 134
6.1.1 喷管流动过程中的化学平衡问题 ……………………………………… 134
6.1.2 喷管流动过程中燃气内能平衡问题 …………………………………… 136
6.1.3 喷管中的两相流动理论 ………………………………………………… 136
6.2 喷管流动过程热力计算模型 ………………………………………………… 152

- 6.2.1 计算内容及已知条件 ······ 152
- 6.2.2 热力计算模型 ······ 152
- 6.2.3 典型的流动计算 ······ 153
- 6.3 发动机理论性能参数计算 ······ 154
  - 6.3.1 发动机理论性能参数计算 ······ 154
  - 6.3.2 发动机理论性能参数的影响因素分析 ······ 155
  - 6.3.3 喷管流动状态的影响 ······ 156
- 6.4 喷管中实际流动过程与损失 ······ 158
  - 6.4.1 喷管的实际流动过程与损失 ······ 158
  - 6.4.2 喷管非轴向损失 ······ 159
  - 6.4.3 喷管两相流损失 ······ 162
  - 6.4.4 喷管附面层损失 ······ 164
  - 6.4.5 其他损失 ······ 165
  - 6.4.6 SPP 程序介绍 ······ 166
- 6.5 火箭发动机中的传热 ······ 168
  - 6.5.1 喷管中对流换热热流密度计算 ······ 168
  - 6.5.2 喷管中辐射热流密度计算 ······ 170
  - 6.5.3 燃气向壁面的散热率 ······ 171
- 6.6 长尾管内的流动 ······ 171

第 7 章 固体火箭发动机中的燃烧 ······ 175

- 7.1 概述 ······ 175
  - 7.1.1 对燃烧过程的要求 ······ 175
  - 7.1.2 燃速 ······ 176
  - 7.1.3 装药燃面变化规律 ······ 178
- 7.2 双基推进剂的燃烧过程 ······ 181
- 7.3 过氯酸铵（AP）复合推进剂的燃烧过程 ······ 185
  - 7.3.1 概述 ······ 185
  - 7.3.2 BDP 多火焰模型 ······ 187
  - 7.3.3 压强对 AP 推进剂燃烧过程的影响 ······ 189
  - 7.3.4 AP 颗粒尺寸对推进剂燃速的影响 ······ 190
  - 7.3.5 铝粒的燃烧 ······ 191
- 7.4 改性双基推进剂燃烧过程 ······ 193
- 7.5 固体推进剂燃速与压强的关系 ······ 194
  - 7.5.1 推进剂燃速的测量方法 ······ 194
  - 7.5.2 双基推进剂的燃速特性 ······ 198
  - 7.5.3 复合推进剂燃速与压强的关系（萨默菲尔德燃速公式）······ 199
- 7.6 燃速与推进剂初温的关系 ······ 200
- 7.7 侵蚀燃烧 ······ 201

- 7.8 其他工作条件对燃速的影响 ········ 206
  - 7.8.1 燃速与加速度的关系 ········ 206
  - 7.8.2 压强变化率对燃速的影响 ········ 209
  - 7.8.3 其他影响因素 ········ 210
- 7.9 燃速的调节与控制 ········ 211
- 7.10 固体火箭发动机不稳定燃烧 ········ 213
  - 7.10.1 不稳定燃烧现象 ········ 214
  - 7.10.2 不稳定燃烧的分类 ········ 215
  - 7.10.3 声不稳定燃烧的基本机理 ········ 218
  - 7.10.4 不稳定燃烧的影响因素 ········ 220
  - 7.10.5 线性稳定性理论 ········ 223
  - 7.10.6 压强耦合响应函数 ········ 224
  - 7.10.7 抑制和预防燃烧不稳定的措施 ········ 227
  - 7.10.8 低频不稳定燃烧 ········ 228

第8章 固体火箭发动机内弹道学

- 8.1 概述 ········ 230
  - 8.1.1 内弹道学的含义 ········ 230
  - 8.1.2 燃烧室压强计算的意义 ········ 231
  - 8.1.3 固体火箭发动机内弹道计算的任务 ········ 231
- 8.2 零维内弹道学及等燃面装药发动机工作压强计算 ········ 232
  - 8.2.1 零维内弹道问题和一维内弹道问题概述 ········ 232
  - 8.2.2 零维内弹道学基本方程 ········ 233
  - 8.2.3 等燃面装药发动机工作压强计算 ········ 235
  - 8.2.4 燃烧室压强稳定性 ········ 240
  - 8.2.5 高压下的燃烧室压强计算 ········ 242
- 8.3 零维变燃面发动机工作压强计算 ········ 243
  - 8.3.1 基本方程的变换 ········ 243
  - 8.3.2 零维变燃面装药发动机工作段压强计算 ········ 244
- 8.4 零维两相流内弹道计算 ········ 246
  - 8.4.1 基本方程 ········ 246
  - 8.4.2 零维两相内弹道中的两相特性参数 ········ 248
  - 8.4.3 零维两相内弹道的平衡压强 ········ 249
  - 8.4.4 零维两相内弹道的计算与分析 ········ 250
- 8.5 固体火箭发动机点火过程及压强上升段的计算 ········ 252
  - 8.5.1 点火器 ········ 252
  - 8.5.2 固体火箭发动机点火过程 ········ 254
  - 8.5.3 点火启动段压强建立过程的工程计算 ········ 255
  - 8.5.4 压强建立过程中瞬变压强的变化特征 ········ 256

8.6 固体火箭发动机熄火过程及压强下降段的计算 ················· 257
　8.6.1 熄火过程概述 ··· 257
　8.6.2 压强下降段的计算 ··· 258
8.7 一维侧面燃烧装药发动机内弹道学 ·································· 261
　8.7.1 侧面燃烧装药通道中燃气流动与燃烧的特点 ····················· 262
　8.7.2 一维侧面燃烧装药发动机内弹道计算的基本方程 ················ 262
　8.7.3 一维非定常基本方程组简化为准定常方程组的条件 ·············· 265
　8.7.4 绝能流动条件下的一维准定常控制方程组 ························ 265
8.8 一维等截面通道装药发动机内弹道学 ······························ 266
　8.8.1 基本假设 ··· 266
　8.8.2 燃气参数与速度系数 λ 的关系 ·· 268
　8.8.3 速度系数 λ 与通道计算截面位置 x 的关系 ······························· 269
　8.8.4 燃气流动参数与截面位置的关系 ··································· 271
8.9 一维侧面燃烧装药固体火箭发动机内弹道数值计算 ··············· 272
　8.9.1 控制方程的化简及数值求解 ·· 272
　8.9.2 头部压强的预估-校正计算方法 ···································· 274
　8.9.3 燃烧修正下的时间推进 ··· 275
8.10 横向飞行过载下固体火箭发动机内弹道计算方法 ················ 277
　8.10.1 横向过载下丁羟三组元推进剂燃速模型 ·························· 277
　8.10.2 横向过载下二维内孔装药燃面退移模型 ·························· 279
　8.10.3 横向过载下发动机零维内弹道计算模型 ·························· 282
　8.10.4 横向过载下发动机零维内弹道计算算例 ·························· 283
8.11 针栓式变推力固体火箭发动机内弹道计算方法 ··················· 286
　8.11.1 等效喉部面积计算方法 ·· 286
　8.11.2 针栓发动机动态响应模型 ··· 288
　8.11.3 计算案例 ·· 288
8.12 旋转阀固体火箭发动机内弹道计算方法 ··························· 289
　8.12.1 旋转阀介绍 ··· 289
　8.12.2 旋转阀次级排气求解模型 ··· 291
　8.12.3 旋转阀内弹道计算方法及结果 ···································· 295
8.13 固体火箭发动机内弹道异常典型现象分析 ························ 297

附录 ·· 301
附录1 化学平衡常数表 ·· 322
附录2 某些物质的标准生成焓 H_f^{298} ··· 325
附录3 某些燃烧产物的总焓 ··· 327
附录4 某些燃烧产物的定压比热容 ··· 333
附录5 某些燃烧产物在一个物理大气压下的熵 S_i^0 ························ 339
附录6 绝热指数 k 的函数表 ··· 345

附录7　$\left(\dfrac{p_c}{p_e}\right)^{\frac{1}{k}}$ 值 ··· 346

附录8　常用气体分子的碰撞直径 σ 及 ε/k_0 ··· 348

附录9　确定分子碰撞直径 σ 及 ε/k_0 的近似方法 ································· 350

附录10　碰撞积分 Ω_μ 中的值 ·· 351

附录11　主要符号 ·· 351

参考文献 ·· 359

第 1 章
绪　　论

1.1　航空航天推进概述

航空航天推进系统是推动飞机或者推动火箭前进的装置。因此，航空航天推进系统主要是指相关的航空发动机和火箭发动机，但并不限于这两类发动机。

首先，举两个最新的研究成果，一个是微型电动飞行器，如图 1-1（a）所示。哈佛大学微机器人实验室的研究人员研发了模拟昆虫的飞行机器人，它是一个微型的飞行器，主体由碳纤维制成，仅重 106 mg，可以轻易地绕过人们的视线，进入重要部位进行侦察，而且不容易被发现，同时还有传感器，能够测探气体成分或者其他信息。这一小巧机器人是以蜻蜓为原型制作的，两侧的翅膀还可以迅速摆动实现稳定飞行。这一如苍蝇般大小的飞行器有一对通过导电的"肌肉"来供应能量的"翅膀"，因此，能够像自然界随处可见的昆虫那样进行各种敏捷的回旋"飞舞"，这个翅膀就是它的推进装置。另一个例子是加州大学提出的医用氢动力火箭，如图 1-1（b）所示，这个微型火箭可以口服进入人的体内，然后利用这个微型火箭把药物直接推送到患病部位。这个火箭的长度只有 10 μm，管状结构，内部包裹了一层金属锌，遇到人体肠胃中的胃酸会发生化学反应，释放出氢气，氢气在人体肠胃内会形成氢气泡，推动火箭前进。这个火箭的最大速度可以达到 1 000 μm/s。另外，为了控制这个火箭的轨迹，在这个微型火箭外部包裹了磁性材料，通过控制外部磁场来控制火箭的方向和启停。这两个例子是推进装置应用的最新研究成果。

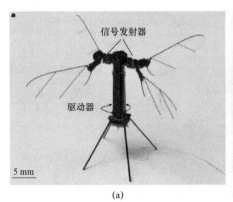
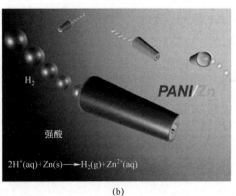

(a)　　　　　　　　　　　　　　(b)

图 1-1　微型电动飞行器和药物推进器
（a）微型电动飞行器；（b）医用氢动力火箭

根据航空航天推进系统的定义，可以把推进系统分成两种，一种是航空推进系统，另一种是航天推进系统，如图1-2所示。航空是指在大气层内的空间飞行活动，宇航和航天是指大气层外的近地空间飞行活动，以及飞往月球和飞往太阳系的飞行活动。航天推进系统是为飞行器提供动力，推动飞行器前进的装置，也称为动力装置，包含火箭发动机及发动机的辅助装置，如管路、阀门、控制器等。对运载火箭来说，推进系统简称为发动机。推进系统对整个火箭或者导弹来说，是至关重要的部件，决定有效载荷能否顺利入轨，或者到达一定射程。在航天领域，有句口号"发展航天，动力先行"，足可见推进系统的重要性。推进系统是一个飞行器或者一个导弹的心脏，它主要有几个作用，一个作用是作为火箭的主推进，用于发射火箭以及提升飞行器轨道高度，另一个作用是辅助推进，作为飞行器姿态的控制和调整。另外，在航空应用方面，如飞机，也需要发动机来提供飞行的推进力。

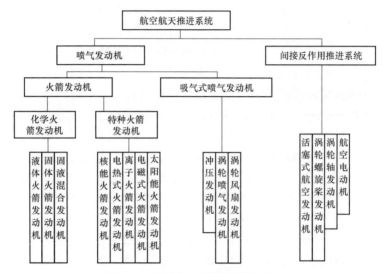

图1-2 航空航天推进系统的分类

根据工作原理，航空航天推进系统主要分成两类，即喷气发动机和间接反作用推进系统。喷气发动机是通过高速喷射气体工质，在发动机壁面产生反作用力来推动飞行器运动的。间接反作用推进系统中，发动机与推进器是分开的，比如直升机的推进器是螺旋桨，用来产生升力，而直升机的发动机只输出机械功，带动螺旋桨旋转。类似地，轮船的发动机和螺旋桨、汽车的发动机和车轮，也都是间接式推进系统。

此外，根据是否携带氧化剂，喷气发动机还可以分成两大类：一类是火箭发动机，自身携带燃料和氧化剂，氧化剂和燃料在发动机燃烧室进行燃烧；另一类是吸气式喷气发动机，主要在大气层内工作，利用大气中的空气作为氧化剂，只携带燃料。火箭发动机和吸气式喷气发动机都是直接产生推力的喷气推进动力装置。这类发动机以很高的速度向后喷射高温气体，由此获得反作用推力，使飞行器向前飞行。

吸气式喷气发动机包括涡轮喷气发动机、冲压发动机和涡轮风扇发动机，这些发动机通常也称为吸气式发动机，带燃料燃烧所需要的氧化剂取自空气，所以只能用作大气层内的推进装置，并且它的工作性能还会受到飞行速度和飞行攻角的影响。火箭发动机则自身携带燃料和氧化剂（两者统称为推进剂），因此，火箭发动机的工作不依靠空气，可以在大气层外和水下等没有空气的环境中工作，成为人类在大气层外飞行、宇宙航行，以及水下航行的主要动力装置。火箭发动机的工作性能受飞行速度影响小，可以产生很大的推力。此外，在某些应用场合中，将火箭发动机与吸气式发动机相结合，可以形成组合式动力装置，也有很大吸引力。

根据使用的能源，火箭发动机可以分为化学火箭发动机和特种火箭发动机。前者利用推进剂的化学能转变为热能来做功，后者利用其他形式的能源，如电能、核能或者太阳能，对工质进行电离或加热来做功。对于化学火箭发动机，根据推进剂的形态，可以分为液体火箭发动机（Liquid Propellant Rocket Engine）、固体火箭发动机（Solid Propellant Rocket Motor）和固液混合火箭发动机（Hybrid Propellant Rocket Motor）。液体火箭发动机使用液体推进剂，包括液态的燃料和氧化剂，分别存放在各自的储箱中，工作时由专用的输送系统送入燃烧室。液体火箭发动机的结构比较复杂，包含储箱、管路、阀门、涡轮泵等部件，如图1-3所示。比如，美国航天飞机的主发动机（代号SSME），使用的推进剂是液氧和液氢。液氧和液氢分别储存在各自的储箱中，储箱内的压强不高，比火箭发动机燃烧室的压强低很多。储箱中的液体推进剂经过涡轮泵增压，由管路经过发动机喷注器喷入推力室中进行燃烧。

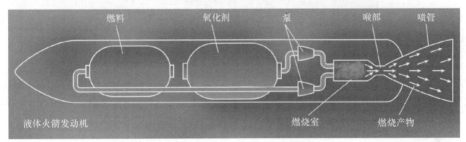

图1-3 液体火箭发动机系统

相比于液体火箭发动机，固体火箭发动机使用的推进剂是固态的，其燃料和氧化剂都预先均匀混合，做成一定形状和尺寸的装药，直接储存于燃烧室中，不需要专门的输送系统。固体火箭发动机的结构比较简单，固体推进剂放置在燃烧室中，燃烧室既是固体推进剂的储箱，又是固体推进剂燃烧的场所，没有其他复杂的管路、阀门和涡轮泵等附件，所以固体火箭发动机的最大优点是结构简单，如图1-4所示。由于固体推进剂燃烧时会产生高温高压的燃气，固体火箭发动机的燃烧室壳体既要承受高压，又要承受高温，在发动机工作过程中不能被烧穿或者挤破。所以，固体火箭发动机的壳体常采用高强钢，或者高强度的复合材料。另外，固体火箭发动机的最大缺点是一次性使用，推力基本上不可调，无法中途熄火再点火。另外一种化学火箭发动机是固液混合火箭发动机，它结合了固体火箭发动机和液体火箭发动机共同的优点。

 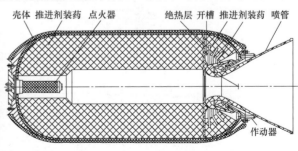

图1-4 固体火箭发动机

液体氧化剂和固体燃料分开储存，这种发动机的安全性比其他两种发动机更好。另外，固液混合发动机利用阀门控制液体氧化剂的开关、调节流量，从而调节推力大小，因此固液混合发动机能够多次启动，并调节推力大小，如图 1-5 所示。维珍轨道公司的太空船采用固液混合发动机作为推进动力装置。

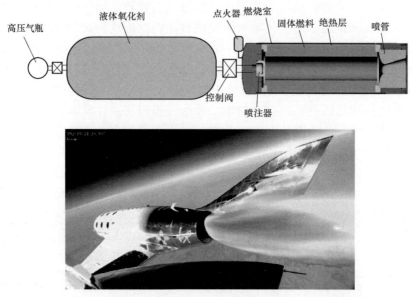

图 1-5　固液混合火箭发动机示意图和维珍轨道公司的太空船

火箭发动机的工作原理服从牛顿运动定律。在火箭发动机工作时，会通过喷管向后方喷射大量的高速气流，根据牛顿第三运动定律，高速喷出的燃气流会对喷管和整个火箭产生反作用力，如图 1-6 所示。而高速喷出的燃气流对火箭能够产生的反作用力大小，可以根据动量守恒定律计算。举一个简单的例子来说明火箭发动机的工作原理。比如，一个体重为 80 kg 的宇航员，当他以 20 m/s 的速度向前方扔出一个质量为 0.4 kg 的小球时，宇航员自身也会产生一个与小球相反的速度，根据动量守恒定律，可计算出宇航员的运动速度，即小球的质量与速度的乘积和宇航员的质量与速度的乘积是相等的，于是可以得到宇航员向后移动的速度是 0.1 m/s。

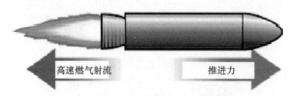

图 1-6　火箭发动机工作原理示意图

1.2　固体火箭发动机发展简史

最早的火箭发动机是固体火箭发动机，它是一种具有悠久历史的推进动力装置。固体火箭是中国最先发明和使用的。众所周知，黑火药是中国古代的四大发明之一，有了黑火药就为固体火箭的发明提供了必要的物质条件。

根据中国史书的记载，至迟在唐朝（公元 618—907 年）初年，我国就已发明了黑火药。唐初的医药家兼炼丹家孙思邈所著的《丹经内伏硫磺法》已经载有黑火药的配方、特性和制作方法。到了宋朝（公元 960—1279 年），应用黑火药制成的各种火箭，不仅用于焰火娱乐，也用于军事方面。

宋代已出现以黑火药为能源的固体火箭发动机雏形。最早是 1161 年宋金之战中的"霹雳炮"。宋高宗绍兴三十一年（公元 1161 年），金人欲渡扬子江，宋人在防守中就发射了火箭武器"霹雳炮"，这种炮点火后可升空，降落水中仍继续跳动。元、明两代出现了火箭束和两级火箭雏形，如"火龙出水"火箭。13 世纪，中国的火药和火箭技术经中亚和阿拉伯传入欧洲。但是，在较长时间内，低性能的黑火药限制了固体火箭的发展。

从中国古代的火箭开始，到 19 世纪欧洲的火箭应用于战争，是固体火箭发展的第一个时期。所用的推进剂是黑火药，能量不够高，技术也比较原始。近代固体火箭的发展可以从 1866 年硝化甘油无烟火药的发明开始。有了这种无烟火药，不但枪炮得到了新的能源，提高了性能，火箭也得到了新的推进剂，开始了一个新的发展阶段。当时苏联、德国等国都采用无烟的双基推进剂，研制和生产了大量的各种近程野战火箭弹。著名的"喀秋莎"火箭就是这个时期苏联火箭的典型代表，在第二次世界大战中发挥了相当大的作用。在德国，到第二次世界大战结束的前夕，已经研制了几种多级固体火箭作为远射程的武器，但还没有来得及大量使用。迄今，双基推进剂的固体火箭发动机仍然广泛地用于各种近程武器和其他推进系统上。

由于双基推进剂在能量方面的限制，火箭技术的发展，在一个时期曾经以液体火箭发动机为主。从 20 世纪 40 年代第二次世界大战末期的 V-2 导弹开始，到 50 年代的中、远程导弹和人造卫星的运载火箭，一直到后来的各种卫星、宇宙飞船和当前的航天飞机，其主发动机都是液体火箭发动机。在这一时期，液体火箭发动机得到了飞速的发展。

在这个时期，固体推进剂的研究也一直在进行。20 世纪 40 年代末期，复合推进剂的出现，使固体火箭发动机的发展又开始了一个新的阶段。复合推进剂可以广泛地选择能量高而性能比较全面的氧化剂和燃料，以得到更高的比冲。而贴壁浇铸、内孔燃烧的装药结构和强度高、质量轻壳体的采用，使固体火箭发动机向大尺寸、长时间工作方向发展，大大提高了固体火箭发动机的性能，扩大了它的应用范围。到目前为止，固体火箭发动机已广泛应用于各种近、远程导弹和航天飞行的任务。早在 20 世纪 60 年代，已经有了"全固体"洲际导弹和发射人造卫星的"全固体"运载火箭。而在各类战术导弹的推进动力方面，固体火箭发动机已经占了绝对优势。可以说，固体火箭发动机已经成为应用最广泛的火箭推进装置。

1.3　固体火箭发动机的特点

固体火箭发动机与液体火箭发动机和其他化学火箭发动机相比，它具有结构简单、工作可靠、操作简便、使用安全和能够长期储存等优点，因而被广泛地用作各类小型、近程的军用火箭和战术导弹的动力装置。但是，固体火箭发动机也存在着一些缺点，如推进剂的能量特性低、工作时间短、材料烧蚀严重、推力矢量不易控制等。因此，在过去相当长的时期内，限制了它在大型、远程和战略武器领域内的应用。

近几十年来，由于高能固体推进剂的出现，先进的装药设计和大型药柱浇注工艺的采用，优异的壳体材料和耐烧蚀材料的问世，以及高效而可靠的推力矢量控制装置的研制成功，已在很大程度上克服了固体火箭发动机的上述缺点，使它能够作为战略武器的动力装置，而且越来越显露出它的优势地位。

1. 固体火箭发动机的主要优点

（1）结构简单。这是一个最基本的特点，与其他直接反作用式喷气推进动力装置相比，固体火箭发动机零部件的数量最少。与液体火箭发动机相比，它不需要专用的推进剂储箱、复杂的推进剂输送－调节系统和燃烧室冷却系统。除了喷管的推力矢量控制装置以外，它没有转动的部件。

（2）使用方便。由于结构简单，而且固体火箭发动机都是预先装填好的完整动力装置，发射工作很简单，只要接通点火电源就可以启动。日常的维护工作很少，一般只是定期检查其是否损坏，比起液体火箭发动机，要在发射前充灌推进剂来说，使用更方便。整个装置都很简单，可以装在车上、船上或飞机上，机动性很好，适宜于军事应用。

（3）能长期保持在战备状态。装填好的固体火箭发动机能长期存放，受季节变换、气候条件的影响比较小，可以长期置于发射架上或发射井内，根据情况可随时进行发射，这对于武器装备，特别是对于快速响应的防御性武器是一个突出的优点。

（4）可靠性高。任何一个系统，其整体的可靠性等于各个部件可靠性的乘积，零部件越少，其可能达到的可靠性越高。固体火箭发动机的零部件最少，可以达到很高的可靠性，意外失败的事故很少。有一个统计数据表明，在 15 000 次各种型号的固体火箭发动机试验中，可靠性达到了 98.14%，即在 100 次试验中，由于意外的压强升高、室壁过热或连接强度不够而不能正常工作的发动机不多于两个。这对于高性能的动力装置来说，是一个很高的数字。

此外，由于固体火箭发动机结构简单，固体推进剂的相对密度较大，可以实现比较高的质量比。质量比是指推进剂质量与发动机（包括推进剂）总质量之比。质量比越大，对于提高火箭飞行器的总体性能越有利。固体火箭发动机还可以在高速旋转的条件下工作，比较容易实现飞行器的旋转稳定。

2. 固体火箭发动机的主要缺点

（1）比冲较低。固体推进剂的比冲一般都比液体推进剂低。从双基推进剂到现在的复合推进剂或改性双基推进剂，海平面比冲已经从 2 000 m/s 左右提高到 2 500 m/s 左右，这应该说是一个大幅度的提高。多年来，在提高固体推进剂的比冲方面，很多国家做出了不少努力，但仍未能得到较大幅度的进展。人们预计，固体推进剂的比冲难以超过 3 000 m/s，看来这种估计一时还不会改变。

（2）工作时间较短。固体火箭发动机工作时间较短，主要有两方面的限制：一是受热部件通常没有冷却，在高温、高压和高速气流条件下只能短时间工作，虽然可以采用耐热材料和各种热防护措施，但工作时间仍受较大限制，另一方面是受装药尺寸的限制，燃烧时间不能太长。固体火箭发动机最适宜于短时间大推力的任务，最短的可以在 1 s 以下，甚至以毫秒计，长的可以达几十秒甚至 100 多秒，时间过长的工作任务是不适宜于固体火箭发动机的应用的。这是因为固体火箭发动机常采用侧面燃烧的内孔装药，如果工作时间过长，推进剂装药厚度要增加。目前最大直径的固体火箭发动机不超过 4.5 m。按照常规复合推进剂的燃烧速度 8 mm/s，这种发动机的最长工作时间不超过 200 s。

（3）发动机性能受气温影响较大。由于固体推进剂的燃速随初温不同而改变，使发动机的推力和工作时间都受气候温度的影响。夏季高温，发动机推力增加，工作时间缩短，冬季低温，推力减小，工作时间延长。发动机性能参数的这种变化，必须采取一定的措施才能使其满足某些规定任务的要求。因此，有些固体火箭发动机的储存和运输，要在恒温恒湿条件下进行，维护和保养要求比较高。

（4）可控性能较差。固体火箭发动机一经点燃，便自动地燃烧到工作结束，不能根据当时的需要改变推力的大小，只能按照预定的推力方案进行工作。也难以实现多次停车和再启动。固体火箭发动机的这些缺点，当然会影响它的发展和使用。但是，经过人们的努力可以逐步减小甚至消除这些影响，或者利用其优势的方面来弥补其缺陷，这就是为什么固体火箭发动机的整体性能仍在不断提高，成为应用最广泛的火箭发动机的缘故。

1.4　固体火箭发动机的应用领域和发展现状

固体火箭发动机主要用作火箭弹、导弹的发动机，也是弹道武器的首选动力装置。目前，固体火箭发动机也已被广泛应用于宇宙开发和其他民用目的。例如，它可用作人造卫星运载火箭的动力装置、远地点发动机、重返大气层的制动装置以及航天飞机的助推器，也可用作探空火箭发动机、飞机助推器、燃气发生器和飞行员安全弹射装置等。结构上主要包括燃烧室、喷管、推进剂装药、点火装置等。同样关于固体火箭发动机的分类按不同方法也有很多。

按装药的填装方式，可以分为自由填装式、贴壁浇铸式两类。

按药柱燃烧表面的种类，可分为端面燃烧式、内孔燃烧式和内外孔燃烧式等类型。

按推进剂种类，可分为复合推进剂、双基推进剂、改性双基推进剂固体火箭发动机。

按推力级数，可分为单推力式和双推力式，双推力常用在小型战术导弹上，其中第一级大推力用于起飞，第二级小推力用于续航。

目前，新型导弹的推进系统大部分采用固体火箭发动机。导弹可分为战略导弹（如打击敌对国军事目标的、射程为 800～9 000 km 的远程弹道导弹）和战术导弹（用于支持或保护地面军事力量、飞机或战舰）。战术导弹种类繁多，有打击地面目标的地地导弹、空地导弹、舰地导弹、反雷达导弹和反坦克导弹；打击水域目标的岸舰导弹、空舰导弹、舰舰导弹、潜舰导弹和反潜导弹；打击空中目标的地空导弹、舰空导弹和空空导弹等。这些导弹采用的动力装置有固体火箭发动机、液体火箭发动机和各种喷气发动机。有些战术导弹使用双脉冲固体火箭发动机，即一个火箭发动机壳体内装有两个独立的、相互隔离的装药，两段装药工作间隔时间可以调节，以控制飞行弹道或速度。

除了应用于导弹外，固体火箭发动机也可以用于其他领域，如试验飞机的主发动机、飞机起飞助推发动机、乘员逃逸舱弹射动力装置、空中飞人的喷气背包、靶机推进装置、气象探空火箭、烟火信号弹、诱饵弹、起旋发动机、微调发动机、鱼雷和水下导弹发动机、轮船救生索弹射装置及节日焰火等。

表 1-1 给出了几种不同应用的固体火箭推进装置的参数。面向具体应用选择固体火箭发

动机的最佳类型，并进行设计是一个很复杂的过程，要考虑许多因素，如系统性能、可靠性、推进系统规模、继承性等。此外，还有其他因素对发动机的选择也有强烈的影响，如研制生产或使用成本、技术成熟度、使用寿命等。

表 1-1 不同用途固体火箭发动机的典型特点

用途	推进剂种类	推力特征	典型工作时间	最大加速度
大型运载火箭助推器	固体或低温液体	几乎不变	2~8 min	2~6 g_0
防空导弹或反导导弹	固体	大推力起飞、减推力续航	每级 2~7 s	5~20 g_0，可达 100 g_0
空射导弹	固体	大推力起飞，低/减推力续航；有时分两段	起飞段 2~5 s，续航段 10~30 s	最高 25 g_0
战场支援面射导弹	固体	大推力起飞，低/减推力续航；有时分两段	每级最长 2 min	最高 10 g_0
炮射导弹	固体	先增后减	若干秒	最高 20 000 g_0
气象探空火箭	固体	一次燃烧，通常为减推力	5~50 s	最高 15 g_0
反坦克导弹	固体	一次燃烧	0.2~3 s	最高 20 g_0

* g_0，重力加速度，为 9.8 m/s²。

1.5 固体火箭发动机的推力输出

设计固体火箭发动机的最终用途是为导弹和运载火箭提供推力，为了满足飞行器的飞行任务，需要设计合理的发动机推力-时间曲线（图 1-7）。由于固体推进剂装药提前安装在发动机燃烧室中，因此，需要提前设计装药的几何形状来满足推力输出要求。

为了满足不同的飞行任务需求，导弹和运载火箭设计人员对固体火箭发动机提出了不同的推力-时间要求。为了调整固体火箭发动机的推力-时间曲线，可以改变固体推进剂药柱中心的空腔，来提供所需的燃烧表面积-时间曲线。固体推进剂药柱的空腔可以设计成不同的几何形状，如图 1-7 所示，截面形状可以是车轮型、星型、树枝型、端面燃烧型、径向开槽管型。这些不同的药柱内腔形状可以提供不同的燃烧面积，从而提供不同的燃气流量和推力。由于固体火箭发动机的推力与推进剂药柱的燃烧面积成正比。推进剂药柱燃烧面积随时间的变化，可以提供所需要的推力-时间曲线。如果推力随时间增加，这种推进剂药柱的燃烧被称为增面燃烧；反之，则称为减面燃烧。图 1-7 中装药截面右侧的数字是几种发动机的体积装填系数（推进剂体积与燃烧室内腔有效容积之比）。一般导弹的体积装填系数在 79%~87%。为了增加发动机中推进剂的装填量，减小发动机壳体的质量，一般都希望提高发动机的体积装填系数。但是高装填系数也会给固体推进剂装药带来一些问题，如装药局部应力集中，从而导致局部开裂。

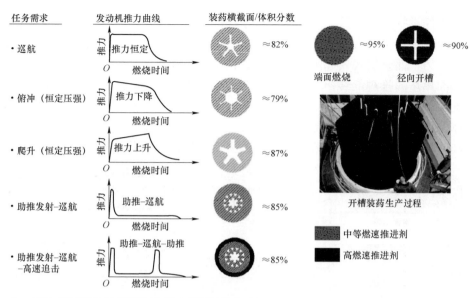

图1-7 固体火箭发动机推力-时间曲线

对于内孔径向燃烧的推进剂装药，径向燃烧发动机的长度会影响推力。更长的固体火箭发动机具有更大的燃烧面积，从而提供更高的推力。图1-7中顶部显示的是端面燃烧推进剂装药，它没有内部的空腔，只有端面在燃烧。端面燃烧的推进剂装药具有几乎恒定的燃烧面积，如果发动机喉部面积恒定，则发动机提供几乎恒定的推力。端面燃烧推进剂装药的一个优点是体积装填系数高。但是存在的缺点是燃烧面积小，提供的推力较小。另一种经常使用的装药形状是径向开槽管型，见图1-7右上图。与星孔、车轮型装药相比，径向开槽管型装药具有更高的体积装填系数。径向开槽管型装药应用更广泛，可以设计成不同的长度，来提供恒定推力、推力增加、推力减小以及助推-续航双推力。最常用的开槽管型装药可以提供助推-巡航双推力的推力输出。对于这种装药，高燃速的推进剂被浇铸在发动机的尾部，用于提供初始的大推力；而另一种低燃速的推进剂被浇铸在发动机的前部，用于提供接下来的续航段的小推力。

1.6 固体火箭发动机的推力调节

图1-8显示的是传统的固体火箭发动机结构。传统的固体火箭发动机只能工作一次，推进剂被点燃后无法停止，直到推进剂装药烧完。图中顶部两张图分别是端面燃烧固体火箭发动机和侧面燃烧固体火箭发动机结构。侧面燃烧（或径向燃烧）的装药可以提供更大的燃烧面积，从而提供更大的发动机推力。图中中间两张图是单室双推力固体火箭发动机的结构。它们能够提供助推和续航两种不同大小的推力。左边发动机的尾部采用高燃速的侧面燃烧推进剂装药结构，可以提供更大的起飞推力。该发动机的头部采用高燃速的端面燃烧推进剂装药结构，用于提供长时间续航飞行的小推力。最下面两张图是双脉冲固体火箭发动机的结构。在传统固体火箭发动机基础上，通过隔离装置将装药分隔为两个脉冲，分别具有独立的点火装置，第一脉冲装药燃烧完毕后，第二脉冲装药可以根据需要适时点火再次工作，能够为飞

行器提供两次间歇推力,且推力间隔时间可以根据飞行弹道在较大范围内进行调节。多脉冲固体发动机隔离装置主要有两种结构,即隔舱式和隔层式。两者的差别在于,隔舱式在隔热的同时又要承力,而隔层式仅起阻燃和隔热的作用,不需要承力。左下方的双脉冲发动机使用高燃速侧面燃烧的推进剂装药,用于提供第一脉冲推力。第二脉冲装药采用高燃速的端面燃烧推进剂结构,提供续航段的小推力。图中右下角是另一种双脉冲发动机结构,第一脉冲采用高燃速侧面燃烧推进剂装药提供助推大推力,然后第二脉冲可以采用低燃速侧面推进剂装药提供续航段小推力,也可以采用高燃速侧面燃烧推进剂装药提供第二个助推大推力。

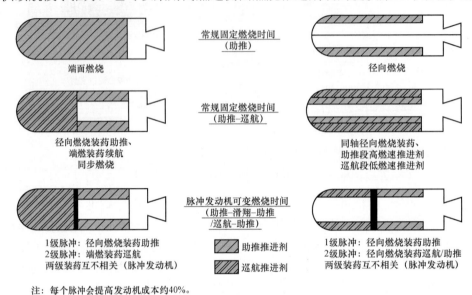

图 1-8　不同推力输出的固体火箭发动机

将高燃速推进剂堆积在低燃速推进剂之上的组合设计方案,会带来一个问题,两种不同推进剂的热膨胀系数存在差异。由于发动机工作过程中,推进剂装药热膨胀,会在装药内部产生局部应力和裂纹。双脉冲和多脉冲固体火箭发动机的潜在优点是更长的航程、更长的飞行时间和减少的空气动力加热(主要是由于脉冲推进剂烧完后,飞行器末速度更小)。但是,两脉冲固体发动机的成本更高,每一级脉冲比常规单脉冲发动机成本高约 40%。多脉冲固体发动机应用于多型导弹上,代表产品有美国标准-3(SM-3)导弹、AGM-69 SRAM 导弹、英国 ARAM 导弹、俄罗斯 Kh-55 改进型和德国 TLVS 导弹。战术导弹采用的火箭发动机能量管理方式,除了脉冲发动机外,还有针栓变推力发动机和凝胶火箭发动机。图 1-9 显示了推力大小可控的固体火箭发动机方案。由于多脉冲固体火箭发动机采用绝热软隔层或者硬隔板来提供单独的发动机脉冲,它通常限于两个或 3 个脉冲。因为脉冲发动机可以设计成最佳燃烧室压强,所以脉冲发动机可以设计成最大比冲。多脉冲发动机的另一个优点是可以控制脉冲之间的时间延迟,以优化飞行轨迹曲线。因此,与传统的单室双推力固体发动机相比,多脉冲发动机的射程更远,同时弹体受到的气动加热更小。

第二种控制推力大小的方法是固体针栓变推力发动机,采用实心针栓在喷管喉部来回移动来调节推力。针栓由耐高温的材料制成,如钨或者碳材料。将针栓移动到喉部可以增加燃烧室压强,提高推进剂的燃速和发动机推力。将针栓移出发动机喉部区域,可以减小燃烧

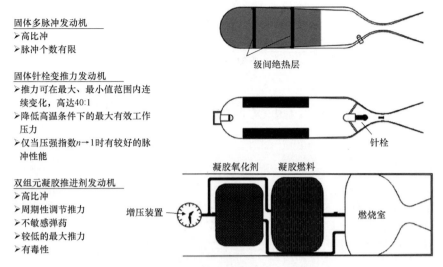

图 1-9 固体火箭发动机的推力调节方式

室压强，降低推进剂燃速和发动机推力。针栓发动机的一个优点是可以用于减小发动机的最大有效工作压强，尤其是在高温的天气里。这个能力可以减小发动机的许用安全系数，降低发动机的壳体质量。对于常规固体推进剂的压强指数（如 $n=0.3$），如果发动机在大的压强范围内工作，发动机比冲损失比较大。而对于针栓式变推力固体火箭发动机，常采用大压强指数的推进剂（如 $n=1$），这种发动机可以在小的燃烧室压强调节范围内实现燃速/质量流量/发动机推力的大范围调节。针栓发动机已经证明能够实现最大推力与最小推力之比超过 40:1。即使燃烧室压强降低到临界压强，推进剂仍然能够正常燃烧，允许出现类似于脉冲发动机的空闲模式。这就对固体推进剂的要求比较高，需要研制压强指数接近 1 的高压强指数推进剂。而当压强指数接近于 1 或者大于 1 时，需要精确控制针栓位置来避免出现燃烧室不稳定的危险。

第三种调节战术火箭发动机推力的方法是采用低毒性凝胶燃料和氧化剂（如酒精和过氧化氢）。凝胶化的推进剂在大气压下几乎是固体，但在高压下会像液体一样流动。推力由燃料和氧化剂泵泵入燃烧室的流量控制。低毒凝胶推进剂火箭的比冲可能高于固体火箭发动机。更高毒性凝胶推进剂的比冲可以与液体火箭发动机相媲美。与固体火箭发动机相比，凝胶火箭发动机的一个缺点是最大推力较低。第二个缺点是担心毒性，特别是对于海军发射平台。虽然凝胶火箭发动机的毒性比液体火箭发动机低得多，但在相同的封闭环境中，对操作人员而言，可能是不可接受的，如在船的甲板下。在不敏感弹药方面，凝胶火箭发动机优于固体火箭发动机。凝胶燃料和凝胶氧化剂分别储存在不同的储箱中，从而降低了它们的敏感性，如凝胶推进剂用于 THAAD 导弹转向和姿态控制系统（DACS）。

第 2 章
固体火箭发动机的工作原理

本章主要介绍固体火箭发动机的工作原理和基本组成,从热机工作的角度讨论理想固体火箭发动机的热力循环过程,并分别介绍了燃烧室内能量转换和喷管内流动过程的基本概念和基本关系式,为学习后续章节打下基础。

2.1 固体火箭发动机的工作原理和基本组成

由第 1 章可知,火箭发动机的特点是自身携带工作所需的全部**能源**和**工质**,靠高速排出的工质产生的反作用力进行工作。由此,火箭发动机也是一种热力机械,它必须在能源和工质两者均具备的条件下才能工作。火箭发动机的能源是推进剂所蕴含的化学能,工质则是推进剂燃烧后的燃烧产物,是热能、动能等能量的载体。

1. 固体火箭发动机的工作原理

固体火箭发动机的工作过程,实际上就是把固体推进剂的化学能转变为燃烧产物的动能,进而转变为飞行器动能的一种能量转换过程。那么,如何便捷、高效地实现这种能量转换呢?

首先来看化学能的存在方式。化学能蕴含在固体推进剂中,推进剂由氧化剂和燃烧剂组成,各组分混合后制造成所需要的固体形状,称为**主装药**。最简单方便的装药储存方式是与燃烧场所合而为一,也就是**燃烧室**,这样可省去相对复杂的推进剂输送环节及相关部件(与液体火箭发动机等相比),结构简单。缺点是装药供给的可控性变差。

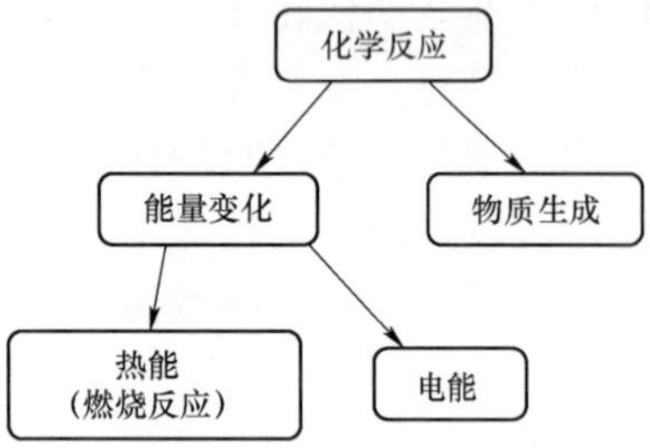

能量转换的第一步是进行化学反应。推进剂在燃烧室中被点燃,进入燃烧过程。燃烧是一种剧烈而复杂的化学反应,通常可以利用的是其化学反应产生的热能以及生成的新物质,如图 2-1 所示。推进剂通过燃烧,在燃烧室中变成了高温(2 000~3 600 K)、高压(4~20 MPa)的燃烧产物(主要是双原子和三原子的气相组分,有时会有一些凝相颗粒),推进剂中蕴含的大部分化学能转变为燃烧产物的热焓。

图 2-1 化学反应的利用

接下来是燃烧产物获得动能的过程。以气相组分为主的高温高压燃烧产物,需要将其焓值进一步转化为动能,高速排出火箭发动机。最简单的方式是利用排气通道实现这一转换。在图 2-2 所示的 3 种典型排气方式中,方式(a)中燃烧室直接与外界贯通,内外压强相近,焓值无法转化为动能;方式(b)采用节流的方式使气体加速,部分焓值转化为动能,但其能量转化率低,且由于通道突变等原因造成的流动损失较大;方式(c)采用减缩和渐扩的拉瓦尔喷管方式使气体不断膨胀、加速,其热力过程接近于等熵,能量转化率高,因此自19世纪80年代发明拉瓦尔喷管以来,火箭发动机设计中一直采用**喷管**这一简单、高效的结构,实现气体热焓向动能的转化。

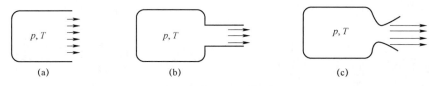

图 2-2　3 种典型的排气方式

发动机燃烧产物的动能会在飞行中向飞行器进行转移。这一过程是这样实现的:燃烧产物经喷管加速,喷出火箭发动机,在其流动加速和喷出过程中,对燃烧室和喷管壁面施加反作用力(即火箭发动机的推力),推动飞行器运动,将燃烧产物的动能转化为飞行器的动能。

图 2-3 给出了火箭发动机能量转换过程的框图。

图 2-3　火箭发动机能量转换过程框图

2. 固体火箭发动机的基本组成

由上述分析可知,为了保证能量转换过程的实现,固体火箭发动机必须具有燃烧室、主装药、点火装置和喷管这 4 个基本组成部件。另外,还会根据需要增加一些用于定位、连接、控制等的其他部件。具体结构实例如图 2-4 所示。

固体火箭发动机主要部件的作用如下。

(1)燃烧室:为推进剂燃烧提供场所,并通常用作固体装药储存场所。

燃烧室的一端封闭,另一端与喷管连接。燃烧室平时相当于一个推进剂储箱,起着储存固体装药的作用,当发动机工作时,推进剂主装药在燃烧室内燃烧,形成高温、高压燃气。所以燃烧室不仅要有足够的容量,还要有承受高温、高压的能力。

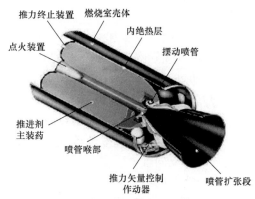

图 2-4　某固体火箭发动机结构

大多数燃烧室都做成圆柱形,成为整个飞行器受力结构的一部分。少数的也有其他形状,如球形、椭球形或圆环形燃烧室。燃烧室的材料大都采用高性能的金属材料,如各种合金钢、铝合金和钛合金;有些采用类似玻璃纤维缠绕加树脂成型的玻璃钢等复合材料结构,可以大幅度减轻壳体的重量。为了防止壳体材料过热而破坏,在燃烧室与高温燃气接触的表面,通常需要采取各种隔热措施,用各种隔热材料粘涂燃烧室内壁,形成防护层。

(2)主装药:为发动机工作提供能源和工质。

主装药由固体推进剂(包括燃料、氧化剂和其他组元)制成,具有一定的几何形状和尺寸，其燃烧表面的变化必须保持一定的规律（为了保证燃烧表面的变化规律，必要时需对装药表面的某些部分用阻燃层进行包覆，阻止其参与燃烧），以保证发动机实现预期的推力方案。常见的固体火箭发动机主装药药型如图 2-5 所示。

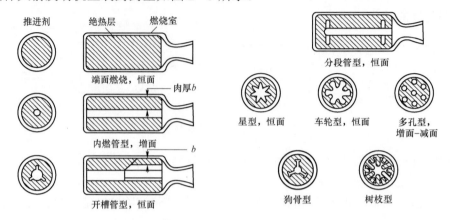

图 2-5　常见的固体火箭发动机主装药药型

主装药在燃烧室内可以贴壁浇铸，也可以自由装填。贴壁浇铸的装药与燃烧室粘连成一体，是不可分解的；自由装填的装药是预先制好的，然后自由装填在燃烧室内，与燃烧室是可分解的。对于自由装填式主装药，还需要有相应的固定、缓冲装置，用于运输、工作等过程中对装药的限位和减震。

（3）**喷管**：为工质的流动和膨胀过程提供场所，控制燃烧室压强和发动机推力。

固体火箭发动机的喷管既是燃烧室内高温高压燃气的出口，又是一个能量转换装置。其功能如下。

① 通过喷管膨胀加速作用，将高温燃气的热焓转换为动能，产生反作用推力。

② 通过喷管喉部横截面积的大小，控制高温燃气的流量和燃烧室压强。

③ 通过对喷管的调控，实现推力大小和方向的调节与控制。例如，为了在飞行中对飞行器的方向和姿态进行控制，将整个喷管做成可以摆动或可旋转的，或者其他的**推力矢量控制**方式，在发动机工作期间用以改变推力的方向；通过加装喉栓、涡流阀或喉部二次流喷射等方式，可以改变喷管喉部等效面积，实现**变推力控制**；在燃烧室头部设计反向喷管，打开时能够产生反向推力，实现**推力终止**。

由于喷管始终受到高温、高压和高速燃气流的传热和烧蚀，需要在相应的内表面上采用耐高温抗烧蚀的材料或相应的防热防烧蚀的措施，而喉部是喷管热防护设计的重点和难点，最大的热传递通常发生在喉部。典型的喷管结构如图 2-6 所示。

工质流经喷管时的膨胀特性与喷管内型面有关，图 2-7 给出了 6 种不同的喷管型面。其中锥形喷管使用最早且结构最为简单，常用于小型发动机；而钟形喷管通常比相同长度的锥形喷管膨胀更充分，是大中型发动机最常用的喷管形状；塞式喷管和膨胀偏流喷管具有极好的高度补偿特性，在不同飞行高度上均能产生较优的燃气膨胀。

（4）**点火装置**：为推进剂的正常点燃提供条件。

为了点燃主装药，使发动机启动进入工作状态，需要提供一个初始条件，即在燃烧室内创造一定的温度和压强的环境，点火装置就是起这样的作用，使发动机顺利启动。

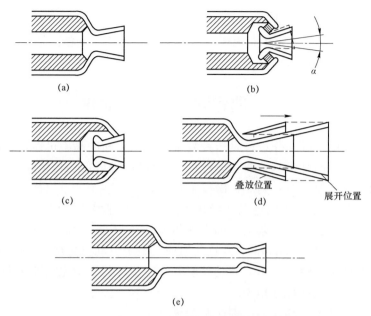

图 2-6 典型的喷管结构

(a) 固定喷管（结构简单）；(b) 摆动喷管（推力矢量可控）；(c) 潜入喷管（缩短总长度）；
(d) 延伸喷管（变扩张比高度补偿）；(e) 长尾喷管（质心、结构需求）

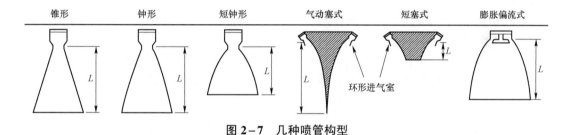

图 2-7 几种喷管构型

一般的点火装置由发火组件（如电发火管）、能量释放组件（主要是点火药，如黑火药、烟火剂、点火药柱等）和连接件等组成，发火管接受指令开始工作，产生初始热冲量来引燃点火药，点火药在极短时间内产生大量炽热燃气，包围并加热主装药表面，从而点燃主装药。

固体火箭发动机点火装置的工作通常是一次性的，也有一些点火装置能够连续可控地提供点火能源，如用于电控推进剂发动机的电点火部件、用于激光助燃固体火箭发动机的激光点火部件等。

课堂/课外讨论

讨论题 2-1：固体推进剂燃烧产物具有高温和高压的特点，其中高压强用于作为燃气在喷管中加速流动的驱动势，那么高温对于发动机工作有何必要性？较冷气发动机有何优势？

讨论题 2-2：图 2-3 中能量转换的最后一步是燃烧产物的动能转换为飞行器的飞行动能，这是常见的飞行器能量利用方式，但并不是所有的过程都是如此，如还可以转化为飞行器的势能等。根据固体火箭发动机可能的应用，能否找出类似的一些例外情况？

讨论题 2-3：在固体火箭发动机设计中，将固体推进剂中的氧化剂和燃料分开装填，或者将储存和燃烧场所分离，作为提高固体火箭发动机可控性的途径，受到了研究人员的关注。你认为这种发动机应该如何工作？

2.2 理想固体火箭发动机

固体火箭发动机的实际工作过程是一种复杂的、不平衡的和不可逆的过程。为了便于应用热力学和气体动力学的基本理论对上述过程进行分析计算，需要将实际的火箭发动机简化、抽象为一种理想的火箭发动机。为此，做以下基本假设：

（1）发动机工作过程（即推进剂在燃烧室中的燃烧过程和燃烧产物在喷管中的流动过程）是稳定且连续的，忽略瞬态效应（如启动和关机），无激波或不连续状态。

（2）工质（燃烧产物）是均相的，并且其组成在整个发动机燃烧室和喷管中都保持不变。

（3）工质具有理想气体的性质，满足理想气体定律，其平均比热容认为不变。

（4）无摩擦损失和黏性耗散损失。

（5）与发动机壁面无传热过程，因而是绝热流动。

（6）工质在燃烧室内速度为零，在喷管出口处的速度方向都平行于喷管的轴线。

（7）工质在垂直于发动机轴线的任何截面上各处的流动参数（如速度、压强、温度和密度）都相等。

（8）燃烧室内燃气处于化学平衡状态，并且喷管内不发生化学平衡的转移（称为化学冻结流动）。

（9）工质的所有成分都是气相的，任何凝相（液相或固相）的质量均可以忽略。

上述基本假设可以简要地归结为：推进剂燃烧成为无凝相的均质理想气体，燃烧室内为零维滞止状态，喷管内流动是一维定常等熵的冻结管流。图 2-8 给出了理想固体火箭发动机的示意图。

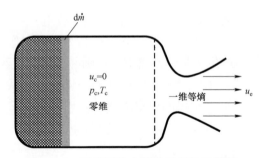

图 2-8 理想固体火箭发动机的示意图

做出上述假设是有根据的。固体火箭发动机通常具有均质的药柱，具有均匀而稳定的燃烧速率，工作基本稳定；燃烧室内温度很高，远高于各组分饱和状态的对应温度，近乎理想气体；壁面摩擦损失难以精确确定，但由于喷管内壁面光滑，损失通常可忽略；一般发动机室壁和管壁采取绝热措施，减少热交换，除尺寸很小的发动机外，室壁的散热损失小于 1%（偶尔达 2%），故可忽略；在精心设计的喷管中，热能和压强势能向排气动能的转变是平稳进行的,没有正激波或不连续现象,气流的膨胀损失也很小。

根据上述基本假设简化后计算所得到的发动机性能参数的理论值比实际测量值高 1%～6%。在设计新型发动机时,当前通常的做法是利用理想火箭发动机模型进行参数计算,然后加以适当修正,使其接近实际情况(参阅 3.8 节、6.4 节、6.5 节)。

2.3 固体火箭发动机的热力循环

固体火箭发动机是一种热机,因此与其他热机一样,可以利用热力循环分析的方法分析其工作过程。**热力循环**是工质经历一系列状态变化又重新回到原来状态的全部过程。工质膨胀后离开发动机,不断换入与初始状态相同的等量新工质,再重复地膨胀做功。这种循环是将热变为功的正向循环,因而也称**动力循环**。

现在人们在进行固体火箭发动机设计时,一般不再进行热力循环过程的分析和计算,而是更多关注推力、比冲、总冲等性能参数。但是,了解火箭发动机的热力循环过程,将有助于:① 揭示发动机的能量转换过程,阐明各基本热力参数间的关系,明确提高其经济性和动力性的基本途径;② 确定循环热效率的理论极限,判断实际发动机工作过程的完善程度;③ 分析和比较发动机不同热力循环方式的经济性和动力性,发展发动机的新型工作方式。

因此,本节对固体火箭发动机的热力循环过程进行介绍。

1. 固体火箭发动机的理想循环过程

图 2—8 所示的装药燃烧表面,取单位质量的固体推进剂作为对象工质,将它所经历的一系列过程加以简化,可以得到固体火箭发动机的理想循环过程。这里所说的**理想循环**要求组成循环的过程都是可逆的,并且工质的数量和化学成分保持不变。图 2—9 给出了固体火箭发动机的理想热力循环过程的 p-v(压强－比体积)图。具体包含以下 4 个过程。

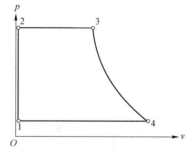

图 2—9 固体火箭发动机的理想热力循环示意图

1)定容升压过程 1—2

工质的初始状态 1 为常温常压的固体状态,但是其化学组成不再认为是初始固体推进剂的实际组分,而是假定与燃烧反应后的燃气组分相同[①]。工质工作时首先从常压状态 1 升压至燃烧室压强状态 2。这一过程类似于在燃气轮机和液体火箭发动机中,工质被送入燃烧室前在压气机或泵等作用下提升压强的过程。不同之处在于固体火箭发动机的工质已经存在于燃烧室,无须外力输送,仅在燃烧室内燃气压强的作用下完成升压即可。

在 1—2 的升压过程中,工质保持在固体状态,其比体积远小于气态燃烧产物的比体积(两者的比值不大于 0.5%),而且其受压前后比体积变化很小,因而压缩功约等于零,在 p-v 图上过程线 1—2 垂直向上并近似与 p 轴重合。

---

① 类似的假设通常也被用在其他内燃动力装置(如内燃机、燃气轮机等,其特点是直接利用燃料的燃烧产物作为工质)的热力循环分析中,都是为了满足理想循环中工质不变的条件。

2）定压加热过程 2—3

在这一过程中，工质在定压环境下燃烧，相当于将推进剂的定压爆热①施加给工质，该热量被假定从循环外部加入。定压加热过程中，工质由固态变为气态，气态工质在定压下吸热增温。

3）等熵膨胀过程 3—4

在这一过程中，燃烧室内产生的高温高压的工质气体在喷管内等熵膨胀，其压强、温度不断降低，比体积增大，速度增大，最后从出口处排出。在适合的条件下，喷管出口的工质压强等于周围环境压强，但温度仍会远高于环境温度。

4）定压放热过程 4—1

在这一过程中，工质在与周围环境相同的压强下放热，冷却至环境温度，恢复到循环的初始状态。

以上即为典型的固体火箭发动机理想循环过程。根据燃气在喷管中的实际膨胀程度不同，这一过程会发生一些变化，将在后面予以介绍。

2. 固体火箭发动机理想循环的热效率

根据热力学第一定律可得，定压过程中工质所接收的热量等于过程中焓的增量。

定压加热过程 2—3 中，对工质的加热量为

$$q_1 = h_3 - h_2$$

式中 q——单位质量工质与外界交换的热量，J/kg；

h——比焓，J/kg。

定压放热过程 4—1 中，工质的放热量为

$$q_2 = h_4 - h_1$$

度量理想循环热功转换效果的主要指标是热效率 η_t，用以说明循环中加热量被有效利用的程度。因此，火箭发动机循环的**热效率** η_t 为

$$\eta_t = 1 - \frac{q_2}{q_1} = 1 - \frac{h_4 - h_1}{h_3 - h_2} \qquad (2-1)$$

或

$$\eta_t = \frac{(h_3 - h_2) - (h_4 - h_1)}{h_3 - h_2} = \frac{(h_3 - h_4) - (h_2 - h_1)}{(h_3 - h_1) - (h_2 - h_1)} \qquad (2-2)$$

考虑到循环中各点焓值的相对大小，可以对式（2-2）做某些简化。式中 $h_2 - h_1$ 为推进剂升压过程所需要消耗的能量。由于固体推进剂比体积很小且不可压，升压时所消耗的能量与循环中的加热量和放热量相比，它的值可忽略不计，即取 $h_2 - h_1 \approx 0$。此外，h_1 与 h_3 相比，其值很小，也可忽略不计，即取 $h_3 - h_1 \approx h_3$，则式（2-2）简化为

$$\eta_t = \frac{h_3 - h_4}{h_3} = 1 - \frac{h_4}{h_3}$$

过程 3—4 为理想气体的等熵膨胀过程，假设其比体积保持不变，并令燃烧室压强 p_c 与喷管出口压强 p_e 之比为 ε_p（称为**喷管膨胀比**，又称**喷管落压比**），即

---

① 推进剂的定压爆热是指 1 kg 质量的推进剂在真空条件下进行绝热、定压燃烧，并使反应产物冷却到规定温度时所放出的热量。

$$\varepsilon_p = \frac{p_c}{p_e} = \frac{p_3}{p_4}$$

则循环的热效率为

$$\eta_t = 1 - \frac{T_4}{T_3} = 1 - \left(\frac{p_e}{p_c}\right)^{\frac{k-1}{k}} = 1 - \frac{1}{\varepsilon_p^{\frac{k-1}{k}}} \quad (2-3)$$

式中 T——工质的温度，K；

k——比热比，也称绝热指数。

式(2-3)说明，固体火箭发动机循环的热效率随着喷管膨胀比的增大而增加。η 与 ε_p（即 p_c / p_e）及 k 的关系如图 2-10 所示。

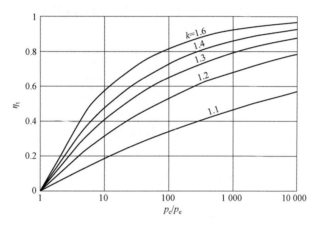

图 2-10 η_t 随 p_c / p_e 及 k 的变化关系

3. 固体火箭发动机的设计状态与非设计状态

在图 2-9 所示的理想循环中，等熵膨胀过程结束时（状态 4），喷管出口处的压强 p_e 等于周围环境压强 p_a，气流完全膨胀，通常称此种状态为发动机的**设计状态**。

在热力循环中，工质得到的热量 q_1 只有一部分可以转化为功，循环过程中所做的净功即为**循环功** w_t，其大小可以用 $p-v$ 图中闭合曲线的面积来表示。工质在固体火箭发动机中工作时，由于没有轴功输出，在不考虑工质自身势能（如重力势能）变化的情况下，循环功大小也就代表了循环中工质动能的增量。固体火箭发动机在设计状态时，循环功大小如图 2-11 中的阴影面积所示，其主要来自于工质加热和流动的动力学过程，记为 $w_{t,d}$。

然而，并不是所有发动机都一定工作在设计状态。有时会由于燃烧室参数变化、高度变化、尺寸限制等原因，使喷管出口压强 p_e 并不等于环境压强 p_a，则称之为**非设计状态**（图 2-12）。具体分为以下两种情况。

（1）**欠膨胀状态**，此时喷管内气体工质的膨胀程度不够，使得 $p_e > p_a$。

（2）**过膨胀状态**，此时喷管内气体工质的膨胀程度过大，

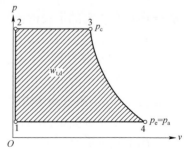

图 2-11 设计状态时的循环功

使得 $p_e < p_a$。

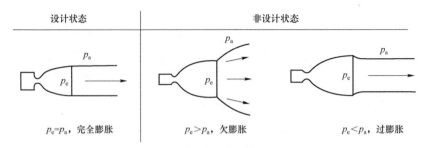

图 2-12 设计状态和非设计状态

两种非设计状态下对应的理想热力循环示意图如图 2-13 所示。

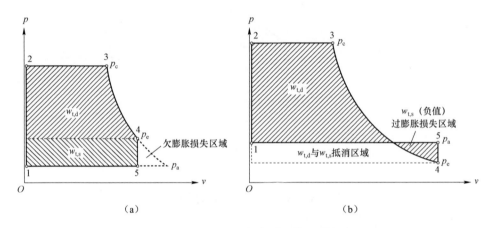

图 2-13 非设计状态时的热力循环
(a) 欠膨胀循环（$p_e > p_a$）；(b) 过膨胀循环（$p_e < p_a$）

在图 2-13（a）所示的欠膨胀循环中，工质先经历定容升压过程 1—2、定压加热过程 2—3 和等熵膨胀过程 3—4，此时由于欠膨胀，状态 4 处 $p_e > p_a$，需要有一个降压过程 4—5，使压强降至环境压强 p_a，该过程近似于定容过程。最后经定压放热过程 5—1 恢复到循环初始状态。欠膨胀循环中，循环功分成了两部分：来自工质加热和流动动力学过程的**动力功 $w_{t,d}$** 以及由静压差 $p_e - p_a$ 引起的**静力功 $w_{t,s}$**。与设计状态循环（图中粗虚线）相比，欠膨胀循环的循环功有一定的损失，损失部分为图中三角域面积。

同样，在图 2-13（b）所示的过膨胀循环中，工质经定容升压过程 1—2、定压加热过程 2—3 和等熵膨胀过程 3—4 后，由于状态 4 处 $p_e < p_a$，增加了一个定容升压过程 4—5，最后经定压放热过程 5—1 恢复到循环初始状态。过膨胀循环中的循环功同样包括动力功 $w_{t,d}$ 和静力功 $w_{t,s}$，不过由于此时静力功为负值（消耗功），因而减少了发动机的循环功，损失部分为图中三角域面积。

由上述分析对比可知，与欠膨胀、过膨胀时的非设计状态相比，气流完全膨胀时的设计状态得到的循环功最大，也就是工质动能的增量最大。

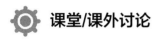 **课堂/课外讨论**

讨论题 2-4：在许多固体火箭发动机的燃烧室中，会沿装药长度上不断注入燃气，使燃气速度也沿程逐渐增加。在本节热力循环分析中，忽略了燃烧室内的燃气流动过程，假定其速度为零。如果不再忽略这个过程，其 $p-v$ 图会如何？循环功又由哪几部分组成？

2.4 燃烧室内的能量转换

推进剂在燃烧室中燃烧，生成燃烧产物，并释放化学能，该化学能给燃烧产物加热，使其升温。在 2.3 节的热力循环中，不考虑燃烧过程，将反应放热假设为从外部加入。燃烧室中反应热的大小取决于推进剂在燃烧反应中释放的能量，我们从了解以下化学反应中能量的组成和转换过程出发，介绍相关概念，并得到定压反应热的计算方法。

1. 内能、热能与化学能

对大多数由分子等粒子所构成的系统，一方面，从系统外部的坐标系来看，系统运动时具有宏观能量，即系统的动能和势能；另一方面，构成系统的粒子间存在相互作用及微观层面上的运动，这些粒子微观形态的能量叫作**内能**，其具有多种形式，如图 2-14 所示。

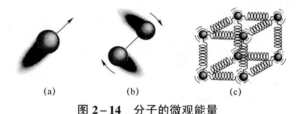

图 2-14 分子的微观能量
(a) 平移运动的动能；(b) 旋转运动的动能；(c) 振动的动能和势能

常见的内能包括以下几种。

(1) 显热：气体分子具有平移运动的动能及旋转运动的动能，固体分子具有振动的动能，金属固体中分子振动能量和自由电子的动能各有相互作用并共存。如果这些内能增大，导致系统温度升高，这种分子的微观动能就称为显热。

(2) 潜热：当液体蒸发时，使处于束缚状态的分子变为自由运动是需要能量的。在等温等压条件下，固体、液体、气体等发生相变所伴随的内能变化，称为潜热。

通常把与粒子微观运动和粒子间的势能及与相变相关的能量，也即与显热和潜热相关的内能称为**热能**。本书用符号 E 表示。

(3) 化学能：微观粒子内部与分子聚合相关的能量，本书用符号 E_{ch} 表示。化学能是蕴藏在物质内部并在化学反应中释放出来的能量。不同的物质具有不同的化学能，它取决于物质的分子结构，与物质所处的温度、压强无关。在化学反应中由反应物形成生成物，此时原有的分子结构被破坏，组成新的分子，物质的化学能就会发生变化。

(4) 核能：微观粒子内部与原子聚合、分裂相关的能量。

2. 物理焓、总焓

1) 物理焓

物理焓或热焓，简称焓，其与热能相对应。在上节热效率计算时已经用到，其定义式为

$$H = E + pV \tag{2-4}$$

式中 H——焓，J；

E——热能，J；

p——压强，Pa；

V——容积，m³。

单位质量物质的物理焓称为**比焓**。1 mol 物质的物理焓称为**摩尔焓**。

温度为 T 时的焓为

$$h = \int_0^T c_p \mathrm{d}T \tag{2-5}$$

及

$$\bar{h} = \int_0^T \bar{c}_p \mathrm{d}T \tag{2-6}$$

式中 h——比焓，J/kg；

$\bar{h}$——摩尔焓，J/mol；

c_p——定压比热容，J/(kg·K)；

$\bar{c}_p$——定压摩尔比热容，J/(mol·K)。

对于理想气体，焓仅是温度的函数。当温度从 T_1 变化到 T_2 时，焓的增量为

$$\Delta h = \int_{T_1}^{T_2} c_p \mathrm{d}T \tag{2-7}$$

固体和液体的比热容随温度变化很小，可以认为是常数，则

$$\Delta h = c(T_2 - T_1) \tag{2-8}$$

式中 c——固体或液体的比热容，J/(kg·K)。

如果在 $T_1 \sim T_2$ 范围内存在相变时，则焓中还包含相变焓。**相变焓**是物质在恒定温度及该温度的平衡压强下发生相变时对应的焓变。由于物质在不同相时比热容值也不同，因此应以相变温度为界，分段计算物质的焓值。

$$\Delta h = \int_{T_1}^{T_m} c_{p1} \mathrm{d}T + \Delta h_p + \int_{T_m}^{T_2} c_{p2} \mathrm{d}T \tag{2-9}$$

式中 T_m——物质的相变温度，K；

Δh_p——物质的相变焓，J/kg；

c_{p1}, c_{p2}——分别表示不同相时物质的定压比热容，J/(kg·K)。

2) 总焓

在推进剂燃烧过程中，发生了化学能向热能的转换，因此采用总焓这个物理量表示物质所具有的总能量。在考虑化学反应的系统中，**总焓** I 是物质的化学能 E_{ch} 和物理焓 H 之和，即

$$I = E_{ch} + H \tag{2-10}$$

对于 1 kg 的物质，比总焓 i 为

$$i = e_{ch} + h \tag{2-11}$$

对于 1 mol 的物质，摩尔总焓 $\overline{I}$ 为

$$\overline{I} = \overline{e}_{ch} + \overline{h} \tag{2-12}$$

3. 反应热

1) 热力学第一定律在化学反应中的应用

反应物之间发生化学反应，产生生成物。如果生成物化学能小于反应物化学能，则两种物质化学能的差值在反应时就要以热的形式释放出来。所释放的能量一部分用于提高生成物的温度，一部分以功或热的形式向外散发。这个能量转换关系可用热力学第一定律来描述，即

$$(E + E_{ch})_R - (E + E_{ch})_P = W - Q \tag{2-13}$$

式中　E，E_{ch}——分别表示热能和化学能；

R 和 P——分别表示反应物和生成物。

Q 为化学反应的**反应热**，即在化学反应中，系统和外界交换的热量。热量的正负规定以系统吸热为正，放热为负。

W 为系统对外界所做的功。可分为两部分：一部分是由于反应前后系统容积变化而做的容积功；另一部分是与容积变化无关的可用功，如电池放电做电功等。以系统对外做功为正值，外界对系统做功为负值。

2) 定压反应热

在前述固体火箭发动机热力循环中，定压加热过程 2—3 中加入热量 Q_1，其在数值上等于推进剂进行化学反应的反应热 Q_p，可由式（2-13）得出。该化学反应在定压下进行，且无可用功输出。若反应过程中的压强为 p，反应物的容积为 V_R，生成物的容积为 V_P，则化学反应所做的功为容积功，即

$$W = p(V_P - V_R) \tag{2-14}$$

由式（2-13）可得

$$Q_p = (E + E_{ch})_P - (E + E_{ch})_R + p(V_P - V_R)$$

即

$$Q_p = (E + E_{ch} + pV)_P - (E + E_{ch} + pV)_R$$

由式（2-4）得

$$Q_p = (H + E_{ch})_P - (H + E_{ch})_R$$

代入式（2-10），得

$$Q_p = I_P - I_R \tag{2-15}$$

式（2-15）说明，推进剂燃烧的**定压反应热**等于过程中系统总焓的变化，如图 2-15 所示。在发动机热力循环分析中，该热量被认为是从系统外部施加给工质。若使生成物的温度与反应物的温度相同，则该反应热在大小上就是上节提到的推进剂定压爆热。

3) 标准生成焓

根据式（2-15），定压反应热等于系统总焓的变化，即

$$Q_p = I_P - I_R = \sum_P (n_j \overline{I}_j) - \sum_R (n_j \overline{I}_j) \tag{2-16}$$

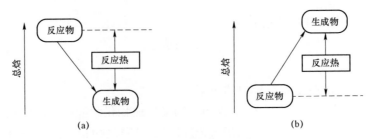

图 2-15 定压反应热
(a) 放热反应;(b) 吸热反应

式中 n_j——生成物或反应物中任一组分的物质的量;
$\bar{I}_j$——任一组分的摩尔总焓。

由式(2-16)可见,若已知参加化学反应的各物质总焓的绝对值,就能计算出任一反应的反应热。但因物质总焓的绝对值是无法测定的,为了解决这一问题,采用了一个相对的标准,规定在标准状态(1 atm①、25℃)时,稳定单质的总焓为零。由于规定了单质的焓值,化合物的焓值可按下述方法确定。

在 1 atm、298 K 条件下,由稳定单质化合而生成 1 mol 化合物时的反应热,称为该化合物的**标准生成焓**,以 $\Delta \bar{h}_f^0$ 表示(上标"0"表示压强为 1 atm)。若 1 mol 化合物在 1 atm 和 298 K 的摩尔总焓以 $\bar{I}_c^0$ 表示(下标"c"表示化合物),则由式(2-16)可得

$$\Delta \bar{h}_f^0 = \bar{I}_c^0 - \sum_R (n_j \bar{I}_j)$$

或

$$\bar{I}_c^0 = \Delta \bar{h}_f^0 + \sum_R (n_j \bar{I}_j) \quad (2-17)$$

因为各单质的摩尔总焓 $\bar{I}_j$ 为零,即式(2-17)最后一项为零,故 1 mol 的该化合物在 1 atm 和 298 K 的摩尔总焓等于其标准生成焓。

化学反应不一定在标准条件下进行。在任意温度 T 时,化合物的摩尔总焓 $\bar{I}_{T,j}$ 应等于该化合物在标准状态下的摩尔总焓,加上该化合物从标准状态变化到任意温度 T 和压强 p 时的物理焓变化量 $\Delta \bar{h}$。对于理想气体,其焓与压强无关。故

$$\bar{I}_{T,j} = \Delta \bar{h}_f^0 + \Delta \bar{h}_{(298 \to T)} = \Delta \bar{h}_f^0 + (\bar{h}_T - \bar{h}_{298}) \quad (2-18)$$

或

$$\bar{I}_{T,j} = \Delta \bar{h}_f^0 + \int_{298}^{T} \bar{c}_p dT \quad (2-19)$$

由此可见,任意化合物的摩尔总焓由两部分组成:一部分是该化合物的标准生成焓 $\Delta \bar{h}_f^0$,另一部分是温度变化引起的物理焓的变化。

各种化合物的标准生成焓 $\Delta \bar{h}_f^0$、燃烧产物的定压摩尔比热容 $\bar{c}_p$ 和摩尔总焓 $\bar{I}$ 等数据可以从热力学有关手册上查得。

将式(2-18)代入式(2-15)中,可得

注:① 1 atm≈0.1 MPa。

$$Q_p = \sum_P n_j (\Delta \overline{h}_f^0 + \overline{h}_T - \overline{h}_{298})_j - \sum_R n_j (\Delta \overline{h}_f^0 + \overline{h}_T - \overline{h}_{298})_j \quad (2-20)$$

对于任一化学反应，若已知反应物和生成物的标准生成焓 $\Delta \overline{h}_f^0$，就可以求得其在任意温度时的定压反应热。

以上介绍了发动机燃烧室中能量转换的原理和定压反应热计算方法。有了定压反应热数值，就可以确定理想热力循环中各工况的状态参数。需要说明的是，与理想循环过程不同，实际的发动机燃烧室中的燃气组分是随着温度等参数变化的。关于燃烧产物组分确定、定压燃烧温度计算等内容，将在第 5 章燃烧室热力计算中予以论述。

例 2-1 丙烷的反应方程式为

$$C_3H_8(g) + 5O_2(g) = 3CO_2(g) + 4H_2O(g)$$

试计算在标准状态下（压强 1 atm、温度 25 ℃），反应的定压反应热。

解：由式（2-20）可得

$$Q_p = \sum_P (n_i \Delta \overline{h}_f^0) - \sum_R (n_i \Delta \overline{h}_f^0)$$

则

$$Q_p = 3\Delta \overline{h}_{f,CO_2}^0 + 4\Delta \overline{h}_{f,H_2O}^0 - \Delta \overline{h}_{f,C_3H_8}^0 - 5\Delta \overline{h}_{f,O_2}^0$$

由相关手册可查得

$$\Delta \overline{h}_{f,CO_2}^0 = -393\ 520 \text{ J/mol}$$

$$\Delta \overline{h}_{f,H_2O}^0 = -241\ 820 \text{ J/mol}$$

$$\Delta \overline{h}_{f,C_3H_8}^0 = -103\ 850 \text{ J/mol}$$

$$\Delta \overline{h}_{f,O_2}^0 = 0$$

将上述数据代入，可得

$$Q_p = 3 \times (-393\ 520) + 4 \times (-241\ 820) - 1 \times (-103\ 850) - 5 \times 0$$

$$= -2\ 043\ 990 \text{ (J/mol)}$$

2.5 喷管理论及基本关系式

本节简要介绍喷管一维定常等熵流动的基本理论和公式，对于已经学习过"气体动力学"课程的读者，可以跳过本节内容，直接进入第 3 章的学习。

1. 一维定常等熵流动的基本方程

对于理想固体火箭发动机，喷管中的流动过程可简化为一维定常等熵的管流，流动通道是变截面的。取图 2-16 所示的变截面一维定常等熵流动模型，可以得到其基本方程。

1）连续方程

$$d\dot{m} = d(\rho u A) = 0$$

或

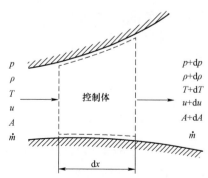

图 2-16 变截面一维定常等熵流动模型

$$\dot{m} = \rho u A = 常数 \tag{2-21}$$

式中　$\dot{m}$——气体的质量流量，kg/s；

　　　A——气体流经管道某处的截面积，m^2；

　　　ρ——气体在截面积 A 处的密度，kg/m^3；

　　　u——气体在截面积 A 处的速度，m/s。

即通过流道各截面处气体的质量流量均相等。连续方程实际上是质量守恒定律的一种表达形式。

2）动量方程

$$d(\dot{m}u) = -d(pA) + pdA$$

或

$$d(\dot{m}u) = -Adp \tag{2-22}$$

当 $\dot{m}$ 为常数时，式（2-22）可改写为

$$\dot{m}du = -Adp$$

或

$$\rho u du + dp = 0 \tag{2-23}$$

式中　p——气体在截面积 A 处的压强，Pa（或 N/m^2）。

即作用在所取控制体内气体上的力应等于单位时间内沿力的方向上气体动量的变化。式（2-22）等号右侧的负号表示动量的增量与力的增量正好相反。动量方程实际上是牛顿第二定律的一种表达形式。

3）能量方程

$$d\left(h + \frac{u^2}{2}\right) = 0 \tag{2-24a}$$

或

$$h + \frac{u^2}{2} = 常数 \tag{2-24b}$$

式中　h——单位质量气体的比焓，J/kg；

　　　$u^2/2$——单位质量气体的动能，m^2/s^2。

即在不计气体质量力的条件下，单位质量气体的焓和动能之和在流道内处处相等。因此，能量方程实际上是能量守恒定律的一种表达形式。

4）状态方程

$$p = \rho R T \tag{2-25a}$$

或

$$p = \rho \frac{R_0}{\mu} T \tag{2-25b}$$

式中　R——气体常数，$J/(kg \cdot K)$；

　　　R_0——通用气体常数，其数值为 $R_0 = 8\,314\ J/(kmol \cdot K)$；

　　　μ——气体的千摩质量，其数值等于该气体的分子量，kg/kmol。

只有理想气体才能完全符合上述方程，因而称式（2-25）为理想气体的状态方程。所谓理想气体，是一种假想的气体，它的分子是一种不占据体积、完全弹性的质点，分子之间只有碰撞而没有相互的作用力。

上述方程式中有速度 u、压强 p、密度 ρ 和温度 T 这 4 个未知数，共有 4 个方程，因此在添加相应边界条件后，可以进行求解。在这些方程的基础上，还可以得到其他一些有用的基本关系式。

2. 基本关系式

1）比热比

气体的定压比热容 c_p 与定容比热容 c_v 之比，称为该气体的**比热比**，用符号 k 表示，即

$$k = \frac{c_p}{c_v} \tag{2-26}$$

比热比 k 是无量纲量，它是一个很重要的热力参数，在以后的计算中会经常用到。

理想气体定容比热容与定压比热容之间的关系可表示为

$$c_p - c_v = R \tag{2-27}$$

$$c_v = \frac{1}{k-1} R \tag{2-28}$$

$$c_p = \frac{k}{k-1} R \tag{2-29}$$

根据分子运动学说的比热容理论，理想气体的比热容与温度无关。对于一定的气体，其比热容是一个定值，因此其比热比也是一个定值，称为定值比热比。

但是，试验表明，气体的比热容是随着气体分子结构的复杂程度（分子中原子的数目）和气体温度的升高而增大的，这是因为用理论推算出的 c_p 值并没有考虑分子内部振动所产生的影响。根据比热容的量子理论，可以获得理想气体的比热容与温度的复杂关系式。通常，在一定的温度范围内，这种关系可以近似地用一些经验公式来表达。例如

$$c_p = a_0 + a_1 T + a_2 T^2 + a_3 T^3 + \cdots \tag{2-30}$$

$$c_v = a_0' + a_1 T + a_2 T^2 + a_3 T^3 + \cdots \tag{2-31}$$

式中　　a_0，a_0'——常数；

a_1，a_2，a_3，…——各阶温度系数。对于不同的气体，它们各自有不同的值。

由于比热容随温度和气体成分的变化而变化，因而其比热比也随温度和气体成分变化而不再是一个定值，称为变比热比。对于理想气体而言，其比热比就等于等熵指数。

对于火箭发动机喷管中的流动来说，其流动工质是多组分有化学反应的混合气体（若有凝相组分存在，情况则更为复杂），不同于上述单组分气体。如果讨论的是流动过程中组分不变而温度改变的等熵流动，在简化计算时其比热比的数值通常就采用喷管入口处的定压比热容与定容比热容之比的定值比热比；在精确计算时，则应按组分不变、温度改变时的变值比热比情况进行计算。如果讨论的是不仅温度改变，而且气体组分也同时改变的等熵流动，则在精确计算时，比热比的数值应按照组分和温度均改变时的变值比热比情况进行计算，其数值比只考虑温度改变的变值比热比略小。

2）等熵过程方程式

根据式（2-5）并假设 k、c_p 为常数，代入式（2-29），得

$$h = c_p T = \frac{k}{k-1} RT \tag{2-32}$$

将基本方程中的动量方程式（2-22）和能量方程式（2-24a）进行联合，消去速度 u，可得

$$\mathrm{d}h - \frac{\mathrm{d}p}{\rho} = 0$$

将式（2-32）代入，得

$$\mathrm{d}\left(\frac{k}{k-1} RT\right) - \frac{\mathrm{d}p}{\rho} = 0$$

根据理想气体状态方程式（2-25a）得

$$\mathrm{d}\left(\frac{k}{k-1} \frac{p}{\rho}\right) - \frac{\mathrm{d}p}{\rho} = 0$$

整理，得

$$\mathrm{d}\left(\frac{p}{\rho^k}\right) = 0$$

或

$$\frac{p}{\rho^k} = 常数 \tag{2-33}$$

或

$$\frac{p_2}{p_1} = \left(\frac{\rho_2}{\rho_1}\right)^k \tag{2-34}$$

式中　p——工质的压强，下标 1 和 2 分别表示过程的初态和终态；
　　　k——比热比、绝热指数、等熵指数。

式（2-34）即为理想气体的**等熵过程方程式**，其也可以由热力学第一定律导出。

在式（2-33）的导出过程中，将 k 值视为常数。在近似计算时，对于单原子气体，可取 $k=1.66$；对于双原子气体，$k=1.4$；对于多原子气体，$k=1.29$。但在精确计算时，要考虑 k 值随温度（及气体成分）的变化。此时，式（2-33）中的 k 值应采用平均比热比 $\bar{k}$。$\bar{k}$ 可以有不同的算法，如采用过程的积分平均值或采用过程初态和终态的算术平均值等。

根据上述等熵过程方程式和理想气体状态方程式，可以方便地导出其他两个状态参数方程为

$$\frac{T}{\rho^{k-1}} = 常数 \tag{2-35}$$

或

$$\frac{T_2}{T_1} = \left(\frac{\rho_2}{\rho_1}\right)^{k-1} \tag{2-36}$$

和

$$\frac{T}{p^{\frac{k-1}{k}}} = 常数 \tag{2-37}$$

或

$$\frac{T_2}{T_1} = \left(\frac{p_2}{p_1}\right)^{\frac{k-1}{k}} \tag{2-38}$$

3）滞止参数

气体从任意状态经可逆、绝热过程将速度减小到零的状态，称为等熵滞止状态，简称滞止状态。处于滞止状态下的气流参数称为**滞止参数**（有时也称为总参数），用下标 0 表示。

单位质量**滞止焓**的表达式为

$$h_0 = h + \frac{u^2}{2} \tag{2-39}$$

滞止温度的表达式为

$$T_0 = T + \frac{u^2}{2c_p} \tag{2-40}$$

式中的 c_p 取常数，若将式（2-29）代入上式，则得

$$T_0 = T + \frac{k-1}{k}\frac{u^2}{2R} \tag{2-41}$$

滞止压强的表达式为

$$p_0 = p\left(\frac{T_0}{T}\right)^{\frac{k}{k-1}} \tag{2-42}$$

根据 2.2 节中对理想火箭发动机的基本假设，燃烧室内为零维滞止状态。因此对燃烧室内的参数（用下标 c 表示），有

$$p_c = p_0; \quad T_c = T_0; \quad h_c = h_0$$

4）声速、马赫数和速度系数

（1）声速。

对于符合等熵过程方程的理想气体，**声速** c 可以表示为

$$c = \sqrt{\left(\frac{\mathrm{d}p}{\mathrm{d}\rho}\right)_s} = \sqrt{kRT} \tag{2-43}$$

由于气流中各点的状态参数不同，因而各点处的声速也不同，常用"当地声速"来表征其不同。当 $T = T_0$ 时的声速，称为**滞止声速**，并表示为

$$c_0 = \sqrt{kRT_0} \tag{2-44}$$

（2）马赫数。

某点处气流的速度与当地声速之比称为该点气流的**马赫数**，用符号 Ma 表示为

$$Ma = \frac{u}{c} \tag{2-45}$$

用式（2-43）代入得

$$Ma = \frac{u}{\sqrt{kRT}} \tag{2-46}$$

可以看出，因为当地声速不是常数，故 Ma 与 u 不成正比关系。

当 $Ma=1$ 时的声速称为**临界声速**，用符号 c_* 表示。显然，$c_*=c=u$，故

$$c_* = \sqrt{\frac{2}{k+1}} c_0 \tag{2-47}$$

可见，c_* 不随气流速度而变化。

（3）速度系数。

某点处的气流速度与临界声速之比称为该点气流的**速度系数**，用符号 λ 表示为

$$\lambda = \frac{u}{c_*} \tag{2-48}$$

因为对于给定的火箭发动机工质，可以认为 c_* 不变，故 λ 与 u 成正比。因此用 λ 来计算火箭发动机内流问题比较方便。

5）用马赫数表达的无量纲状态参数

$$\begin{cases} \dfrac{c_0}{c} = \left(1 + \dfrac{k-1}{2} Ma^2\right)^{\frac{1}{2}} \\ \dfrac{T_0}{T} = 1 + \dfrac{k-1}{2} Ma^2 \\ \dfrac{\rho_0}{\rho} = \left(1 + \dfrac{k-1}{2} Ma^2\right)^{\frac{1}{k-1}} \\ \dfrac{p_0}{p} = \left(1 + \dfrac{k-1}{2} Ma^2\right)^{\frac{k}{k-1}} \end{cases} \tag{2-49}$$

6）用速度系数表达的无量纲状态参数

$$\begin{cases} \dfrac{c}{c_0} = \left(1 - \dfrac{k-1}{k+1} \lambda^2\right)^{\frac{1}{2}} = \alpha(\lambda) \\ \dfrac{T}{T_0} = 1 - \dfrac{k-1}{k+1} \lambda^2 = \tau(\lambda) \\ \dfrac{\rho}{\rho_0} = \left(1 - \dfrac{k-1}{k+1} \lambda^2\right)^{\frac{1}{k-1}} = \varepsilon(\lambda) \\ \dfrac{p}{p_0} = \left(1 - \dfrac{k-1}{k+1} \lambda^2\right)^{\frac{k}{k-1}} = \pi(\lambda) \end{cases} \tag{2-50}$$

在气体动力学中，除了上述参数可表达为 Ma 数或 λ 数的函数外，还有其他一些物理量（如流量、动量、动压等）也可表达成 Ma 数或 λ 数的函数，将它们合在一起统称为**气体动力学函数**。有关其他气体动力学函数的表达式可在附表 3-1 和一般的气体动力学书籍中查到，附表 3-2 给出了不同 k 值时的气体动力学函数值。

3. 喷管中的等熵流动理论

1）喷管形状对流动的影响

根据式（2-21），$\rho u A = $ 常数，对此取对数，再微分，得

$$\frac{d\rho}{\rho} + \frac{du}{u} + \frac{dA}{A} = 0 \tag{2-51}$$

又根据式（2-23），即 $\rho u du + dp = 0$，则上式可改写为

$$\frac{dp}{d\rho}\frac{d\rho}{\rho} + u^2 \frac{du}{u} = 0$$

即

$$\frac{d\rho}{\rho} + Ma^2 \frac{du}{u} = 0 \tag{2-52}$$

结合式（2-33）可得

$$\frac{dp}{p} + kMa^2 \frac{du}{u} = 0 \tag{2-53}$$

将理想气体的

$$h = c_p T = \frac{k}{k-1}RT \; ; \quad c = \sqrt{kRT}$$

代入能量方程式（2-24）可得

$$\frac{dT}{T} + (k-1)Ma^2 \frac{du}{u} = 0 \tag{2-54}$$

由状态方程，可得

$$\frac{dp}{p} - \frac{d\rho}{\rho} - \frac{dT}{T} = 0$$

由 Ma 数定义，可得

$$\frac{dMa}{Ma} - \frac{du}{u} + \frac{dT}{2T} = 0 \tag{2-55}$$

在方程式（2-51）～式（2-55）这 5 个方程中，包含 dp/p、$d\rho/\rho$、dT/T、du/u、dMa/Ma、dA/A 这 6 个变量。若将 dA/A 作为参变量，则由以上方程组可解得其余 5 个变量与 dA/A 的函数关系，即

$$(Ma^2 - 1)\frac{du}{u} = \frac{dA}{A} \tag{2-56}$$

$$\frac{d\rho}{\rho} = \frac{Ma^2}{1-Ma^2}\frac{dA}{A} \tag{2-57}$$

$$\frac{dp}{p} = \frac{kMa^2}{1-Ma^2}\frac{dA}{A} \tag{2-58}$$

$$\frac{\mathrm{d}T}{T} = \frac{Ma^2(k-1)}{1-Ma^2}\frac{\mathrm{d}A}{A} \tag{2-59}$$

$$\frac{\mathrm{d}Ma}{Ma} = -\frac{1+\frac{k-1}{2}Ma^2}{1-Ma^2}\frac{\mathrm{d}A}{A} \tag{2-60}$$

式（2-56）~式（2-60）反映了喷管截面积变化对气体流动特性的影响规律，可归纳如表2-1所示。

表2-1 喷管截面积变化对气体流动特性的影响规律

参数 变化方向 条件	收缩 $\mathrm{d}A<0$		扩张 $\mathrm{d}A>0$	
	$Ma<1$	$Ma>1$	$Ma<1$	$Ma>1$
$\mathrm{d}p/p$	<0	>0	>0	<0
$\mathrm{d}\rho/\rho$	<0	>0	>0	<0
$\mathrm{d}T/T$	<0	>0	>0	<0
$\mathrm{d}u/u$	>0	<0	<0	>0
$\mathrm{d}Ma/Ma$	>0	<0	<0	>0

由表2-1可以得到以下基本规律：

（1）压强（或密度）的变化方向与流速变化方向总是相反的。因此，可将流动分为两大类：膨胀（$\mathrm{d}p<0$）加速（$\mathrm{d}u>0$）流动和压缩（$\mathrm{d}p>0$）减速（$\mathrm{d}u<0$）流动。前者所用的管道称为喷管；后者称为扩压管。

（2）截面积增大（$\mathrm{d}A>0$）和截面积减小（$\mathrm{d}A<0$）对气体流动参数变化的影响正好相反。

（3）亚声速流（$Ma<1$）和超声速流（$Ma>1$）对流动参数变化的影响也正好相反。

因此，有以下结论：

（1）当$Ma<1$时，即亚声速流动时，$\mathrm{d}u$与$\mathrm{d}A$异号，欲使气流加速（$\mathrm{d}u>0$），需$\mathrm{d}A<0$，即喷管流动截面积要逐渐减小（收缩型）。

（2）当$Ma>1$时，即超声速流动时，$\mathrm{d}u$与$\mathrm{d}A$同号，欲使气流加速（$\mathrm{d}u>0$），需$\mathrm{d}A>0$，即喷管流动截面积要逐渐增大（扩张型）。

（3）当$Ma=1$时，即声速流动时，$\mathrm{d}A=0$。由上面（1）、（2）分析可知，此时的喷管流动截面积必为喷管的最小截面，称为临界截面或喷管喉部截面。

综上所述，收缩型喷管内亚声速气流加速可达到的极限速度是声速，欲使气体在喷管中由亚声速流加速至超声速流，喷管的形状必须先收缩后扩张，常把具有这一形状的喷管称为"**拉瓦尔喷管**"，如图2-17所示。

2）临界参数

$Ma=1$时的流动状态称为临界流动状态，处于临界流动条件下的气流参数称为**临界参数**，在喷管中则表示在喷管临界截面处的参数，用下标 * 来表示。显然，根据式（2-49）可得

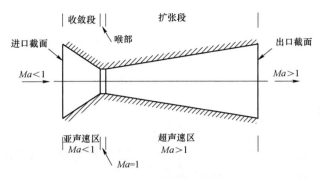

图 2-17 拉瓦尔喷管原理

$$\begin{cases} \dfrac{p_*}{p_0} = \left(\dfrac{2}{k+1}\right)^{\frac{k}{k-1}} \\ \dfrac{T_*}{T_0} = \dfrac{2}{k+1} \\ \dfrac{\rho_*}{\rho_0} = \left(\dfrac{2}{k+1}\right)^{\frac{1}{k-1}} \end{cases}$$

3）喷管排气速度

（1）排气速度的计算公式。

根据能量方程式（2-24），燃烧室内气体具有的总能量应等于喷管出口处气体具有的总能量，故有

$$h_c + \frac{u_c^2}{2} = h_e + \frac{u_e^2}{2} \quad (2-61)$$

式中符号的下标 c 和 e 分别表示燃烧室和喷管出口。

因为

$$h = c_p T$$

故式（2-61）可写成为

$$c_p T_c + \frac{u_c^2}{2} = c_p T_e + \frac{u_e^2}{2}$$

根据 2.2 节的基本假设：$u_c = 0$，故有

$$u_e = \sqrt{2c_p(T_c - T_e)} = \sqrt{2c_p T_c \left(1 - \frac{T_e}{T_c}\right)}$$

将式（2-29）和式（2-38）代入上式，得排气速度的计算式为

$$u_e = \sqrt{\frac{2k}{k-1} R T_c \left[1 - \left(\frac{p_e}{p_c}\right)^{\frac{k-1}{k}}\right]} \quad (2-62)$$

或

$$u_e = \sqrt{\frac{2k}{k-1}\frac{R_0}{\mu}T_c\left[1-\left(\frac{p_e}{p_c}\right)^{\frac{k-1}{k}}\right]} \quad (2-63)$$

（2）排气速度的影响因素。

若要增大排气速度，应该采取以下措施：

① 采用燃气分子量小的高能推进剂。因为这可使 R 和 T_c 增加[①]，从而使 u_e 增大；但 T_c 过高会使发动机壳体受热严重。

② 增大压强比 p_c/p_e。可使气体膨胀得更充分，从而也能使 u_e 增大，但在喷管喉部截面积一定时，必须增大喷管的出口尺寸才能使 p_c/p_e 增大，这将受到发动机结构的限制。

③ 减小比热比 k。k 值的减小使式（2-62）根号内的第一项增大而使根号内方括号中的值减小，其综合效果会使 u_e 略微增大，k 值的大小同样与推进剂的组分和燃烧温度有关。

（3）极限排气速度。

当其他条件不变而 $p_e = 0$ 时，排气速度将达到最大值，即

$$u_L = \sqrt{\frac{2k}{k-1}RT_c} \quad (2-64)$$

式中　u_L——极限排气速度。

很显然，与极限排气速度对应的静温等于绝对零度，所以它代表了气体分子不规则热运动的动能完全转化为气体定向运动的动能时所能达到的速度。由于真实气体早在温度到达绝对零度以前就已经液化了，所以极限排气速度 u_L 是不可能达到的。极限排气速度 u_L 仅是一个假想速度，所对应的最大等熵膨胀状态也只是一个参考状态。u_L 的重要性在于，对给定的流动条件，u_L 是流动速度不可能达到、更不能超越的界限值。

由此可见，有

$$u_e = u_L\sqrt{1-\left(\frac{p_e}{p_c}\right)^{\frac{k-1}{k}}} = u_L\eta_t^{0.5} \quad (2-65)$$

式中　η_t——发动机理想循环的热效率，见式（2-3）。

例 2-2　设有一台火箭发动机，其燃烧室工作压强 $p_c = 2.026$ MPa，燃烧室温度 $T_c = 2\ 222$ K，燃气比热比 $k = 1.30$，气体常数 $R = 345.7$ J/(kg·K)，喷管出口压强 $p_e = 0.101\ 3$ MPa，求该发动机的排气速度、极限排气速度和理想循环热效率。

解：先根据式（2-64）求出极限排气速度

$$u_L = \sqrt{\frac{2\times 1.3}{1.3-1}\times 345.7\times 2\ 222} = 2\ 580 \text{（m/s）}$$

由式（2-3）计算理想循环热效率为

$$\eta_t = 1-\left(\frac{0.101\ 3}{2.026\ 0}\right)^{\frac{1.3-1}{1.3}} = 1-\left(\frac{1}{20}\right)^{\frac{0.3}{1.3}} = 0.50$$

[①] R 与 T_c 的乘积也称为定压火药力 f_p 的换算值，定压火药力的概念来自火炮内弹道学，意指 1 kg 质量的推进剂在绝热、等压燃烧后使其燃烧产物在 1 atm 压强下，温度由 0 K 升至 T K 时对外膨胀所做的功，其单位是 J/kg。

最后，由式（2-65）求出发动机的排气速度为
$$u_e = 2\,580 \times 0.50^{0.5} \approx 1\,824 \text{ (m/s)}$$

4）喷管的质量流量

（1）质量流量的计算公式。

根据式（2-21）可知
$$\dot{m} = \rho u A = \rho_t u_t A_t \tag{2-66}$$

式中的下标 t 表示喷管喉部①，ρ_t 和 u_t 的表达式可分别根据式（2-49）和式（2-62）写为

$$\rho_t = \rho_c \left(\frac{2}{k+1}\right)^{\frac{1}{k-1}} \tag{2-67}$$

及

$$u_t = \sqrt{\frac{2k}{k-1} R T_c \left[1 - \left(\frac{p_t}{p_c}\right)^{\frac{k-1}{k}}\right]} \tag{2-68}$$

又因

$$\frac{p_t}{p_c} = \left(\frac{2}{k+1}\right)^{\frac{k}{k-1}} \tag{2-69}$$

故

$$u_t = \sqrt{\frac{2k}{k+1} R T_c} \tag{2-70}$$

将式（2-67）和式（2-70）代入式（2-66）则有

$$\dot{m} = \rho_c \left(\frac{2}{k+1}\right)^{\frac{1}{k-1}} \sqrt{\frac{2k}{k+1} R T_c} A_t \tag{2-71}$$

式中的 ρ_c 可表示为

$$\rho_c = \frac{p_c}{R T_c}$$

这样，式（2-71）可改写成

$$\dot{m} = \frac{p_c}{R T_c} \left(\frac{2}{k+1}\right)^{\frac{1}{k-1}} \left(\frac{2}{k+1}\right)^{\frac{1}{2}} \sqrt{k} \sqrt{R T_c} A_t$$

$$= p_c \frac{1}{\sqrt{R T_c}} \sqrt{k} \left(\frac{2}{k+1}\right)^{\frac{k+1}{2(k-1)}} A_t$$

---

① 在简化处理时，假设喷管喉部参数（带下标 t）与临界参数（带下标*）相等，但实际上临界参数所在的是一个曲面，而不是喉部横截平面。

令
$$\Gamma = \sqrt{k}\left(\frac{2}{k+1}\right)^{\frac{k+1}{2(k-1)}} \quad (2-72)$$

Γ 是一个只与比热比 k 有关的单值函数,它与 k 的数值关系见附表1。由此可得

$$\dot{m} = \frac{\Gamma}{\sqrt{RT_c}} p_c A_t \quad (2-73)$$

定义

$$C_D = \frac{\Gamma}{\sqrt{RT_c}} \quad (2-74)$$

式中　C_D——流量系数。

最后,喷管的质量流量公式可写为

$$\dot{m} = C_D p_c A_t \quad (2-75)$$

注意:上述推导过程使用了式(2-69),因此只有在喷管喉部达到临界状态时,式(2-75)才成立。

由式(2-73)可知,当喉部达到临界状态时,决定喷管流量的压强值只有燃烧室压强 p_c,而与外界环境压强 p_a 无关,反压变化不会引起流量改变,这种现象称为喷管的**壅塞现象**。

当喉部无法到临界状态($Ma<1$)时,喷管的质量流量则会与 p_c 和 p_a 都有关,如图 2-18 所示,计算公式见后面式(2-87)。

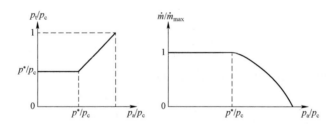

图 2-18　p_a/p_c 对 p_t/p_c 和 $\dot{m}$ 的影响

(2)质量流量的影响因素。

由式(2-73)可以看出,喷管的质量流量与 p_c 及 A_t 成正比,但与燃烧产物的 RT_c 的平方根成反比。k 值对质量流量的影响较小,当其他条件不变时,随着 k 值的增加,流量有所增加。

例 2-3　例 2-2 中的火箭发动机,其喷喉直径为 10 mm,求喷管的质量流量。

解:由式(2-72)或查附表1得 $k=1.3$ 时,$\Gamma=0.6673$。将各已知参数值代入式(2-73)得

$$\dot{m} = \frac{0.6673}{\sqrt{345.7 \times 2222}} \times 2.026 \times \frac{\pi}{4} \times 10^2$$

$$\approx 0.121 \text{ (kg/s)}$$

5)喷管扩张比与膨胀比的关系

喷管扩张段内任一截面积与喉部截面积之比 A/A_t 称为喷管的当地扩张比;燃烧室压强与喷管扩张段内任一截面压强之比 p_c/p 称为喷管的当地膨胀比。

喷管的出口截面积与喉部截面积之比 A_e / A_t 常简称为喷管的**扩张比**，用符号 ε_A 表示；燃烧室压强与喷管的出口压强之比 p_c / p_e 则常简称为喷管的**膨胀比**。

（1）计算公式。

由式（2-21）和式（2-73）得

$$\frac{A}{A_t} = \frac{\Gamma}{\sqrt{RT_c}} \frac{p_c}{\rho u}$$

将式（2-62）中的喷管出口条件换成喷管内的任一截面条件，并代入上式，得

$$\frac{A}{A_t} = \frac{\Gamma}{\rho \frac{RT_c}{p_c} \sqrt{\frac{2k}{k-1}\left[1-\left(\frac{p}{p_c}\right)^{\frac{k-1}{k}}\right]}}$$

利用状态方程和等熵方程，有

$$p_c = \rho_c R T_c$$

$$\rho = \rho_c \left(\frac{p}{p_c}\right)^{\frac{1}{k}}$$

最后可得

$$\frac{A}{A_t} = \frac{\Gamma}{\left(\frac{p}{p_c}\right)^{\frac{1}{k}} \sqrt{\frac{2k}{k-1}\left[1-\left(\frac{p}{p_c}\right)^{\frac{k-1}{k}}\right]}} = f\left(k, \frac{p}{p_c}\right) \qquad (2-76)$$

对于出口条件，式（2-76）也可表示为

$$\frac{A_e}{A_t} = \frac{\Gamma}{\left(\frac{p_e}{p_c}\right)^{\frac{1}{k}} \sqrt{\frac{2k}{k-1}\left[1-\left(\frac{p_e}{p_c}\right)^{\frac{k-1}{k}}\right]}} = \frac{\left(\frac{2}{k+1}\right)^{\frac{1}{k-1}} \sqrt{\frac{k-1}{k+1}}}{\sqrt{\left(\frac{p_e}{p_c}\right)^{\frac{2}{k}} - \left(\frac{p_e}{p_c}\right)^{\frac{k+1}{k}}}} \qquad (2-77)$$

式（2-77）是一个很重要的公式，它把喷管中气流参数膨胀比 p_c / p_e 与其几何参数扩张比 A_e / A_t 联系了起来。

当需要根据已知喷管扩张比来计算其膨胀比时，直接采用式（2-77）不太方便。可以利用式（2-49）中的关系式，将 p_e / p_c 用喷管出口马赫数 Ma_e 数表示，即

$$\frac{p_e}{p_c} = \left(1 + \frac{k-1}{2} Ma_e^2\right)^{\frac{-k}{k-1}} \qquad (2-78)$$

代入式（2-77）可得

$$\frac{A_e}{A_t} = \frac{1}{Ma_e} \left[\frac{2}{k+1}\left(1 + \frac{k-1}{2} Ma_e^2\right)\right]^{\frac{k+1}{2(k-1)}} \qquad (2-79)$$

式（2-79）说明，当 k 值一定时，出口马赫数仅是面积扩张比的函数。可以利用式（2-79）由扩张比 A_e/A_t 来计算出口马赫数 Ma_e，然后用 Ma_e 计算膨胀比 p_e/p_c。

若用出口速度系数 λ_e 代替 Ma_e，则关系式为

$$\frac{p_e}{p_c} = \left(1 - \frac{k-1}{k+1}\lambda_e^2\right)^{\frac{k}{k-1}} \qquad (2-80)$$

$$\frac{A_e}{A_t} = \frac{1}{\lambda_e}\left[\frac{k+1}{2}\left(1 - \frac{k-1}{k+1}\lambda_e^2\right)\right]^{-\frac{1}{k-1}} \qquad (2-81)$$

从式（2-76）~式（2-81）的推导过程可知，它们对亚声速流和超声速流均适用。A/A_t、p/p_c 与 k 值之间的数值关系列于附表 2 中。图 2-19 则表示了某一 k 值下 A/A_t 与 p/p_c 之间的函数关系。

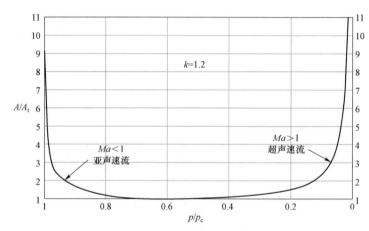

图 2-19 A/A_t 与 p/p_c 的关系曲线

（2）影响因素。

由式（2-76）和图 2-19 可看出，A/A_t 是 p/p_c 与 k 的函数，其中 k 的影响较小。但应注意的是，A/A_t 是 p/p_c 的单值函数，而 p/p_c 则是 A/A_t 的双值函数。其中 p/p_c 的较大值对应的是亚声速情况；p/p_c 的较小值对应的是超声速情况。当 $A/A_t = (A/A_t)_{\min} = 1$ 时，p/p_c 只有一个值，即 p_t/p_c。从变化趋势看，当 p/p_c 减小时，在喷管亚声速段的 A/A_t 是减小的，而在超声速段则是增大的。

6）气流参数沿喷管长度上的分布

根据式（2-56）~式（2-60），可以得到气流各参数沿喷管长度上的分布情况，典型的喷管内部气流参数变化如图 2-20 所示。

7）反压对喷管流动的影响

下面讨论反压（指外界环境压强 p_a）对喷管流动的影响。假设喷管入口处的总压 p_c 保持不变，对照图 2-21 依次分析当反压 p_a 由小变大时喷管的流动状况及其相应的压强分布情况。可将流动分为 4 种工作状况。

（1）第一工作状况（Ⅰ）：$p_a \leqslant p_e$。

当外界反压 p_a 足够小时，喷管内气流能够沿程一直膨胀和加速，在喉部达到临界状态，

在出口截面获得超声速气流，出口截面压强为 p_e。在 $p_a < p_e$，即喷管膨胀不足（欠膨胀）时，反压 p_a 的变化不会影响喷管内部的流动状态。因为 p_a 变化造成的扰动是以声速传播的，它在超声速气流中不能逆向传至喷管内部。此时管内压强分布如图 2-21 中的曲线 ABC-① 所示。

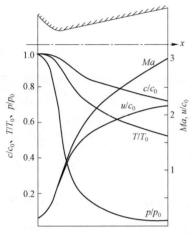

图 2-20 典型喷管内部无量纲参数变化情况

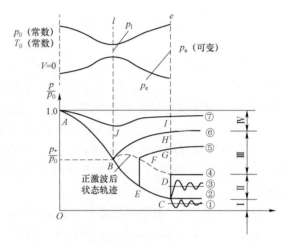

图 2-21 外界反压变化时喷管中流动状况示意图

当 p_a 逐渐升高时，喷管内的流动状况虽然没有变化，但气流在出口截面外的膨胀程度却在逐渐减弱。当 $p_a = p_e$ 时，说明气体在该喷管内刚好达到完全膨胀，此种状态为发动机的设计状态，即图 2-21 中 ABC-② 曲线所示的状态。

因此，**第一工作状况**是指喷管欠膨胀与完全膨胀时的状况，$p_a = p_e$ 是喷管保持欠膨胀状态的反压上限值，称其为**第一临界反压**。第一临界反压 p_{a1} 的值也就是 p_e 的值，由式（2-77）或式（2-78）～式（2-81）确定，取 Ma_e（或 λ_e）大于 1 时的值。

第一工作状况时喷管的质量流量达到最大值 $\dot{m} = \dot{m}_{max} = C_D p_c A_t$。

（2）第二工作状况（Ⅱ）：$p_e < p_a \leq p_{a2}$。

当 $p_a > p_e$ 时，喷管处于过膨胀状态。超声速气流在出口截面外受压缩，将产生斜激波。气流通过激波后，压强迅速升高到 p_a，即如图 2-21 中曲线 ABC-③ 所示。激波强度随压强比 p_a / p_e 增大而加强。因此，随着 p_a 增大，激波强度不断增强，由斜激波逐渐变为正激波。当 $p_a = p_{a2}$ 时，在出口截面上正好形成正激波，这就是图 2-21 中的曲线 ABC-④。

在第二工作状况 $p_e < p_a \leq p_{a2}$ 的范围内，喷管内的气体流动状态与工作状况（Ⅰ）一样，沿程一直膨胀和加速，喷管出口维持超声速，喷管内部流动不受反压 p_a 的影响。喷管质量流量满足 $\dot{m} = \dot{m}_{max} = C_D p_c A_t$。

因此，**第二工作状况**是喷管过膨胀且出口维持超声速流动时的状况，$p_a = p_{a2}$ 是喷管出口维持超声速流动的反压上限值，将其称为**第二临界反压**。

第二临界反压 p_{a2} 与喷管出口压强 p_e 之间满足正激波关系式，即

$$\frac{p_{a2}}{p_c} = \frac{p_e}{p_c}\left(\frac{2k}{k+1}Ma_e^2 - \frac{k-1}{k+1}\right) = \frac{\dfrac{2k}{k+1}Ma_e^2 - \dfrac{k-1}{k+1}}{\left(1 + \dfrac{k-1}{2}Ma_e^2\right)^{\frac{k}{k-1}}} \tag{2-82}$$

或

$$\frac{p_{a2}}{p_c} = \frac{p_e}{p_c} \frac{\dfrac{k+1}{k-1}\lambda_e^2 - 1}{\dfrac{k+1}{k-1} - \lambda_e^2} \quad (2-83)$$

式（2-82）中的 Ma_e 和 λ_e 分别由式（2-79）和式（2-81）确定，并只取其大于1的那个解。

（3）第三工作状况（Ⅲ）：$p_{a2} < p_a \leqslant p_{a3}$。

当反压 $p_a > p_{a2}$ 时，激波传播速度大于排气速度，使激波向喷管内移动。此时波前马赫数逐渐减小，使激波传播速度也逐渐减小。当激波移到扩张段上某个截面时，激波传播速度与当地流速正好相等，于是激波就稳定在该截面位置上，如图2-21中的曲线 $ABEFG-⑤$ 所示。此时管内气流速度由亚声速（收敛段）—声速（喉部）—超声速（激波前）—亚声速（激波后），排气面压强 $p_e = p_a$。由于此时在喉部已达到临界状态，因此质量流量仍满足 $\dot{m} = \dot{m}_{\max} = C_D p_c A_t$。

当 p_e 升至 p_{a3} 时，喷管内正激波正好移至喉部。由于波前 $Ma = 1$，故激波不再存在，整个喷管内总压相等，其流动状态是亚声速（收敛段）—声速（喉部）—亚声速（扩张段），压强从喉部连续增加到 p_{a3}。如图2-21中的 $ABH-⑥$ 曲线所示。

因此，**第三工作状况**是喷管喉部达到声速但出口为亚声速流动时的状况，$p_a = p_{a3}$ 是喷管内存在激波时反压所应满足的上限值，称为**第三临界反压**，显然它也是拉瓦尔喷管的喉部能否达到临界状态的临界反压值。

在第三临界反压 p_{a3} 时，喷管内不再存在激波，整个喷管内流动是等熵的，因此其与燃烧室压强 p_c 之间满足式（2-78）和式（2-80），即

$$\frac{p_{a3}}{p_c} = \left(1 + \frac{k-1}{2}Ma_e^2\right)^{\frac{-k}{k-1}} \quad (2-84)$$

$$\frac{p_{a3}}{p_c} = \left(1 - \frac{k-1}{k+1}\lambda_e^2\right)^{\frac{k}{k-1}} \quad (2-85)$$

需注意的是，由于此时出口为亚声速，Ma_e 和 λ_e 虽然同样由扩张比按式（2-79）和式（2-81）确定，但此时只取其小于1的那个解。

第三临界反压 p_{a3} 是拉瓦尔喷管的喉部能够达到临界状态的最大临界反压。对于无扩张段的收缩喷管，其临界反压（喉部临界参数）$\dfrac{p_*}{p_c} = \left(\dfrac{2}{k+1}\right)^{\frac{k}{k-1}}$，是式（2-84）在 $Ma_e = 1$ 时的取值。而对于拉瓦尔喷管，即使 p_a/p_c 大于临界压强比 p_*/p_c，但只要小于 p_{a3}/p_c，在喉部仍能达到临界状态，并可在部分或全部扩张段中出现超声速气流。

（4）**第四工作状况（Ⅳ）**：$p_a > p_{a3}$。

当反压 $p_a > p_{a3}$ 时，整个喷管内全为亚声速流，喉部达不到声速，因而不再是临界截面。此时反压变化引起的扰动传入喷管，影响喷管内的流动状态。因此与收敛喷管的亚临界流动一样，出口截面的流速不再取决于面积比 ε_A，而直接取决于压强比 p_a/p_c，即

$$1+\frac{k-1}{2}Ma_e^2 = \left(\frac{p_c}{p_a}\right)^{\frac{k-1}{k}} \quad (2-86)$$

喷管内压强分布曲线如图 2-21 中的曲线 $AJI-⑦$ 所示。当 $p_a = p_c$ 时，因管内无压差，气体就不再流动。

未达到临界状态时的喷管，其质量流量为

$$\dot{m} = A_e p_e Ma_e \sqrt{\frac{k}{RT}} = A_e Ma_e p_c \sqrt{\frac{k}{RT_c}}\left(1+\frac{k-1}{2}Ma_e^2\right)^{-\frac{k+1}{2(k-1)}} \quad (2-87)$$

对于面积比给定的喷管，若反压不变，而使入口总压从开始 p_a 逐渐升高，则喷管中的气体流动状况将从第四工作状况开始，依此出现第三、第二和第一工作状况。

例 2-4 已知某火箭发动机喷管面积比 $\varepsilon_A = A_e/A_t = 6.25$，燃气比热比 $k = 1.22$，外界反压 $p_a = 0.098\,\text{MPa}$。试求：

（1）为了获得超声速的排气速度，燃烧室内的最低压强；

（2）为了使喉部达到临界状态，燃烧室内的最低压强。

解：（1）由 $A_t/A_e = q(\lambda_e) = \dfrac{1}{6.25} = 0.16$，查气体动力学函数表（附表 3）得

$$\lambda_e = 2.237\,1, \pi(\lambda_e) = \frac{p_e}{p_c} = 0.024\,0$$

由式（2-83），有

$$\frac{p_{a2}}{p_c} = \pi(\lambda_e)\frac{\dfrac{k+1}{k-1}\lambda_e^2 - 1}{\dfrac{k+1}{k-1} - \lambda_e^2} = 0.024\,0\,\frac{\dfrac{2.22}{0.22}\times 2.237\,1^2 - 1}{\dfrac{2.22}{0.22} - 2.237\,1^2} = 0.233\,6$$

为了获得超声速的排气速度，需 $p_a/p_c \leqslant p_{a2}/p_c = 0.233\,6$。

在 $p_a = 0.098\,\text{MPa}$ 的条件下，

$$p_c \geqslant \frac{0.098}{0.233\,6} = 0.42\,(\text{MPa})$$

（2）由 $A_t/A_e = q(\lambda_e') = 0.16$，查附表 3 的亚声速区，得

$$\lambda_e' = 0.10, \pi(\lambda_e') = 0.994\,5$$

为使喉部达到临界状态，必须满足

$$p_a/p_c \leqslant p_{a3}/p_c = 0.994\,5$$

即要求

$$p_c \geqslant \frac{0.098}{0.994\,5} = 0.098\,54\,(\text{MPa})$$

由此可见，只要燃烧室压强大于 0.098 MPa 就可使喉部达到临界状态；只要燃烧室压强大于 0.42 MPa，就可使喷管获得超声速的排气速度。这一条件在固体火箭发动机中是容易实现的。

8）过膨胀气流分离现象

通常来说，固体火箭发动机工作时的出口压强 p_e 和外界环境压强 p_a 的数值关系约位于图 2-21 的曲线①~③附近。

在上述一维管流的理论分析中，p_a 位于 p_{a2} 和 p_{a3} 之间时应产生正激波。但实际情况是，当 $p_e < (0.3 \sim 0.4) p_a$ 时，即 p_a 大过 p_e 较多时，由于激波后压强急升，产生很强的压强梯度，使边界层流动趋于不稳定，导致气流从喷管壁分离，同时伴随有斜激波产生，外界反压因此而进入此分离的边界层内，使激波下游处的压强近似等于反压 p_a，其结果使分离点下游的喷管不再起到喷管的作用（图 2-22）。

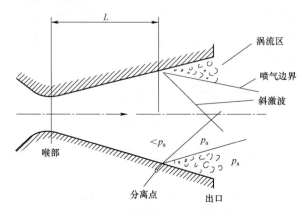

图 2-22 过膨胀气流分离示意图

随着 p_a 的继续增大，分离点向喷管上游移动，斜激波的激波强度加大并向正激波转化，喉部至分离点能保持超声速流动段的距离 L 缩短，直到分离点到达喉部，即 p_a 等于第三临界反压 p_{a3} 时为止。

第 3 章
火箭发动机的主要性能参数

本章将介绍表征火箭发动机工作特性和工作质量的主要性能参数,包括推力、推力系数、等效排气速度、特征速度、总冲和比冲等,分析它们的影响因素以及相互之间的关系。本章着重介绍基本概念并建立基本公式。

对于火箭发动机性能参数关系式的推导,可采取两种不同的思路和方法:一种方法是从能量转换的角度出发,根据第 2 章介绍的热力循环过程,得到循环功和热效率的状态参数表达式,从而进一步推导工质动能、发动机推力和其他性能参数的表达式;另一种方法是从发动机受力分析和动量守恒的角度出发进行推导。两种方法都能得到相同的结果,而后者更注重于对力的作用过程和本质的描述,便于理解。因此,本章将采用后一种方法进行推导和论述。

3.1 推 力

1. 推力的定义

当火箭发动机工作时,作用于发动机所有表面上的作用力的合力就是火箭发动机的推力。推力是火箭发动机的主要性能参数之一,各种飞行器的飞行任务将依靠不同的推力方案来完成。

当火箭发动机不工作时,其内、外表面均受到外界大气静压强的作用而处于受力平衡状态,因而推力为零。当火箭发动机工作时,其内表面受到燃气压强的作用,而且随着燃气流速的变化,发动机内表面上的燃气压强分布也是变化的,但其外表面仍然受到外界大气静压强的作用(图 3-1)。此时发动机内、外表面的受力处于不平衡状态,其全部作用力的合力就构成了推动飞行器前进的动力,即火箭发动机的推力,用符号 F 表示。

虽然在火箭飞行过程中,作用在发动机壳体外表面的压强分布是不均匀的,它取决于火箭飞行速度、气动外形等参数,但在外弹道计算中,这部分由于飞行过程附加的作用力一般按空气阻力来处理,不需要考虑在发动机推力里。因此,发动机推力定义为发动机静止时,作用在发动机内、外表面上压强的合力,此时的外压强就是工作高度下环境大气静止时的压强。

2. 推力的表达式

发动机推力表达式的推导方法可以有两种思路:从定义出发的压强积分法以及从动量定理出发的动量守恒法。两种方法最终得到同样的推力公式。

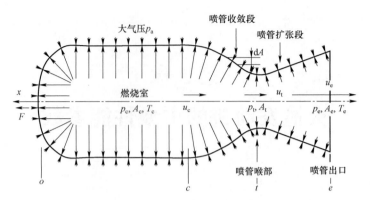

图 3-1 火箭发动机内、外表面上的压强分布示意图
（图中箭头的长短表示压强的大小）

1）推导方法①：内、外表面压强积分法

由于火箭发动机通常是轴对称体，因而垂直于发动机轴线方向上的作用力互相抵消。取飞行器（发动机）的运动方向为正向，由图 3-1 可以写出推力的数学表达式为

$$F = \int_o^e p_{in} dA + \int_o^e p_{ex} dA \tag{3-1}$$

式中 p_{in}，p_{ex}——分别为作用于发动机内、外表面上的压强；
　　dA——内、外表面微元在垂直于发动机轴向上的投影面积；
　　o，e——分别代表发动机的头端截面位置和喷管的出口截面位置。

式（3-1）中等号右侧的第一项和第二项分别代表作用于发动机内、外表面上的轴向合力。第一项又可分解为燃烧室和喷管两部分，即

$$\int_o^e p_{in} dA = \int_o^c p_{in} dA + \int_c^e p_{in} dA \tag{3-2}$$

由于燃烧室出口（喷管入口）截面 c 处燃气流速很小，为简化计算，按照理想发动机的假设，令 $u_c = 0$，由此可认为燃烧室内的压强 p_c 为常数，故燃烧室部分（o 截面～c 截面）的轴向力分量为

$$\int_o^c p_{in} dA = \int_o^c p_c dA = p_c \int_o^c dA = p_c A_c \tag{3-3}$$

利用分部积分法，可将喷管部分（c 截面～e 截面）的轴向力分量写为

$$\int_c^e p_{in} dA = \int_c^e d(p_{in} A) - \int_c^e A dp_{in} \tag{3-4}$$

取喷管部分为自由体，根据力的平衡原理可得

$$\int_c^e d(p_{in} A) = p_e A_e - p_c A_c \tag{3-5}$$

把式（3-3）和式（3-4）代入式（3-2），并考虑式（3-5），可得

$$\int_o^e p_{in} dA = p_e A_e - \int_c^e A dp_{in} \tag{3-6}$$

根据一维定常等熵流的动量方程和连续方程，即由式（2-22）和式（2-21）可知

$$\dot{m}\mathrm{d}u = -A\mathrm{d}p$$

将上式代入式（3-6）可得

$$\int_o^e p_{\mathrm{in}}\mathrm{d}A = p_e A_e + \int_c^e \dot{m}\mathrm{d}u = p_e A_e + \dot{m}(u_e - u_c) = p_e A_e + \dot{m}u_e \quad (3-7)$$

由于发动机外表面承受的是均匀的大气静压强 p_a，故外表面的轴向合力为

$$\int_o^e p_{\mathrm{ex}}\mathrm{d}A = -p_a A_c + p_a(A_c - A_t) - p_a(A_e - A_t) = -p_a A_e \quad (3-8)$$

将式（3-7）和式（3-8）代入式（3-1），可得推力的最终表达式为

$$F = \dot{m}u_e + A_e(p_e - p_a) \quad (3-9)$$

2）推导方法②：动量守恒法

首先以燃气为研究对象。如图3-2所示，取发动机内壁面和喷管出口截面所围成的体积为控制体，以控制体内的燃气为研究对象，则作用在控制体上的外力可分为两部分：一部分是发动机内表面施加给燃气的力，该力是燃气作用于发动机内表面上的力的反作用力，其值为 $-F_{内}$，负号表示其沿 $-x$ 方向；另一部分是发动机出口截面 $e-e$ 作用在控制体上的力，其值为 $p_e A_e$。上述外力作用的结果是使燃气的动量由 $-\dot{m}u_c$（按照理想发动机的假设，该项为0）变化至 $-\dot{m}u_e$，根据动量定理可得

$$-F_{内} + p_e A_e = -\dot{m}(u_e - u_c) = -\dot{m}u_e$$

因此

$$F_{内} = \dot{m}u_e + p_e A_e \quad (3-10)$$

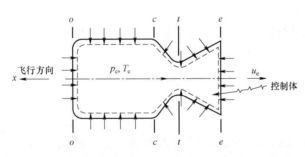

图3-2 发动机内壁面和喷管出口截面所围成的控制体及控制体受力示意图

然后以发动机实体部分为研究对象，参照图3-1，发动机所受外力也分为两部分，一部分是燃气施加给发动机内表面的力 $F_{内}$，另一部分是外界环境施加给发动机外表面的力 $F_{外}$，发动机外表面承受的是均匀的大气静压强 p_a，故外表面的合力为

$$F_{外} = -p_a A_c + p_a(A_c - A_t) - p_a(A_e - A_t) = -p_a A_e \quad (3-11)$$

内、外两部分的合力即为发动机的推力，代入式（3-10）和式（3-11），可得推力公式为

$$F = F_{内} + F_{外} = \dot{m}u_e + A_e(p_e - p_a)$$

因此，采用两种方法可以得到相同的推力公式。压强积分法能够直观地体现发动机推力形成的实质，即发动机的推力是发动机工作时内、外表面所受气体压力的合力；而动量守恒法推导过程简单，且其推导过程中不需要采取燃气为理想气体、喷管内等熵流动等假设条件，能够反映出推力公式具有普遍适用性。推力公式（3-9）可适用于固体、液体、冷气、热水等各种工质的火箭发动机，以及化学推进、电推进、核推进等各类火箭动力装置。

3. 动推力与静推力

从推力表达式中可以看出，推力由两部分组成。第一部分 $\dot{m}u_e$ 称为**动推力**（也称冲量推力），其大小取决于 $\dot{m}$ 和 u_e 的乘积，即取决于燃气动量对时间的变化率，它是推力的主要组成部分，通常占发动机总推力的 90% 以上。第二部分 $A_e(p_e - p_a)$ 称为**静推力**（也称压强推力），是由于喷管出口截面上燃气压强 p_e 与环境压强 p_a 不平衡引起的，其大小取决于两者的压强差以及出口截面的尺寸。静推力只占总推力的一小部分。对于给定尺寸的发动机，静推力的大小将随着飞行高度的增加而增大，因而推力 F 也将随 H 的增加而增大（图 3-3）。

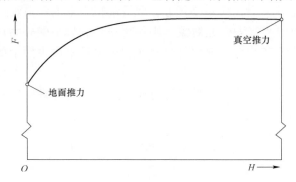

图 3-3 推力随高度的变化关系

4. 真空推力与特征推力

火箭发动机在真空环境中工作时产生的推力称为**真空推力**。此时，由于外界大气静压强 p_a 等于零，于是，给定尺寸发动机的静推力达到最大值，推力也相应地达到最大值（图 3-3）。因此，有时也把发动机的真空推力称为最大推力。真空推力 F_V 的表达式为

$$F_V = \dot{m}u_e + A_e p_e \quad (3-12)$$

如果火箭发动机在某个特定高度上工作，在此高度上恰好 p_a 等于 p_e，此时发动机的静推力等于零，相应地在推力的组成中只有动推力一项。$p_e = p_a$ 条件下的状态即为**设计状态**，在第 2 章热力循环分析中进行了介绍。称该状态下的发动机推力为**特征推力 F^0** 或**最佳推力 F_{opt}**。显然

$$F^0 = \dot{m}u_e \quad (3-13)$$

下面从产生推力的角度来说明"设计状态"和"特征推力"的物理意义。

由式（3-9）可以看出，不论是动推力还是静推力，其大小都与喷管的扩张比 A_e/A_t 有关，即在 A_t 一定时，都与喷管的出口截面积 A_e 有关。如果根据飞行任务的需要，要求火箭发动机在某一特定的高度上工作，此时，应该如何设计发动机的喷管尺寸才能使在该高度上工

作的发动机获得最大的推力呢？这一问题可以直观地从图 3-4 中找到答案。

图 3-4 表示出喷管扩张段的压强分布情况。环境压强均匀地作用于喷管外壁，而燃气压强则作用于喷管内壁，它随着扩张比 A_e/A_t 的增大而逐渐减小。可以在喷管扩张段上找到某一个截面 B，在该截面上 $p=p_a$。如果喷管的出口截面在 A 处，气流欠膨胀，那么只需将扩张段延长，使出口截面位于 B 处，即可得到一个轴向推力增量 ΔF_{AB}，因为在 AB 段内

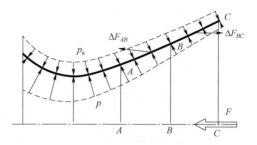

图 3-4 喷管扩张段的压强分布示意图

$p>p_a$，其轴向合力 ΔF_{AB} 与主推力 F 同向；同理，如果喷管的出口截面在 C 处，气流过膨胀，则在 BC 段内 $p<p_a$，其轴向合力 ΔF_{BC} 与主推力 F 异向，其结果是得到了一个轴向推力减量 ΔF_{BC}。由此可知，当 p_a 一定时，只有把喷管的扩张比设计成满足 $p_e=p_a$ 的完全膨胀状态时才能使推力最大，故称这一状态为该高度的设计状态，称此时得到的推力为特征推力或最佳推力。

上述情况还可通过 2.3 节中分析热力循环示功图面积的方法来说明，也可通过数学上求极值的方法（$dF=0$，$d^2F<0$）得到证明，这里不做介绍。

5. 不同设计高度的推力特性

根据"设计状态"和"特征推力"的定义和特点，发动机设计时应该把喷管扩张比设计成满足 $p_e=p_a$ 的完全膨胀状态，此时能够获得最佳推力。不过需要指出的是，上述分析只是理论性的，在实际应用中，还应考虑其他各种具体因素。例如，① 多数飞行器在其主动段飞行期间，其飞行高度是在不断变化的，因此选取设计高度时需综合考虑整个主动段飞行情况；② 火箭发动机在高空或真空的环境中工作时，必须综合权衡推力、喷管重量、尺寸、成本和强度等诸因素，才能设计出合理的喷管尺寸。对于高空发动机，为了不使喷管过长、过重，通常采用推力与发动机总质量之比较大的欠膨胀喷管。

在发动机设计中，如选择不同的设计高度，所设计的喷管面积比也就不同，此时发动机的推力高度特性曲线也就不同。例如，有两台发动机，它们的燃烧室压强 p_c 和喷喉的截面积 A_t 都相同，但它们所选择的设计高度不同，分别为 H_1 和 H_2，而且 $H_2>H_1$。对应于设计高度 H_1 和 H_2 的最佳喷管面积比分别为 A_{e1}/A_t 和 A_{e2}/A_t，且 $A_{e2}>A_{e1}$。两台发动机推力高度特性曲线如图 3-5 所示。

由图 3-5 可见，第一台发动机在设计高度 H_1 至海平面上工作时，它的推力总是大于第二台发动机的推力。而第二台发动机在设计高度 H_2 至真空中工作时，它的推力也总是大于第一台发动机的推力。在两个设计高度 H_1 和 H_2 之间是一个过渡段，在其中某一个高度 H 上两台发动机的推力相等。由此可得出设计高度不同时的发动机高度特性的主要差别是：当喷管内没有激波和气流分离现象时，

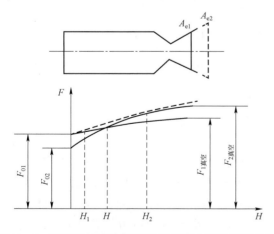

图 3-5 不同设计高度的发动机的推力高度特性曲线

设计高度高的发动机的高空性能较好，而设计高度低的发动机的低空性能较好。

为了使发动机在不同工作高度上的推力都达到最大值，最好有一个出口截面积可调节的喷管，使发动机在任何高度上都处于设计状态，相应的推力高度特性就是图 3-5 中的虚线。但是，在结构上实现喷管出口截面积连续调节比较困难，通常的办法是根据发动机的任务及工作高度范围，充分考虑各方面因素的影响，确定一个适当的设计高度及相应的喷管膨胀面积比，以确保发动机达到较好的综合性能。另外，还可以采用图 2-6（d）所示的延伸喷管方式，根据飞行高度对喷管扩张段进行分段调节。

例 3-1 今有一台火箭发动机在 10 km 的高空中工作，其推进剂燃烧产物的质量流量 $\dot{m} = 5\,230$ kg/s，排气速度 $u_e = 2\,500$ m/s，喷管出口压强 $p_e = 0.074$ MPa，喷管出口截面积 $A_e = 11.70$ m²，试求：

（1）发动机在该高度上的推力 F_H；
（2）发动机在该高度上的动推力和静推力，以及动推力在总推力中所占的百分比；
（3）若发动机在真空中工作时，发动机的真空推力 F_V；
（4）该发动机的设计工作高度及其特征推力 F^0；
（5）发动机的海平面推力 F_G。

解：
（1）查标准大气性质表，对应 10 km 高空时的 $p_a = 0.026$ MPa，将有关数据代入式（3-9）得

$$F_H = 5\,230 \times 2\,500 + 11.70 \times (0.074 - 0.026) \times 10^6$$
$$\approx 13.08 \times 10^6 + 0.56 \times 10^6 = 13.64 \times 10^6 \text{（N）}$$

（2）动推力为 13.08×10^6 N，静推力为 0.56×10^6 N，动推力占总推力的百分比为

$$13.08 \div 13.64 \approx 96\%$$

（3）根据式（3-12）得

$$F_V = 5\,230 \times 2\,500 + 11.70 \times 0.074 \times 10^6$$
$$\approx 13.08 \times 10^6 + 0.87 \times 10^6 = 13.95 \times 10^6 \text{（N）}$$

（4）由 $p_e = p_a = 0.074$ MPa，查标准大气性质表，得设计高度为 2.4 km；再根据式（3-13）得

$$F^0 = 5\,230 \times 2\,500 \approx 13.08 \times 10^6 \text{（N）}$$

（5）已知海平面处的 $p_a = 0.101\,3$ MPa，故

$$F_G = 5\,230 \times 2\,500 + 11.70 \times (0.074 - 0.101\,3) \times 10^6$$
$$\approx 12.76 \times 10^6 \text{（N）}$$

课堂/课外讨论

讨论题 3-1：水火箭推力增强问题。

水火箭（图 3-6）因其制作简单、操作安全，备受中小学生课外科技活动的欢迎。水火箭工作时，其主要能量来自内部高压气体，而注入的水起到了增强推力（以及延长工作时间）的作用。也就是说，对于高压气体工质而言，当补充额外工质后，虽然其能量基本保持不变，但推力可能会大大增加。请结合推力式（3-9）深入思考水火箭的推力增强机理。值得说

明的是，这一原理已应用于涡扇发动机（图3-7（a））、火箭基组合循环发动机（RBCC）引射模态和水下气液两相发动机（图3-7（b））等动力装置中，能够充分利用外界流体来增强推力，具有非常好的应用前景。

图3-6 水火箭结构组成及发射图片

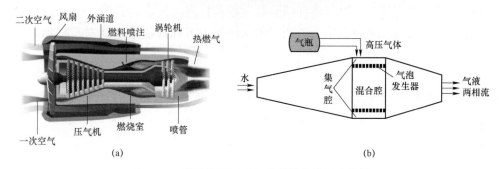

图3-7 利用外界工质来增强推力的动力装置
（a）涡扇发动机；（b）水下气液两相发动机

3.2 推力系数

1. 推力系数的定义及其表达式

已知推力公式为

$$F = \dot{m}u_e + A_e(p_e - p_a)$$

式中的 $\dot{m}$ 和 u_e 分别用式（2-73）和式（2-62）代入，可得 F 的另一种表达式为

$$F = p_c A_t \left\{ \Gamma \sqrt{\frac{2k}{k-1}\left[1-\left(\frac{p_e}{p_c}\right)^{\frac{k-1}{k}}\right]} + \frac{A_e}{A_t}\left(\frac{p_e}{p_c} - \frac{p_a}{p_c}\right) \right\}$$

把推力与 p_c 和 A_t 的乘积成正比的比例系数定义为**推力系数** C_F，其表达式为

$$C_F = \Gamma \sqrt{\frac{2k}{k-1}\left[1-\left(\frac{p_e}{p_c}\right)^{\frac{k-1}{k}}\right]} + \frac{A_e}{A_t}\left(\frac{p_e}{p_c} - \frac{p_a}{p_c}\right) \tag{3-14}$$

因而，推力的另一种表达式最终简化为

$$F = C_F p_c A_t \tag{3-15}$$

据此，可把推力系数表示为

$$C_F = \frac{F}{p_c A_t} \tag{3-16}$$

显然，推力系数是一个无量纲数，其大小代表了单位喷喉面积单位燃烧室压强所能产生的推力。

由式（3-14）可知，推力系数与发动机喷管的膨胀情况紧密相关。为了深入理解其物理意义，这里引入另一种对推力系数的解释：设有一没有喷管的发动机（图3-8），其燃烧室压强被认为是一常数 p_c，燃气以燃烧室压强 p_c 直接排出，在发动机内没有任何膨胀，通道面积为 A_t。则该无喷管发动机的推力为

$$F_0 = p_c A_t \tag{3-17}$$

当发动机设计有喷管时，燃气流在喷管收敛段和扩张段内连续膨胀，提供了附加推力。故推力系数也可定义为发动机有喷管时所得的实际推力 F 比无喷管时推力 F_0 的放大倍数，即

$$C_F = \frac{F}{F_0} = \frac{F}{p_c A_t} \tag{3-18}$$

该放大倍数是由喷管所带来的。因此，推力系数 C_F 反映了发动机喷管的工作品质。

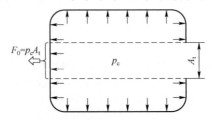

图 3-8 无喷管发动机受力情况

2. 真空推力系数与特征推力系数

由真空推力所对应的推力系数称为**真空推力系数**，用符号 C_{FV} 表示，此时，由于 $p_a = 0$，故式（3-14）可改写为

$$C_{FV} = \Gamma \sqrt{\frac{2k}{k-1}\left[1-\left(\frac{p_e}{p_c}\right)^{\frac{k-1}{k}}\right]} + \frac{A_e}{A_t}\left(\frac{p_e}{p_c}\right) \tag{3-19}$$

同理，由特征（最佳）推力所对应的推力系数称为**特征（最佳）推力系数**，用符号 C_F^0 表示，此时，由于 $p_e = p_a$，故式（3-19）改写为

$$C_F^0 = \Gamma \sqrt{\frac{2k}{k-1}\left[1-\left(\frac{p_e}{p_c}\right)^{\frac{k-1}{k}}\right]} \tag{3-20}$$

由此可知，C_F 与 C_{FV} 的关系为

$$C_F = C_{FV} - \frac{A_e}{A_t}\frac{p_a}{p_c} \tag{3-21}$$

C_F 与 C_F^0 的关系为

$$C_F = C_F^0 + \frac{A_e}{A_t}\left(\frac{p_e}{p_c} - \frac{p_a}{p_c}\right) \tag{3-22}$$

例 3-2 设某发动机喷管的扩张比 $\varepsilon_A = 6.25$，燃烧室压强 $p_c = 7$ MPa，燃气的比热比 $k = 1.25$。试求：(1) 特征推力系数 C_F^0；(2) 真空推力系数 C_{FV}；(3) 海平面推力系数 C_{FG}。

解：(1) 由 $k = 1.25$ 和 $\varepsilon_A = 6.25$，查附表 4 得

$$C_F^0 = 1.527$$

(2) 由 $k = 1.25$ 和 $\varepsilon_A = 6.25$，查附表 2 得

$$p_e/p_c = 0.020\ 9$$

故

$$C_{FV} = C_F^0 + \frac{A_e}{A_t}\frac{p_e}{p_c} = 1.527 + 6.25 \times 0.020\ 9 \approx 1.658$$

(3) $C_{FG} = C_F^0 + \dfrac{A_e}{A_t}\left(\dfrac{p_e}{p_c} - \dfrac{p_a}{p_c}\right)$

$$= 1.527 + 6.25\left(0.020\ 9 - \frac{0.101\ 3}{7}\right)$$

$$\approx 1.567$$

3. 影响推力系数的主要因素

由式（3-14）可看出，C_F 与 k、A_e/A_t、p_e/p_c 以及 p_a/p_c 有关。在一般情况下，$p_a \ll p_c$，因而 p_a/p_c 对 C_F 的影响较小；而 p_e/p_c 又可用 A_e/A_t 及 k 的函数表示，如式（2-77）所示；因此，影响 C_F 的主要因素仅 A_e/A_t 和 k 两项。对于常用的推进剂来说，k 值的变化不大，当推进剂选定后，k 值不变，因而 C_F 的变化仅取决于喷管扩张比 A_e/A_t。图 3-9 和图 3-10 表示在不同的 k 和 p_c/p_a 值下，C_F 与 A_e/A_t 的关系曲线。

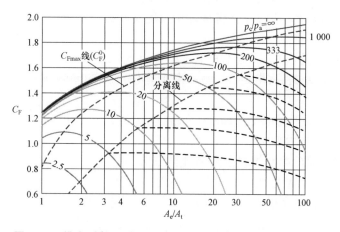

图 3-9 推力系数 C_F 与扩张比 A_e/A_t 的关系曲线（$k = 1.20$）

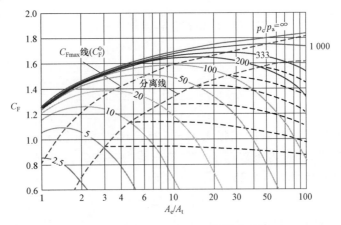

图 3-10　推力系数 C_F 与扩张比 A_e/A_t 的关系曲线（$k=1.30$）

由此不难得出结论：推力系数是表征喷管工作性能的重要参数。C_F 越大，说明燃气在喷管中的膨胀过程进行得越完善。

4. 推力系数的变化规律

从图 3-9 和图 3-10 可以得出以下规律。

（1）当 k 和 p_c/p_a 一定时。

此时随着 A_e/A_t（即 ε_A）的增大，C_F 先增后减，有一最大值存在。这反映了喷管膨胀状态从欠膨胀（$p_e > p_a$）到完全膨胀（$p_e = p_a$）再到过膨胀（$p_e < p_a$）的变化，该最大值即特征推力系数 C_F^0，此时所对应的发动机推力即特征推力 F^0。

（2）当 k 和 A_e/A_t 一定时。

C_F 随着 p_c/p_a 的增加（即 p_a/p_c 的减小）而增大，这说明了 C_F 随着工作高度的增加而增大。当 $p_c/p_a = \infty$（即 $p_a/p_c = 0$）时，C_F 达到最大值，该最大值即真空推力系数 C_{FV}，此时所对应的发动机推力即真空推力 F_V。

（3）当过膨胀严重到一定程度时（通常 $p_e \leqslant 0.4 p_a$ 时）。

此时喷管内会发生气流分离现象，实际的 A_e 将向喷管扩张段的上游移动而变小，因而使过膨胀程度减小，实际的 C_F 增大，这就是图 3-9 和图 3-10 中对应于某一工作高度下的 C_F 随着 A_e/A_t 的增大而超过分离线时，不再按理论上的实线继续下降而按图中的虚线缓慢下降的原因。

从式（3-20）可见，C_F^0 只是 k 和 p_e/p_c（或 A_e/A_t）的函数，它与 p_a 无关，因而也与发动机的工作高度无关。图 3-11 表示出了它们之间的函数关系。它们之间的计算值列于附表 4。

只要已知 C_F^0 和 p_a，则对应工作高度下的推力系数 C_F 可方便地按式（3-22）求出。通常，C_F 的数值在 1~2 的范围内变化。

5. 喷管中出现气流分离时推力系数的计算方法

首先需提出喷管内气流发生分离时的判别式。对于锥形喷管，喷管内气流分离点压强 p_i 与外界压强 p_a 间存在以下经验关系式，即

$$\frac{p_i}{p_a} = \frac{2}{3}\left(\frac{p_a}{p_c}\right)^{0.2}, \quad 即 \quad \frac{p_i}{p_c} = \frac{2}{3}\left(\frac{p_a}{p_c}\right)^{1.2} \tag{3-23}$$

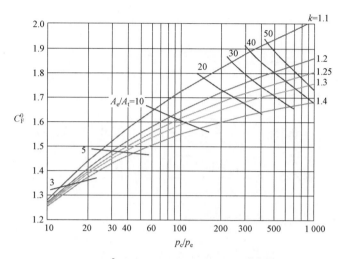

图 3-11 C_F^0 与 k、p_c/p_e 及 A_e/A_t 的函数关系

当

$$\frac{p_e}{p_a} < \frac{p_i}{p_a} \tag{3-24}$$

时,即

$$\frac{p_e}{p_a} < \frac{2}{3}\left(\frac{p_a}{p_c}\right)^{0.2} \tag{3-25}$$

或

$$\frac{p_e}{p_c} < \frac{2}{3}\left(\frac{p_a}{p_c}\right)^{1.2} \tag{3-25a}$$

时,将产生气流分离。

在过膨胀流动条件下,若 $\frac{p_e}{p_a} > \frac{p_i}{p_a}$ 时,喷管不发生气流分离。推力系数仍可按式(3-14)计算。但当 $\frac{p_e}{p_a} < \frac{p_i}{p_a}$ 时,气流发生分离。此时喷管中流动状态如图 3-12 所示。在 i 点处,气流开始分离,对应的压强为 p_i,膨胀比为 ε_i;在斜激波后和喷管壁面之间,出现涡流分离区,附面层遭破坏,压强逐渐升高到环境压强 p_a;p_s 为出现分离涡流的起始压强;$p_{0.95} = 0.95 p_a$,该点为分离区结束点的压强;p_s 和 $p_{0.95}$ 相应的膨胀比为 ε_s 和 $\varepsilon_{0.95}$。

气流发生分离后,推力系数

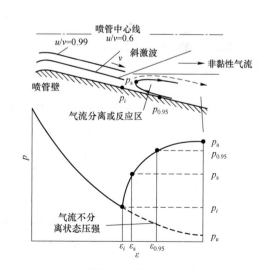

图 3-12 喷管中燃气分离后的流动状态

$$C_F = C_{Fi} + \Delta C_{Fs} - \varepsilon_A \left(\frac{p_a}{p_c}\right) \qquad (3-26)$$

式中　　C_{Fi}——分离点 i 上游喷管产生的真空推力系数；

ΔC_{Fs}——分离点下游喷管产生的推力系数。对于锥形喷管，可以用以下 Kalt–Badal 经验公式求得，即

$$\Delta C_{Fs} = 0.55\left(\frac{p_i + p_{0.95}}{p_c}\right)(\varepsilon_{0.95} - \varepsilon_i) + 0.975\left(\frac{p_a}{p_c}\right)(\varepsilon_A - \varepsilon_{0.95}) \qquad (3-27)$$

若 $\varepsilon_i \leq \dfrac{\varepsilon_A}{1.604} + 0.377$，则 $\varepsilon_{0.95} - \varepsilon_i = \dfrac{\varepsilon_i - 1}{2.4}$；

若 $\varepsilon_i > \dfrac{\varepsilon_A}{1.604} + 0.377$，则 $\varepsilon_{0.95} - \varepsilon_i = \dfrac{\varepsilon_A - \varepsilon_i}{1.45}$。

其中 ε_i 可由式（3-23）求得的 $\dfrac{p_i}{p_c}$ 查附表 3 求得。

例 3-3　已知喷管膨胀比 $\varepsilon_A = 40$，燃烧室内燃气压强 $p_c = 6.86 \text{ MPa}$，在 40 km 高空压强 $p_a = 2.808 \times 10^{-4} \text{ MPa}$，地面压强 $p_a = 0.098 \text{ MPa}$，燃气比热比 $k = 1.22$。求发动机在 40 km 高空和地面的推力系数。

解：

（1）40 km 高空推力系数 $C_{F,H=40}$ 的计算：

由

$$q(\lambda_e) = \frac{1}{\varepsilon_A} = 0.025$$

查附表 3，得

$$\lambda_e = 2.613, \quad \pi_e = \pi(\lambda_e) = \frac{p_e}{p_c} = 0.001\,9$$

高空处

$$\pi_a = \frac{p_a}{p_c} = \frac{2.808 \times 10^{-4}}{6.86} = 4.093 \times 10^{-5}$$

可见

$$\pi_e > \pi_a$$

即在高空喷管处于欠膨胀状态。

由 $k = 1.22$，得

$$\Gamma = \sqrt{k}\left(\frac{2}{k+1}\right)^{\frac{k+1}{2(k-1)}} = 0.652\,4$$

$$C_F^0 = \Gamma\sqrt{\frac{2k}{k-1}\left[1 - \pi_e^{\frac{k-1}{k}}\right]} = 1.787\,6$$

因此

$$C_{F,H=40} = C_F^0 + \varepsilon_A(\pi_e - \pi_a)$$
$$= 1.787\,6 + 40 \times (0.001\,9 - 4.093 \times 10^{-5})$$
$$= 1.862\,0$$

（2）地面推力系数 C_F 的计算：

$$\pi_a = \frac{p_a}{p_c} = \frac{0.098}{6.86} = 0.014\,3$$

$$\pi_a > \pi_e = 0.001\,9$$

故喷管在地面处于过膨胀状态。

为了检验气流是否分离，求分离点压强比，即

$$\frac{p_i}{p_a} = \frac{2}{3}\left(\frac{p_a}{p_c}\right)^{0.2} = \frac{2}{3}\left(\frac{0.098}{6.86}\right)^{0.2} = 0.285\,0$$

而

$$\frac{p_e}{p_a} = \frac{0.001\,9 \times 6.86}{0.098} = 0.133\,0$$

即

$$\frac{p_e}{p_a} < \frac{p_i}{p_a} = 0.285\,0$$

故气流在喷管中发生分离。需要用式（3–26）和式（3–27）计算 C_F。

由

$$\pi_i = \frac{p_i}{p_c} = \frac{0.285\,0 \times 0.098}{6.86} = 4.071 \times 10^{-3}$$

查附表 3，得面积比 $\varepsilon_i = 22.09$。又因

$$\frac{\varepsilon_A}{1.604} + 0.377 = \frac{40}{1.604} + 0.377 = 25.31$$

即

$$\varepsilon_i < \frac{\varepsilon_A}{1.604} + 0.377$$

于是

$$\varepsilon_{0.95} - \varepsilon_i = \frac{\varepsilon_i - 1}{2.4} = \frac{22.09 - 1}{2.4} = 8.788$$

$$\varepsilon_{0.95} = 8.788 + 22.09 = 30.878$$

故

$$\Delta C_{Fs} = 0.55\left(\frac{p_i + p_{0.95}}{p_c}\right)(\varepsilon_{0.95} - \varepsilon_i) + 0.975\left(\frac{p_a}{p_c}\right)(\varepsilon_A - \varepsilon_{0.95})$$

$$= 0.55 \times \frac{(0.285\,0 + 0.95) \times 0.098}{6.86} \times 8.788 + 0.975(40 - 30.878)\frac{0.098}{6.86}$$

$$= 0.212\,3$$

由 $\varepsilon_i = 22.09$，查附表 5，得

$$C_{Fi} = C_{FV}(\varepsilon_i) = 1.813\,5$$

于是

$$C_F = C_{Fi} + \Delta C_{Fs} - \varepsilon_A\left(\frac{p_a}{p_c}\right)$$

$$= 1.813\,5 + 0.212\,3 - 40 \times \frac{0.098}{6.86}$$

$$= 1.454\,4$$

课堂/课外讨论

讨论题 3-2：推力系数 C_F 反映了发动机喷管的工作品质，是发动机喷管对推力的放大倍数。而在有些资料中，却认为推力系数只是反映了发动机喷管扩张段的工作品质，是发动机喷管扩张段对推力的放大倍数。这种说法是错误的，为什么？

3.3 有效排气速度

由式（3-9）知

$$F = \dot{m}u_e + A_e(p_e - p_a)$$
$$= \dot{m}\left[u_e + \frac{A_e}{\dot{m}}(p_e - p_a)\right]$$
$$= \dot{m}u_{ef} \tag{3-28}$$

其中

$$u_{ef} = u_e + \frac{A_e}{\dot{m}}(p_e - p_a) \tag{3-29}$$

式中，u_{ef} 为**有效排气速度**。事实上，称它为"等效"排气速度更为确切。因为它并不是实际的排气速度 u_e，而是将推力中的静推力部分折算成动推力所对应的排气速度（欠膨胀时为正值，过膨胀时为负值），加到实际的排气速度上所得到的折算排气速度，因而它是一个排气速度的等效值。

显然，当 $p_e = p_a$ 时，有效排气速度 u_{ef} 就等于排气速度 u_e。即便在其他情况下，u_e 与 u_{ef} 的差值通常也不大，一般不超过 10%。

从式（3-29）可见，对于给定的发动机，u_{ef} 是环境压强（或工作高度）的函数，它随火箭飞行高度的变化而变化，但因式中的 u_e 不变，而因 p_a 引起的静推力变化又远小于总推力，故在近似分析时，可以假定有效排气速度 u_{ef} 为常数。

通常，固体火箭发动机的有效排气速度在 2 000～3 000 m/s 范围内变化。

例 3-4 求例 3-1 中的火箭发动机的有效排气速度：（1）在 10 km 高空中；（2）在海平面上；（3）它们与排气速度的差别。

解：（1）由例 3-1 已知 $u_e = 2\ 500$ m/s，$\dot{m} = 5\ 230$ kg/s，$A_e = 11.70$ m^2，$p_e = 0.074$ MPa，$p_a = 0.026$ MPa，将它们代入式（3-29）得

$$u_{ef} = 2\ 500 + \frac{11.70}{5\ 230}(0.074 - 0.026) \times 10^6$$

$$\approx 2\ 607\ (\text{m/s})$$

（2） $u_{efG} = 2\ 500 + \frac{11.70}{5\ 230}(0.074 - 0.101\ 3) \times 10^6$

$$\approx 2\ 439\ (\text{m/s})$$

（3）10 km 高空：

$$\frac{u_{\text{ef}} - u_{\text{e}}}{u_{\text{e}}} = \frac{2\,607 - 2\,500}{2\,500} = 4.28\%$$

海平面：

$$\frac{u_{\text{efG}} - u_{\text{e}}}{u_{\text{e}}} = \frac{2\,439 - 2\,500}{2\,500} = -2.44\%$$

3.4 特征速度

式（2-75）已列出了在临界条件下通过拉瓦尔喷管的质量流量的表达式

$$\dot{m} = C_{\text{D}} p_{\text{c}} A_{\text{t}}$$

与推力公式中定义推力系数 C_{F} 类似，在上述质量流量公式中，将 C_{D} 定义为**流量系数**，它的表达式已用式（2-74）列出为

$$C_{\text{D}} = \frac{\Gamma}{\sqrt{RT_{\text{c}}}} = \frac{\Gamma}{\sqrt{R_0 T_{\text{c}}/\mu}}$$

可以看出，C_{D} 反映了燃烧产物的热力学性质，它与推进剂的燃烧温度 T_{c}、燃烧产物的千摩质量 μ 以及燃气比热比 k 有关，但与喷管喉部下游的流动过程无关，因而它是表征推进剂能量特性和燃烧室内燃烧完善程度的参数，其单位为 $(\text{m/s})^{-1}$。

通常把流量系数 C_{D} 的倒数称为**特征速度**，记为 c^*（注意不要和临界声速相混淆）。c^* 的单位 m/s 是速度的量纲，但它并不具有真实速度的含义，而只是一个假想的速度，用它来表示推进剂燃烧产物对质量流量的影响。c^* 越大，表明推进剂的能量特性越大，燃烧室内的燃烧过程越完善，因而获得相同燃烧室压强和发动机推力所需的质量流量就越小。

特征速度 c^* 的表达式为

$$c^* = \frac{1}{C_{\text{D}}} = \frac{\sqrt{RT_{\text{c}}}}{\Gamma} \tag{3-30}$$

这样，质量流量的表达式又可写为

$$\dot{m} = \frac{p_{\text{c}} A_{\text{t}}}{c^*} \tag{3-31}$$

特征速度 c^* 的物理意义也可用下述概念加以解释：由图 3-6 与式（3-17）可知，发动机无喷管时的推力为

$$F_0 = p_{\text{c}} A_{\text{t}}$$

将上式代入式（3-31）可得

$$F_0 = \dot{m} c^* \tag{3-32}$$

式（3-32）说明，特征速度 c^* 就是无喷管发动机的有效排气速度。

将式（3-31）改写一下，可得 c^* 的另一种表达式为

$$c^* = \frac{p_{\text{c}} A_{\text{t}}}{\dot{m}} \tag{3-33}$$

由上述物理意义的解释显而易见,与流量系数 C_D 一样,特征速度 c^* 也是一个表征推进剂能量特性和燃烧室内燃烧完善程度的系数,反映了燃烧室的工作品质,它与喷管的流动无关。图 3−13 表示 c^* 与 k 和 $\sqrt{T_c/\mu}$ 的函数关系。

通常,固体双基推进剂的 c^* 低于复合推进剂的 c^* 值,前者约为 1 400 m/s,后者约为 1 500~1 800 m/s。

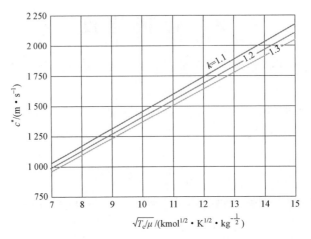

图 3−13 c^* 与 k 和 $\sqrt{T_c/\mu}$ 的函数关系

例 3−5 某双基推进剂在燃烧室内的燃气温度 $T_c = 2\,300$ K,燃气比热比 $k = 1.26$,燃烧产物的平均千摩质量 $\mu = 22.5$ kg/kmol,求特征速度 c^*。

解:根据 $k = 1.26$,查附表 1 得
$$\Gamma = 0.659\,9$$
将已知数据代入式(3−30)得
$$c^* = \frac{\sqrt{8\,314 \times 2\,300 / 22.5}}{0.659\,9} \approx 1397 \text{ (m/s)}$$

3.5 总 冲

根据冲量的定义,把发动机推力与推力作用时间的乘积称为发动机的推力冲量或总冲量(简称总冲)。为了正确地理解总冲的概念,有必要对推力作用的时间加以说明。

1. 发动机的工作时间

图 3−14 是一条典型的实测推力−时间曲线的示意图。从原理上讲,发动机的**工作时间**应该包括发动机能产生推力的全部时间,即从点火开始产生推力时起到发动机排气过程结束、推力下降到零为止的全部时间。但在实际测量时,这种推力的"零点"往往难以准确地确定。为了便于比较,需要对其建立统一的计算标准。一种常用的确定方法是:以发动机点火后压强连续上升到 0.3 MPa 或推力上升到 10% 额定推力(或其他规定的压强或推力)的那一点为起点,以发动机熄火后压强连续下降到 0.3 MPa 或推力下降到 10% 额定推力(或其他规定的压强或推力)的那一点为终点,把该起点与终点间的时间间隔作为发动机的工作时间,记为 t_a,

如图 3-14 所示。

发动机的工作时间也是反映发动机工作特性的一个重要参数。

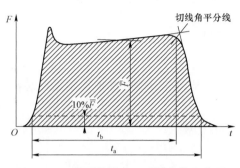

图 3-14　典型的推力-时间曲线示意图

2. 装药的燃烧时间

装药的**燃烧时间**是指装药表面开始点燃瞬间到装药燃烧结束瞬间之间的时间间隔，记为 t_b（图 3-14）。因为 t_b 不含有推力曲线的下降段（排气段），故 $t_b < t_a$。燃烧时间也是发动机的一个工作性能参数。

由于在实测曲线上难以确定燃烧结束的瞬间，为此也推荐一种常用的确定方法，即在推力-时间曲线的工作段后部和下降段前部分别作一切线（相当于最优拟合线的延长线），将两切线夹角的角平分线与推力-时间曲线的交点作为计算的终点（图 3-14）。

3. 总冲

在一般情况下，推力是随时间变化的。因此，把推力对工作时间的积分面积（即图 3-14 中的阴影面积）定义为发动机的**总冲**，记为 I：

$$I = \int_0^{t_a} F \mathrm{d}t \tag{3-34}$$

如果在该时间内推力为常量，则式（3-34）可简化为

$$I = F t_a \tag{3-35}$$

总冲是火箭发动机的一个重要性能参数，它综合反映了发动机的工作能力。必须根据飞行器不同任务的需要，来确定发动机总冲的大小。如射程远或负载大的飞行器，就要求有大的发动机总冲。相同的总冲，也可根据飞行器用途的不同选用不同的推力-时间方案来实现。

由式（3-28）可知

$$F = \dot{m} u_{\mathrm{ef}}$$

将其代入式（3-34），得

$$I = \int_0^{t_a} \dot{m} u_{\mathrm{ef}} \mathrm{d}t \tag{3-36}$$

对于给定的发动机，如果在其工作过程中工作高度的变化不大，则 u_{ef} 的变化不大（见

例 3-4)，故可近似看作常数，这样式（3-34）可改写为

$$I = u_{ef}\int_0^{t_a} \dot{m}dt = u_{ef}m_p \quad (3-37)$$

式中　m_p——推进剂装药的质量。

式（3-37）是总冲的另一种表达式。可以看出，总冲与 u_{ef} 及 m_p 直接有关，而 m_p 又直接决定了发动机的**重量**和大小，因此，当推进剂被选定后，总冲的大小就决定了发动机的尺寸大小。

总冲的单位是 N·s（或 kg·m/s）。

3.6 比　　冲

1. 比冲的定义

把火箭发动机内单位质量推进剂发出的推力冲量定义为发动机的**比冲**，用符号 I_{sp} 表示，即

$$I_{sp} = \frac{I}{m_p} = \frac{\int_0^{t_a} Fdt}{\int_0^{t_a} \dot{m}dt} \quad (3-38)$$

可见，上述表示的比冲是在发动机工作时间内的平均值。比冲的单位是 N·s/kg（或 m/s）。

需要指出的是，目前工程中还经常习惯于将比冲定义为单位重量推进剂产生的推力冲量，表示为

$$I_{sp} = \frac{I}{m_p g_0} = \frac{\int_0^{t_a} Fdt}{g_0\int_0^{t_a} \dot{m}dt} \quad (3-39)$$

式中　g_0——标准地面重力加速度，等于 9.8 m/s²。

此时比冲的单位为秒（s）。其数值是式（3-38）数值的 1/9.8。

对于式（3-39）中的比冲为什么具有"时间"（s）的量纲，可以通过下式得到解释，即

$$I_{sp} = \left(\frac{F}{m_p g_0}\right)t_a \quad (3-40)$$

即比冲是发动机内推进剂能产生等于它本身重量的推力所需的时间。

同理，式（3-38）中比冲具有"速度"（m/s）的量纲可以通过下式来解释，即

$$I_{sp} = \left(\frac{\dot{m}t_a}{m_p}\right)u_{ef} \qquad (3-41)$$

即比冲是发动机在其工作时间内排出与推进剂本身质量相等的燃气所拥有的有效排气速度。

比冲是火箭发动机的一项重要性能指标。对于给定总冲的发动机来说，比冲越高，意味着所需推进剂的质量越小，则相应的发动机的尺寸和质量即可减小。同理，对于给定推进剂质量的发动机来说，比冲的增大意味着飞行器的射程或运载载荷的增大。

2. 比推力

如果在发动机的工作时间内推力和质量流量不变，则式（3-38）可改写为

$$I_{sp} = \frac{I}{m_p} = \frac{Ft_a}{\dot{m}t_a} = \frac{F}{\dot{m}} = F_{sp} = u_{ef} \qquad (3-42)$$

此时，比冲的含义变为单位质量流量推进剂所产生的推力，故又称之为**比推力**，用符号 F_{sp} 表示。此时，比推力的量纲和数值均与比冲相同，但它们的物理意义是有区别的。一般来说，比冲是由一个在发动机工作时间 t_a 内的积分量定义和推导的，而比推力则是在 t_a 中每一个 Δt 内的瞬时参量，只有在工作时间内 F 和 $\dot{m}$ 不变的情况下，比冲和比推力才是相同的。

由于固体火箭发动机不易精确测得推进剂的流量，因此采用比冲的概念比较方便；液体火箭发动机则不然，它常采用比推力的概念。

下面推导比冲的另一种表达形式。

已知

$$I_{sp} = \frac{I}{m_p} = \frac{Ft_a}{\dot{m}t_a} = \frac{F}{\dot{m}}$$

将

$$F = C_F p_c A_t$$

和

$$\dot{m} = \frac{p_c A_t}{c^*}$$

代入上式，可得比冲与推力系数、特征速度三者的关系为

$$I_{sp} = c^* C_F \qquad (3-43)$$

由 3.2 节和 3.4 节中的分析已知，C_F 反映了喷管的工作品质，c^* 反映了燃烧室的工作品质，显然比冲 I_{sp} 则反映了整个发动机的工作品质。换一种说法，c^* 是无喷管发动机的有效排气速度，C_F 反映了因喷管存在而提供的附加排气速度，因而表示有喷管发动机的有效排气速度。c^*、C_F 和 I_{sp} 三者所表征品质特性的范围如图 3-17 所示。

目前固体火箭发动机的比冲范围在 2 000～3 000 N·s/kg（或 m/s），而现代液体火箭发动机的比冲范围在 2 500～4 600 N·s/kg（或 m/s）。

3. 特征比冲、真空比冲和推进剂比冲

（1）特征比冲 I_{sp}^0。

与特征推力系数类似，**特征比冲** I_{sp}^0 是发动机在设计状态（$p_e = p_a$）下工作时的比冲，它是该工作高度上发动机的最大比冲，即

$$I_{sp}^0 = \frac{I}{m_p} = \frac{\dot{m}u_e}{\dot{m}} = u_e \tag{3-44}$$

（2）真空比冲 I_{spV}。

真空比冲 I_{spV} 是发动机在真空中（$p_a = 0$）发出的比冲，即

$$I_{spV} = u_e + \frac{p_e A_e}{\dot{m}} \tag{3-45}$$

若发动机工作的设计状态就在真空中，此时 $p_e = p_a = 0$，真空比冲达到其最大值，即

$$I_{sp,\max} = u_L \tag{3-46}$$

式中　u_L——极限排气速度，由式（2-64）表示。

可见，最大真空比冲代表的是推进剂性能，它与喷管的扩张比或膨胀比无关。

（3）推进剂比冲。

它在概念上与前面所述的发动机比冲有所不同。由式（3-41）和式（2-63）的分析可知，发动机的比冲与推进剂的性能（燃气比热比、燃气温度、燃气千摩质量等）有关，也与发动机的结构和工作条件（燃烧室压强、喷管扩张比、发动机工作高度等）有关。

为了便于比较和评价不同推进剂的能量水平，应该对发动机的有关条件加以规定，确定一个统一的标准，按此标准计算得到的比冲即称为**推进剂标准理论比冲**。这种提法经常为推进剂制造企业所采用。为了获得推进剂标准理论比冲，我国很多企业采用以下标准条件进行计算：

① 燃烧室压强 $p_c = 7.092\,750$ MPa（70 atm）；
② 环境压强 $p_a = 0.101\,325$ MPa（1 atm）；
③ 喷管的膨胀比达到最佳状态，即 $p_e = p_a$；
④ 推进剂装药初温 $T_i = 20$ ℃；
⑤ 喷管扩张半角 $\alpha = 15°$；
⑥ 产物在喷管内的流动处于平衡状态。

此外，由于在火箭发动机有限的空间内，推进剂的密度也是衡量推进剂能量水平的一个参数，因此经常采用**密度比冲**的概念，其定义为推进剂的比冲与其密度的乘积。密度比冲又称为体积比冲，是用于衡量单位体积推进剂提供能量大小的物理量。密度比冲越大，单位体积推进剂所提供的比冲越高。

例 3-6　求例 3-1 的火箭发动机在 10 km 高空中的比冲和总冲、特征比冲、真空比冲、最大真空比冲和海平面比冲。已知推进剂质量为 5×10^5 kg，$k = 1.23$，$A_e/A_t = 7.29$。

解：将例 3-1 中的已知数据代入下面计算比冲的公式（10 km 高空）：

$$I_{spH} = \frac{F_H}{\dot{m}} = \frac{13.64 \times 10^6}{5\,230} \approx 2\,608 \text{（m/s）}$$

该高度的总冲为

$$I_{sp} = I_{spH} m_p = 2\,608 \times 5 \times 10^5 = 1\,304 \times 10^6 \,(\text{N} \cdot \text{s})$$

特征比冲为

$$I_{sp}^0 = u_e = 2\,500 \,(\text{m/s})$$

真空比冲为

$$I_{spV} = \frac{F_V}{\dot{m}} = \frac{13.95 \times 10^6}{5\,230} \approx 2\,667 \,(\text{m/s})$$

根据 $k = 1.23$ 和 $A_e/A_t = 7.29$，查附表 2，得 $\dfrac{p_e}{p_c} = 0.017\,7$。

又根据式（2-3），有

$$\eta_t = 1 - \left(\frac{p_e}{p_c}\right)^{\frac{k-1}{k}} = 1 - (0.017\,7)^{\frac{1.23-1}{1.23}} \approx 0.530$$

故最大真空比冲为

$$I_{sp,\max} = u_L = u_e \eta_t^{-0.5} = 2\,500 \times 0.530^{-0.5} \approx 3\,434 \,(\text{m/s})$$

海平面比冲为

$$I_{spG} = \frac{F_G}{\dot{m}} = \frac{12.76 \times 10^6}{5\,230} \approx 2\,440 \,(\text{m/s})$$

4. 影响比冲的因素

本节仅讨论理论比冲的影响因素，实际比冲的影响因素将在第 6 章中讨论。

1）推进剂能量对比冲的影响

如果推进剂的能量越高，燃烧产物的 RT_c 就越高，因而 u_e 增大，u_{ef} 增大，致使 I_{sp} 增大。同时若燃气比热比 k 越小，也会使 u_e 略有提高，因而使 I_{sp} 略有提高。

提高固体推进剂能量特性的途径有：适当增加双基推进剂中硝化甘油的含量和硝化棉的含氧量；在双基推进剂中加入高含氧量和成气性强的氧化剂（如 NH_4ClO_4）或高放热量的硝胺炸药（如 HMX 和 RDX）；在复合推进剂中选用生成焓高和氢-碳比高的黏结剂及高能氧化剂；在推进剂中加入高发热量低密度的金属粉末添加剂（如 Al、Li、Be、B 等）或金属氢化物等。所有这些措施采用的目的都是为了增大推进剂的热值，提高燃烧室的火焰温度，降低燃烧产物的平均分子量和比热比，从而使 u_{ef} 和 I_{sp} 增加。

2）喷管扩张比 A_e/A_t（或膨胀比 p_c/p_e）对比冲的影响

燃烧产物在喷管中膨胀过程进行完善的程度取决于喷管的扩张比 A_e/A_t。当推进剂一定时（k 值一定），A_e/A_t（或 p_c/p_e）对 I_{sp} 的影响与它对 C_F 的影响是完全一致的。图 3-15 是我国两种制式双基推进剂的比冲 I_{sp} 与喷管扩张比 A_e/A_t 的关系曲线。可以看出，当 $p_a = 0.101\,3$ MPa 和 $p_c = 10.13$ MPa 时，在达到特征比冲以前，I_{sp} 随 A_e/A_t 的增加而增加，但当 $A_e/A_t > 6$（或 $p_c/p_e > 40$）以后，这种趋势就明显减弱了。因此，对于近程、低空工作的发动机，常采用略微欠膨胀的喷管，这样做，比冲损失不大，但可减小喷管的尺寸和重量，以及摩擦和散热损失。其喷管扩张比为 4～6.25。

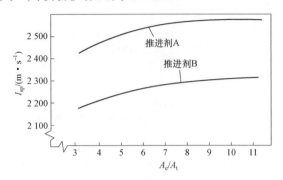

图 3-15　I_{sp} 与 A_e/A_t 的关系曲线

3）环境压强对比冲的影响

从例 3-6 可以看出，对于给定的发动机，其比冲将随着环境压强 p_a 的降低（即工作高度的增加）而增加。其真空比冲比海平面比冲的相对增大量为 9.3%。

4）燃烧室压强 p_c 对比冲的影响

当喷管尺寸和 p_a 一定时，p_c 的变化只能影响 p_a/p_c，而不会影响 A_e/A_t 和 p_c/p_e。因此，当 p_c 增加时，使 p_a/p_c 减小，从而使 u_{ef} 增大，I_{sp} 有所增加。图 3-16 列出了我国 3 种制式双基推进剂的比冲随燃烧室压强变化的关系曲线。由图可以看出，在喷管欠膨胀范围内，I_{sp} 是随着 p_c 的增加而增加的，当 p_c < 6 MPa 时，I_{sp} 对 p_c 较敏感；而当 p_c > 10 MPa 时，p_c 对 I_{sp} 的影响就比较小了。另外，低压下 I_{sp} 急剧下降的原因还在于推进剂在低于维持其正常燃烧的临界压强下会导致不完全燃烧。

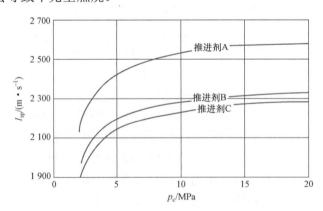

图 3-16　I_{sp} 与 p_c 的关系曲线

5）推进剂初温 T_i 对比冲的影响

发动机内推进剂装药的初温对比冲的影响可从两个方面来分析：首先初温 T_i 增加，会引起推进剂热焓的增加。根据能量守恒定律，这一增加会引起燃烧室内燃烧产物温度 T_c 的增加，从而使 I_{sp} 增加。其次初温 T_i 的增加，对固体推进剂来说，会引起推进剂燃速 r 的增加，从而在多数情况下会引起燃烧室压强 p_c 的增加。根据上一节的分析，p_c 的增加又会引起 I_{sp} 的增加。

通过计算可以看出，对于常用的固体推进剂而言：

（1）因 T_i 变化引起的 T_c 的变化量通常小于 T_i 本身的变化量；

（2）因 T_c 的变化引起 I_{sp} 变化的程度大于因 p_c 的变化引起 I_{sp} 变化的程度；

（3）因 T_i 的变化引起的 I_{sp} 的变化量并不大，但不能忽略；

（4）不同推进剂其初温 T_i 变化引起的 I_{sp} 变化量在程度上会有所不同，如 CTPB 复合推进剂的 $\Delta I_{sp}/\Delta T_i$ 是 HTPB 和 NEPE 复合推进剂的 1.5 倍左右 [前者为 0.373（m/s）/K，后者为 0.245（m/s）/K]。

3.7 其他参数及参数间的相互关系

上面介绍了火箭发动机的一些主要性能参数，这些参数按照它们的性质大体可归结为两类：一类是反映发动机工作状况的参数（简称工况参数），如发动机的推力、总冲、工作时间和质量流量等，它们表征发动机的工作能力、特点和用途；另一类是反映发动机工作质量的参数（简称质量参数），如特征速度、推力系数、有效排气速度和比冲等，它们表征发动机工作过程的质量和完善程度。

除了上面提到的参数外，还有一些表征热力系统所处状态的热力参数，如焓、熵、燃烧温度和燃气压强等（其中燃烧室压强也是一个重要的设计参数），以及表征推进剂特性的装药燃速、密度和初温等重要参数。对于这些参数，将在以后的章节中专门加以分析和讨论。

除了上述性能参数外，火箭发动机还有一些其他重要的结构和设计参数，如发动机的尺寸和质量、喷管的喷喉截面积和出口截面积以及装药的质量和体积等，它们与性能是密切相关的。

下面再介绍两个与燃烧性能有关的其他参数，即特征长度和滞留时间。

1. 特征长度

火箭发动机燃烧室内的燃烧空间与喷管喉部截面积之比定义为发动机的**特征长度**，记为 L^*，它的数学表达式为

$$L^* = \frac{V_c}{A_t} \tag{3-47}$$

式中　V_c——燃烧室内的燃烧空间（包括喷喉截面上游的喷管内空间），参见图 3-17。

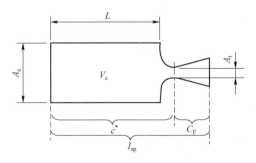

图 3-17　发动机尺寸及质量参数作用区域示意图

特征长度的单位是 m，它是发动机的一个结构参数，在固体火箭发动机燃烧过程中，它随时间的增长而不断增大。L^*是在固体火箭发动机燃烧和燃烧稳定性分析中起着重要作用的参数。然而在液体火箭发动机中，它是一个常量，因为燃烧空间始终等于燃烧室内的体积。

2. 滞留时间

燃烧室长度与燃烧室内推进剂微粒（液滴或固体颗粒）的平均速度之比定义为微粒在燃烧室内的**滞留时间**，记为 τ^*，它的表达式为

$$\tau^* = \frac{L}{\bar{u}_c} \qquad (3-48)$$

式中　L——燃烧室的长度（图 3-17）；
　　　$\bar{u}_c$——燃烧室内微粒的平均速度。

根据连续方程，有

$$\dot{m} = \rho_c \bar{u}_c A_c$$

故

$$\tau^* = \frac{L}{\bar{u}_c} = \frac{V_c}{\bar{u}_c A_c} = \frac{V_c \rho_c}{\dot{m}} \qquad (3-49)$$

将状态方程和流量公式代入上式，得

$$\tau^* = \frac{V_c}{A_t} \frac{1}{\Gamma\sqrt{RT_c}} = \frac{L^*}{\Gamma\sqrt{RT_c}} \qquad (3-50)$$

滞留时间的单位是 s，它是一个与发动机结构和燃烧性能密切相关的参数。τ^* 反映了微粒在燃烧室中的停留时间，表征着微粒燃烧的完善程度。它的重要性对液体火箭发动机更为突出，因为固体推进剂颗粒的滞后时间通常是足够长的。

3. 主要性能参数间的关系

上面讨论了发动机的一些主要性能参数，并导出了很多关系式。为了能更好地掌握和熟练地运用这些重要参数，必须弄清它们之间的相互关系。为此，将这些主要参数间的关系总结成一张网络图（图 3-18），供读者参考。

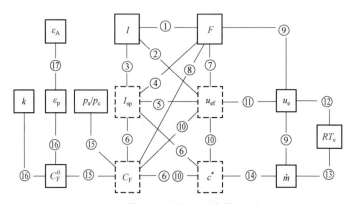

图 3-18　火箭发动机各主要参数关系网络图

图中的粗虚线方框代表发动机的主要质量参数，粗实线方框代表发动机的其他一些主要参数，细实线连线代表两个参数间的关系，线中圆圈内的数字表示该两参数间的关系符合下列相应序号的关系式：

① $I = \int_0^{t_a} F \mathrm{d}t = \bar{F} t_a$；

② $I = u_{ef} m_p$；

③ $I_{sp} = \dfrac{I}{m_p}$；

④ $I_{sp} = \dfrac{F}{\dot{m}}$；

⑤ $I_{sp} = u_{ef}$；

⑥ $I_{sp} = c^* C_F$；

⑦ $F = \dot{m} u_{ef}$；

⑧ $F = C_F p_c A_t$；

⑨ $F = \dot{m} u_e + A_e (p_e - p_a)$；

⑩ $u_{ef} = c^* C_F$；

⑪ $u_{ef} = \dfrac{C_F}{C_F^0} u_e$；

⑫ $u_e = \sqrt{\dfrac{2k}{k-1} R T_c \left[1 - \left(\dfrac{p_e}{p_c}\right)^{\frac{k-1}{k}}\right]}$；

⑬ $\dot{m} = \dfrac{\Gamma}{\sqrt{R T_c}} p_c A_t$；

⑭ $\dot{m} = \dfrac{p_c A_t}{c^*}$；

⑮ $C_F = C_F^0 + \dfrac{A_e}{A_t}\left(\dfrac{p_e}{p_c} - \dfrac{p_a}{p_c}\right)$；

⑯ $C_F^0 = \Gamma \sqrt{\dfrac{2k}{k-1}\left[1 - \left(\dfrac{p_e}{p_c}\right)^{\frac{k-1}{k}}\right]}$；

⑰ $\dfrac{A_e}{A_t} = \dfrac{\Gamma}{\left(\dfrac{p_e}{p_c}\right)^{\frac{1}{k}} \sqrt{\dfrac{2k}{k-1}\left[1 - \left(\dfrac{p_e}{p_c}\right)^{\frac{k-1}{k}}\right]}}$。

3.8 效率与品质系数

1. 火箭发动机的效率

在 2.1 节中已经讨论过火箭发动机的工作过程实质上就是一种能量转换过程。因此，火箭发动机的效率实质上就是反映这种能量转换过程的完善程度（图 2-3）。典型的火箭发动机能量平衡图如图 3-19 所示。

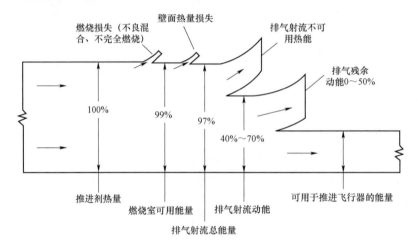

图 3-19 典型的火箭发动机能量平衡图

1）发动机的内效率

发动机的**内效率**定义为喷管出口截面上单位质量燃烧产物所具有的动能与相同质量推进剂所具有的总焓之比，记为 η_i。η_i 的表达式为

$$\eta_i = \frac{\dfrac{u_e^2}{2}}{i_p} \tag{3-51}$$

式中　i_p——单位质量推进剂的总焓。

用 η_i 可以衡量推进剂的化学能转换为燃烧产物动能的完善程度。这一转换过程经历了燃烧和膨胀两个分过程。因此，可分解为这两个分过程效率之积，即

$$\eta_i = \eta_c \eta_e \tag{3-52}$$

其中

$$\eta_c = \frac{q_c}{i_p} \tag{3-53}$$

$$\eta_e = \frac{\dfrac{u_e^2}{2}}{q_c} \tag{3-54}$$

式中　η_c——**燃烧效率**，它衡量单位质量推进剂的化学能转换成燃烧产物热能 q_c 的完善程度；
　　　η_e——**膨胀效率**，它衡量单位质量燃烧产物的热能转换成动能的完善程度。

(1) 燃烧效率。

由于推进剂在发动机燃烧室内燃烧过程中存在燃烧不完全、燃烧产物发生离解以及向室壁散热等损失，故燃烧效率不可能等于1。它通常在0.94~0.99的范围内。

(2) 膨胀效率。

由于膨胀过程中存在热力学损失和膨胀损失，膨胀效率也小于1。

① 热力学损失。由于膨胀过程中不可能将燃烧产物的全部热能都转化为在喷管出口截面的动能，因而存在着热力学损失。其损失的大小用**热效率** η_t 来衡量。由式（2-1）和式（2-3）可得

$$\eta_t = 1 - \frac{T_e}{T_c} = 1 - \left(\frac{p_e}{p_c}\right)^{\frac{k-1}{k}} \qquad (3-55)$$

式中　T_e，T_c ——分别为燃烧产物在燃烧室和喷管出口处的温度。

图2-10表示了 η_t 与 p_c/p_e 及 k 的关系。可以看出，p_c/p_e 和 k 越大（从提高热效率的观点看，k 值不宜过小），热效率就越高。目前固体火箭发动机的热效率通常都低于0.6。

② 膨胀损失。燃烧产物在喷管流动过程中存在散热、摩擦、扩张和二相流等损失，这些损失可以用**喷管效率** η_n 来衡量。而膨胀效率 η_e 可表示为 η_t 和 η_n 的乘积，即

$$\eta_e = \eta_t \eta_n \qquad (3-56)$$

故发动机内效率可表达为

$$\eta_i = \eta_c \eta_t \eta_n \qquad (3-57)$$

有关喷管膨胀过程中的各项膨胀损失将在6.4节中详细讨论。

2) 发动机的外效率

发动机的**外效率**定义为单位时间内发动机对飞行器所做的推进功与该推进功加上发动机损失能量之和的比值，记为 η_p，即

$$\eta_p = \frac{FV}{FV + \dfrac{\dot{m}(u_e - V)^2}{2}} \qquad (3-58)$$

式中　V ——飞行器的飞行速度。

用 η_p 可以衡量燃烧产物动能转换成火箭推进功的完善程度，因而 η_p 又称为推进效率。在设计状态（$p_e = p_a$）下，$F = \dot{m} u_e$，则有

$$\eta_p = \frac{\dfrac{2V}{u_e}}{1 + \left(\dfrac{V}{u_e}\right)^2} \qquad (3-59)$$

由式（3-59）可知，η_p 取决于 V/u_e 的值。图3-20表示出了 η_p 与 V/u_e 的关系曲线。由图3-20和式（3-59）可知，当 $V=0$ 时，$\eta_p=0$；当 $V=u_e$ 时，$\eta_p=1$，此时推进效率最高。

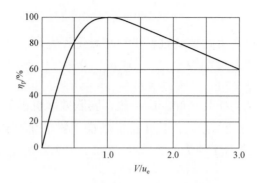

图 3-20　η_p 与 V/u_e 的关系曲线

2. 火箭发动机的品质系数

上面讨论的那些主要性能参数都是理论值，然而由于各种实际因素的影响，这些参数的实际值与理论值会存在一定的差别。因此，把参数的实际值与理论值之比称为该参数的**品质系数**或**效率因子**。

参数的实际值主要依靠试验来测得（必须排除因测量造成的误差）。现以 c^*、C_F 和 I_{sp} 这 3 个质量参数为例，讨论实际测量它们的方法。

1）特征速度实际值 c^*_{exp} 的测量

$$c^*_{exp} = \frac{A_t}{m_p}\int_0^{t_a} p_c \mathrm{d}t = \frac{\frac{\pi}{4}d_t^2}{m_p}\int_0^{t_a} p_c \mathrm{d}t \tag{3-60}$$

式中，m_p 为固体推进剂药柱质量，d_t 为喉部直径。A_t 和 m_p 可由适合的称量测量工具测得，$\int_0^{t_a} p_c \mathrm{d}t$ 可由静止试验时的压强-时间曲线获得，这样就得到了 c^*_{exp} 的值。

2）比冲实际值 $I_{sp,exp}$ 的测量

$$I_{sp,exp} = \frac{\int_0^{t_a} F \mathrm{d}t}{m_p} \tag{3-61}$$

同理，m_p 由称量得到，$\int_0^{t_a} F \mathrm{d}t$ 则由静止试验时的推力-时间曲线获得，这样就得到了 $I_{sp,exp}$ 值。

3）推力系数实际值 $C_{F,exp}$ 的测量

$$C_{F,exp} = \frac{I_{sp,exp}}{c^*_{exp}} = \frac{\int_0^{t_a} F \mathrm{d}t}{A_t \int_0^{t_a} p_c \mathrm{d}t} \tag{3-62}$$

显然，有了上述两个参数的测量值，即可求出 $C_{F,exp}$。或者只要有了发动机的 $F-t$ 和 p_c-t 曲线，并测出喷管喉径，即可方便地得到 $C_{F,exp}$ 值。

4）发动机品质系数的计算

定义燃烧室的品质系数（即特征速度的效率因子）为

$$\xi_c = \eta_{c^*} = \frac{c^*_{\exp}}{c^*_{\text{th}}} \tag{3-63}$$

下标 th 表示理论值。

定义喷管的品质系数（即推力系数的效率因子）为

$$\xi_n = \eta_{C_F} = \frac{C_{F,\exp}}{C_{F,\text{th}}} \tag{3-64}$$

定义发动机的品质系数（即比冲效率）为

$$\xi = \eta_{I_{\text{sp}}} = \frac{I_{\text{sp},\exp}}{I_{\text{sp},\text{th}}} \tag{3-65}$$

根据上述参数的理论计算值和实际测量值，即可计算出相应的品质系数。对于现代固体火箭发动机，ξ_c 为 0.94～0.99、ξ_n 为 0.88～0.97、ξ 为 0.82～0.96。

3.9 发动机性能对火箭飞行器性能的影响

1. 火箭飞行器的运动方程

当火箭飞行器无翼、对称且飞行攻角为 θ 时，其飞行过程中的受力简图如图 3-21 所示，飞行方向与推力方向相同。

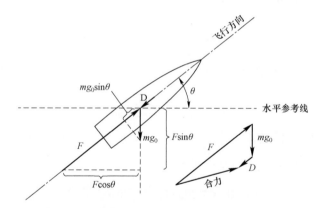

图 3-21　火箭飞行器在飞行过程中的受力简图

火箭飞行器在重力场中的运动可用以下矢量方程描述，即

$$m\frac{\mathrm{d}V}{\mathrm{d}t} = \boldsymbol{F} + m\boldsymbol{g} + \boldsymbol{D} \tag{3-66}$$

式中　m——火箭飞行器的瞬时质量，$m = m(t)$；
　　　V——火箭飞行器的飞行速度；
　　　F——火箭发动机产生的推力；
　　　g——重力加速度；
　　　D——火箭飞行器的气动阻力。

火箭飞行器在加速过程中往往需要克服气动阻力和自身重力。阻力和重力的作用是会影响到火箭飞行器的最大速度，但阻力和重力对飞行器最大速度的影响程度取决于飞行条件，而与火箭发动机及推进剂的性能没有直接联系。因此，为了分析发动机及推进剂性能对火箭飞行器最大速度的影响，使问题简化，假设重力和气动阻力可以忽略不计。因此，式（3-66）可以简化为

$$m\frac{dV}{dt}=F \tag{3-67}$$

式（3-67）中火箭飞行器的瞬时质量 m 将随着推进剂的不断燃烧消耗而减小，在任意时刻，飞行器的瞬时质量应为

$$m=m_0-\int_0^t \dot{m}dt \tag{3-68}$$

式中 $\dot{m}$ ——推进剂燃烧产物的质量流量；

m_0 ——火箭飞行器的初始质量，包括有效载荷 m_e、飞行器结构质量 m_s 和发动机全部推进剂的质量 m_p，$m_0=m_e+m_s+m_p$。

发动机工作结束后，火箭飞行器的消极质量 m_f 应为

$$m_f=m_0-m_p=m_e+m_s$$

显然，m_0 和 m_f 均为与时间无关的量，而推进剂的消耗率就是火箭飞行器质量减小的速率，所以 $-\dfrac{dm}{dt}=\dot{m}$，于是由式（3-42）可得：

$$F=\dot{m}u_{ef}=\dot{m}I_{sp}=-\frac{dm}{dt}I_{sp} \tag{3-69}$$

将式（3-69）与式（3-67）合并，即得

$$dV=-\frac{dm}{m}I_{sp} \tag{3-70}$$

假设发动机比冲 I_{sp} 为常数，将式（3-70）从对整个火箭飞行器开始加速（$V=V_0$）时起到最大速度（$V=V_{max}$）时止进行积分，可得

$$\Delta V=V_{max}-V_0=I_{sp}\ln\frac{m_0}{m_f} \tag{3-71}$$

式中 V_{max}——火箭发动机工作结束时刻火箭飞行器的飞行速度，此时加速过程结束，火箭飞行器达到最大的飞行速度；

V_0——火箭飞行器被加速前的初始飞行速度。

若定义火箭飞行器的**质量数** μ 为

$$\mu=\frac{m_0}{m_f}$$

则式（3-71）又可写为

$$V_{max}-V_0=I_{sp}\ln\mu \tag{3-72}$$

对于单级火箭，通常是 $V_0=0$，于是式（3-72）可变为

$$V_{\max} = I_{\text{sp}} \ln \mu \tag{3-73}$$

式（3-73）即是著名的**齐奥尔科夫斯基公式**。式中的 $V_{\max}$ 是无阻力无重力环境下火箭飞行器的最大飞行速度。实际上，火箭飞行器在飞行中还会受到重力和气动阻力的影响（在推力公式中已考虑了大气静压的作用），所以实际飞行所达到的最大速度必定略小于 $V_{\max}$ 值。

火箭飞行器为了飞出地球，实际飞行速度必须超过第一宇宙速度 7.9 km/s。实际上，按现有推进剂的能量特性计算，即使采用最佳材料和最佳设计质量，也很难达到这一要求，所以现代运载火箭均为多级（二级至四级）结构。在同样的条件下（比冲、起飞质量和有效载荷相同），多级火箭比单级火箭能达到更高的飞行速度。但是，多级火箭结构复杂，可靠性下降。一般来说，具有特定用途的火箭飞行器，应有其最佳级数和初始质量数。对于多级火箭，发动机工作结束后最终的最大飞行速度应等于各级火箭速度增量之和，即

$$V_{\max} = \sum_{i=1}^{n} \Delta V_i \tag{3-74}$$

2. 发动机性能对火箭飞行器性能的影响

从齐奥尔科夫斯基公式可以看出，发动机的比冲 I_{sp} 越大，最大飞行速度也越大；火箭的质量数 μ 越大，最大飞行速度也越大。因此，提高发动机的比冲 I_{sp} 和增加火箭的质量数 μ 均能使火箭的最大飞行速度增大。增加火箭飞行器质量数 μ 意味着其结构质量在初始总质量所占的比例下降，而推进剂所占比例上升。若 I_{sp} 和 μ 均为可变量，为了达到一定的飞行速度 $V_{\max}$，可根据 $\mathrm{d}V_{\max}=0$ 的条件，对式（3-73）微分得到变量 I_{sp} 和 μ 之间的关系为

$$\frac{\mathrm{d}\mu}{\mu} = -\ln\mu \frac{\mathrm{d}I_{\text{sp}}}{I_{\text{sp}}} \tag{3-75}$$

式中的负号表明，降低比冲 I_{sp} 可由增加质量数 μ 来补偿。反之，提高比冲 I_{sp} 可相应地减小质量数 μ。为了方便分析比冲 I_{sp} 和质量数 μ 之间相互补偿量的定性关系，对式（3-75）进行改写，变为

$$\frac{\mathrm{d}\mu}{\mu} \cdot \frac{1}{\ln\mu} = -\frac{\mathrm{d}I_{\text{sp}}}{I_{\text{sp}}} \tag{3-76}$$

所以，在最大飞行速度 $V_{\max}$ 一定的前提下，有以下几点要注意。

（1）当火箭飞行器质量数 $\mu=\mathrm{e}$（自然对数的底）时，即 $\ln\mu=1$，则有 $\dfrac{\mathrm{d}\mu}{\mu}=-\dfrac{\mathrm{d}I_{\text{sp}}}{I_{\text{sp}}}$，说明比冲 I_{sp} 和质量数 μ 之间的相互补偿量是相等的，若发动机的比冲 I_{sp} 降低 1%，可以用火箭飞行器质量数 μ 增加 1% 来补偿，以确保 $V_{\max}$ 一定。

（2）当火箭飞行器质量数 $\mu<\mathrm{e}$ 时，即 $\ln\mu<1$，而 $\dfrac{1}{\ln\mu}>1$，说明为了补偿发动机比冲 1% 的变化，要求火箭飞行器质量数的改变小于 1%，即可确保 $V_{\max}$ 一定，也就是说当 $\mu<\mathrm{e}$ 时，火箭飞行器质量数的变化对最大飞行速度的影响程度大于发动机比冲变化对最大飞行速度的影响程度。

（3）当火箭飞行器质量数 $\mu>\mathrm{e}$ 时，即 $\ln\mu>1$，而 $\dfrac{1}{\ln\mu}<1$，说明为了补偿发动机比冲

1%的变化，要求火箭飞行器质量数的改变大于 1%，即可确保 $V_{\max}$ 一定，也就是说，当 $\mu>\mathrm{e}$ 时，火箭飞行器质量数的变化对最大飞行速度的影响程度小于发动机比冲变化对最大飞行速度的影响程度。

在发动机比冲一定的情况下，火箭的质量数越大，则飞行器的最大飞行速度越大，而增大质量数 μ 的有效方法是采用多级火箭。对单级火箭而言，增大质量数 μ 的方法，首先是降低火箭的消极质量，其次是采用高密度的推进剂。

对于大多数的火箭飞行器来说，火箭飞行器的质量数 $\mu \gg \mathrm{e}$，火箭飞行器质量数的变化对最大速度的影响程度小于发动机比冲变化对最大速度的影响程度，因此提高发动机的比冲是现代火箭发动机的一般发展趋势。另外，若射程不变，提高比冲就可以增大有效载荷并送入指定轨道；在射程、高度和有效载荷一定的情况下，提高比冲就可以减小火箭飞行器的起飞质量和飞行器结构消极质量。

课堂/课外讨论

讨论题 3-3：在推导齐奥尔科夫斯基公式时，火箭飞行器的运动方程式（3-66）左侧采用 $m\mathrm{d}V$ 来表示飞行器动量的变化。有一个疑问就是：既然飞行器质量是不断变化的，动量的变化就应该是 $\mathrm{d}(mV)=m\mathrm{d}V+V\mathrm{d}m$，运动方程式（3-66）写为 $m\dfrac{\mathrm{d}V}{\mathrm{d}t}+V\dfrac{\mathrm{d}m}{\mathrm{d}t}=\boldsymbol{F}+m\boldsymbol{g}+\boldsymbol{D}$，比书中多出了一项。请思考为什么不能这样表示？

第4章
固体推进剂

固体推进剂是一种具有特定性能的含能复合材料,是导弹及其他空间飞行器的固体火箭发动机的动力源材料,其性能直接影响导弹武器的作战效能和生存能力,因此固体推进剂在导弹和航天技术发展中起着重要的作用。本章将主要介绍固体推进剂的发展历程、常见组分、固体推进剂的类别以及选用原则,以帮助读者加强对固体推进剂的理解。

4.1 固体推进剂的发展历程

公元3世纪(西晋)炼丹家葛洪所著《抱朴子》一书中载有"饵服雄黄法",提出雄黄与硝石等混炼的配方,这是有文字记载的研究黑火药的开始。公元808年,清虚子的《太上圣祖金丹秘诀》中记载了黑火药配方,是由硝石(硝酸钾)、硫黄和木炭组成的混合物。公元969年,我国制成了世界上第一支火药火箭,公元975年作为武器首次应用于战争,这是热兵器时代的开端。此后中国的黑火药技术传播至西方,13世纪中国的黑火药与火箭先传入阿拉伯国家,之后传到欧洲。13世纪后半期欧洲有了火药用于战争的记载。直到19世纪,黑火药一直是世界上唯一用于战争的火炸药;1846年,瑞士人舍恩拜因发明了硝化纤维素,同年,意大利人索布列罗制成了硝化甘油,为现代火药的发展打下了基础;1884年,法国人维也里采用醇、醚为混合溶剂将硝化纤维素塑化加工成以硝化纤维素为唯一成分的火药——单基药;1888年,瑞典人诺贝尔以低氮量的硝化纤维素吸收硝化甘油制成了双基火药。第二次世界大战初期,这两种火药都用来作为枪炮弹药的发射药。

1935年,苏联将双基火药首先应用于火箭发动机,研制成功的"喀秋莎"火箭炮在第二次世界大战中发挥了重要作用;1940年,美国也开始将双基推进剂应用于火箭推进系统。1942年,美国喷气推进实验室(JPL)首先研制成功第一个复合推进剂——高氯酸钾为氧化剂(76.5%)、沥青为黏合剂(14.1%)、重油为增塑剂(9.4%),比冲为176 s,14.28 MPa时燃速为4.06 mm/s,压强指数为0.76;1946年,JPL研制成功聚硫橡胶推进剂,这是首先具有工程应用价值的推进剂。黏合剂预聚物为液态聚硫橡胶(26%),高氯酸铵为氧化剂(71%),催化剂(2%),工艺附加物(1%),推进剂实测比冲达到了215 s,并首次制成了贴壁浇铸的药柱;1949年开始研究聚酯型聚氨酯推进剂,1953年开始研究聚醚型预聚物,当年小型发动机试飞,1955年投入Genie发动机的装药生产,美国人称之为第一代复合推进剂的代表。

20世纪50年代后期,为了获得更高的能量,铝粉作为轻金属燃料被引入推进剂配方,使推进剂的比冲提高近10%,美国人称此种聚氨酯推进剂为第二代复合推进剂,并成功应用于"北极星A1"的第一级及第二级发动机和"民兵Ⅰ"的第二级发动机中。与此同时，聚硫化学公司发展了一种由丁二烯-丙烯酸共聚物（PBAA）为黏合剂的复合推进剂，很快被重现性更好的三元共聚物（丁二烯-丙烯酸-丙烯腈，即 PBAN）所代替。该体系以环氧化合物为固化剂，在多种火箭发动机中获得应用，曾用于大型发动机装药。由于这种三元共聚物的相对分子质量分布及官能度分布较宽，随后即被端羧基聚丁二烯（CTPB）所代替。CTPB曾用于美国"民兵Ⅱ"的第二级，"民兵Ⅲ"的第二、三级发动机以及法国的"M-2"和"M-4"战略导弹以及苏联的"萨姆-7"火箭发动机装药。至20世纪70年代，CTPB逐渐被端羟基聚丁二烯（HTPB）所代替，1972年用于试飞。HTPB为黏合剂时，推进剂具有药浆黏度较低、配方中固体含量高、推进剂力学性能优良、能量水平高于以往的复合推进剂等优点，逐渐成为复合推进剂的主流产品，大量应用于各种战略、战术导弹和火箭武器中。

在复合推进剂发展的同时，改性双基推进剂也获得迅速的发展。在双基成分（硝化纤维素、硝化甘油）的基础上，引入无机氧化剂高氯酸铵（AP）、金属燃料（Al）及高能炸药［奥克托今（HMX）或黑索今（RDX）］而形成了实测比冲大于252 s的高能推进剂——复合改性双基推进剂（CMDB）。当引入交联剂时，称为交联改性双基推进剂（XLDB）。改性双基推进剂发展中的重要技术突破是采用浇铸工艺实现了可贴壁浇铸和复杂药型结构的大型发动机装药。由于其黏合剂大分子（硝化纤维素）及增塑剂（硝化甘油）为含能成分，在硝酸酯增塑聚醚推进剂（NEPE）发现之前，改性双基推进剂一直是能量最高的固体推进剂品种，应用于各种战略和战术导弹中，如美国陆基战略导弹"民兵Ⅰ""民兵Ⅱ"、海基战略导弹"北极星A_2""北极星A_3""海神"和"三叉戟Ⅰ"、航天运载火箭"侦察兵"第三级和第四级。英国和法国已将其应用于战术导弹，日本和德国将其应用于反坦克导弹或其他小型武器。较为经典的有美国ATK公司利用双基推进剂研发的AGM-114"地狱火"（使用烟雾最少的XLDB交联推进剂）和"火蛇"70火箭弹（图4-1）；英国将改性双基推进剂应用在野战和海军环境下，进而将其装备在"海标枪"地对空导弹的助推器中。

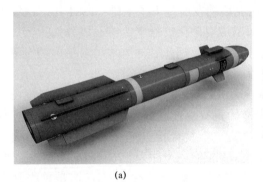 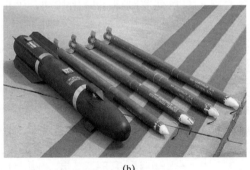

(a)   (b)

图4-1　AGM-114"地狱火"导弹与"火蛇"70火箭弹
(a) AGM-114"地狱火"导弹；(b)"火蛇"70火箭弹

20世纪70年代末，美国赫克力斯公司找到了可以为硝酸增塑的高分子预聚物——脂肪族聚醚或聚酯。其取代硝化纤维素后，改性双基推进剂中使用大量硝酸酯增塑而获得高能量的特点与复合推进剂理想的三维网络所赋予的优良力学性能被综合到一起，形成了新的推进剂——硝酸酯增塑聚醚推进剂（NEPE）。其标准实测比冲可达255 s。此外，新型氧化剂二硝酰胺铵（ADN）及高能量密度化合物六硝基六氮杂异伍兹烷（HNIW，代号CL-20）的发现，以及含能黏合剂聚叠氮缩水甘油醚（GAP）、叠氮环丁烷共聚物探索成功，推动了高能固体推进剂的进一步发展，使推进剂的实测比冲达到260 s。固体推进剂的发展历程如图4-2所示。

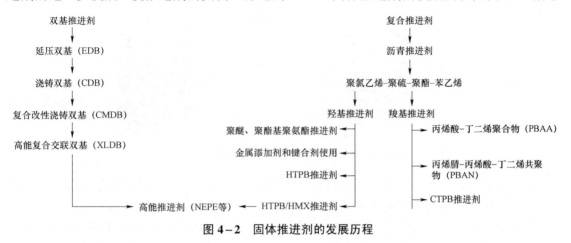

图4-2 固体推进剂的发展历程

4.2 固体推进剂的基本组成

固体推进剂是由多种组分组成的一种含能材料，具体组分因使用要求和推进剂的种类而异。推进剂中各组分的性质是决定推进剂性能的重要因素。本节简要介绍几类典型的固体推进剂组分。

4.2.1 氧化剂

氧化剂的作用是提供推进剂燃烧过程中所需的氧，可以通过控制氧化剂的粒度大小及级配调节推进剂的燃烧速度。推进剂燃烧时，氧化剂靠自身分解产物与黏合剂分解产物反应，产生燃烧产物。理想的氧化剂具有有效含氧量高，生成热低，分解时产生气态产物，凝相产物少，密度大，加工、储存、运输时物理化学安定性好等特点。氧化剂又分为无机氧化剂和有机氧化剂，下面分别进行介绍。

高氯酸铵（AP）是固体推进剂中应用最广泛的晶体氧化剂。由于高氯酸铵具有与推进剂其他组分相容性好、性能良好、质量均匀、对冲击和摩擦的敏感性低、容易获得等优点，使其在固体推进剂的氧化剂领域占据主导地位。但高氯酸钠在燃烧过程中会生产氯化氢（HCl），在火箭发动机的排气羽烟中形成大量可见且有毒的白色烟雾，所以容易暴露飞行轨迹。

硝酸铵（AN）的价格低廉、来源广泛，是一种普遍使用的农肥。它本身能量较低，具有吸湿性，易吸湿结块。温度变化时硝酸铵会产生晶型转变，由于晶格排列不同导致体积变化，从而会在温度变化时导致推进剂药柱产生裂纹，这是比较致命的缺点。通过研究，加入少量的安定剂如氧化镍（NiO）或硝酸钾（KNO_3），可以将这一转变温度提高到60 ℃以上，这个温度已经足够高，一般的环境温度变化不再引起重结晶，这样的硝酸铵被称为相稳定硝酸铵，常用于低能量要求、低燃速、低火焰温度的无烟推进剂中。

与无机硝酸盐相比，高氯酸盐（如高氯酸钾、高氯酸钠和高氯酸铵等）的潜在氧化能量很高，所以适合应用在高比冲推进剂中。值得注意的是，高氯酸铵一般是以白色晶体的形式存在，颗粒的大小和形状会直接影响推进剂的加工工艺以及燃速等性能参数。通常高氯酸铵晶体形状接近球形，相比其他形状更加容易混合，如图4-3所示。

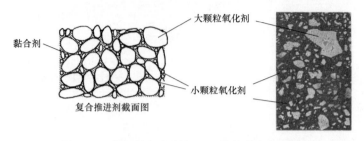

图4-3 大颗粒氧化剂与小颗粒氧化剂的混合

有机氧化剂是一种高能化合物，其分子结构中含有 NO_2 自由基或其他氧化成分，它们应用于高能推进剂和无烟推进剂中。它们可以是结晶固体如黑索今或奥克托今，纤维固体如硝化纤维素，或高能增塑剂液体如二甘醇二硝酸酯（Diethylene glycol dinitrate，简称DEGDN）或硝化甘油。当施加足够的激活能量时，这些材料可以自行反应或燃烧，在一定条件下还会发生爆轰。因为黑索今和奥克托今都是化学当量平衡材料，所以当在黏弹性基体中添加黏合剂燃料来固定其中的黑索今和奥克托今晶体时，还需要添加氧化剂如高氯酸铵或硝酸铵。

黑索今和奥克托今在结构和性能上非常相似。两者都是白色的晶体，可以被制成各种尺寸。奥克托今是高能耐热炸药，它的生成焓高，热安定性高，无腐蚀性，无烟，但是含氧量较低，感度较大，价格较高。黑索今是高能炸药，威力大，猛度高，安定性好，制造方法简单，原料来源丰富，用途广泛。这两种氧化剂在军事和商业炸药中得到了广泛应用。为了获得更高的性能或其他理想的特性，在双基、复合改性双基或复合推进剂中可以加入黑索今或奥克托今，添加量可以占推进剂的60%。加工含有这些成分或有相似成分的推进剂很危险，因此额外的安全预防措施会使加工成本更高。

几类常见的氧化剂的性能参数如表4-1所示。

表4-1 典型氧化剂性能参数

氧化剂	化学式	分子量/$(g \cdot mol^{-1})$	密度/$(kg \cdot m^{-3})$	总含氧量/%	可用含氧量/%	标准生成焓/$(kJ \cdot kg^{-1})$	气体生成量/$(cm^3 \cdot kg^{-1})$	特点
高氯酸铵	NH_4ClO_4	117.49	1 949	54.5	34	-2 473	790	成本低，容易获取，性能较高
硝酸铵	NH_4NO_3	80	1 730	60	20	-4 569	980	无烟，性能中等，成本低
高氯酸钾	$KClO_4$	138.55	2 519	46.2	40.4	-3 131	323	燃速低，性能中等
高氯酸钠	$NaClO_4$	122.44	2 018	52.3	—	—	—	性能高，火焰非常亮

续表

氧化剂	化学式	分子量/ (g·mol^{-1})	密度/ (kg·m^{-3})	总含 氧量 /%	可用 含氧量 /%	标准 生成焓/ (kJ·kg^{-1})	气体 生成量/ (cm^3·kg^{-1})	特点
高氯酸锂	LiClO$_4$	106.392	2 420	—	60.2	−3 856	437	燃烧产物（氧化锂等）有害
黑索今（RDX）	C$_3$H$_6$N$_6$O$_6$	222.116	1 890	—	−21.6	318	907	白色结晶性粉末，化学性质比较稳定
奥克托今（HMX）	C$_4$H$_8$N$_8$O$_8$	296.155	1 960	—	−21.6	252	908	安定性较好，但成本较高

4.2.2 黏合剂

黏合剂可将推进剂的其他组分黏结在一起，赋予推进剂一定的力学性能。黏合剂材料也作为燃料在燃烧过程中被氧化。理想的黏合剂应该要满足与推进剂的其他组分相容性良好、物理化学安定性较好、玻璃化温度低、生成焓较高、使用中安全、毒性小等条件。目前使用的黏合剂包括可增塑的热塑性大分子（硝化纤维素、聚氯乙烯等）和可通过固化交联反应形成弹性体的热固性高分子（聚硫橡胶、聚氨酯、聚丁二烯、聚醚等）两大类。

热塑性黏合剂的代表是硝化纤维素，主要以棉纤维为原料，通常称为硝化棉，是双基推进剂和改性双基推进剂使用的黏合剂，在 NEPE 推进剂中可用作改善力学性能的增强剂。衡量硝化棉质量的指标有硝化度、醇醚溶解度、乙醇溶解度、黏度、细断度、碱度、灰分和安定度。硝化纤维素所含能量大小以硝化度（含氮量）表示，硝化度高则爆热高，推进剂能量大。硝化纤维素有多种品号，适用于推进剂的有 3 号硝化棉、混合硝化棉（由 1 号与 3 号硝化棉混合组成）、皮罗硝化棉等。一般双基推进剂使用 3 号硝化棉，为提高能量，可使用混合硝化棉和皮罗硝化棉。溶解度与黏度是衡量溶解性能与力学性能的指标，溶解度高，黏度低，则溶解性能好，易于塑化成型，但是强度低。安定度和碱度是为了保证硝化棉的安定性，进而保证推进剂能长期储存。严格控制细断度是为了保证推进剂的塑化，改善工艺性能，同时可提高安定性。

一般复合推进剂使用的黏合剂为热固性黏合剂，由端部具有固化反应活性官能团的预聚物和它们的固化交联剂及增塑剂组成。预聚物的化学结构、官能团的性质以及固化交联剂的反应能力对所制得的推进剂的力学性能有重要作用。常用的热固性黏合剂主要有以下几种。

① 聚硫橡胶（PS）：由二卤代烷与碱金属或碱土金属的多硫化物缩聚而得的合成橡胶。
② 聚氯乙烯（PVC）：是一种通用塑料，由聚乙烯聚合而成。
③ 聚氨酯黏合剂（PU）：按照主链结构的差异可将长链二醇分为聚酯、聚醚和端羟基聚丁二烯。聚醚胶的主要优点是低温力学性能好，来源丰富，黏度低，具有合适的固化速率，可以在较低温度下固化，比冲比聚酯高，低于聚丁二烯。聚酯制备的推进剂比冲低于聚醚和聚丁二烯制备的推进剂，而且聚酯黏度较高，制得的推进剂不理想。
④ 聚丁二烯黏合剂：根据其发展过程有聚丁二烯丙烯酸（PBAA）、聚丁二烯丙烯酸丙烯腈（PBAN）、端羧基聚丁二烯（CTPB）和端羟基聚丁二烯（HTPB）。PBAA 推进剂

的力学性能及重现性均较差,在推进剂中已经停止使用。PBAN 的力学性能优于 PBAA。HTPB 抗老化性能好,储存寿命长而且黏度较低,可添加更多固体以提高推进剂能量,且价格低于 CTPB。

4.2.3 增塑剂

增塑剂通常是一种黏度相对较低的液态有机成分,也可作为燃料。使用增塑剂的目的是提高推进剂在低温下的延伸率,并改善其加工性能,如已混合但未固化的推进剂在浇铸和灌装期间需要增加流动性。在热塑性(双基)推进剂中,主要是用多元醇硝酸酯,它既是硝化纤维素的良好增塑剂,又是双基推进剂的主要能量成分,如硝化甘油、硝化二乙二醇、硝化三乙二醇等。苯二甲酸二丁酯等高沸点惰性增塑剂也是双基和复合推进剂常用的惰性增塑剂。

4.2.4 高能燃烧剂

在固体燃料中,球形铝粉是最常见的高能燃烧剂。它由小的球形颗粒(直径为 5~60 μm)组成,用在各种复合推进剂和复合改性双基推进剂配方中,通常占推进剂质量的 14%~20%。在固体推进剂燃烧过程中,铝粉被氧化成氧化铝。氧化铝颗粒易于聚集并形成较大的颗粒团。铝粉能够提高推进剂的燃烧热、密度及燃烧温度,从而增加比冲。在燃烧过程中,氧化铝以液滴形式存在,但在喷管中,随着气体温度的下降,氧化铝会凝固。当氧化铝是液态时,会形成熔渣,堆积在凹陷区域(如在设计不当的嵌入式喷管周围),从而对飞行器质量比产生不利影响。同高氯酸铵氧化剂相似,铝粉的尺寸和形状对推进剂的燃烧性能也有影响,如图 4-4 所示,对比之下,铝粉粒径对推进剂燃速的影响比氧化剂粒径的影响小得多。

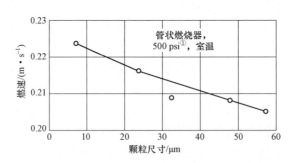

图 4-4 铝颗粒尺寸对复合推进剂燃速的典型影响

另外,还有较为常见的两类高能燃烧剂。

(1)硼是一种高能燃料,比铝轻,熔点高(2 304 ℃),难以熔化和气化。在普通燃烧室中很难实现高效燃烧。然而,如果硼的粒径足够小,则可以被有效地氧化。在吸气组合发动机中,使用硼作为推进剂就很有利,因为空气中有足够的氧气,有足够的燃烧容积。

(2)铍比硼更容易燃烧,能使固体推进剂发动机的比冲量提高大约 15 s。但是铍及其氧化物粉末都有剧毒。使用粉末状铍燃料的复合推进剂技术已经经过试验验证,但强烈的毒性

注:① 1 psi=6.895 kPa。

使其难以得到实际应用。

4.2.5 溶剂、固化剂、交联剂、偶联剂

（1）溶剂：用于双基推进剂和改性双基推进剂。推进剂的主要成分硝化纤维素单纯靠提高温度不能具有热塑性，所以要加入一定量的溶剂，对硝化纤维素溶解塑化，以利于加工成型。主要溶剂是硝化甘油，为改善推进剂的力学性能，可采用硝化二乙二醇、三羟甲基乙烷三硝酸酯、丁三醇三硝酸酯、三乙二醇二硝酸酯、吉纳等，或几种溶剂的混合溶剂来部分代替硝化甘油。为帮助溶解，有的配方加入辅助溶剂如二硝基甲苯。

（2）固化剂：用于复合推进剂，是热固性黏合剂的组成部分。其作用是使固化剂的活性官能团与主剂预聚物的活性官能团发生化学反应，从而形成网状结构。常用的固化剂有异氰酸酯、氮丙啶类化合物、环氧化合物等。

（3）交联剂：交联剂主要用在高分子材料（橡胶与热固性树脂）中，将大分子链间连接起来，形成网状结构。其作用是提高推进剂的强度、耐热性、耐磨性、耐溶剂性等性能。主剂为二羟基化合物时，一般用三羟基化合物做交联剂，如三羟基聚醚。

（4）偶联剂：具有与氧化剂起反应的官能团，同时又有另一种官能团可与黏合剂反应形成化学键。偶联剂的一部分通过化学作用与黏合剂连为一体，另一部分包围了氧化剂粒子，形成高模量的抗撕裂膜，以增强氧化剂与黏合剂之间的结合。因此，偶联剂的作用是提高推进剂的力学性能，使填料及黏合剂基体在形变过程中共同承担载荷而不过早产生相界面分离。偶联剂种类繁多，常用的主要有醇胺类（二乙醇胺和三乙醇胺）、多元胺类、氮丙啶类及有机硅氧烷类。

4.2.6 燃速调节剂

在固体推进剂中加入添加剂可以调节推进剂燃速及其压强指数，以化学方法改变推进剂燃速的化合物称为燃速催化剂。加速燃烧过程的称为增速催化剂，减慢燃烧过程的称为降速催化剂。其主要作用机理是通过改变推进剂的燃烧波结构以改变其燃烧速度。常用燃烧催化剂有以下几种。

（1）无机金属化合物，如 PbO、CuO、MgO、FeO、Fe_2O_3、Fe_3O_4、TiO_2、Co_2O_3、$PbCO_3$、亚铬酸铜（氧化铜和氧化铬的混合物）等。

（2）有机金属化合物，如水杨酸铅、苯二甲酸铅、己二酸铜等。

（3）二茂铁及其衍生物，如有机金属络合物，其催化活性高，工艺性能好，而且能改善推进剂的力学性能，降低压强指数。使用较多的是正丁基二茂铁和叔丁基二茂铁。但是存在挥发、迁移和低温结晶等问题。

（4）燃烧稳定剂。消除推进剂的高频振荡燃烧，增加燃烧稳定性。常用的有 MgO、$CaCO_3$、TiO_2、Al_2O_3 高熔点化合物。

4.2.7 其他添加剂

添加剂具有许多功能，包括加速或延长固化时间、改善流变特性（便于黏性推进剂原料混合物的浇铸）、改善某些物理性能、增加透明推进剂的不透明度以阻止在燃面外的地方辐射加热、限制推进剂化学成分向黏合剂或相反方向的迁移、最大限度地减少储存过程中的缓慢

氧化或化学变质，并改善老化特性或防潮性等。

键合剂是增强固体成分（AP 或 Al）与黏合剂之间黏附性的添加剂；安定剂旨在最大限度地减少推进剂中可能发生的缓慢化学或物理反应。有时将催化剂添加到交联剂或固化剂中以降低固化速度；润滑剂有助于挤压加工；钝感剂能减弱推进剂对意外能量刺激的感应能力。这种添加剂的含量通常很少。

4.3 固体推进剂的分类

4.3.1 双基推进剂

双基推进剂以硝酸酯（硝化甘油）和硝化纤维素（NC，一种吸收液态硝化甘油的固体成分）为主要成分，由辅助溶剂二硝基甲苯、增塑剂苯二甲酸二甲酯、中定剂、燃烧催化剂、燃烧稳定剂和工艺附加剂等组成。推进剂内部无相界面存在，是均质推进剂。它具有组分均匀、性能再现性好、成品几何尺寸偏差小、常温下安定性及机械强度好、抗老化性能好、排气少烟或无烟等优点；但也存在比冲有限、能量水平较低、高低温力学性能差、稳定燃烧的临界压强偏高等缺点。

双基推进剂能够比较好地满足固体推进剂的一般要求，即：能量高，密度一般在 $1.54\sim1.65\ g/cm^3$，实际比冲一般为 $1\ 666\sim2\ 156\ N\cdot s/kg$；具有良好的燃烧性能，燃烧速度一般为 $5\sim40\ mm/s$（$6.86\ MPa$），压强指数可接近于零；良好的力学性能；良好的内弹道性能；工艺性能好；较好的安定性；原料来源广泛，价格低廉，经济性好；其他特殊要求，如少烟或无烟、爆温低、低燃烧速度等。双基推进剂能满足战术火箭和导弹的需要。例如，美国 JP 双基推进剂在第二次世界大战中被广泛应用于各种武器的装药；美国 STD 双基推进剂用于装填响尾蛇–1A 导弹等。

根据双基推进剂的燃烧催化剂、成型工艺、燃烧性能和溶剂或助剂性质等的不同可分为不同的类型。

根据加入燃烧催化剂的不同，双基推进剂可分为不同的品号：加入石墨的称为双石推进剂（SS）；加入氧化铅的称为双铅推进剂（SQ）；加入氧化钴的称为双钴推进剂（SG）；加入氧化镁的称为双芳镁推进剂（SFM）。这些推进剂统称普通双基推进剂。

根据成型工艺的不同，双基推进剂可分为压伸双基推进剂（挤压成型或压伸成型工艺制成的推进剂）和浇铸双基推进剂（浇铸成型工艺制成的推进剂）。压伸双基推进剂成本适中、排气无毒、清洁少烟、燃速控制容易、燃速范围宽、加工工艺简单、力学性能良好、温度系数低、压强指数很低、可以获得平台燃烧。但其也有自由装填药柱需要结构支撑、性能低、密度小、制造过程有较高的危险性、可能由于硝化甘油（NG）渗出而出现储存问题、直径受挤压设备的限制、危险级别高等缺点；浇铸双基推进剂燃速范围宽、排气无毒少烟、操作相对安全、加工工艺简单、成本适中、力学性能良好、燃速控制较好、温度系数低、可以达到平台燃烧，但其也有硝化甘油可能会渗出或迁移、制造过程有较高的危险性、性能低、密度小、成本高于挤压双基推进剂等缺点。

挤压双基和浇铸双基推进剂都有广泛的应用，通过添加结晶硝胺（HMX 或 RDX），可以改善推进剂的性能和密度；这种推进剂有时被称为浇铸改性双基推进剂。添加弹性黏合剂（橡胶类，如交联聚丁二烯）能进一步改善物理性能，并且可以吸收更多的硝胺，从而也略微提高性能，由此产生的推进剂称为弹性浇铸改性双基推进剂。其燃烧产物对电磁波传播的衰减作用很小，是一种较理想的无烟推进剂。

按燃烧性能来区分，能够实现燃速压强指数小于 0.2 并接近于 0，产生平台燃烧的推进剂称为双基平台推进剂；随着发动机工作时间的延长，推进剂燃速下降，其压强在一定范围内降低产生麦撒燃烧，这种推进剂称为麦撒双基推进剂。

按燃速来区分，在常温、压强 6.68 MPa 条件下，燃烧速度为 25 mm/s 以上的推进剂称为高燃速推进剂；在常温、压强 6.68 MPa 条件下，燃烧速度为 5 mm/s 以下的推进剂称为低燃速推进剂。

根据溶剂类型分类，双基推进剂可分为巴利斯太型双基推进剂（不加挥发性溶剂）和柯达型双基推进剂（加入丙酮等挥发性溶剂）。

双基推进剂是第一代推进剂，以上的分类方法并不完整，而且同一种推进剂可能同属于两种或多种类别中。

下面列出几种典型的普通双基推进剂配方，配方表如表 4-2 所示。

表 4-2 3 种典型普通双基推进剂配方表

配方名	组分	质量分数/%	配方名	组分	质量分数/%
美国 JP	硝化纤维素（含氮 13.25%）	51.2	美国 M13	硝化纤维素（含氮量 13.15%）	57.43
	硝化甘油	43		硝化甘油	40
	邻苯二甲酸二丁酯	3		中定剂	1
	硝酸钾	1.2		硫酸钾	1.5
	二苯胺	0.6		炭黑	0.05
	其他成分	1		其他	0.02
美国 STD	硝化纤维素	51.76			
	硝化甘油	33.92			
	中定剂	2.29			
	二硝基甲苯	10.07			
	硫酸钾	1.78			
	炭黑	0.18			

4.3.2 复合推进剂

复合固体推进剂是以黏合剂基体为连续相，以无机氧化剂和金属添加剂等固体填料为分散相，以黏合剂基体与固体填料形成的界面相组成的含能复合材料，为异质推进剂。复合推进剂通常按黏合剂分类，并以黏合剂聚合物的结构骨架和它所具有的化学活性基命名。例如，羧基聚丁二烯推进剂，简称丁羧推进剂，其黏合剂具有羧基—COOH 化学活性基团。端羟基聚丁二烯推进剂，简称丁羟推进剂，其黏合剂具有端羟基—OH 化学活性基团。

复合推进剂也可以细分为：传统复合推进剂，通常包含60%～72%的高氯酸铵，最高22%的铝粉为金属燃烧剂，8%～16%的有机聚合物和增塑剂；改性复合推进剂，加入了高能硝胺（HMX或RDX）以稍微提高性能；高能复合推进剂，其中大部分的增塑剂和有机黏合剂被高能材料如特定炸药取代，一些高氯酸铵被HMX取代；低能复合推进剂，其中氧化剂晶体是硝酸铵而非高氯酸铵，也用来作为燃气发生器推进剂，其若加入大量HMX，就会成为性能很好的少烟推进剂。复合推进剂的分类如图4-5所示。

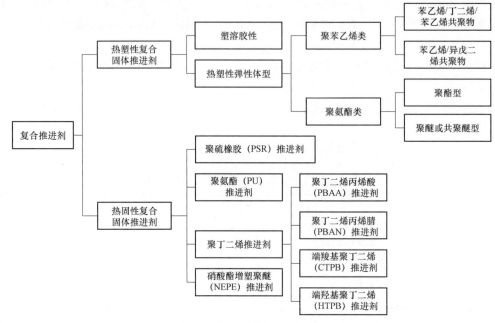

图4-5 复合推进剂的分类

复合推进剂能量特性比较好，实际比冲达到2 256～2 453 N·s/kg，密度在1.75 g/cm³左右，易于解决原料问题；压强指数和温度系数都较低，使发动机在不同使用温度下性能变动小；临界压强低，使燃烧室压强低，壳体轻；在低温下仍有相当好的力学特性。因此，它在各类战术导弹和弹道导弹上获得了广泛的应用。复合AP、Al和HTPB黏合剂的HTPB固体推进剂是当今最常用的复合推进剂，它有着固体装填百分比高和性能较好、环境温度范围较宽、燃速控制较易于实现、通常能稳定燃烧、成本中等、储存稳定性良好、燃速范围较宽、物理性能良好、使用经验良好、危险级别较低等优点。对比普通双基推进剂，它的燃速范围和比冲有着较大的优势，具体如表4-3所示。

表4-3 国内外不同推进剂种类的主要指标对比

种类	国内		国外	
	比冲/s	燃速/(mm·s⁻¹)	比冲/s	燃速[①]/(mm·s⁻¹)
双基推进剂	195～215	5～18	200～220	5～30
改性双基推进剂	212～254	8～26	245～255	10～30
复合推进剂	215～245	3.5～25	250	2.5～25

4.3.3 改性双基推进剂

改性双基推进剂在双基推进剂组分中加入固体氧化剂、高能炸药、金属燃料等成分以提高推进剂的能量性能。主要组分有硝化纤维素、硝化甘油、铝粉、无机氧化物（如高氯酸铵）与有机硝胺类化合物（如奥克托今或黑索今）以及安定剂、燃烧催化剂等。其中以硝化纤维素和硝化甘油为黏合剂，高氯酸铵为氧化剂，适当加入奥克托今、铝粉及其他添加剂形成的不交联推进剂为复合改性双基推进剂；在复合改性双基推进剂中引入交联剂，保持了复合改性双基推进剂的能量水平，低温延伸率明显提高，这种推进剂被称为交联改性双基推进剂。

此类推进剂的理论比冲在 2 550～2 646 N·s/kg 范围，实测比冲为 2 403～2 500 N·s/kg，燃烧温度为 3 600～3 800 K，密度在 1.75～1.80 g/cm³ 范围，燃速为 10～30 mm/s，压强指数为 0.35～0.6，燃速温度系数为 0.005 5～0.008 0/K。由表 4-4 可以得出，普通复合改性双基推进剂在常温下延伸率大于 25%，而高低温力学性能较差，高温下产生蠕变，低温下延伸率较低。

表 4-4 双基推进剂和改性双基推进剂在不同温度下的力学特性对比

推进剂	抗拉强度/MPa/延伸率/%		
	-51.1 ℃	25 ℃	高温
双基	31.71/1.5	13.83/40	3.27/60（71 ℃）
改性双基（AP、Al）	18.95/4.5	2.68/48	0.96/44.9（48.9 ℃）
改性双基（AP、HMX、Al）	16.4/2.7	1.17/50	0.42/33（71.1 ℃）

为提高其力学性能，在不同的推进剂中尝试了多种方法：用交联剂使硝化棉交联（如二异氰酸酯）；在改性双基推进剂中加入较多的聚酯聚氨酯，形成共混聚合物；用新的黏合剂，如 NEPE 推进剂用硝酸酯增塑的聚醚和乙酸丁酸纤维素取代硝化棉，可以具备很优越的低温力学性能；采用偶联剂，适用于改性双基推进剂的偶联剂有醇胺类和硅氧烷等化合物；也可以使硝化棉与氧化剂之间形成氢键连接；用聚氨酯聚合物包覆填料，形成坚硬的不规则表皮，在推进剂固化时，聚合物与硝化棉发生化学交联等。

4.3.4 高能推进剂 NEPE

NEPE 推进剂是一种高能推进剂，它由环氧乙烷和四氢呋喃的共聚醚取代交联改性双基推进剂中的硝化纤维素作为黏合剂，液体混合硝酸酯取代单一的硝化甘油作为含能增塑剂（使推进剂获得高的能量水平），奥克托今或黑索今、高氯酸铵作为氧化剂，金属超细铝粉作为燃烧剂以及其他组分组成。NEPE 推进剂是当今世界上已获应用的比冲最高且集复合与双基推进剂优点于一体的推进剂，标准理论比冲达 2 646 N·s/kg，密度达 1.86 g/cm³。与能量和燃速相近的 HTPB 推进剂相比，在慢速烤燃反应方面性能较好，而且具有较低的撞击和冲击波感度。NEPE 推进剂保留了高弹性三维网络的特点，在较宽温度范围内具有极好的力学

图 4-6 被称为人类历史上最强大的陆基战略核武器的"MX"洲际导弹

性能,与衬层间良好的黏结能力能够适应低温储存。NEPE 推进剂打破了传统的双基、改性双基与复合推进剂的界限,形成了一类新型推进剂。具有低温不脆变的特性,其脆化温度在 $-75\ ℃$ 以下;R 值(黏合剂系统中异氰酸酯活性基团与黏合剂中羟基基团的当量比)小于 1 时,推进剂固化不完全,随着 R 值升高,次级转变温度和脆化温度线性增高;增塑剂和黏合剂之比在 1.8~2.8 范围内时,推进剂的动态力学性能无明显变化;过长的预聚时间,会导致玻璃化温度和脆化温度升高。

美国除了将 NEPE 推进剂应用在"MX"洲际导弹上外,还将其运用在"侏儒"等战略导弹上,如图 4-6 所示,其成分见表 4-5。

表 4-5 "MX"所用 NEPE 推进剂主要成分表

黏合剂	选自聚乙二醇(PEG)、聚己二酸乙二酯(PGA)、聚己酸内酯(PCP)、端羟基聚丁二烯(HTPB)等
增塑剂	硝酸酯类增塑剂,如硝化甘油(NG)、1,2,4-丁三醇三硝酸酯(BTTN)、三羟甲基乙烷三硝酸酯(TMETN)、三乙二醇二硝酸酯(TEGDN)及其混合物
氧化剂	高氯酸铵、奥克托今或黑索今
燃料添加剂	铝粉
安定剂	2-硝基二苯胺、4-硝基二苯胺等
固化剂或交联剂	异氰酸酯、硝化棉、乙酸丁酸纤维素或 Mondur N-100 等
固化催化剂	三苯基铋、双醋酸二丁锡

含高能量密度物质(如 CL-20)的 NEPE 推进剂,是当前 NEPE 推进剂的研究热点。以 CL-20 为基的固体推进剂可使火箭助推装置的总冲量提高 17%,如用于吸气式巡航导弹,对其射程有显著提高。

结合表 4-3、表 4-4 可以得出一些结论:NEPE 推进剂的性能相比其他几类推进剂来说,能量特性优势更加突出;含 CL-20 的 NEPE 推进剂其燃速明显提高;CL-20 对 NEPE 推进剂的力学特性影响较大。

4.3.5 其他推进剂类别

按照不同的分类方式,还有很多其他种类的推进剂,在此简要介绍以下几类。

1. 燃气发生器推进剂

固体推进剂燃气发生器是指采用固体推进剂作为能源产生燃气工质或气态燃料的装置,燃气发生器推进剂的作用是产生燃气,并非产生推力。通常其燃烧温度较低(800~1 600 K),很多推进剂都可以用作燃气发生器推进剂。比较典型的有 AN 基推进剂与其他组分的组合,它们的排气比较干净，具有少烟、燃烧温度及燃速低的优点。正因为燃速低，所以该类推进剂在长时间（30～300 s）工作的燃气发生器中应用广泛。不过它也存在性能低、密度低、有爆炸危险等缺点。

2. 无烟、少烟推进剂

推进剂根据排烟量的大小可以分为有烟推进剂、少烟推进剂、无烟推进剂。因为铝粉经过氧化成为氧化铝后会排出可见的小固体烟颗粒，所以多数的复合推进剂都是有烟的，通过使用奥克托今和黑索今代替高氯酸铵，使用增塑剂或者高能黏合剂减少复合推进剂中铝粉含量，可以有效地减少排烟量。

例如，奥克托今改性双基推进剂和硝基复合推进剂等，它们在排气中没有或者只有少量烟雾产生，是因为组分中不含或者只含少量铝或者高氯酸铵，因此这类推进剂的比冲也无法与含高氯酸铵的推进剂相媲美。

3. 浇铸推进剂、挤压推进剂

按照主要使用的加工工艺分类，可以将推进剂分为浇铸推进剂和挤压推进剂。

固体推进剂浇铸是指将固体推进剂药浆经过真空除气后浇入发动机壳体或模具中，使之成为具有所要求形状药柱的工艺过程，常用来制作复合推进剂。复合推进剂的浇铸工序是装药制造过程的关键工序。在采用卧式混合机混合时，由于药浆在混合过程未经除气，因此必须在浇铸时排除药浆内部的气体，以保证装药的质量。真空花板浇铸工艺，将浇铸发动机置于真空缸内，药浆通过花板，分成细药条，在下落时经过真空排除内部气体，落入发动机内。此时浇铸的推动力是大气压强与真空缸内的绝对压强之差以及药浆自身重力形成的压头之和。药浆在发动机内流平则依靠堆积药浆的静力压头。对于固体含量不高、黏度不大的推进剂药浆，利用真空花板浇铸工艺可以满足要求。但高能量推进剂如果固体含量增大，高燃速推进剂如果细氧化剂含量增大，都会使推进剂药浆的表观黏度增大，工艺性能变差。另外，用真空花板浇铸容易在药柱中形成气孔。

挤压推进剂最先使用在双基推进剂上，通过机械混合（在钢板上滚动），然后在高压下通过模具挤压而形成。

推进剂也可以按照其主要成分来分类，如主要成分为氧化剂的高氯酸铵推进剂、硝酸铵推进剂以及叠氮化物类型推进剂，或者主要是黏合剂或燃烧剂成分的聚丁二烯推进剂、铝化推进剂。

4.4 固体推进剂的选用原则

选用合适的固体推进剂是发动机设计流程中的重要一环，在一般情况下，选用固体推进剂的基本原则如下。

1. 能量性能

提高能量水平是固体推进剂发展中一直追求的目标。为了增加射程或者减小发动机体积，应该在满足综合使用性能的情况下，尽量提高能量水平。固体推进剂的能量特性一般用单位质量推进剂所给予火箭发动机的冲量及其与推进剂密度的乘积表示。一般来说，固体推进剂的比冲越高，密度越大，在发动机容积一定的情况下，火箭飞行器所获得的末速及射程就越大。对于远程战略导弹，固体推进剂的能量水平有着特别重要的意义。

2. 燃烧性能

固体推进剂通过燃烧释放能量，进而对飞行器做功。因此，固体推进剂的燃烧规律性和稳定性有着严格要求。固体推进剂的燃烧性能用燃速、其受压强和初温的变化情况及气流速度的敏感性表示。燃速受初温、燃烧室压强及气流速度的影响越小，飞行器状态越稳定。

3. 力学性能

固体推进剂在制造、运输、储存及使用过程中将承受多种载荷，为保证发动机正常工作，固体推进剂应能够承受多种载荷而不发生破坏。一般要求固体推进剂有良好的强度、足够的延伸率和尽可能低的玻璃化温度。双基推进剂以半刚性的硝化纤维素大分子为黏合剂，延伸率较低，一般适用于自由装填的小型火箭发动机。复合推进剂通过网络结构参数的调节，以及使用键合剂等界面黏结技术，可以获得较理想的力学性能，适用于作为壳体黏结的发动机装药。

4. 物理和化学安定性

固体推进剂的物理、化学安定性是指在长期储存时间内维持其物理和化学性能的变化不超过允许范围的能力。一般火箭和导弹推进剂要求使用寿命至少在 10 年以上。良好的物理和化学安定性是保证火箭和导弹安全使用的基础。

5. 安全性能

固体推进剂的安全性是指推进剂能承受撞击、摩擦、热、静电火花、冲击等外界作用时发生燃烧或者爆炸的难易程度。通常采用感度评价固体推进剂的安全性能，如撞击感度、摩擦感度、静电火花感度、爆轰感度、枪击感度等。在保证发动机工作时固体推进剂能够被可靠点燃的前提下，要求固体推进剂的各种感度越低越好。复合推进剂的感度较低，含有硝化甘油、硝化棉和奥克托今的改性双基推进剂的感度偏高。含有硝化甘油的推进剂由于暴露在低于硝化甘油的结晶温度下较长时间，会导致硝化甘油结晶，使其撞击感度和摩擦感度显著升高。因此，固体推进剂中会使用凝固点不同的硝酸酯的混合物，以降低其凝固点。

另外，不同类型的火箭对固体推进剂的要求除了以上一般要求外，还有各自的特殊要求。例如，一般航空火箭弹要求承受的振动频率为 $20 \sim 200\ \text{Hz}$，过载为 $4g$，起飞着陆过载为 $20g$，固体推进剂能在 $-50 \sim 50\ ℃$ 范围内正常工作，而且还要能承受短时间加热到 $120\ ℃$ 的极限工况；又例如，宇宙飞行器的助推器、通信卫星或探测器中的远地点发动机、制动发动机和重返大气层发动机等，对固体推进剂的要求很高，要求在规定时间内可熄火—再点火，排气产物对无线电通信无干扰，固体推进剂能经受高低温及真空等空间条件而性能不变。

这些理想的特性中，有一些也适用于固体火箭发动机中使用的所有材料和部件，如点火器、绝热层、壳体或安全保险装置，但也有一些有时可能会和其他特性冲突，如提高物理强度（增加黏合剂或交联剂）会导致性能和密度降低。因此，对固体推进剂某一特性的调整可能会引起其他特性的变化。若只考虑一个方面，对固体推进剂的选择是不公平和不合理的。下面举出几个例子以供参考。

图 4-7 所示为燃烧温度、燃气平均分子量和比冲随氧化剂含量的变化（以 HTPB 推进剂为例）。由图可知，比冲和火焰温度的最大值对应的氧化剂含量大致相同。实际上，AP（$90\% \sim 93\%$）和 AN（大约 93%）的最佳含量是无法达到的，因为固体（包括铝粉和固体催化剂）的总含量大于 90% 后混合机就无法操作，流入模具的浇铸药浆要求有 $10\% \sim 15\%$ 的液体含量。

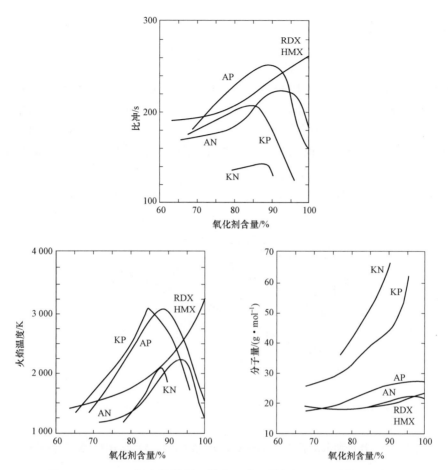

图 4-7 HTPB 复合推进剂下燃烧温度、燃气平均分子量和理论比冲随氧化剂含量的变化（燃烧室压强为 68 atm，喷管出口压强为 1.0 atm）

图 4-8 所示为双基推进剂中比冲和火焰温度随硝化甘油浓度的变化规律，在硝化甘油的

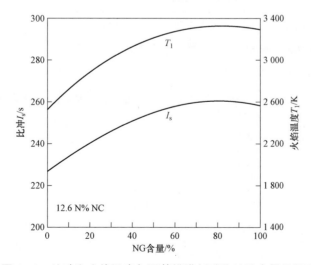

图 4-8 比冲和火焰温度与双基推进剂硝化甘油含量的关系

含量大约为 80%时，达到最大理论比冲。实际上，硝化甘油是一种液体，含量很少超过 60%，含量较高时会导致推进剂物理性能较差。因此，需要其他固体或可溶性成分来制造可用的双基推进剂。

以复合改性双基推进剂（CMBD）为例，由图 4-9 可以得出，对于 CMDB 推进剂，加入 AP 或反应性硝胺（如 RDX）都可以获得比普通双基推进剂（不含 AP 或 RDX）更高的比冲 I_s。AP 和 RDX 都大大提高了火焰温度，使传热更加关键。在 AP 含量为 50%、RDX 含量为 100%时，I_s 达到最大值。但很明显，这是一个无法制造、物理性能不合理且不实际的推进剂。

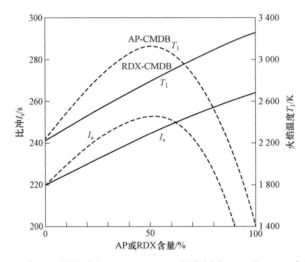

图 4-9 比冲和火焰温度与 AP-CMDB 推进剂中 AP 或 RDX 含量的关系

因此，结合选用原则，综合考虑之后选择合适的推进剂是十分必要的。结合本章节的选用原则，列出表 4-6 以供参考。

表 4-6 推进剂选用原则汇总

序号	选用原则（原则的优先次序受特定固体推进剂火箭发动机的要求影响）
1	高性能或高比冲，意味着较高的燃气温度或较低的分子量
2	可预测、可重复、初值可调的燃速，以适应装药设计需要和推力-时间要求
3	为了使推力或燃烧室压强在燃烧过程中波动最小，要求压强指数或燃速系数和温度系数很小
4	在预期的工作温度范围内具有足够的物理性能（包括黏结强度），但允许由于累积损伤而发生一些退化
5	高密度（适应小体积火箭发动机）
6	可预测的、可重复的点火品质（如可接受的点火超压）
7	理想的老化特性和长寿命
8	吸湿性低，水分会导致推进剂发生化学变化
9	制造过程简单、可重复、安全、低成本、可控、危险性小

续表

序号	选用原则（原则的优先次序受特定固体推进剂火箭发动机的要求影响）
10	在推进剂生产和运行期间，保证所有原材料和采购部件的可用性，并对不良杂质有良好的控制
11	低技术风险，如先前应用的良好历史记录
12	对某些外部能量刺激的相对不敏感性
13	无毒、无腐蚀性的排气，也称绿色废气
14	燃烧较为稳定
15	每批推进剂的组成、性能和特性相同
16	推进剂成分之间或推进剂与绝热层/衬层之间没有缓慢或长期的化学反应或迁移

4.5 衬层、绝热层、包覆层

为了避免高温燃气直接接触燃烧室壳体，在壳体与推进剂装药之间存在多层结构，用于隔热和防烧蚀。

固体火箭发动机燃烧室剖面图如图 4-10 所示，其由外至内可分为壳体、绝热层、衬层和包覆层。

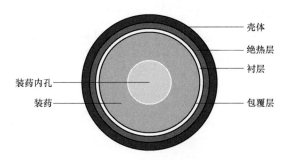

图 4-10 燃烧室剖面图

位于装药界面的衬层、绝热层和包覆层的材料不含任何氧化成分，但它们在高温燃气中可能发生烧蚀、烧焦、炭化、蒸发或碎裂。衬层黏结在固体推进剂表面，起到控制药柱燃烧面积，降低或消除药柱在制造、储存和应用过程中可能产生的各种应力的作用。在某些推进剂中含有迁移性的成分（如硝酸酯增塑剂）时，衬层还应具有防迁移功能；绝热层是固体发动机中保护壳体的耐烧蚀材料，具有良好的隔热、耐烧蚀、抗冲刷等性能，保证发动机在高温高压下承受烧蚀、冲刷仍能长时间可靠工作；包覆层的材料通常与绝热层相同。包覆层是由缓燃或不燃的材料（通常为带有填充物的聚合橡胶）构成的层或者涂层，应用在装药不希望燃烧的表面上以阻止燃烧，控制或者减少初始燃烧面积。

一般来说，衬层、绝热层和包覆层材料的选择需要遵守以下规则：衬层、绝热层和包覆层必须与推进剂之间以及相互之间化学相容，以避免成分迁移。成分迁移指某些成分从固体推进剂向衬层、绝热层或包覆层移动或反向移动的过程。液体增塑剂如硝化甘油或二甘醇二硝酸酯或未反应的单体或液体催化剂都会迁移。这种迁移过程非常缓慢，但可能会使推进剂的物理性质发生巨大变化。例如，靠近衬层的推进剂会变脆。另外，衬层、绝热层和包覆层之间必须有良好的黏结强度，才能与推进剂或相互之间保持贴合；受损坏或烧蚀的临界温度应该足够高；为了减少惰性质量，其密度应该尽量低。

衬层应该是柔软的、可拉伸的橡胶型薄层材料（通常为 0.05～0.1 cm 厚，延伸率为 200%～450%）。由于装药的热膨胀系数通常比壳体高一个数量级，所以两者在温度载荷下会有不同程度的变形，使装药与壳体之间的衬层有变形，衬层的高延伸率保证自身不发生破坏。由于纤维缠绕壳体通常有微孔，衬层还要对纤维缠绕的壳体进行密封，以防高温高压的燃气逸出。一般的衬层由力学性能良好的高分子材料（如乙烯丙烯二烯单体与乙烯丙烯二烯三元共聚物交联，形成合成橡胶，其黏结和延伸性都很好）和耐热性能良好的填料（如 SiO_2、TiO_2、$Al(OH)_3$ 等）及其他功能助剂组成，如某战术导弹采用的衬层是由约 57% 的聚丙二醇、约 20% 的氧化钛填料、约 20% 的二异氰酸盐交联剂和少量其他成分组成的。

绝热层材料主要由基体材料、补强填料、耐烧蚀填料、工艺助剂和硫化交联剂等组分构成。一般来说，填料要占绝热层总质量的 30%～60%。它必须耐烧蚀，特别是发动机后端或长尾管的绝热层。绝热层必须有良好的热阻和较低的热导率，以限制对壳体的传热，从而使壳体温度低于其最大允许温度（复合壳体通常在 160～350 ℃ 范围，大多数钢壳体在 550～950 ℃ 范围）。可以通过在绝热层中添加氧化硅、石墨、凯夫拉纤维或陶瓷颗粒来实现。绝热层应该能够承受大的变形或应变，以适应装药在增压或温度循环中的变形，并在装药和壳体之间传递载荷；表面退移应该很小，以保留其大部分的初始表面几何形状。常用的绝热层由合成橡胶（如三元乙丙橡胶、丁腈橡胶）加入石棉等耐烧蚀组分制成，如三元乙丙和丁腈绝热层，也有用环氧树脂或酚醛树脂加入碳纤维或芳纶等材料制成，具有良好的隔热、耐烧蚀、抗冲刷等性能，保证发动机在高温高压下承受烧蚀、冲刷仍能长时间可靠工作。

第 5 章
固体火箭发动机燃烧室热力计算

热力计算指通过理论计算得到固体火箭发动机内流场燃气的热力学参数。它是燃烧室和喷管设计的关键一步。通过热力计算可以得到选定推进剂的理论燃烧温度、释放的能量、燃气平均分子量、比热比等。获得这些参数后可以计算发动机的理论比冲和理论推力。本章将详细介绍燃烧室和喷管中热力计算的几种常见方法和计算流程。

5.1 热力计算的理论基础

热力计算搭建起发动机总体设计与燃烧室设计、喷管设计以及装药设计之间的桥梁。在进行发动机总体设计时，会根据飞行器总体提出的发动机的总冲、比冲及推力，确定推进剂的种类和装药的形状尺寸、发动机的工作压强、喷管的喉部面积和出口面积。通过热力计算，一方面可以验证设计参数是否满足总体设计要求；另一方面为发动机理论性能计算提供参数。

5.1.1 热力计算的任务

火箭发动机的热力计算任务包括两部分，第一部分是计算推进剂在燃烧室中燃烧后的燃烧产物的平衡组分、绝热燃烧温度、热力学参数和理论特征速度。由于燃烧室中热力学状态被视为等压过程，因此热力计算时要考虑等压条件下的化学反应。

第二部分是计算喷管中各截面上燃烧产物的组分、温度、压强、热力学参数和发动机的理论比冲。在理想状态下燃气在喷管中是等熵流动，喷管每个截面上的压强和温度都不一样。从喷管的入口到喷管的出口，燃气流动过程中温度和压强都在下降，速度在升高。喷管中燃气的化学反应速度和反应过程与气体温度和压强有关。因此，在不同喷管截面上燃气组分是不同的。在喷管中假设化学反应处于一个动态平衡，认为在喷管任意截面化学反应完成的时间小于燃气停留时间，化学反应能完全进行。

而在燃烧室中燃气的速度基本上等于零，因此燃气在燃烧室中的停留时间很长，认为化学反应充分进行，达到化学平衡状态。

5.1.2 热力计算的内容

火箭发动机热力计算包括 3 个部分：一是推进剂假定化学式的计算；二是燃烧室内燃烧过程的热力计算；三是燃烧产物在喷管内膨胀过程的热力计算。

固体推进剂包含很多组分，比如双基推进剂，包含硝化棉、硝化甘油以及其他的催化剂或稳定剂等。复合推进剂包含氧化剂、黏合剂、铝粉等组分。因此在化学反应求解中可以使用一个化学式来表示推进剂混合物中各元素的含量，方便计算求解，这个式子就是假定化学式。

燃烧室热力计算是指在推进剂组分、初温和燃烧室压强一定的条件下，计算燃烧室中燃烧产物的组分、绝热燃烧温度及其他热力学参数。对固体推进剂而言，初温不同，火焰燃烧温度也不同，因此需要确定推进剂初温和燃面面积后才能计算出燃烧室的压强。在点火器的作用下固体推进剂被点燃，一旦燃烧很难中止，推进剂在燃烧反应后生成燃气。将燃烧室视为绝热状态（不考虑向外界的散热），当热量释放完毕时燃烧室内达到的温度称为绝热燃烧温度。在燃烧室内化学反应十分复杂，由于燃烧室的高温环境能达到 3 000 K 以上，因此化学反应中的产物在高温下会离解为激发态的原子或离子。

离子态和原子态的燃烧产物进入喷管后，随着喷管截面面积的变化，燃气流速增加，温度和压强下降，由于离解反应是吸热反应，根据化学平衡移动原理，这时化学平衡逆向进行，主要发生复合反应。燃气进入喷管之后，由于燃气的温度下降，离子态产物就开始不断地参与复合反应，释放出热量，化学能转变为热能。化学反应的快慢和燃气在喷管中的停留时间存在竞争关系。当化学反应比较慢，而在喷管中停留时间又非常短时，化学反应没有完成，燃气便离开喷管，此时喷管排出气体中会有少量离子态的成分，从而损失一部分化学能。根据喷管入口的初始条件可以计算得到喷管出口的温度、速度、热力学参数，从而计算发动机比冲、推力系数等参数。

5.1.3 推进剂的总焓

为了衡量推进剂能量的高低，引入"焓"来表征推进剂的能量，在化学反应系统中总焓定义为物质的化学能和物质的焓之和，即

$$I = X + H \tag{5-1}$$

式中　I——化学反应系统的总焓；
　　　X——化学能；
　　　H——物质的焓。
　　三者单位是 kJ/mol。

物质的焓可以由下式计算，即

$$H = \int_0^T c_p \mathrm{d}T \tag{5-2}$$

而物质的化学能与物质的分子结构有关，在进行化学反应时，反应物分子内部的化学键吸收热量断开，重新生成新的化学键放出热量。化学能只和物质的分子结构有关系，与外界的温度、压强无关。热力计算中，最关心的是化学能的变化量，可以用物质的标准生成焓来表示物质的化学能。物质的标准生成焓是在基准压强和基准温度下，由标准元素生成 1 mol 该物质时所吸收或放出的热量。

$$H_\mathrm{f}^{T_\mathrm{s}} = I^{T_\mathrm{s}} - I_\mathrm{st}^{T_\mathrm{s}} \tag{5-3}$$

式中　$H_\text{f}^{T_\text{s}}$——物质的标准生成焓；

　　　I^{T_s}——基准温度下物质的总焓；

　　　$I_\text{st}^{T_\text{s}}$——标准元素在基准温度下的总焓。

以放热的燃烧反应为例，反应过程中化学键断开需要吸收能量，生成产物会释放能量，这两部分能量差就是释放出的化学能。对于燃烧反应，化学能变化量即化学反应的燃烧热。对于标准生成焓，吸热取正值，放热取负值。一般为了计算方便，认为标准元素在基准温度下的总焓为 0。因此

$$H_\text{f}^{T_\text{s}} = I^{T_\text{s}} \tag{5-4}$$

$$H_\text{f}^{T_\text{s}} = X + \int_0^{T_\text{s}} c_\text{p} \mathrm{d}T \tag{5-5}$$

上式说明物质的标准生成焓等于该物质的化学能加上该物质在基准温度下的焓。

将式（5-2）、式（5-5）代入式（5-1），得

$$I = H_\text{f}^{T_\text{s}} + \int_{T_\text{s}}^{T} c_\text{p} \mathrm{d}T \tag{5-6}$$

一般来说，物质的化学能越低，该物质越稳定。以 AP 炸药为例，它的氧化性很强，能量也很高，稳定性较差，易受外界刺激而反应。炸药爆炸前是不稳定的，化学能很高，当爆炸反应完之后，化学键被破坏，能量释放出来，产生大量的热，生成氮气、二氧化碳、水等成分，这些物质在自然界中都比较稳定。

如果将基准温度 T_s 取 0 K 时联立式（5-5）和式（5-6），可得

$$X = H_\text{f}^0 \tag{5-7}$$

此时物质的化学能可以用绝对零度下的标准生成焓来表示，而总焓则如式（5-8）所示，即

$$I = H_\text{f}^0 + \int_0^{T} c_\text{p} \mathrm{d}T \tag{5-8}$$

定义 $\tilde{I}$ 表示每千克物质的总焓，单位是 kJ/kg。$\tilde{I} = I/M$，M 为平均分子质量。总焓用于能量守恒方程，为求解燃烧产物的温度做准备。为了求解绝热燃烧温度，还需要得到燃烧产物的组分及含量，但推进剂的组分已知。接下来介绍推进剂假定化学式的计算。

5.1.4　假定化学式的计算

利用假定化学式可以表示 1 kg 推进剂中各元素原子数的含量，在化学反应过程中原子的数量是守恒的，用一个化学式来表示推进剂这个复杂系统中各元素的含量极大地便利了后续的计算。若 1 kg 某推进剂含有 n 摩尔碳元素，则其燃烧产物中碳元素的物质的量仍然是 n。以某固体助推器的推进剂为例介绍假定化学式的计算方法，见表 5-1。

表 5-1 某助推器推进剂组分

i	组分	质量分数/%	组分化学式或元素质量分数
1	AP	69.83	NH_4ClO_4
2	铝粉	18	Al
3	氧化铁粉	0.17	Fe_2O_3
4	黏合剂（聚丁二烯-丙烯腈）	12	C-35.89%, H-6.10%, O-20.28%, S-37.74%

表 5-1 中推进剂的假定化学式可以表示为

$$C_{N_C}H_{N_H}O_{N_O}Cl_{N_{Cl}}N_{N_N}S_{N_S}Al_{N_{Al}}$$

其中 N_C、N_H、N_O、N_{Cl}、N_N、N_S、N_{Al} 分别表示 1 kg 推进剂中 C、H、O、Cl、N、S、Al 元素的物质的量。这个复合推进剂是航天飞机助推器的推进剂，其中包含 4 种成分，即铝粉、AP 氧化剂、氧化铁催化剂、黏合剂，将每种组分中的元素的物质的量加起来就是推进剂假定化学式中各元素的物质的量。

第一步，求解各组分的假定化学式，首先计算各组分的一般化学式，用 $C_cH_hO_oN_n\cdots$ 表示，它只代表 1 mol 该物质中各元素的含量。下一步需要计算 1 kg 该组分中各元素的物质的量，该组分的假定化学式用 $C_{N_{C'}}H_{N_{H'}}O_{N_{O'}}N_{N_{N'}}$ 表示。利用各元素的摩尔质量计算出该组分的摩尔质量，即

$$\mu = c \cdot m_C + h \cdot m_H + o \cdot m_O + n \cdot m_N + \cdots$$

式中　m_C, m_H, m_O, m_N ——分别表示各元素的摩尔质量；

　　　μ ——该组分的摩尔质量。

则 1 kg 该组分中所含各元素的物质的量为

$$N_{C'} = \frac{1000}{\mu}c$$

$$N_{H'} = \frac{1000}{\mu}h$$

$$N_{O'} = \frac{1000}{\mu}o$$

$$N_{N'} = \frac{1000}{\mu}n$$

$$\vdots$$

在本例中黏合剂给出了各元素的质量分数，因此可以直接计算出该组分假定化学式中各元素的物质的量，g_C、g_H、g_N、g_O、g_S 分别表示各元素的质量分数，则 1 kg 黏合剂中各元素的物质的量为

$$N_{C'} = \frac{1000g_C}{m_C}$$

$$N_{H'} = \frac{1000g_H}{m_H}$$

$$N_{O'} = \frac{1\,000 g_O}{m_O}$$

$$\vdots$$

第二步,求解推进剂的假定化学式,即求解 1 kg 推进剂中各元素的物质的量,在已知各组分的假定化学式和质量分数的前提下,则可计算 1 kg 推进剂中元素的物质的量,以 C 元素为例,有

$$N_C = \sum_i^n x_i N_{C'_i}$$

式中 x_i ——第 i 种组分在 1 kg 推进剂中的质量分数;

$N_{C'_i}$ ——1 kg 第 i 种组分中 C 原子的物质的量;

$x_i N_{C'_i}$ ——1 kg 推进剂中第 i 种组分中 C 原子的物质的量。

则 $\sum_{i=1}^n x_i N_{C'_i}$ 能表示 1 kg 推进剂中各组分所含碳原子的物质的量总和。同理可得

$$N_H = \sum_i^n x_i N_{H'_i},\ N_O = \sum_i^n x_i N_{O'_i},\ N_N = \sum_i^n x_i N_{N'_i}, \cdots$$

在计算出推进剂的假定化学式后,要进行验算,保证假定化学式的分子量是 1 000 g/mol。

例 5-1 已知硝化甘油的化学式为 $C_3H_5(ONO_2)_3$,求它的假定化学式。

(1) 化学通式,$C_3H_5O_9N_3$;

(2) 摩尔质量,$\mu = 3 \times 12 + 5 \times 1 + 9 \times 16 + 3 \times 14 = 227$ (g/mol);

(3) 1 kg 硝化甘油中各元素的物质的量为

$$N_{C'} = \frac{1\,000 \times 3}{227} = 13.22, \quad N_{H'} = \frac{1\,000 \times 5}{227} = 22.03,$$

$$N_{O'} = \frac{1\,000 \times 9}{227} = 39.65, \quad N_{N'} = \frac{1\,000 \times 3}{227} = 13.22$$

因此硝化甘油的假定化学式是 $C_{13.22}H_{22.03}O_{39.65}N_{13.22}$。

例 5-2 求表 5-1 中推进剂的假定化学式(误差在 0.1% 以内)。

计算步骤如下:

(1) 计算各组元假定化学式。

AP,通用化学式为 NH_4ClO_4;

过氯酸铵的摩尔质量为

$$\mu = 14 \times 1 + 1 \times 4 + 35.5 \times 1 + 16 \times 4 = 117.5 \text{ (g/mol)}$$

则 $N_{N'} = \frac{1\,000 \times 1}{117.5} = 8.511$,$N_{H'} = \frac{1\,000 \times 4}{117.5} = 34.043$,$N_{O'} = \frac{1\,000 \times 4}{117.5} = 34.043$,$N_{Cl'} = \frac{1\,000 \times 1}{227} = 8.511$,

因此,过氯酸铵的假定化学式为

$$N_{8.511}H_{34.043}Cl_{8.511}O_{34.043}$$

容易得到铝粉（Al）的假定化学式为 $Al_{37.037}$，氧化铁 Fe_2O_3 的假定化学式为 $Fe_{12.5}O_{18.75}$。

对于黏合剂，在已知各元素的质量分数前提下计算其假定化学式，即

$$N_{C'} = \frac{1\,000 \times 35.89\%}{12} = 29.908, \quad N_{H'} = \frac{1\,000 \times 6.1\%}{1} = 61,$$

$$N_{O'} = \frac{1\,000 \times 20.28\%}{16} = 12.675, \quad N_{S'} = \frac{1\,000 \times 37.74\%}{32} = 11.794$$

则 1 kg 黏合剂的假定化学式为

$$C_{29.908}H_{61}O_{12.675}S_{11.794}$$

（2）确定推进剂的假定化学式。

求出 1 kg 推进剂中各元素的物质的量为

$$N_C = \sum_{i}^{n} x_i N_{C'_i} = 12\% \times 29.908 = 3.589$$

$$N_H = 69.83\% \times 34.043 + 12\% \times 61 = 31.092$$

$$N_N = 69.83\% \times 8.511 = 5.943$$

$$N_O = 69.83\% \times 34.043 + 0.17\% \times 18.75 + 12\% \times 12.675 = 25.325$$

$$N_{Cl} = 69.83\% \times 8.511 = 5.943$$

$$N_S = 12\% \times 11.794 = 1.415$$

$$N_{Al} = 18\% \times 37.037 = 6.667$$

$$N_{Fe} = 0.17\% \times 12.5 = 0.021\,25$$

因此该推进剂的假定化学式为

$$C_{3.589}H_{31.092}N_{5.943}O_{25.325}Fe_{0.02125}Al_{6.667}S_{1.415}Cl_{5.943}$$

（3）验算。

$m = 12 \times 3.589 + 1 \times 31.092 + 14 \times 5.943 + 16 \times 25.325 + 56 \times 0.021\,25 + 27 \times 6.667 + 32 \times 1.415 + 35.5 \times 5.943 = 1\,000.008$，误差在指定范围内。

5.2 燃烧室热力计算的理论模型

燃烧室热力计算的最终目的是计算出推进剂燃烧后燃气的成分和每种成分的百分比以及燃气的温度。在计算过程中要用到的方程，包括元素守恒方程和化学平衡方程。由于燃气的温度与推进剂能量有关，因此热力计算还包含能量守恒方程。质量守恒是指推进剂燃烧之前各原子数和燃烧后燃气中原子总数相等。能量守恒是指燃烧之前推进剂的总焓等于燃烧后燃烧产物的总焓。推进剂所储存的化学能，燃烧之后变成了燃烧产物的热能，两者之间保持守恒。燃烧之前的推进剂，在常温下是一块固体推进剂装药，但是燃烧之后释放出来热量，并且变成了另外的物质，如二氧化碳、水、氮气、氯化氢等气体成分。这些气体的化学能小于推进剂的化学能。推进剂燃烧释放出来的热量就是两者化学能的差值，释放的热量将气体加热，形成高温高压气体，所以燃烧产物的总焓等于推进剂在燃烧之前的总焓。根据能量守恒，

可以计算出推进剂燃烧之后的燃烧温度。

推进剂的燃烧是一种化学反应，把推进剂的化学能转变为产物的热能，存在化学平衡。化学平衡是一个动态平衡，要受到温度、压强的影响，燃烧温度不同，燃烧室的压强不同，会影响最后产物的成分和含量。火箭发动机燃烧室可以认为是一个等温等压的反应器，燃烧产物在燃烧室里成分是不变的。但是燃烧产物从燃烧室进入喷管之后，燃气的温度和压强都在不断下降。在下降过程中，化学平衡就要发生动态变化。

因此，面对动态平衡的化学反应，给定温度和压强后，可以计算出平衡状态时的成分。对于每个化学反应可以用化学反应方程式表示，在该方程式中，元素质量要守恒，反应前后能量要守恒，这是热力计算的理论模型。热力计算的关键是确定燃烧产物的平衡组分，需要用到化学平衡方程。当推进剂的配方给定后，热力计算的实质是在给定压强和温度下计算燃烧产物的组分，计算过程需要用到质量守恒方程和化学平衡方程，由这两个方程可以计算燃烧产物的成分和百分含量。

当计算出组分后，再计算燃烧温度。燃烧温度是指绝热燃烧温度，不考虑壁面散热。

5.2.1 质量守恒方程

质量守恒方程是指化学反应前和化学反应后，原子的总数是不变的，即 1 kg 推进剂里各个元素的物质的量等于 1 kg 燃烧产物中各种组分里各个元素的物质的量。N 为组分的总数，M 为系统中元素的种类。

$$N_k = \sum_{j=1}^{N} A_{jk} n_j \quad j=1, 2, \cdots, N; k=1, 2, \cdots, M \tag{5-9}$$

式中　N_k——1 kg 推进剂中第 k 种元素的物质的量；

A_{jk}——1 mol 第 j 种组分中第 k 种元素的数目；

n_j——1 kg 燃烧产物中第 j 种组分的物质的量。

式（5-9）为元素守恒方程，M 种元素代表有 M 个方程，$A_{jk}n_j$ 代表 1 kg 推进剂燃烧产物中 j 组分中 k 元素的总量。因此，对所有的组分求和，就能得到推进剂中 k 元素的总量。该等式表征了推进剂与燃烧产物中元素守恒。

5.2.2 化学平衡方程

由于燃烧反应是一种化学反应，反应过程中存在平衡的概念。包含 3 个方面：第一个方面是力的平衡，即反应系统内部和系统外界之间没有非平衡力的存在；第二个方面是热的平衡，表示系统内部和外界之间都处于同一个温度下，不存在热量传递；第三个方面是化学平衡，表示化学反应中各组分的物质的量没有自发的变化趋势，达到了化学平衡。达到化学平衡时并不是表示不发生反应，而是正反应的速率等于逆反应的速率，反应物和生成物的物质的量不再发生变化，达到一个化学平衡状态。对于化学平衡，需要由化学平衡的表达式去描述。

化学平衡有很多种表示方法，如吉布斯自由能表示的化学平衡方程、化学平衡常数表示的化学平衡方程。这些化学平衡方程都可以用于表达燃烧反应的平衡。燃烧反应会生成很多种燃烧产物，不同燃烧产物之间也会有化学反应。本章将介绍这两种计算方法：吉布斯自由能法和化学平衡常数法。

根据热力学第一定律,系统吸收或放出的热量等于内能的变化和系统对外界做的功,即

$$\delta Q = dE + pdV \qquad (5-10)$$

热力学第一定律表征了能量的守恒,dE 是系统从初始状态到终止状态的内能变化量,是一个状态量,内能的变化量包含了 3 个部分,第一部分是系统内所有物质的分子运动动能、分子中原子和电子运动的动能以及分子转动动能、振动动能等;第二部分是分子的位能,分子内原子间的位能包括质子和质子间的作用、化学键的键能;第三部分是原子核内的能量。

由于反应物发生化学反应,反应物的化学键发生断裂生成新的物质,其内能会发生变化,化学反应释放的能量一方面用于加热产物,另一方面对外部做功。

准静态过程下的热力学第一定律,表示为

$$\delta Q + Vdp = dH \qquad (5-11)$$

式中　H ——工质的焓。

热力学第二定律有不同的描述:克劳修斯描述的是热不可能自发地、不付代价地从低温热源传递到高温热源;开尔文描述的是不可能从单一热源取热,把它全部变为功,而不产生其他任何的影响。换句话说,如果想对低温的物体取热,就需要对它做功,或者传递其他能量。

热力学第二定律可描述为,熵变大于等于不可逆过程中工质与热源交换的热量与热源温度的比值。改写成微分的形式为

$$dS \geqslant \frac{\delta Q}{T_r} \qquad (5-12)$$

联立式(5-11)和式(5-12),同时考虑在等温等压条件下,$dp = 0$,则有

$$-TdS + dH \leqslant 0$$

对于燃烧室的等温等压工况,温度视为常数,则有

$$-TdS + dH = d(H - TS)$$

定义吉布斯自由能为 $G = H - TS$,是状态量,由于(T,H,S)均是状态参量,因此,可以得到

$$dG \leqslant 0 \qquad (5-13)$$

式(5-13)表明,一个化学反应系统,在等温等压条件下,其吉布斯自由能的变化量总是不大于 0 的。也就是说,在等温等压条件下,吉布斯自由能总是朝着减小的方向自发进行。吉布斯自由能用来判断化学反应能否自发地进行,$dG < 0$ 说明该化学反应能够自发地发生。推进剂燃烧反应的方向是朝着吉布斯自由能变化量不大于 0 的方向进行的,因此,可以通过吉布斯自由能的变化来得到化学平衡状态时反应物和产物的物质的量。

当视化学反应为等温等压条件时,随着反应的进行,吉布斯自由能在逐渐减小,当反应达到平衡时,吉布斯自由能达到最小值,也是极小值,因此可以认为对于一个封闭的热力系统,当系统内各组分的吉布斯自由能的总和达到极小值时,这时化学反应达到平衡状态。

火箭发动机的燃烧室是一个多组分的化学反应系统,包括凝相组分和气相组分,这与以前学过的单组分封闭系统有差异。

单组分热力系统中没有化学成分的变化，只有热力学参数的变化。而在多组分化学系统中，化学成分变化会引起反应系统气体平均摩尔质量的改变，体现在平均气体分子常数 R_0、气体的物质的量 n 和气体体积上，不同的气体成分，在相同体积中物质的量也是不一样的。对于一个多组分的燃烧系统，产物有很多种，如水、二氧化碳、一氧化碳、氧气等。n_i 表示第 i 种成分的物质的量。

式（5-14）是多组分气体的内能表达式，即

$$\mathrm{d}E = \left(\frac{\partial E}{\partial S}\right)_{V, n_1, \cdots, n_k} \mathrm{d}S + \left(\frac{\partial E}{\partial V}\right)_{S, n_1, \cdots, n_k} \mathrm{d}V + \sum_{i=1}^{k}\left(\frac{\partial E}{\partial n_i}\right)_{T, p, n_1, \cdots, n_{i-1}, n_{i+1}, \cdots, n_k} \mathrm{d}n_i \quad (5-14)$$

从式（5-14）可以看出，对于多组分反应系统，熵变、体积变化和体系中任一组分的物质的量变化都会引起系统内能的改变。

根据热力学第一定律，可以得到 $\mathrm{d}E = T\mathrm{d}S - p\mathrm{d}V$，对比式（5-14）可得

$$\begin{cases} T = \left(\dfrac{\partial E}{\partial S}\right)_{V, n_1, \cdots, n_k} \\ p = \left(\dfrac{\partial E}{\partial V}\right)_{S, n_1, \cdots, n_k} \\ \mu_i = \left(\dfrac{\partial E}{\partial n_i}\right)_{T, p, n_1, \cdots, n_{i-1}, n_{i+1}, \cdots n_k} \end{cases} \quad (5-15)$$

则式（5-14）可写成

$$\mathrm{d}E = T\mathrm{d}S - p\mathrm{d}V + \sum_{i=1}^{k}\mu_{Ei}\mathrm{d}n_i \quad (5-16)$$

式中　μ_{Ei}——i 组分物质的量变化 1 mol 引起的系统内能的变化量，kJ/mol，μ_{Ei} 又称化学势。

式（5-16）是多组分反应系统内能的微分式，可以看出组分成分和物质的量的变化以及系统状态参数的改变都会引起系统内能的改变。

在准静态过程中，单组分气体状态量 G 可以表示为 $G(p, T)$，根据全微分的性质

$$\mathrm{d}G(p, T) = \left(\frac{\partial G}{\partial p}\right)_T \mathrm{d}p + \left(\frac{\partial G}{\partial T}\right)_p \mathrm{d}T$$

所以

$$\left(\frac{\partial G}{\partial p}\right)_T = -V$$

$$\left(\frac{\partial G}{\partial T}\right)_p = -S$$

对于多组分的化学反应系统，当系统的状态发生变化时，系统中某些组分的物质的量也会发生变化，因此系统的吉布斯自由能可以表达成温度、压强和各种组分物质的量的函数，即 $G(T, p, n_1, \cdots, n_k)$，$k$ 为系统中组分数量，通过对 G 求微分，可以得到吉布斯自由能的变化量 $\mathrm{d}G$，即

$$dG = \left(\frac{\partial G}{\partial p}\right)_{T,n_1,\cdots,n_k} dp + \left(\frac{\partial G}{\partial T}\right)_{p,n_1,\cdots,n_k} dT + \sum_{i=1}^{k}\left(\frac{\partial G}{\partial n_i}\right)_{T,p,n_1,\cdots,n_{i-1},n_{i+1},\cdots,n_k} dn_i \quad (5-17)$$

式中，$\left(\dfrac{\partial G}{\partial n_i}\right)_{T,p,n_1,\cdots,n_{i-1},n_{i+1},\cdots,n_k}$ 为等温等压条件下吉布斯自由能对于第 i 种组分物质的量的微分，定义 $\mu_i = \left(\dfrac{\partial G}{\partial n_i}\right)_{T,p,n_1,\cdots,n_{i-1},n_{i+1},\cdots,n_k}$，$\mu_i$ 为 i 组分变化 1 mol 引起的系统吉布斯自由能的变化量，单位是 kJ/mol，μ_i 又称化学位。因此，吉布斯自由能变化量可表达为

$$dG = -SdT + Vdp + \sum_{i=1}^{k}\mu_i dn_i \quad (5-18)$$

在等温等压下第 i 种组分的吉布斯自由能记为 G_i，则

$$dG_i = \left(\frac{\partial G_i}{\partial n_i}\right)_{T,p} dn_i$$

即

$$(dG_i)_{T,p} = \mu_i dn_i \quad (5-19)$$

将 1 mol i 组分的吉布斯自由能记为 g_i，则根据式（5-19），有

$$\mu_i = \frac{G_i}{n_i} = g_i \quad (5-20)$$

接下来分析等温条件下气相和凝相组分化学位的具体计算式，对于准静态过程，有

$$dG = Vdp - SdT$$

当温度一定时，可得

$$dG = Vdp \quad (5-21)$$

根据气体状态方程，有

$$pV = nR_0 T \quad (5-22)$$

联立式（5-21）和式（5-22），则可得

$$dG = \frac{nR_0 T}{p} dp$$

$$\int_0^1 dG = G - G^0 = \int_0^1 \frac{nR_0 T}{p} dp = nR_0 T \ln\left(\frac{p}{p_0}\right)$$

式中　G^0——标准状态下化学反应系统的吉布斯自由能，kJ；

p_0——标准状态下大气压（取 1 atm），则

$$G = G^0 + nR_0 T \ln p$$

两边除去总的物质的量 n，可得

$$g = g^0 + R_0 T \ln p$$

$$\mu = \mu^0 + R_0 T \ln p$$

对于多组分的反应系统，根据道尔顿分压定律，在此情况下，每一种气体施加的压强等于该组分压强 p_i，即

$$p_i = p \frac{n_i}{n_g}$$

式中　n_g——多组分系统中气相组分的总的物质的量，mol。

$$\begin{cases} \mathrm{d}G_i = \dfrac{n_i R_0 T}{p_i} \mathrm{d}p_i \\ \mu_i = \mu_i^0 + R_0 T \ln \dfrac{p_i}{p^0} \\ G_i = \mu_i n_i = \mu_i^0 n_i + n_i R_0 T \ln \dfrac{p_i}{p^0} \end{cases} \quad (5-23)$$

式中　μ_i^0——标准压强（1 atm）下组分 i 的化学位，是温度的函数；

　　　p_i——i 组分分压，atm；

　　　p^0——标准状态下（1 atm）参考压强。

凝相组分的化学位只是温度的函数，而与压强无关，则

$$G_i = \mu_i^0 n_i \quad (5-24)$$

根据前文

$$\mathrm{d}G \leqslant 0$$

说明随着化学反应的进行，吉布斯自由能总和减少，达到平衡时吉布斯自由能 G 取极小值，$\mathrm{d}G = 0$。而在等温等压条件下，$\mathrm{d}G = \sum\limits_{i=1}^{k} \mu_i \mathrm{d}n_i$。因此，当化学反应达到平衡时，有

$$\sum_{i=1}^{k} \mu_i \mathrm{d}n_i = 0 \quad (5-25)$$

式（5-25）是化学平衡的一种表达方式，下面举例说明其计算过程。

在压强 $p = 10$ atm、温度 $T = 2\,500$ K 条件下，化学反应式为

$$CO_2 \Leftrightarrow CO + 0.5 O_2$$

在初始状态，系统中有 1 mol 的 CO_2，由于温度很高，CO_2 会发生分解反应，分解成 CO 和 O_2，但是在 2 500 K 时，还会有一部分 CO 和 O_2 生成 CO_2，所以形成了一个动态平衡。当达到动态平衡时，混合物中有 CO_2、CO 和 O_2，那么在什么时候这个化学反应才能达到平衡呢？

当吉布斯自由能达到最小值时化学反应达到平衡，或者说当化学位为最低值时达到平衡。为了计算这个化学反应系统的吉布斯自由能，假定 CO_2 分解的百分数为 α，化学平衡时的化学反应式可写为

$$CO_2 \Leftrightarrow (1-\alpha)CO_2 + \alpha CO + 0.5\alpha O_2$$

达到化学平衡时，系统中有（$1-\alpha$）mol CO_2、α mol CO 和 0.5α mol O_2。

综上可知，系统内 3 种组分，即 CO_2、CO 和 O_2 的吉布斯自由能最小时系统达到平衡条件。

同时可以根据熵增原理判断平衡条件，即定内能、定体积、定总质量的孤立系统，熵变总是不小于 0，且熵始终在增加，如图 5-1 所示。横坐标代表了 CO_2 的转化率，α_C 表示达到平衡条件时 CO_2 的转化率。系统平衡时熵达到最大值。但是实际问题中，定质量的等温等压反应系统，不容易用上面的平衡判据计算熵增，因此改用平衡时吉布斯自由能最小的判据。根据 $G = H - TS$，且 $(dG)_{T,p,m} \leqslant 0$，因此在等温、等压、等质量条件下，熵取最大值时，吉布斯自由能达最小值。

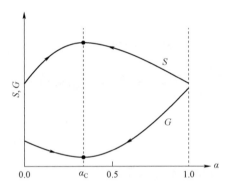

图 5-1 吉布斯自由能和熵与 CO_2 含量的关系

接下来求平衡时 CO_2 的含量。对于等温、等压反应系统，根据式（5-25），有

$$\sum_{i=1}^{k} \mu_i dn_i = 0$$

对于整个系统，化学反应可写成以下通式，即

$$\sum_{k=1}^{N} v'_{k,s} M_k \rightarrow \sum_{k=1}^{N} v''_{k,s} M_k \quad s = 1, 2, \cdots, J \tag{5-26}$$

式中　M_k——第 k 种化学组分的分子式；

$v'_{k,s}, v''_{k,s}$——组分 M_k 在第 s 个反应的化学计量数。

在正向化学反应完全进行的前提下，如果 k 组分在反应 s 中是产物，则 $v'_{k,s} = 0$；若 k 组分在 s 中是反应物，则 $v''_{k,s} = 0$。

由于 dn_i 表示了反应过程中 i 组分物质的量的变化，因此对于化学反应通式，有

$$\frac{dn_i}{v''_{i,s} - v'_{i,s}} = \frac{dn_j}{v''_{j,s} - v'_{j,s}} = \text{const} \tag{5-27}$$

对于 CO_2 分解反应，仍有部分 CO_2 未反应完，因此混合物中仍存在 CO_2，即

$$CO_2 \Leftrightarrow (1-\alpha)CO_2 + \alpha CO + 0.5\alpha O_2$$

以正向反应中的 CO_2 为例，$v'_{k,s}=1$，$v''_{k,s}=1-\alpha$。

将式（5-27）代入化学反应平衡方程式（5-25），可得

$$\sum_{i=1}^{k}\mu_i(v''_{i,s}-v'_{i,s})=0 \tag{5-28}$$

接下来，以气体化学反应的通式来分析化学平衡时平衡常数表达法，即

$$aA+bB \Leftrightarrow cC+dD$$

对于这个化学反应，反应物 A 和 B 生成产物 C 和 D。平衡时吉布斯自由能的变化量等于 0，对于这个反应以 A 为例分析其化学计量数 $v''_{A,s}=0$、$v'_{A,s}=a$，对于正向反应以生成物 C 为例进行分析 $v''_{C,s}=c$，$v'_{C,s}=0$。代入式（5-28）可得

$$c\mu_C+d\mu_D-a\mu_A-b\mu_B=0 \tag{5-29}$$

将气体化学位表达式（5-23）代入式（5-29）可得

$$\ln\left(\frac{p_C^c p_D^d (p^0)^{-c-d+a+b}}{p_A^a p_B^b}\right)=\frac{c\mu_c+d\mu_d-a\mu_a-b\mu_b}{R_0 T} \tag{5-30}$$

对于该化学反应，标准平衡常数为

$$K_p^0=\frac{p_C^c p_D^d}{p_A^a p_B^b}(p^0)^{-c-d+a+b} \tag{5-31}$$

式中 K_p^0——化学反应的平衡常数，为无量纲数，又称为标准平衡常数，它只是温度的函数，与化学反应进行的程度和压强均没有关系。

将式（5-30）和式（5-31）联立，可以得到化学反应标准平衡常数的表达式，即

$$K_p^0=\exp\left(\frac{c\mu_c+d\mu_d-a\mu_a-b\mu_b}{R_0 T}\right)$$

上式中，化学位可以根据温度值查表，通过式（5-23）求得，因此接下来分析如何通过平衡常数计算各组分物质的量。以本节开始的二氧化碳分解的反应为例进行介绍。

例 5-3 封闭系统中在初始时刻有 1 mol 的 CO_2，给定压强 $p=10$ atm，温度 $T=2\,500$ K。假设可逆反应 $CO_2 \Leftrightarrow CO+0.5O_2$。求化学反应平衡时封闭系统中 CO_2 的体积分数。

首先查表得到 $T=2\,500$ K，标准状态下（$p=1$ atm）各组分的化学位 $\mu_{CO_2}^0=-396\,152$ kJ/kmol、$\mu_{CO}^0=-327\,245$ kJ/kmol，$\mu_{O_2}^0=0$ kJ/kmol。

由于化学反应标准平衡常数与压强无关，因此利用标准状态下的化学位计算 2 500 K 下反应的标准平衡常数，即

$$K_p^0=\exp\left(\frac{\mu_{CO}^0+0.5\mu_{O_2}^0-\mu_{CO_2}^0}{R_0 T}\right)$$

将 $R_0=8.315$ kJ/(kmol·K)，$T=2\,500$ K，代入上式得

$$K_p^0=0.037\,78$$

而

$$K_p^0 = \frac{p_{CO}^1 p_{O_2}^{0.5}(p^0)^{-1-0.5+1}}{p_{CO_2}^1}$$

根据道尔顿理论，$p_i = x_i p$，则

$$K_p^0 = \frac{x_{CO} x_{O_2}^{0.5}}{x_{CO_2}} \sqrt{\frac{p}{p^0}} = 0.037\,78$$

而 $p = 10\text{ atm}$，$p^0 = 1\text{ atm}$。因此

$$\frac{x_{CO} x_{O_2}^{0.5}}{x_{CO_2}} = 0.011\,947$$

由于这个系统中组分仅包括 CO_2、CO、O_2，因此它们的体积分数占比之和为 1，即

$$x_{CO_2} + x_{CO} + x_{O_2} = 1$$

对化学反应过程进行分析，每消耗或生成 1 mol 的 CO 都会对应消耗或生成 0.5 mol 的 O_2，且两者初始状态均为 0 mol，因此系统中 CO 含量始终是 O_2 的 2 倍，即

$$x_{CO} = 2 x_{O_2}$$

联立上述方程，可以得到

$$0.011\,947 x_{CO_2} - \frac{2\sqrt{3}}{9}(1 - x_{CO_2})^{1.5} = 0$$

解非线性方程可以得到 $x_{CO_2} = 0.909\,6$。

结果表明，系统中 90.96% 的 CO_2 未分解，说明 CO_2 的转化率只有 9.04%。

改变反应条件，使反应正向移动可以提高 CO_2 的转化率，由于该反应为吸热反应且正向反应气体分子数增加，根据勒夏特列（Le Chatelier）原理，增加温度或减小压强都能够促使反应正向进行。

利用前面的计算思路，可以计算不同温度和压强下 CO_2 的摩尔百分含量，如图 5–2 所示。

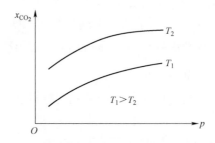

图 5–2 CO_2 摩尔百分含量与温度和压强的关系

图 5–2 所示图形的横坐标是压强，纵坐标是剩余的 CO_2 摩尔百分含量。对于同一个温度，压强越高，剩余的 CO_2 越多，表示 CO_2 转化率越低。

在不同温度 T_1 和 T_2，$T_1 > T_2$，压强一定时温度升高，CO_2 的摩尔百分含量减少，因为温度升高引起了平衡常数增加，化学反应正向进行程度增大，转化率增加，CO_2 剩余的百分含

量减小。需要说明的是，标准平衡常数与温度并不是负相关，因为在温度增加时该反应各组分化学位的值也在变化。为了能够让 CO_2 更多地转化成 CO 和 O_2，需要在一个低压、高温条件下进行分解反应。

接下来，分析温度和压强对于化学平衡的影响。当反应物或者产物存在凝相（包括固相和液相）时，凝相所占体积相对于气相可以忽略。液相和气相成分的饱和蒸汽压与固相和液相的含量没有关系，只与当地的环境压强和温度有关。

固体火箭发动机燃气中存在固相产物，如 Al_2O_3，在高温环境中分解为原子态的 Al 和 O_2。方程式为

$$Al_2O_3(C) \Leftrightarrow 2Al + 1.5O_2$$

这个反应的平衡常数可写成以下式子，式中凝相的饱和蒸汽压在温度一定时是常数，不随物质的量变化。该式中的 p_{Al}、$p_{Al_2O_3}$ 和 p_{O_2} 则表示实际分压除以标准压强，是一个无量纲的相对压强表达式。为了简化表达，后文 K_p^0 与 K_p 等价。

$$K_{p,Al_2O_3} = \frac{p_{Al}^2 p_{O_2}^{1.5}}{p_{Al_2O_3}(c)}$$

将平衡常数表达式进行改写，把含有凝相组分的平衡常数用气相分压表示，即

$$K_{p,C} = K_{p,Al_2O_3} p_{Al_2O_3}(c) = p_{Al}^2 p_{O_2}^{1.5}$$

由于温度一定时，凝相产物饱和蒸汽压和反应的平衡常数均是定值，因此 $K_{p,C}$ 也是定值。

对于反应通式，即

$$aA + bB \Leftrightarrow cC + dD$$

根据分压定律，用物质的量表示第 i 种气体的分压 p_i，即

$$p_i = \frac{n_i}{n} p \tag{5-32}$$

式中　p——混合气的压强；
　　　n——混合气的物质的量；
　　　n_i——第 i 种气体物质的量。

需要说明的是，这里的 p_i 和 p 都是除以了标准压强的无量纲相对压强。

将平衡常数改写为下式，即

$$\frac{n_C^c n_D^d}{n_A^a n_B^b} = K_p \left(\frac{p}{n}\right)^{a+b-c-d} \tag{5-33}$$

小结：当化学反应达到平衡状态时，会满足吉布斯自由能最小的条件。对于火箭发动机来说，推进剂的燃烧反应发生在燃烧室和喷管中。发动机燃烧室可以假定为等温等压条件，当处于平衡状态时，系统吉布斯自由能最小，$dG = 0$。但是在喷管中，气体在不断流动，每一个截面上压强和温度都不同。因此在进行喷管热力计算时，不能认为整个喷管内部是等温等压工况，需要把喷管沿轴线拆分成很多个微元单元，在每一个微元单元中满足等温等压的条件，也即喷管的流动和化学平衡是在某一个截面上满足化学平衡方程。

从上述内容可看出，根据吉布斯自由能达最小值，求出化学反应平衡常数的具体值，再

根据平衡常数与化学反应中气体分压和组分之间的关系，配合质量守恒以及化学反应化学计量数间的关系，求解得到各组分的摩尔百分含量。

接下来，根据化学平衡反应方程式，分析温度和压强是如何影响化学平衡的。

可以从吉布斯自由能变化来讨论。吉布斯自由能是温度的单值函数，见式（5-34），对温度求导可以得到式（5-35），即

$$-\Delta G = R_0 T \ln K_p \tag{5-34}$$

$$\frac{-\mathrm{d}(\Delta G)}{\mathrm{d}T} = R_0 \ln K_p + R_0 T \frac{\mathrm{d}\ln K_p}{\mathrm{d}T} \tag{5-35}$$

根据吉布斯-亥姆霍兹方程 $\Delta G = \Delta H - T\Delta S$，可得 $-\dfrac{\mathrm{d}(\Delta G)}{\mathrm{d}T} = \Delta S$，于是

$$\Delta H - \Delta G = -T\frac{\mathrm{d}(\Delta G)}{\mathrm{d}T} \tag{5-36}$$

式中　ΔH——一定温度下化学反应的焓变，等于任一化学反应中生成物的生成焓之和减去反应物的生成焓之和；

　　　ΔG——吉布斯自由能变。

将式（5-34）和式（5-35）代入式（5-36）可得

$$\frac{\mathrm{d}\ln K_p}{\mathrm{d}T} = \frac{\Delta H}{R_0 T^2} \tag{5-37}$$

从式（5-37）可以分析温度对化学反应平衡的影响，对于吸热反应，$\Delta H > 0$，温度增加时 $\mathrm{d}T > 0$，则 $\mathrm{d}\ln K_p > 0$，平衡常数增大，反应正向进行程度增大；当温度降低时，$\mathrm{d}T < 0$，则 $\mathrm{d}\ln K_p < 0$，平衡常数减小，反应正向进行程度减小。对于放热反应，$\Delta H^0 < 0$，温度增加时，$\mathrm{d}T > 0$，则 $\mathrm{d}\ln K_p < 0$，平衡常数减小，反应正向进行程度减小。当温度降低时，$\mathrm{d}T < 0$，则 $\mathrm{d}\ln K_p > 0$，平衡常数增大，反应正向进行的程度增大。因此，化学平衡正向移动或逆向移动在温度升高时与化学反应放热或吸热有关。

接下来，分析压强对于化学反应平衡的影响，对式（5-33）进行改写，令 $K_n = \dfrac{n_\mathrm{C}^c n_\mathrm{D}^d}{n_\mathrm{A}^a n_\mathrm{B}^b}$，则

$$K_n = K_p \left(\frac{p}{n}\right)^{-\Delta n} \tag{5-38}$$

式中　$\Delta n = c + d - a - b$——该化学反应中反应物和生成物的化学计量数之差；

　　　p——相对压强，为实际系统压强与标准压强的比值。

将式（5-38）两边取对数，得

$$\ln K_n = \ln K_p - \Delta n \ln p + \Delta n \ln n \tag{5-39}$$

对式（5-39）在给定温度下对相对压强求偏导

$$\left(\frac{\partial \ln K_n}{\partial p}\right)_T = -\frac{\Delta n}{p} \tag{5-40}$$

式（5-40）表明，当 $\Delta n > 0$ 时，正向反应气体分子总数增加，平衡常数关于压强的偏导数小于 0，则压强增大，平衡常数减小，反应向逆向移动。当压强减小时，则平衡常数增大，反应正向进行程度增大。当 $\Delta n < 0$ 时，正向反应气体分子数减小，平衡常数关于压强的偏导数大于 0，当压强增大时，反应正向进行，压强减小时反应逆向进行的程度增加。综上所述，当压强增大时反应向气体分子数量减小的方向进行的程度大于朝气体分子数增大方向进行的程度。

以 $CO_2 \Leftrightarrow CO + 0.5O_2$ 为例。一定容积内，气体分压与它的物质的量成正比。温度一定，压强增加，反应向分子数减小的逆向移动，CO_2 的量增加，转化率下降；当压强减小时，反应向气体分子数增大的正向移动，CO_2 分解的数目变多，转化率增加。

一个化学反应的温度和压强改变时，化学平衡也要发生动态变化，以 CO_2 分解为例，当温度或压强升高时，旧的平衡被破坏，经过一定时间之后就会达到一个新的平衡状态。从一个化学平衡向另一个化学平衡过渡所需要的时间，定义为化学反应的松弛时间。

如果一个化学反应的速度非常快，那么松弛时间就很短，当状态发生变化时，化学反应很快达到新的平衡。如果这个化学反应很慢，那么松弛时间会很长。比如氢和氧的燃烧，反应速度很快，松弛时间很短。铁在空气中缓慢氧化，达到化学平衡耗时长，松弛时间很长。

在固体火箭发动机的喷管中，燃气高速流动，喉部的流速能达到 500 m/s，燃气在喷管中停留时间很短。如果化学反应松弛时间大于燃气在喷管中的停留时间，化学反应不能充分进行，燃气就从喷管排出了。燃气在喷管中流动时，温度和压强会下降，从喷管的入口到喷管的喉部和出口，化学平衡时刻会发生变化。比如氢和氧的燃烧反应速度很快，松弛时间很短，喷管入口进入的氢气和氧气，它们在喷管中能快速反应，在喷管出口完全反应生成水。而对于铁的氧化反应，若喷管入口喷入的铁粉和空气，氧化反应需要很长时间，铁和空气不能在喷管中完全反应，喷管出口仍会存在大量未反应的铁粉和空气，因为它们在喷管里停留时间太短，还没有来得及进行氧化反应。

所以，当化学反应速度很快时，如果系统温度和压强发生变化，化学反应能在极短时间内完成化学平衡从一个状态变化到另一个状态，即对固体火箭发动机内的化学反应流动，当松弛时间小于停留时间时，可以认为燃烧室和喷管任一截面均处于化学平衡状态。

5.2.3 能量守恒方程和热力计算的一般步骤

固体火箭发动机燃烧室内壁通常粘贴绝热层，防止高温燃气烧坏发动机壳体，因此可认为固体火箭发动机燃烧室处于绝热状态，能量守恒即指燃烧反应前固体推进剂的总焓等于燃烧后燃烧产物的总焓，即

$$\tilde{I}_m = \tilde{I}_p \tag{5-41}$$

式中 $\tilde{I}_m$ ——发动机中燃烧产物的总焓；

$\tilde{I}_p$ ——推进剂的总焓，而燃烧产物的总焓等于各组分的总焓和，即

$$\tilde{I}_m = \sum_{i=1}^{N} I_i n_i \qquad (5-42)$$

式中 I_i——1 mol 第 i 种组分的总焓；

n_i——1 kg 燃烧产物中各组分的物质的量。

图 5-3 表示燃烧室中热力计算的一般步骤，首先计算推进剂的假定化学式，这是第一步，即计算 1 kg 推进剂中各组成元素的物质的量。

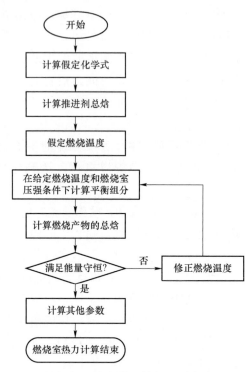

图 5-3 热力学计算的一般步骤

第二步是计算推进剂的总焓，即得到推进剂的总能量。然后根据推进剂的成分，假定一个燃烧温度。由于设计发动机时提前指定了工作压强，因此热力计算问题转换为在给定的燃烧室压强和温度下计算燃烧室内平衡组分，得到燃烧产物各组分的摩尔含量。然后计算燃烧产物的总焓，判断燃烧产物总焓与推进剂的总焓是否相等或在所规定误差精度内。由于第三步中燃烧温度是假定的，所以燃烧产物总焓可能不等于推进剂总焓，不满足能量守恒定律。如果两者相等，说明预估的温度准确；如果燃烧产物的总焓小于推进剂总焓，说明假定的燃烧温度偏低，需要重新修正燃烧温度，再计算新温度下平衡组分和总焓，直到燃烧产物的总焓和推进剂的总焓相等。最后计算特征速度和其他热力学参数。燃烧室热力计算最关键的一步是计算给定温度和给定压强下燃气的平衡组分。计算平衡组分有不同的方法，包括化学平衡常数法、最小吉布斯自由能法、布莱克林法。本书主要讨论平衡常数法和最小吉布斯自由能法。

5.3 计算燃气组分的平衡常数法

进行热力计算需要得到封闭的控制方程组,即通过物理模型构造数学模型。推进剂的热力计算就是计算固体推进剂燃烧后产物的组分含量和燃烧温度。在高温高压条件下,燃烧产物既有原子态的组分,也有化合物组分。

首先假定推进剂组成元素的种类数是 M,通过推进剂的假定化学式可以确定 M,一般含有 C、H、O、N、Cl 等元素。在燃烧反应中,这些元素进行组合,变成化合物或离子态、原子态物质。燃烧产物包含两种元素组成的化合物和 3 种元素组成的化合物。假定化合物或原子态、离子态的产物总数是 N,其中包含了一些原子态的单原子,与元素种类数相同,因此化合物的数量为 $N-M$。

其次,化学反应式是建立化学平衡的基础,化学反应系统中可逆反应的数量可以定为 $N-M$。每种化合物都可以对应一个分解反应或者复合反应。每个独立的化学反应就可以写出一个独立的化学平衡方程,这样就有 $N-M$ 个独立的化学平衡方程。

一般推进剂中含有的元素种类不超过 10 种,但推进剂燃烧后燃气却很复杂,由这些元素组成的化合物有千百种,虽然考虑的产物种类越多计算结果越精确,但是在燃烧过程中有些化合物含量很低,它们是可以忽略不计的。因此,在考虑燃烧产物成分时需要包含主要成分,忽略次要成分。

在给定的温度和压强下,有 N 个未知变量,即 N 个组分的含量。还需要 N 个方程就可以封闭,求解得到各组分的含量。这 N 个方程中包含了 M 个质量守恒方程(元素的守恒方程),即 1 kg 推进剂中含有的元素物质的量,等于燃烧产物里该种元素的物质的量之和。

还包含 $N-M$ 个化学平衡方程,由于化学平衡方程是非线性的,根据求解方法不同,有化学平衡常数法、最小吉布斯自由能法及布莱克林法。平衡常数法是最简单的,但是在计算时容易出现负值,即计算结果出现组分的物质的量小于 0,与理论不符。另一种计算方法是最小吉布斯自由能法,计算结果比较可靠,计算收敛速度也比较快。

平衡常数法的计算顺序是首先根据推进剂的配方特征,比如推进剂中各元素的含量,挑选出最可能出现的燃烧产物,然后根据挑选出的燃烧产物,写出主要产物的化学反应式,最后写出这些化学反应式的平衡常数表达式,建立燃烧产物含量之间的关系式。最后把这些关系式同质量守恒方程联立,可以计算恒温恒压下燃烧产物的平衡组分。接下来通过例子来说明计算过程。

例 5-4 已知复合推进剂的成分包括 AP(67.5%)、PS(20.5%)、苯乙烯(5.5%)、Al(5.0%)、环氧树脂(1.5%)。工作设计压强 $p=7$ MPa,温度 $T_0=2\,800$ K。利用平衡常数法计算推进剂燃烧产物组分。括号中是质量分数。

计算步骤如下。

(1) 求解 1 kg 推进剂的假定化学式,得到 C、H、O、N、Al、S、Cl 的含量。通过计算,可得假定化学式为 $C_{11.273\,8}H_{40.867\,2}O_{25.863\,2}N_{5.769\,2}Cl_{5.769\,2}Al_{1.853\,2}S_{2.417\,7}$。

(2) 确定燃烧产物的组分。

推进剂含 AP 67.5%,聚硫橡胶(PS)20.5%,所以燃烧产物主要成分的组成元素是 C、H、O、N。

燃烧产物次要组分包括 Al、S 和 Cl，Al 只占 5%。区分主要元素和次要元素是为了方便后面的迭代计算。

接下来，根据元素种类分析可能出现的燃烧产物，C 和 O 能形成 CO_2，可能还有 CO，H 和 O 可以生成 H_2O 和 OH 基团，还会有 H_2O_2 等。这样的组合可能有成百上千种，通过分析这些产物的稳定性，来判断其含量高低或者存在与否，从而精简产物种类。

在计算时，并不是每种可能的产物都考虑，因为有些产物的含量很少。考虑的产物种类越多，计算的复杂程度越大，方程也越多，计算的时间也越长，因此只考虑一些主要成分和一些次要成分。

经过上面的筛选，初步筛选出来 13 种组分，其中燃烧产物主要组分为 CO_2、H_2O、CO、H_2、N_2、OH、O_2、NO、H，次要燃烧产物为 HCl、Cl、SO_2、$Al_2O_3(c)$ 等。诸如 SO、O_3、$Al_2O_3(g)$、Al_2O、AlO、$AlCl_3$、…这些可能存在的组分含量很少，均可忽略，实际上在 2 800 K 以上的高温环境下这些可以忽略的组分即使存在也会很快分解或反应掉，因此含量是极少的，这样就从稳定性的角度排除了这些组分。但一定不能遗漏主要的组分，因为遗漏主要组分之后计算结果误差很大。为了提高计算精度，可以稍微多选一些燃烧产物组分。

为了说明计算过程，本例中推进剂燃烧产物共有 13 种组分，即 CO_2、H_2O、CO、H_2、N_2、O_2、NO、OH、H、HCl、Cl、SO_2、$Al_2O_3(c)$。

1 kg 燃烧产物组分的物质的量分别记为

$$n_{CO_2}, n_{H_2O}, n_{CO}, n_{H_2}, n_{N_2}, n_{O_2}, n_H, n_{HCl}, n_{NO}, n_{OH}, n_{Cl}, n_{SO_2}, n_{Al_2O_3}$$

（3）建立质量守恒方程和化学平衡方程。

设 1 kg 推进剂中各元素的物质的量分别表示为 N_C、N_H、N_O、N_N、N_{Cl}、N_S、N_{Al}，因此得到 7 个元素守恒方程，即

$$N_C = n_{CO_2} + n_{CO}$$

$$N_H = 2n_{H_2O} + n_{OH} + 2n_{H_2} + n_H + n_{HCl}$$

$$N_O = 2n_{CO_2} + n_{CO} + n_{H_2O} + n_{OH} + 2n_{O_2} + n_{NO} + 2n_{SO_2} + 3n_{Al_2O_3}$$

$$N_N = 2n_{N_2} + n_{NO}$$

$$N_{Cl} = n_{Cl} + n_{HCl}$$

$$N_S = n_{SO_2}$$

$$N_{Al} = 2n_{Al_2O_3}$$

在建立 7 个质量守恒方程后，总的未知组分的数量为 13 个，则需要补充 6 个化学平衡方程。值得注意的是，$Al_2O_3(c)$、SO_2 的物质的量通过元素守恒方程可以直接求出，因此在构建离解反应时无须考虑这两者。

以 CO_2 和 H_2O 为例，反应式可写为

$$CO_2 \leftrightarrow CO + 0.5O_2$$

$$H_2O \leftrightarrow H_2 + 0.5O_2$$

上述两个离解方程叠加，还可以得到水煤气生成的反应，即

$$CO_2 + H_2 \leftrightarrow CO + H_2O$$

这样，得到 3 个化学平衡方程，但是这 3 个方程并不是独立的，而其中任意两个化学平衡方程是独立的。可是我们要得到 6 个化学平衡方程是相互独立的，因此按照这个思路进行构造，可以得到以下的化学反应式。首先是 4 个离解反应，即

$$H_2O \rightleftharpoons OH + \frac{1}{2}H_2$$

$$CO_2 \rightleftharpoons CO + \frac{1}{2}O_2$$

$$HCl \rightleftharpoons H + Cl$$

$$H_2 \rightleftharpoons 2H$$

接下来是两个化合物之间的反应

$$CO_2 + H_2 \rightleftharpoons CO + H_2O$$

$$N_2 + O_2 \rightleftharpoons 2NO$$

以上 6 个化学反应式相互独立，根据式（5-38）即 $K_n = K_p \left(\dfrac{p}{n}\right)^{-\Delta n}$ 可以得到 6 个平衡方程，则 n_{CO_2}、n_{H_2O}、n_{CO}、n_{H_2}、n_{N_2}、n_{O_2}、n_H、n_{HCl}、n_{NO}、n_{OH}、n_{Cl} 之间的关系为

$$\frac{n_{OH} n_{H_2}^{0.5}}{n_{H_2O}} = K_{p,H_2O} \left(\frac{p}{n_g}\right)^{-0.5}$$

$$\frac{n_{CO} n_{O_2}^{0.5}}{n_{CO_2}} = K_{p,CO_2} \left(\frac{p}{n_g}\right)^{-0.5}$$

$$\frac{n_H n_{Cl}}{n_{HCl}} = K_{p,HCl} \left(\frac{p}{n_g}\right)^{-1}$$

$$\frac{n_H^2}{n_{H_2}} = K_{p,H_2} \left(\frac{p}{n_g}\right)^{-1}$$

$$\frac{n_{CO} n_{H_2O}}{n_{CO_2} n_{H_2}} = K_p$$

$$\frac{n_{NO}^2}{n_{N_2} n_{O_2}} = K_{p,NO}$$

值得注意的是，上述 6 个方程中引入了一个未知量 n_g，即气相总的物质的量，因此需要再补充一个气相的组分守恒方程，即

$$n_g = \sum_{i=1}^{K} n_i$$

式中　K——气相组分的个数；

　　　n_i——第 i 种气相组分的物质的量。

同时还需要说明，方程式中的压强是相对压强，当压强单位为 atm 时，由于标准压强为 1 atm，因此相对压强数值上与实际压强数值相等。

综上可以发现，质量守恒方程均为线性方程，但是化学平衡方程是非线性方程，如方程中 $n_{H_2}^{0.5}$、n_{NO}^2。为了能够用数值的方法求解，需要利用迭代的方法来求解非线性方程。

接下来，讨论化学平衡方程的迭代求解方法。

之前区分了主要产物和次要产物，在第一次进行计算时，将次要组分的含量设为 0，利用上述方程求解得到主要的产物组分含量，这样就得到主要成分的近似值。

次要组分有 O_2、OH、H、Cl、NO，其对应的物质的量 n_{O_2}、n_{OH}、n_H、n_{Cl}、n_{NO} 为 0，将其代入质量守恒方程和化学平衡方程，可求出主要组分的物质的量，即

$$n_{SO_2} = 2.4177$$

$$n_{Al_2O_3} = 0.9266$$

$$2n_{N_2} = N_N - n_{NO}$$

$$n_{HCl} = N_{Cl} - n_{Cl}$$

则第一次迭代可以求出 n_{HCl} 和 n_{N_2}。

又因为

$$n_{CO_2} + n_{CO} = N_C$$

$$2n_{H_2O} + 2n_{H_2} = N_H - n_{OH} - n_H - n_{HCl}$$

$$2n_{CO_2} + n_{CO} + n_{H_2O} = N_O - 2n_{SO_2} - 3n_{Al_2O_3} - n_{OH} + 2n_{O_2} + n_{NO}$$

上面 3 个方程有 4 个未知数，可以根据线性性质将其他组分用 n_{CO} 表示，再代入以下方程，即

$$\frac{n_{CO} n_{H_2O}}{n_{CO_2} n_{H_2}} = K_p$$

求解非线性方程，得到 n_{CO}，进而得到 n_{CO_2}、n_{H_2O}、n_{H_2} 的值，再将这些值和 n_{HCl}、n_{N_2} 作为已知量代入平衡常数方程的改写式中，平衡常数方程可改写为

$$n_{OH} = K_{p,H_2O} \left(\frac{p}{n_g} \right)^{-0.5} \frac{n_{H_2O}}{n_{H_2}^{0.5}}$$

$$n_{NO} = (K_{p,NO} n_{N_2} n_{O_2})^{1/2}$$

$$n_{Cl} = \frac{n_{HCl}}{n_H} K_{p,HCl} \left(\frac{p}{n_g} \right)^{-1}$$

$$n_H = \left[n_{H_2} K_{p,H_2} \left(\frac{p}{n_g} \right)^{-1} \right]^{1/2}$$

从而能够求出 n_{OH}、n_{NO}、n_{Cl}、n_H。这样，第一次迭代求解完成。接下来再将这些次要组分的值作为初始值代入质量守恒方程，求解得到主要组分的值。然后再进行下一步迭代，进一步得到次要组分的值。之后进行多次迭代，直到计算结果收敛，满足所需的精度。这种方法就是逐步迭代的方法。

但是这种方法有个缺点，即收敛性不太好，有时可能计算出来的组分会出现负的物质的量，因此需要重新选择组分的初始值，初始值选得越好，迭代计算就收敛得越快。

小结：化学平衡常数法中会有组分浓度的幂次方，即存在非线性的代数方程，求解这些

混合方程组时，必须采用迭代方法。主要组分和次要组分的选取有一定的任意性，如果选择不合适，计算出来的组分浓度会出现负值，需要重新选择初始值。

由于大多数固体推进剂是贫氧推进剂，燃烧产物中氧化性产物很少，会存在大量的可燃性气体，如 H_2、CO，它们会发生水煤气反应，CO 被 H_2O 氧化变成 CO_2 和 H_2。因此，CO、H_2O、CO_2、H_2 都是主要的气体成分。采用化学平衡常数法时，有时会比较难收敛，接下来介绍最小吉布斯自由能法。

5.4 计算平衡组分的最小吉布斯自由能法

当化学反应在等温等压下达到平衡时，系统吉布斯自由能达到最小值，在极值点，$dG = 0$ 满足判据

$$\tilde{G} = \tilde{G}_{\min}$$

在等温等压条件下，$\tilde{G}$ 为单位质量燃烧产物的吉布斯自由能总和（单位为 kJ/kg），G 为系统中 1 mol 燃烧产物总的吉布斯自由能（单位为 kJ/mol），n_j 为每千克燃烧产物中第 j 种组分的物质的量（单位为 mol/kg），$\tilde{G}_j$ 为每千克燃烧产物中第 j 种组分的吉布斯自由能，G_i 为 1 mol 第 i 种组分的吉布斯自由能（单位为 kJ/mol）。

由于 $\tilde{G}_j$ 可以表示为

$$\tilde{G}_j = G_j n_j$$

所以，燃烧系统中每千克燃烧产物的吉布斯自由能总和可表示为

$$\tilde{G} = \tilde{G}(n_1, \cdots, n_k)$$

可以看出，$\tilde{G}$ 是燃烧产物中各组分的物质的量的函数。因此，问题可转换为，当系统吉布斯自由能最小时求各组分的物质的量，即在 $\tilde{G}$ 取极小值时求目标函数 $\tilde{G}$ 的极值点问题。

5.4.1 目标函数的建立

系统吉布斯自由能为各组分自由能的总和，即

$$\tilde{G} = \sum_{j=1}^{N} \tilde{G}_j \tag{5-43}$$

式中　$\tilde{G}$——每千克燃烧产物自由能之和；

　　　$\tilde{G}_j$——每千克燃烧产物中第 j 种组分的吉布斯自由能。

燃烧产物中包括凝相组分（$j = 1, 2, \cdots, L$）和气相组分（$j = L+1, \cdots, N$），凝相组分有 L 种，气相组分有 $N-L$ 种，总的燃烧产物是 N 种。燃烧产物总的吉布斯自由能可以表示为

$$\tilde{G} = \sum_{j=1}^{L} \tilde{G}_j + \sum_{j=L+1}^{N} \tilde{G}_j = \sum_{j=1}^{L} G_j n_j + \sum_{j=L+1}^{N} G_j n_j \tag{5-44}$$

对于气相组分，各组分的吉布斯自由能与温度和压强均相关，即

$$G_i = \mu_i^0 n_i = \mu_i^0 n_i + n_i R_0 T \ln p_i \tag{5-45}$$

对于凝相组分，吉布斯自由能只与温度相关，即

$$G_i = \mu_i^0 n_i \tag{5-46}$$

将凝相和气相组分的吉布斯自由能表达式代入式（5-44），得

$$\tilde{G} = \sum_{j=1}^{L} \mu_j^0 n_j + \sum_{j=L+1}^{N} (\mu_j^0 + R_0 T \ln p_j) n_j \tag{5-47}$$

根据道尔顿分压定律，j 组分分压强、系统总压强只与气相组分摩尔百分含量相关，有

$$p_j = p \frac{n_j}{n_g} \tag{5-48}$$

式中　n_g——单位质量产物中气相组分总的物质的量。

对分压公式两边取对数，得

$$\ln p_j = \ln p + \ln n_j - \ln n_g \tag{5-49}$$

将式（5-49）代入式（5-47），可得

$$\tilde{G} = \sum_{j=1}^{L} \mu_j^0 n_j + \sum_{j=L+1}^{N} [\mu_j^0 + R_0 T (\ln p + \ln n_j - \ln n_g)] n_j \tag{5-50}$$

其中，气相组分总的压强等于各组分分压强之和，即

$$p = \sum_{j=L+1}^{N} p_j$$

$$n_g = \sum_{j=L+1}^{N} n_j$$

将式（5-50）两边同除 $R_0 T$，得

$$\frac{\tilde{G}}{R_0 T} = \sum_{j=1}^{L} \frac{\mu_j^0 n_j}{R_0 T} + \sum_{j=L+1}^{N} \left(\frac{\mu_j^0}{R_0 T} + \ln p + \ln n_j - \ln n_g \right) n_j \tag{5-51}$$

引入目标函数 Φ 和 Φ_j

$$\Phi = \frac{\tilde{G}}{R_0 T}$$

$$\Phi_j = \frac{\tilde{G}_j}{R_0 T} = \begin{cases} \dfrac{\mu_j^0 n_j}{R_0 T} + n_j \ln p_j & (j = L+1, \cdots, N) \\ \dfrac{\mu_j^0 n_j}{R_0 T} & (j = 1, 2, \cdots, L) \end{cases}$$

同时，令

$$Y_j^s = -\frac{\mu_j^0}{R_0 T} \quad (j = 1, 2, \cdots, L) \quad \text{（凝相）}$$

$$Y_j = -\frac{\mu_j^0}{R_0 T} \quad (j = L+1, \cdots, N) \quad \text{（气相）}$$

注：Y_j^s 在组分、温度一定时为常量，上标 s 表示凝相。

将式（5-51）变为

$$\Phi = \sum_{j=1}^{L} \Phi_j^s + \sum_{j=L+1}^{N} \Phi_j \quad (5-52)$$

其中凝相产物为

$$\sum_{j=1}^{L} \Phi_j^s = \sum_{j=1}^{L} (-Y_j^s n_j) \quad (5-53)$$

气相产物为

$$\sum_{j=L+1}^{N} \Phi_j = \sum_{j=L+1}^{N} (-Y_j + \ln p + \ln n_j - \ln n_g) n_j \quad (5-54)$$

将式（5-53）、式（5-54）代入式（5-52）中，可得

$$\Phi = \sum_{j=1}^{L} (-Y_j^s n_j) + \sum_{j=L+1}^{N} (-Y_j + \ln p + \ln n_j - \ln n_g) n_j \quad (5-55)$$

Φ 为构造出的目标函数，在等温等压过程中，Φ 与 $\tilde{G}$ 取得极小值的条件相同。对于化学反应系统，各组分物质的量还需满足元素质量守恒方程，将元素质量守恒方程称为约束条件，即

$$N_k = \sum_{j=1}^{N} A_{kj} n_j \quad (k=1,2,\cdots,M) \quad (5-56)$$

式中　N_k——热力系统中每千克燃烧产物第 k 种元素的物质的量，mol/kg；

A_{kj}——第 j 种组分中第 k 种元素的摩尔分数；

n_j——热力系统中每千克燃烧产物中第 j 种组分的物质的量，mol/kg；

M——燃烧产物中元素的数量。

以上目标函数和约束条件均已得出，计算平衡组分的问题转换为计算条件极值问题。

5.4.2　条件极值的拉格朗日乘数法求解

5.4.1 小节中已定义目标函数和约束条件，那么如何进行求解？可以利用高等数学中条件极值的拉格朗日乘数法求解。已知目标函数

$$\Phi(n_1,\cdots,n_N) = \sum_{j=1}^{L} (-Y_j^s n_j) + \sum_{j=L+1}^{N} (-Y_j + \ln p + \ln n_j - \ln n_g) n_j$$

和约束条件

$$N_k = \sum_{j=1}^{N} A_{kj} n_j (k=1,2,\cdots,M)$$

拉格朗日乘数法是一种寻找变量受一个或多个条件所限制的多元函数的极值求解方法。这种方法将一个有 n 个变量与 k 个约束条件的最优化问题转换为一个有 $n+k$ 个变量的方程组的极值问题，其变量不受任何约束。设给定二元函数 $z=f(x,y)$ 和附加条件 $\varphi(x,y)=0$，为寻找 $z=f(x,y)$ 在附加条件下的极值点，做拉格朗日函数 $F(x,y,\lambda)=f(x,y)+\lambda\varphi(x,y)$，其中 λ 为参数。令 $F(x,y,\lambda)$ 对 x、y 和 λ 的一阶偏导数等于零，由上述方程组解出 x、y 和 λ，由此求

得的 (x,y) 就是函数 $z=f(x,y)$ 在附加条件 $\varphi(x,y)=0$ 下的可能极值点。

根据高等数学的知识构造函数，即

$$F(n_1,\cdots,n_N,\cdots,\lambda_1,\cdots,\lambda_M)=\Phi+\sum_{k=1}^{M}\lambda_k\left(N_k-\sum_{j=1}^{N}A_{kj}n_j\right) \quad (5-57)$$

其中 $n_1,\cdots,n_N,\cdots,\lambda_1,\cdots,\lambda_M$ 相互独立。

F 取得极值点的条件为

$$\begin{cases}\dfrac{\partial F}{\partial n_j}=0 & (j=1,2,\cdots,N) \\ \dfrac{\partial F}{\partial \lambda_k}=0 & (k=1,2,\cdots,M)\end{cases} \quad (5-58)$$

将 F 扩展写为（做一次指标替换）

$$F=\sum_{i=1}^{L}(-Y_i^s n_i)+\sum_{i=L+1}^{N}(-Y_i+\ln p+\ln n_i-\ln n_g)n_i+\sum_{k=1}^{M}\lambda_k\left(N_k-\sum_{i=1}^{N}A_{ki}n_i\right) \quad (5-59)$$

其中

$$Y_i^s=-\frac{\mu_i^0}{R_0 T} \quad (i=1,2,\cdots,L)$$

$$Y_i=-\frac{\mu_i^0}{R_0 T} \quad (i=L+1,\cdots,N)$$

等温等压条件下式（5-59）中的常数项有 $\ln p$、Y_i^s、Y_i、A_{ki}。

式（5-59）可写为

$$F=\sum_{i=1}^{L}\Phi_i^s+\sum_{i=L+1}^{N}\Phi_i+\sum_{k=1}^{M}\lambda_k\left(N_k-\sum_{i=1}^{N}A_{ki}n_i\right) \quad (5-60)$$

接下来，目标函数 F 要分别对 $n_j(j=1,2,\cdots,N)$ 和 $\lambda_k(k=1,2,\cdots,M)$ 求偏导数。

目标函数 F 对组分 n_j 求偏导，可得

$$\frac{\partial F}{\partial n_j}=\sum_{i=1}^{L}\frac{\partial \Phi_i^s}{\partial n_j}+\sum_{i=L+1}^{N}\frac{\partial \Phi_i}{\partial n_j}+\sum_{k=1}^{M}\frac{\partial \lambda_k\left(N_k-\sum_{i=1}^{N}A_{ki}n_i\right)}{\partial n_j} \quad (5-61)$$

针对式（5-61）首先分析凝相组分函数 Φ_i^s 关于组分浓度 n_j 的偏导数。

当 $j=1,2,\cdots,L$ 时，即对于凝相组分，有

$$\begin{cases}\dfrac{\partial \Phi_i^s}{\partial n_j}=0 & (i\neq j) \\ \dfrac{\partial \Phi_i^s}{\partial n_j}=\dfrac{\partial \dfrac{\mu_j^0 n_j}{R_0 T}}{\partial n_j}=\dfrac{\mu_j^0}{R_0 T} & (i=j)\end{cases} \quad (5-62)$$

当 $j=L+1,\cdots,N$ 时，即对于气相组分，有

$$\frac{\partial \Phi_i^s}{\partial n_j} = 0 \tag{5-63}$$

所以

$$\frac{\partial \sum_{i=1}^{L} \Phi_i^s}{\partial n_j} = \frac{\mu_j^0}{R_0 T} = -Y_j^s \quad (j=1,2,\cdots,L) \tag{5-64}$$

$$\frac{\partial \sum_{i=1}^{L} \Phi_i^s}{\partial n_j} = 0 \quad (j=L+1,\cdots,N) \tag{5-65}$$

其次，分析气相组分函数 Φ_i 关于组分浓度 n_j 的偏导数，有

$$\Phi_i = (-Y_i + \ln p + \ln n_i - \ln n_g) n_i \tag{5-66}$$

当 $j=1,2,\cdots,L$ 时，即对于凝相组分，则

$$\frac{\partial \Phi_i}{\partial n_j} = 0 \tag{5-67}$$

当 $j=L+1,\cdots,N$ 时，即对于气相组分，则

$$\frac{\partial \Phi_i}{\partial n_j} = -\frac{n_i}{n_g} \quad (i \neq j) \tag{5-68}$$

$$\frac{\partial \Phi_i}{\partial n_j} = -Y_j + \ln p + \ln n_j - \ln n_g + n_j \left(\frac{1}{n_j} - \frac{1}{n_g} \frac{\partial n_g}{\partial n_j} \right) \quad (i=j) \tag{5-69}$$

其中 n_g 是气相组分总的物质的量，且有

$$n_g = \sum_{i=L+1}^{N} n_i$$

气相组分总的物质的量 n_g 关于气相组分 n_j 的浓度偏导数 $\dfrac{\partial n_g}{\partial n_j}$ 为

$$\frac{\partial n_g}{\partial n_j} = \frac{\partial \sum_{i=L+1}^{N} n_i}{\partial n_j} = 1 \tag{5-70}$$

将式（5-70）代入式（5-69）可得

$$\frac{\partial \Phi_i}{\partial n_j} = -Y_j + \ln p + \ln \frac{n_j}{n_g} + 1 - \frac{n_j}{n_g} \quad (i=j) \tag{5-71}$$

根据不同组分的相互独立性，可得

$$\frac{\partial \sum_{i=L+1}^{N} \Phi_i}{\partial n_j} = 0 \quad (j=1,2,\cdots,L) \tag{5-72}$$

因此

$$\frac{\partial \sum_{i=L+1}^{N} \Phi_i}{\partial n_j} = -Y_j + \ln p + \ln \frac{n_j}{n_g} + 1 - \frac{n_j}{n_g} + \sum_{i=L+1}^{j-1}\left(-\frac{n_i}{n_g}\right) + \sum_{i=j+1}^{N}\left(-\frac{n_i}{n_g}\right) \quad (j=L+2,\cdots,N) \quad (5-73)$$

所以有

$$\frac{\partial \sum_{i=L+1}^{N} \Phi_i}{\partial n_j} = -Y_j + \ln p + \ln \frac{n_j}{n_g} + 1 - \sum_{i=L+1}^{N} \frac{n_i}{n_g} \quad (j=L+2,\cdots,N) \quad (5-74)$$

而 $\sum_{i=L+1}^{N} \frac{n_i}{n_g} = 1$，因此

$$\frac{\partial \sum_{i=L+1}^{N} \Phi_i}{\partial n_j} = -Y_j + \ln p + \ln n_j - \ln n_g \quad (j=L+2,\cdots,N) \quad (5-75)$$

当 $j=L+1$ 时，有

$$\frac{\partial \sum_{i=L+1}^{N} \Phi_i}{\partial n_{L+1}} = -Y_{L+1} + \ln p + \ln \frac{n_{L+1}}{n_g} + 1 - \frac{n_{L+1}}{n_g} - \sum_{i=L+2}^{N} \frac{n_i}{n_g} = -Y_{L+1} + \ln p + \ln \frac{n_{L+1}}{n_g} \quad (5-76)$$

综上所述，有

$$\frac{\partial \sum_{i=L+1}^{N} \Phi_i}{\partial n_j} = -Y_j + \ln p + \ln n_j - \ln n_g \quad (j=L+1,\cdots,N) \quad (5-77)$$

这样就得到了凝相组分函数 Φ_i^s 和气相组分函数 Φ_i 对于组分浓度 n_j 的偏导数，接下来对约束条件项关于组分浓度项偏导进行分析。

$$\sum_{k=1}^{M} \frac{\partial \lambda_k \left(N_k - \sum_{i=1}^{N} A_{ki} n_i\right)}{\partial n_j} = -\sum_{k=1}^{M} \lambda_k A_{kj} \quad (5-78)$$

将式（5-78）代入式（5-61），可得

$$\frac{\partial F}{\partial n_j} = -Y_j^s - \sum_{k=1}^{M} \lambda_k A_{kj} \quad (j=1,2,\cdots,L) \quad (5-79)$$

$$\frac{\partial F}{\partial n_j} = -Y_j + \ln p + \ln n_j - \ln n_g - \sum_{k=1}^{M} \lambda_k A_{kj} \quad (j=L+1,\cdots,N) \quad (5-80)$$

根据 Φ_i、Φ_i^s 与 λ_k 的无关性，可得

$$\frac{\partial \Phi_i}{\partial \lambda_k} = 0, \quad \frac{\partial \Phi_i^s}{\partial \lambda_k} = 0 \quad (5-81)$$

因此

$$\frac{\partial F}{\partial \lambda_k} = \sum_{j=1}^{M} \frac{\partial \lambda_j \left(N_j - \sum_{i=1}^{N} A_{ji} n_i \right)}{\partial \lambda_k} = 0 \quad (k \neq j) \tag{5-82}$$

$$\frac{\partial F}{\partial \lambda_k} = \sum_{j=1}^{M} \frac{\partial \lambda_j \left(N_j - \sum_{i=1}^{N} A_{ji} n_i \right)}{\partial \lambda_k} = N_k - \sum_{i=1}^{N} A_{ki} n_i \quad (k = j) \tag{5-83}$$

根据元素守恒，有

$$N_k - \sum_{i=1}^{N} A_{ki} n_i = 0 \quad (k = 1, 2, \cdots, M) \tag{5-84}$$

所以

$$\frac{\partial F}{\partial \lambda_k} = 0 \quad (k = j) \tag{5-85}$$

因此 $\frac{\partial F}{\partial \lambda_k} = 0$ 在元素守恒条件下恒成立，则利用拉格朗日法得到的基本控制方程有

$$\frac{\partial F}{\partial n_j} = 0 \Rightarrow \begin{cases} N_k - \sum_{j=1}^{N} A_{kj} n_j = 0 \quad (k = 1, 2, \cdots, M) \\ -Y_j^s - \sum_{k=1}^{M} \lambda_k A_{kj} = 0 \quad (j = 1, 2, \cdots, L) \\ -Y_j + \ln p + \ln n_j - \ln n_g - \sum_{k=1}^{M} \lambda_k A_{kj} = 0 \quad (j = L+1, \cdots, N) \end{cases} \tag{5-86}$$

$$n_g = \sum_{j=L+1}^{N} n_j$$

$$Y_j^s = -\frac{\mu_j^0}{R_0 T} \quad (j = 1, 2, \cdots, L) \text{ 凝相} \tag{5-87}$$

$$Y_j = -\frac{\mu_j^0}{R_0 T} \quad (j = L+1, \cdots, N) \text{ 气相} \tag{5-88}$$

其中 λ_k、n_j、n_g 是未知数，因此共有 $N+M+1$ 个未知数，$N+M+1$ 个方程，方程封闭可解。

5.4.3 方程组的线性化及求解

上面 $N+M+1$ 个方程中，M 个元素质量守恒方程是线性方程，N 个方程是非线性方程，包含了非线性项 $\ln n_j$ 和 $\ln n_g = \ln \left(\sum_{j=L+1}^{N} n_j \right)$。

由于方程组无法改写成线性方程组，也无法采用矩阵求逆得到所需的未知数，因此需要对方程中的非线性项进行线性化。为了使用泰勒级数对非线性项进行线性化，根据已有的热力计算结果，取一组燃烧产物的物质的量 $(c_{L+1}, \cdots, c_N)$ 作为 $(n_{L+1}, \cdots, n_N)$ 的精确解。将非线性项在 c_j 处进行一阶泰勒展开，可得

$$\ln n_j = \ln c_j + (n_j - c_j) \left(\frac{\partial \ln n_j}{\partial n_j} \right)_{c_j} + R_{1j} = \ln c_j + (n_j - c_j) \frac{1}{c_j} + R_{1j} \quad (j = L+1, \cdots, N) \tag{5-89}$$

定义
$$c_g = \sum_{j=L+1}^{N} c_j$$

$$\ln n_g = \ln c_g + (n_g - c_g)\left(\frac{\partial \ln n_g}{\partial n_g}\right)_{c_g} + R_2 = \ln c_g + (n_g - c_g)\frac{1}{c_g} + R_2 \quad (5-90)$$

其中 R_{1j}、R_2 是一阶余项。将一阶余项 R_{1j}、R_2 略去,可得

$$\ln n_j = \ln c_j + (n_j - c_j)\frac{1}{c_j} \quad (j = L+1, \cdots, N) \quad (5-91)$$

$$\ln n_g = \ln c_g + (n_g - c_g)\frac{1}{c_g} \quad (5-92)$$

将式(5-91)、式(5-92)代入式(5-86)可完成对其线性化,即

$$\begin{cases} -Y_j + \ln p + \ln c_j + (n_j - c_j)\frac{1}{c_j} - \ln c_g - (n_g - c_g)\frac{1}{c_g} - \sum_{k=1}^{M}\lambda_k A_{kj} = 0 \quad (j = L+1, \cdots, N) \\ -Y_j^s - \sum_{k=1}^{M}\lambda_k A_{kj} = 0 \quad (j = 1, 2, \cdots, L) \\ N_k - \sum_{j=1}^{N} A_{kj} n_j = 0 \quad (k = 1, 2, \cdots, M) \\ n_g = \sum_{j=L+1}^{N} n_j \end{cases} \quad (5-93)$$

该方程组为线性方程组,可以构造出封闭的计算矩阵,得到热力系统中的组分 n_j,但并不是其精确值,而是近似值,因此为做区分,方程中用 X_j 代替 n_j,用 X_g 代替 n_g,表示近似解。

为了减少计算量,对方程做进一步简化,即消元,得

$$-Y_j + \ln p + \ln c_j + (X_j - c_j)\frac{1}{c_j} - \ln c_g - (X_g - c_g)\frac{1}{c_g} - \sum_{k=1}^{M}\lambda_k A_{kj} = 0 \quad (5-94)$$

$$(-Y_j + \ln p + \ln c_j - \ln c_g)c_j + (X_j - c_j) - (X_g - c_g)\frac{c_j}{c_g} - c_j\sum_{k=1}^{M}\lambda_k A_{kj} = 0 \quad (5-95)$$

$$(-Y_j + \ln p + \ln c_j - \ln c_g)c_j + X_j - X_g\frac{c_j}{c_g} - c_j\sum_{k=1}^{M}\lambda_k A_{kj} = 0 \quad (5-96)$$

设 $\varphi_j = (-Y_j + \ln p + \ln c_j - \ln c_g)c_j$,因此式(5-96)可简化为

$$X_j = -\varphi_j + X_g\frac{c_j}{c_g} + c_j\sum_{k=1}^{M}\lambda_k A_{kj} \quad (j = L+1, \cdots, N) \quad (5-97)$$

将式(5-97)代入元素守恒方程,并将指标 k 改为 i 以作区分,可得

$$X_j = -\varphi_j + X_g\frac{c_j}{c_g} + c_j\sum_{i=1}^{M}\lambda_i A_{ij} \quad (j = L+1, \cdots, N) \quad (5-98)$$

经整理可得

$$\sum_{i=1}^{N} A_{kj} X_j = N_k \quad (k=1,2,\cdots,M) \tag{5-99}$$

$$\sum_{j=1}^{L} A_{kj} X_j + \sum_{j=L+1}^{N} A_{kj} \left(-\varphi_j + X_g \frac{c_j}{c_g} + c_j \sum_{i=1}^{M} \lambda_i A_{ij} \right) = N_k \quad (k=1,2,\cdots,M)$$

$$\sum_{j=1}^{L} A_{kj} X_j + \sum_{j=L+1}^{N} A_{kj} \frac{c_j}{c_g} X_g + \sum_{j=L+1}^{N} A_{kj} c_j \sum_{i=1}^{M} \lambda_i A_{ij} = N_k + \sum_{j=L+1}^{N} A_{kj} \varphi_j \quad (k=1,2,\cdots,M) \tag{5-100}$$

根据求和符号的性质，有

$$\sum_{j=L+1}^{N} A_{kj} c_j \sum_{i=1}^{M} \lambda_i A_{ij} = \sum_{i=1}^{M} \sum_{j=L+1}^{N} \lambda_i A_{ij} A_{kj} c_j = \sum_{i=1}^{M} \lambda_i \sum_{j=L+1}^{N} A_{ij} A_{kj} c_j \tag{5-101}$$

将已知量 $\sum_{j=L+1}^{N} A_{ij} A_{kj} c_j$ 记为 R_{ik}，因此

$$\sum_{j=L+1}^{N} A_{kj} c_j \sum_{i=1}^{M} \lambda_i A_{ij} = \sum_{i=1}^{M} \lambda_i R_{ik} \tag{5-102}$$

将式（5-102）代入式（5-100），可得

$$\sum_{j=1}^{L} A_{kj} X_j + \sum_{j=L+1}^{N} A_{kj} \frac{c_j}{c_g} X_g + \sum_{i=1}^{M} \lambda_i R_{ik} = N_k + \sum_{j=L+1}^{N} A_{kj} \varphi_j \quad (k=1,2,\cdots,M) \tag{5-103}$$

设 $\dfrac{X_g}{c_g} = W$，$\sum_{j=L+1}^{N} A_{kj} c_j = \alpha_k$，则方程式（5-103）改写成

$$\sum_{i=1}^{M} \lambda_i R_{ik} + \alpha_k W + \sum_{j=1}^{L} A_{kj} X_j = N_k + \sum_{j=L+1}^{N} A_{kj} \varphi_j \quad (k=1,2,\cdots,M) \tag{5-104}$$

式（5-104）中包含 M 个方程、$M+L+1$ 个未知数。未经处理的方程还有 $L+1$ 个方程。

$$-Y_j^s - \sum_{k=1}^{M} \lambda_k A_{kj} = 0 \quad (j=1,2,\cdots,L) \tag{5-105}$$

$$W = \sum_{j=L+1}^{N} \frac{X_j}{c_g} \tag{5-106}$$

将式（5-98）代入式（5-106）可得

$$\frac{1}{c_g} \sum_{j=L+1}^{N} X_j = \frac{1}{c_g} \sum_{j=L+1}^{N} \left(-\varphi_j + X_g \frac{c_j}{c_g} + c_j \sum_{k=1}^{M} \lambda_k A_{kj} \right)$$

$$= -\frac{1}{c_g} \sum_{j=L+1}^{N} \varphi_j + \frac{1}{c_g} \sum_{j=L+1}^{N} X_g \frac{c_j}{c_g} + \frac{1}{c_g} \sum_{j=L+1}^{N} c_j \sum_{k=1}^{M} \lambda_k A_{kj} \tag{5-107}$$

而 $\dfrac{1}{c_g} \sum_{j=L+1}^{N} X_g \dfrac{c_j}{c_g} = \dfrac{X_g}{c_g} = W$，式（5-107）可简化为

$$\sum_{j=L+1}^{N} c_j \sum_{k=1}^{M} \lambda_k A_{kj} = \sum_{j=L+1}^{N} \varphi_j \tag{5-108}$$

根据求和法则，$\sum\limits_{j=L+1}^{N} c_j \sum\limits_{k=1}^{M} \lambda_k A_{kj} = \sum\limits_{k=1}^{M} \lambda_k \sum\limits_{j=L+1}^{N} c_j A_{kj}$，而 $\sum\limits_{j=L+1}^{N} A_{kj} c_j = \alpha_k$，所以

$$\sum_{k=1}^{M} \lambda_k \alpha_k = \sum_{j=L+1}^{N} \varphi_j \qquad (5-109)$$

其中 α_k、φ_j 为常数，式（5-109）含 M 个未知数、1 个方程。

$$\sum_{i=1}^{M} \lambda_i R_{ik} + \alpha_k W + \sum_{j=1}^{L} A_{kj} X_j = N_k + \sum_{j=L+1}^{N} A_{kj} \varphi_j \quad (k=1,2,\cdots,M) \qquad (5-110)$$

式（5-110）中含 $L+M+1$ 个未知数、M 个方程。

$$-Y_j^s - \sum_{k=1}^{M} \lambda_k A_{kj} = 0 \quad (j=1,2,\cdots,L) \qquad (5-111)$$

式（5-111）中含 L 个方程、M 个未知数。因此，根据式（5-104）、式（5-105）、式（5-109），可以构造一个 $(L+M+1)\times(L+M+1)$ 的线性矩阵，从而求得 X_j $(j=1,2,\cdots,L)$，即凝相组分。

5.4.4 过程梳理和总结

涉及的常数项有

$$Y_j^s = -\frac{\mu_j^0}{R_0 T} \quad (j=1,2,\cdots,L) \text{（凝相）}$$

$$Y_j = -\frac{\mu_j^0}{R_0 T} \quad (j=L+1,\cdots,N) \text{（气相）}$$

$$\sum_{j=L+1}^{N} A_{kj} c_j = \alpha_k$$

$$\varphi_j = (-Y_j + \ln p + \ln c_j - \ln c_g) c_j$$

$$R_{ik} = \sum_{j=L+1}^{N} A_{ij} A_{kj} c_j$$

涉及变换项有

$$W = \frac{X_g}{c_g}$$

（1）参照已有推进剂热力计算结果，给定试算值 $c_j (j=1,2,\cdots,N)$。
（2）计算常数项，如 Y_j、Y_j^s、φ_j、α_k、R_{ik} 的值。
（3）求解方程组，得到 X_j（$j=1,2,\cdots,L$）凝相组分、λ_k、W。
（4）根据 $X_g = W c_g$ 求解 X_g。
再根据

$$X_j = -\varphi_j + X_g \frac{c_j}{c_g} + c_j \sum_{k=1}^{M} \lambda_k A_{kj} \quad (j=L+1,\cdots,N)$$

可以求解得到气相组分的浓度。

（5）迭代计算。

5.4.5 迭代计算

$X_j(j=1,2,\cdots,N)$ 是求解方程得到的组分的近似解。

$c_j(j=1,2,\cdots,N)$ 是假定的精确解。

$n_j(j=1,2,\cdots,N)$ 是实际达到平衡时各组分的物质的量，显然 X_j 比 c_j 更接近于 n_j。

若将计算出的 X_j 作为下一次计算的 c_j，则可以得到更接近于 n_j 的解，反复迭代直到最后的结果收敛。

（1）开始时取一组正值 c_j^1 表示第一次计算的假定值，计算出第一次平衡时组分的近似解 X_j^1。

（2）将第一次近似解作为第二次的假定值代入，即 $X_j^1=c_j^2$，从而得到第二次的近似解。

（3）将第二次计算的结果作为第三次的试算值，反复计算，直到满足精度要求为止，即 $X_j^{k+1}-X_j^k<\varepsilon$，$\varepsilon$ 取很小的正数。

当达到精度要求后，$X_j^{k+1}(j=1,2,\cdots,N)$ 就是计算的平衡组分的物质的量。

由于迭代过程中有些组分的量很小，可能出现负值，与实际情况不符，需要进行修正，接下来介绍如何进行修正。

（1）当 $\varepsilon_1 \leqslant X_j^{k-1} \leqslant 0$，$\varepsilon_1$ 是取定的很小的负数，说明此时 X_j^{k-1} 与 0 偏离不远，可令 X_j^{k-1} 取一个很小的正值。如令 $X_j^{k-1}=c_j^k=10^{-8}$，ε_1 取 -10^{-10}。

（2）当 $X_j^{k-1} \leqslant \varepsilon_1$，此时进行修正 $X_j^{k-1}=c_j^k=\delta$，δ 是很小的正值，取 10^{-12}，再计算修正系数。定义修正系数 $Z=\dfrac{X_j^{k-1}-\delta}{X_j^{k-2}-X_j^{k-1}}$，其他组分也都需要按此修正系数进行修正。

$c_j^k=X_j^{k-1}+Z(X_j^{k-1}-X_j^{k-2})$，若几个组分同时出现负数，则都按 $Z=\dfrac{X_j^{k-1}-\delta}{X_j^{k-2}-X_j^{k-1}}$ 计算修正系数，再取所有修正系数的最小值。最后根据统一的 Z 值对全部的 c_j^k 进行修正。该修正方法在使所有组分初始值均为正值的同时，也能满足质量守恒。

5.5 绝热燃烧温度和燃烧产物热力学特性计算

平衡常数法和最小吉布斯自由能法都是用于计算给定温度和压强条件下燃烧产物的组分。燃烧室的热力计算是给定推进剂的配方和初温，在一定压强下，计算燃烧产物的成分和绝热燃烧温度。

燃烧室中燃气温度很高，一般大于 2 500 K，处于激发态，包含高温原子、分子和等离子体。双基推进剂是富燃推进剂，产物中有 H_2 和 CO，是还原性气体。

喷管中主要成分为 CO_2、H_2O、CO、N_2。喷管出口燃烧温度会下降，激发态原子进行复合反应释放热量，用于抵消喷管中气体膨胀导致的气体温度下降。热力计算中考虑的燃烧产物成分比较多，计算出来的成分有很多种，但有些成分含量很少，不到 1%，实际计算时可以忽略这些成分。

采用平衡常数法或吉布斯自由能法可以进行热力计算。但需要注意，采用平衡常数法要选取合适的化学反应方程，确定反应条件；还需要注意燃烧产物组分的选择原则，即找到最主要的成分。当燃烧温度高于 2 500 K 时，需要考虑组分的分解反应。

由于在进行热力计算之前并不知道燃烧温度，因此在计算燃烧产物成分前首先估算燃烧温度，然后求解绝热燃烧温度。推进剂的燃烧是把推进剂的化学能通过燃烧反应释放出来，将化学能变成燃烧产物的热能。

燃烧温度取决于推进剂释放的化学能。推进剂的燃烧过程满足能量守恒，推进剂在给定温度和压强的燃烧室中，燃烧之后的压强通过流量守恒获得，即推进剂表面燃烧产生的燃气质量流量等于通过喷管喉部排走的质量流量。因为喷管达到了节流状态，因此喷管排走的质量流量和压强成正比，即 $\dot{m}_e = C_D p_c A_t$。而燃烧表面产生的燃气质量流量与燃烧面积 A、燃速 r 和推进剂的密度 ρ_p 有关，即 $\dot{m}_p = \rho_p A r$。

通过推进剂燃烧的能量守恒和流量守恒，可以获得燃烧室的压强。推进剂的燃烧温度取决于推进剂的成分，能量越高，燃烧温度就越高。燃烧过程中推进剂化学能变成燃烧产物的热能。利用总焓表征推进剂的化学能和燃烧产物的热能。燃烧产物的温度根据能量守恒确定。

推进剂的总焓等于推进剂中各种组分的焓之和。推进剂燃烧反应以 1 kg 作为计量单位，1 kg 推进剂的总焓等于各种组分的焓之和，即

$$\widetilde{I}_p = \sum_{i=1}^{n} X_i \widetilde{I}_i \qquad (5-112)$$

式中　$\widetilde{I}_i$——1 kg 第 i 种组分的总焓；

X_i——第 i 种组分的质量分数。

将所有组分总焓相加得到推进剂的总焓，即

$$\widetilde{I}_i = H_{f,i}^{T_s} + c_i(T_i - T_s) \qquad (5-113)$$

利用比热容和标准生成焓求解推进剂各组分的焓。$H_{f,i}^{T_s}$ 为参考温度下 i 组分的标准生成焓，c_i 为比热容，T_i 为初始温度，T_s 为标准温度（298 K）。

初始温度越高，推进剂的总焓越高，推进剂总焓越高，则燃烧产物的温度越高。由式（5-113）可以看出，推进剂的初始温度会影响绝热燃烧温度，燃烧产物的总焓等于燃烧产物中各个组分的总焓之和，1 kg 燃烧产物中第 i 种组分的物质的量为 n_i，而 I_{ci} 是 1 mol 第 i 组分的总焓，把所有组分的总焓相加即燃烧产物的总焓。

$$I_c = \sum_{i=1}^{n} n_i I_{ci} \qquad (5-114)$$

其中每种燃烧产物的总焓可以通过查表计算，也可以由下式计算。

$$I(T) = R_0 \left(a_1 T + \frac{a_2}{2} T^2 + \frac{a_3}{3} T^3 + \frac{a_4}{4} T^4 + \frac{a_5}{5} T^5 + a_0 \right) \qquad (5-115)$$

式（5-115）是把每种成分的总焓值表达成温度的多项式，便于用计算机进行求解。只要知道温度就可以求出每种成分的总焓。

根据能量守恒，可以根据推进剂的总焓（已知）计算燃烧产物的总焓，如下式所示：

$$\sum_{i=1}^{n} n_i(T,p) I_{ci}(T) = \widetilde{I}_p \qquad (5-116)$$

从式（5–116）中可以看出燃烧产物组分的物质的量取决于燃烧温度和压强，燃烧产物的焓值取决于燃烧温度，由于压强已知，因此该式是燃烧温度的单值方程。

由于式（5–116）比较复杂，无法用解析法求解，所以采用插值迭代方法求解。首先根据相近推进剂的燃烧温度，假定参考燃烧温度。

选取 T_{f1}、T_{f2} 为参考燃烧温度，利用平衡常数法或吉布斯自由能法可以分别计算出在这两个参考温度和设计压强下的组分。这样就能计算得到假定温度 T_{f1}、T_{f2} 下燃烧产物的总焓。将两个温度下的燃烧产物总焓与推进剂的总焓相比，若推进剂的总焓位于这两个总焓之间，则可以通过线性插值得到实际的绝热燃烧温度，即

$$T_f = T_{f1} + \frac{\widetilde{I}_p - I_{m1}}{I_{m2} - I_{m1}}(T_{f2} - T_{f1}) \tag{5–117}$$

式中　T_f——实际的绝热燃烧温度；

I_{m1}——在参考温度 T_{f1} 下燃烧产物的总焓；

I_{m2}——在参考温度 T_{f2} 下燃烧产物的总焓，且 $I_{m1} < I_{m2}$。

当 $I_{m2} < \widetilde{I}_p$ 时，说明推进剂总焓不位于参考计算值 I_{m1}、I_{m2} 之间，所取的温度 T_{f2} 偏小，这时需要再取一个参考温度 T_{f3}，再计算燃烧产物的组分和总焓值，直到将推进剂总焓包含在燃烧产物总焓范围内。

图 5–4 中，在参考温度 T_{f2} 和 T_{f1} 下计算得到两个总焓 I_{m2} 和 I_{m1}，都比推进剂总焓 $\widetilde{I}_p$ 大，因此选取更大的参考温度 T_{f3}，使对应的总焓 $I_{m3} < \widetilde{I}_p$，这时可以利用 T_{f2} 和 T_{f3} 插值得到实际的绝热燃烧温度。最后利用这个温度 T_f 和给定压强计算推进剂的平衡组分。这样就能获得推进剂在燃烧室中达到燃烧反应平衡时的燃烧温度和平衡组分。

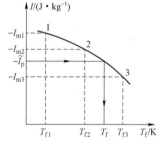

图 5–4　参考温度选取示意图

根据推进剂成分，推进剂的燃烧温度有一个范围，双基推进剂的燃烧温度在 2 000～3 000 K，不含铝粉复合推进剂的燃烧温度在 2 400～3 000 K，含铝粉复合推进剂的能量提高，燃烧温度达到 3 000～4 000 K。根据推进剂的配方能估算出一个燃烧温度。根据估算的燃烧温度可求平衡组分和燃烧产物的总焓。通过计算，能够得到燃烧室的组分和燃烧室的绝热燃烧温度。

燃烧温度和组分确定之后，需要计算燃烧室的热力学参数，如比热容、气体常数、比热比等，接下来分析绝热燃烧温度下燃烧产物的热力学性质、熵以及输运性质。

1. 凝相产物的质量分数

推进剂燃烧之后，会有一些液相或者固相的小颗粒，假定有 p 种凝相，那么凝相产物的质量分数可表示为

$$\varepsilon = \sum_{j=1}^{p} \frac{n_j^c \mu_j^c}{1\,000} \tag{5–118}$$

式中　μ_j^c——第 j 种凝相组分的分子量；

n_j^c——1 kg 燃烧产物中第 j 种凝相组分的物质的量。

（1）气相产物的平均摩尔质量，即气相产物的平均分子量，可表示为

$$\bar{\mu}_g = \frac{1000(1-\varepsilon)}{n_g} \tag{5-119}$$

式中 n_g——燃烧产物中气相的总的物质的量;

ε——凝相产物的质量分数;

$\bar{\mu}_g$——气相产物的平均摩尔质量。

（2）燃烧产物中气相产物的平均气体常数，即

$$\bar{R}_g = \frac{R_0}{\bar{\mu}_g} \tag{5-120}$$

式中 R_0——普适气体常数，$R_0 = 8.314 \text{ J/(mol·K)}$;

$\bar{\mu}_g$——气体平均摩尔质量;

$\bar{R}_g$——气相产物的平均气体常数。

（3）两相流的平均气体常数。如果燃烧产物中还有凝相燃烧产物，两相混合物的平均气体常数表示为

$$\bar{R} = (1-\varepsilon)\bar{R}_g \tag{5-121}$$

式中 $\bar{R}$——两相混合物的平均气体常数;

ε——凝相物质的质量分数;

$\bar{R}_g$——气相产物的平均气体常数。

从式（5-121）可以看出，含有凝相时，燃烧产物的平均气体常数比纯气相的气体常数要小。这是由于燃烧产物含有凝相时，燃烧产物的平均分子量要比纯气相产物的分子量大，所以含凝相时，混合气的气体常数要小于纯气相的气体常数。

2. 燃烧产物的比热容和比热比

当燃烧室中燃烧产物处于化学平衡状态时，燃烧室可看作是带化学反应的多组分系统。如果燃烧室温度发生变化，那么系统就会移动到新的化学平衡状态。确定燃烧产物的比热容时，要考虑系统中的化学反应。当燃烧产物处于化学平衡状态时，燃烧产物的比热容是平衡比热容，温度发生变化时产物成分会发生变化，比热容也会发生变化。

燃烧室中燃气处于平衡状态时的比热容称为平衡比热容。如果燃气成分不随温度、压强等条件变化，可以认为处于冻结状态，此时的比热容称为冻结比热容。燃烧产物比热容可由下式计算，即

$$c_p = \sum_{i=1}^{m} n_i c_{pi} + \sum_{j=1}^{p} n_j c_j \tag{5-122}$$

式中 n_i——1 kg 燃烧产物中第 i 种气相的物质的量;

m——燃气中气相组分的种类数量;

p——燃气中凝相组分的数量;

c_{pi}——第 i 种气相的比热容;

$$c_{pi} = R_0(a_1 + a_2 T + a_3 T^2 + a_4 T^3 + a_5 T^4) \tag{5-123}$$

c_j——第 j 种凝相组分的比热容。

混合气定容比热容可以表示为定压比热容减去混合气的气体常数，即

$$c_v = c_p - \overline{R}_g \tag{5-124}$$

混合气比热比则是混合气定压比热容和定容比热容的比值，即

$$k = \frac{c_p}{c_v} \tag{5-125}$$

如果化学平衡发生变化，比热比 k 随着化学反应的变化而发生变化。

3. 混合气声速的计算

声音在高温高压燃气中的传播可看作是一个微弱扰动。声波传播的速度很快，燃气来不及与外界进行热量交换，因此声波在燃气中的传播过程接近于绝热过程。如果不考虑黏性损失，声波弱扰动在燃气中的传播可以认为是一个等熵过程。燃气中声波的传播速度可表示为

$$a^2 = \left(\frac{\partial p}{\partial \rho}\right)_s = -v^2 \left(\frac{\partial p}{\partial v}\right)_s \tag{5-126}$$

声速的平方等于等熵条件下压强对密度的偏导数，也可以写成压强对比容的偏导数。

在发动机工作过程中，燃烧室温度和压强会改变化学反应平衡状态，气体成分也会发生变化，此时的声速是平衡声速。

发动机工作过程中气体成分不变化时对应的声速称为冻结声速。平衡声速和冻结声速在燃气成分（即温度或压强）急剧改变时，两者存在差异。冻结声速不考虑燃气的成分变化，而平衡声速要考虑燃气成分、温度的改变。

平衡声速是指在化学反应速度非常快时，压强和温度状态一旦改变，化学反应能马上达到一个新的平衡，声波通过的燃气处于化学平衡状态。冻结声速对应化学反应速度很慢的工况，声波传播速度又很快，声波传到下一个位置时化学成分还没有变化，这时的声速称为冻结声速。

4. 燃烧产物的熵

气体在喷管中流动时需要做功和膨胀加速，因此总焓会改变。为了便于研究，燃气在喷管中的流动过程，可以假定是等熵流，因此可以用等熵关系来替代能量守恒方程，这样就需要计算喷管入口和出口的熵。计算喷管出口燃烧产物温度时，就要用等熵方程来代替总焓相等方程。等熵方程指燃烧产物在喷管入口的熵等于喷管出口的熵。

在喷管的入口和出口，燃气的温度和压强都不一样，但它们的熵相等。因为熵取决于燃气的分子结构以及它所处的温度和压强。燃气的温度和压强变化时熵也发生变化，但总体上熵是守恒的。燃烧产物含有气相和凝相成分，因此要计算喷管入口气相产物的熵和凝相产物的熵。

$$S = \sum_{i=1}^{m} s_i n_i + \sum_{j=1}^{p} s_j n_j \tag{5-127}$$

式中　S ——燃烧产物的熵；

　　　s_i ——1 mol 第 i 种气相组分的熵；

　　　n_i ——1 kg 燃烧产物中第 i 种气相组分的物质的量；

s_j——1 mol 第 j 种凝相组分的熵；

n_j——1 kg 燃烧产物中第 j 种凝相组分的物质的量。

由于喷管中燃气温度和压强下降，气相和凝相组分在喷管中也要发生化学反应。所以，喷管入口和喷管出口燃气组分的物质的量会发生改变。凝相产物的熵只与温度有关。

$$s_j = s_j^0 \quad (5-128)$$

式中 s_j^0——温度 T_f、标准压强下 1 mol 凝相物质的熵，可以通过查表得到。

气相产物的熵取决于气相的温度和压强，气相产物中第 i 种组分的熵可表示为

$$s_i = s_i^0 - R_0 \ln p_i \quad (5-129)$$

式中 s_i^0——标准状态下 1 mol 第 i 种气相组分的熵；

p_i——第 i 种气体的分压，数值取单位为 atm 时的对应数值。

根据道尔顿分压定律，1 mol 第 i 种气相产物的熵可表示为

$$s_i = s_i^0 - R_0 \left(\ln p + \ln \frac{n_i}{n_g} \right) \quad (5-130)$$

整理可得系统中两相燃气熵的具体表达式，即

$$S = \sum_{j=1}^{p} n_j s_j^0 + \sum_{i=1}^{m} n_i s_i^0 - R_0 n_g \ln p - R_0 \sum_{i=1}^{m} n_i \ln \frac{n_i}{n_g} \quad (5-131)$$

在喷管中利用等熵关系，可以计算喷管出口温度。

5. 燃烧产物的输运性质

任意一个不平衡的气体系统，若此系统是孤立的，则只要时间足够长，由于分子的微观运动，它最终必然达到平衡状态。输运性质表示燃烧产物在流动过程中，从一个状态到另一个状态，从不平衡到平衡的过程，包括质量、动量、热量的输运。动量输运可用燃气速度的变化表征，热量输运可用燃气温度的变化表征，质量输运利用组分浓度在时空上的变化表征。通过热力计算可以得到燃烧产物的输运性质。

动量输运使系统内部宏观的相对运动逐渐消失，最终达到系统内速度处处相等。在速度梯度作用下，燃气动量从高速区向低速区传递，低速区和高速区之间存在内摩擦。内摩擦是由于气体黏性引起，属于有黏的流动。

热量输运使系统内各处的温差逐渐消失，最终达到各处的温度相等。在此过程中，系统的能量从高温区向低温区传递，即是热传导，或热的对流和热辐射，本章主要讨论热传导。

质量输运使系统内各处组分的浓度逐渐达到一致而处于均匀状态。燃烧产物从高浓度区域向低浓度区域的扩散，称为扩散过程。

以上三个过程有不同的特征参数。动量输运的特征参数是黏性系数，热量输运的特征参数为热传导系数，质量输运的特征参数是扩散系数。在火箭发动机的设计和研制过程中，燃烧产物的输运性质与燃烧室和喷管中的传热过程及两相流动过程密切相关。

由于火箭发动机燃烧室是一个高温高压的容器，因此需要校核燃烧室的耐热性，研究发动机中传热、两相流摩擦、喷管的烧蚀等过程时，都要考虑这些输运参数和输运过程。

动量输运需要用到燃气的黏性系数，要根据燃气的成分、燃气的温度来计算其黏性系数。

如图 5-5 所示的气体，若在此气体中各处的速度 v 不相等，其大小是其速度法线方向位置的函数，即 $u=u(y)$，则由气体动力学可知，在此气体任意两邻层的气体之间必有摩擦力存在。单位面积上的摩擦力称为摩擦应力。摩擦力 τ 对较快的那层气体来说是一个阻止其流动的阻力，这是相邻的那层较慢的气体对它所施加的作用力。相反地，对于速度较慢的那层气体来说，有一个拉力作用在它上

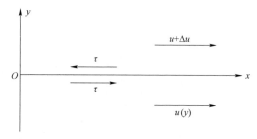

图 5-5　动量输运示意图

面，使它流动加快，这是速度较快的相邻层气体对它所施加的作用力。按照牛顿定律，流体内部的摩擦力 τ 与流体速度梯度的关系为

$$\tau = -\mu \frac{du}{dy} \tag{5-132}$$

假定单位容积内气体的分子数为 n；气体分子的微观热运动在各方向上的机会都是相等的，并且都以平均速率 $\bar{v}$ 运动；每个气体分子的质量为 m_0。由分子运动论可知，系统最初不平衡状态通过分子的微观热运动的作用，最终达到平衡状态。根据分子运动论，燃气黏性系数可计算为

$$\mu = \frac{1}{3} n \bar{v} m_0 l \tag{5-133}$$

式中　l——平均自由程，一个气体分子在受到下一次碰撞前所经历的平均路程，其表达式为 $l = 1/(\sqrt{2}\pi d^2 n)$，此处 d 为气体分子的直径；

　　$\bar{v}$——平均速率，气体分子运动速率的算术平均值，它与分子速率的分布规律有关。对于麦克斯韦速率分布定律，分子的平均速率为

$$\bar{v} = \sqrt{\frac{8k_0 T}{\pi m_0}} \tag{5-134}$$

式中　k_0——玻尔兹曼常数。

将 l 和 $\bar{v}$ 的表达式代入式 (5-133)，即得

$$\mu = \frac{2}{3} \frac{1}{\pi^{3/2}} \frac{\sqrt{m_0 k_0 T}}{d^2} \tag{5-135}$$

由以上推导可见，式 (5-135) 是在平均自由程的基础上得到的，并采用了平均动量的概念，这些情况与实际的碰撞情况有出入。此外，在计算平均速率的关系式中采用了麦克斯韦速率分布律。麦克斯韦速率分布律是属于平衡状态的，而非平衡状态下分子运动速率的分布函数不同于麦克斯韦速率分布律。所以，按照式 (5-135) 计算的 μ 值，从数值来说是不精确的。但是，式 (5-135) 表明了黏性系数 μ 与气体的压强和密度无关，而与温度有关，这些结论与试验得到的结果却是相符合的。

热传导系数是混合气各成分传热系数的加权平均值，也可以由分子运动论关系式计算。

取一气体，其中各处的温度不相同，如图 5-6 所示。气体中各点的温度 T 是坐标 y 的函数，即 $T = T(y)$，很明显气体处于非平衡状态。

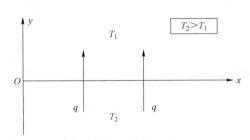

图 5-6 能量输运示意图

由热力学可知，若 $T_2 > T_1$，则热量必由 T_2 区域向 T_1 区域流动，最终使温度处处相等而达到平衡状态。通过单位面积（垂直于 y 方向）在单位时间内所传输的热量由热流强度 q 表示，按照傅里叶定律，有

$$q = -\lambda \frac{dT}{dy} \tag{5-136}$$

采用与分析黏性系数相同的假设以及气体分子运动理论，对于单原子组成的分子，可得到计算热传导系数的近似关系式，即

$$\lambda = \frac{1}{3} n \bar{v} l c = \frac{2}{3} \frac{c}{\pi^{3/2} d^2} \sqrt{\frac{k_0 T}{m_0}} \tag{5-137}$$

最后得到单一气体的热传导系数的近似表达式为

$$\lambda = \frac{c}{m_0} \mu \tag{5-138}$$

式中 c ——单个分子的比热容（恒定体积时），J/(kmol·K)；

μ ——黏性系数，(N·s)/m²；

λ ——热传导系数，W/(m·K)。

5.6 特征速度和燃烧室性能损失

利用前面的热力学参数，可以计算发动机燃烧室中的理论特征速度、性能损失等重要的参数，本节将具体介绍如何计算这些性能参数。

理论特征速度表征了燃烧的完善程度和推进剂的能量水平。发动机中气体流量可以通过特征参数进行计算，即

$$\dot{m} = \frac{1}{c^*} p_c A_t \tag{5-139}$$

式中 $\dot{m}$ ——火箭发动机喷管内的节流流量；

p_c ——燃烧室压强；

A_t ——喷管喉部面积；

c^* ——特征速度。

理论特征速度表示为

$$c^*_{\text{理}} = \frac{\sqrt{\dfrac{R_0 T_c}{\bar{\mu}_g}}}{\Gamma} \tag{5-140}$$

式中 R_0 ——气体常数；

$\bar{\mu}_g$ ——燃气的平均分子量；

T_c ——绝热燃烧温度；

Γ ——与比热比相关的常数，且

$$\varGamma = \sqrt{k}\left(\frac{2}{k+1}\right)^{\frac{(k+1)}{2(k-1)}} \tag{5-141}$$

其中 k 是比热比，$\sqrt{\dfrac{R_0 T_c}{\bar{\mu}_g}}$ 项表征了推进剂的能量特性。

根据推进剂的燃烧情况，燃气比热比可用平衡比热比和冻结比热比来表示。根据比热比，可以计算发动机理论特征速度和燃气的流量。由于未考虑不完全燃烧和发动机中的散热，理论特征速度都大于实测发动机的特征速度。

一般情况下，发动机实际工作时，特征速度可以通过试验中测量的试验数据进行计算。实际特征速度往往比热力计算的理论特征速度小。理论特征速度计算过程中没有考虑传热、摩擦等能量损失，因此实际特征速度低于理论特征速度。由于比冲等于特征速度与推力系数的乘积，因此实际比冲下降，引起发动机的能量损失。推进剂不完全燃烧是能量损失的来源之一，燃烧不完全会导致推进剂的化学能没有充分释放出来，未燃烧推进剂从喷管排走，从而降低发动机性能。比如，液体发动机中推进剂液滴未完全蒸发或燃烧，固体发动机中铝颗粒在发动机中没有完全燃烧，都会降低发动机特征速度。

燃气流动中的散热也会引起能量损失，散热后燃气的温度会下降，从而特征速度也会降低，会引起发动机性能损失。

当燃烧室压强较低时，燃烧反应所需的时间比较长，而燃气的停留时间不变，能量未能释放充分，燃气就从喷管排走了，使燃气温度下降，从而降低特征速度。散热损失包括发动机的壳体、热防护层、包覆层等部件的散热。比如，在发动机点火试验刚结束时发动机壳体是凉的，但是过了一段时间后发动机壳体温度会上升，这是因为热量从内部慢慢向外传热。传热会降低燃烧温度，绝热层和包覆层分解，热分解吸热也会降低燃烧温度。

第 6 章
固体火箭发动机中的流动过程

本章主要讲解固体火箭发动机的流动过程，因为高速流动过程主要出现在喷管中，而在燃烧室中，气体速度较低，可以认为流动影响较小。由于固体火箭发动机燃烧产物中存在大量的凝相颗粒，所以喷管流动呈现出两相流特点，既有气相又有固相，还有一些液相（固相和液相统称为凝相）。因此，需要分析固相和液相所带来的性能损失。固体推进剂在燃烧室中燃烧，产生高温高压的燃气，经过拉瓦尔喷管，从亚声速加速到超声速。喷管达到设计状态时，喷管出口压强应该等于环境压强，同时气体压强不断降低，速度不断提高。在高速气流中，凝相颗粒会降低混合气的流速，导致发动机性能损失。

6.1 喷管流动过程分析

根据喷管两相流动的特点，不考虑燃气和壁面之间的相互作用，采用理论方法对流动过程进行分析。考虑到喷管壁面和燃气之间会存在一定的摩擦和传热，喷管中燃气的总能量会下降，不再是等熵流动。但是，为了便于理论建模分析，喷管中两相流动仍然假设为等熵流动，便于利用现成的公式分析。

6.1.1 喷管流动过程中的化学平衡问题

喷管流动的特点是喷管入口是高温高压的多组分燃气，不同的燃气成分会在喷管中发生化学反应，随着燃气流速的提高，燃气温度和压强在下降，原有的化学平衡被打破，导致化学反应的改变，所以燃气的成分也在变化。因此，喷管中的流动过程，会涉及燃气组分的变化，相当于在喷管中有化学反应发生。因为根据化学平衡的概念，当燃气的温度逐渐下降时，多组分气体的化学反应就会由离解反应变成复合反应。温度下降时，复合反应是放热反应，所以化学平衡会朝着复合反应的方向进行。喷管中复合反应是主要的反应。另外，根据化学平衡的概念，当压强下降时，燃气的组分浓度降低，所以化学平衡朝离解方向进行。总的来说，温度下降造成复合反应发生，而压强下降引起离解反应发生。那么在喷管中以哪个反应为主？还是以温度下降为主，因为化学反应对于温度变化是比较敏感的，温度变化对化学平衡的影响比较大。多组分燃气除了考虑离解和复合反应外，还需要考虑燃气在喷管中能不能来得及发生化学反应。因为喷管中燃气流速非常快，超过 1 000 m/s，这么快的流速，燃气在喷管中的停留时间有多长？燃气的停留时间可能只有几毫秒。

如果喷管更短或燃气流速更快，那么停留时间可能就变得更短。这么短的停留时间，复合反应能否反应完全，或者能否达到一个新的平衡呢？此时，取决于化学反应时间和燃气在喷管中的停留时间。假定化学反应时间非常短，那么燃气温度或压强一旦发生变化，化学反应就会迅速反应完全。这时就可以认为喷管中处处达到化学平衡状态，在任何一个截面上都能快速达到一个新的平衡。这是第一种情况，即化学平衡流，表示化学反应的速度非常快，反应时间非常短，远远小于停留时间。流动的每一点，燃烧产物都处于这种化学的、能量的和相的平衡态。化学平衡流适合于温度高、压强高的喷管流动，表示在喷管流动的每一个截面上，温度和压强一旦发生变化，化学反应就会立刻达到一个新的平衡状态。

第二种情况是化学冻结流，表示化学反应时间比较长，而停留时间又很短，从燃气进入喷管到从喷管流出去，在这么短的时间内，成分还来不及发生变化。这个时候可以认为燃气成分是冻结的，没有变化的。这种情况适合于燃烧产物温度比较低的情况。平衡流和冻结流之间还有一种化学不平衡流，因为一般实际喷管中流动既不是平衡的，也不是冻结的，而是介于平衡流和冻结流之间的一种不平衡的流动。

图 6-1 是 H_2-O_2 火箭发动机喷管中的参数变化。从图 6-1（a）中可以看出，在喷管入口，平衡流和冻结流的总焓相等。在喷管中，气体膨胀加速，平衡流气体温度下降速度比冻结流的降温速度慢，平衡流速度（比冲）高于冻结流速度（比冲）。从图 6-1（b）可知，由于在平衡流中，活性成分 H 和 OH 参与化学反应，因此，随着气体流动，喷管出口的 H_2O 和 H_2 浓度在增加，化学能转变成热能。此外，在图 6-1（c）中，由于冻结流出口速度低于平衡流速度，因此，为了达到相同的出口压强，平衡流需要更大的喷管面积比。

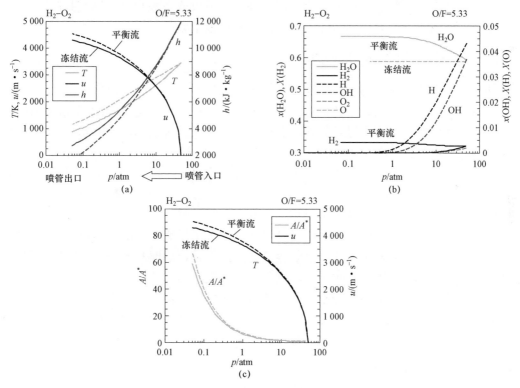

图 6-1 喷管中平衡流和冻结流参数的对比
(a) 燃气焓、温度和速度变化；(b) 燃气成分变化；(c) 燃气速度变化

喷管中流动的类型与推进剂的种类、燃烧室压强、喷管长度和膨胀比有关系。能量比较

低的双基推进剂，燃气温度比较低，离解反应比较少，没有足够多的成分进行复合反应，这种情况可以认为是冻结流。冻结流的假设一般用于小型的火箭发动机，它的喷管尺寸较小，燃气停留时间较短。

能量比较高的复合推进剂，燃烧温度高，会导致很多燃烧产物发生离解反应，产生大量的原子或者活性自由基。当温度和压强下降时，大量的原子和自由基会发生复合反应，而且速度非常快，可以认为它是一种化学平衡流。

实际的流动过程，可能是介于平衡流和冻结流之间，这取决于气体流动的温度，当气体温度高于某一温度时，属于平衡流；当温度低于某一温度时，可以认为是冻结流。因为温度直接影响化学反应速度的快慢。简单来说，有时认为喷管喉部之前是平衡流动，喷管喉部下游变成冻结流动。

那么，为什么要研究平衡流动和冻结流动？因为对于火箭发动机，提高推力或者提高比冲，是一件比较困难的事情。一般可以通过提高推进剂的燃烧温度和能量、改变喷管来提高发动机比冲。因为火箭发动机的比冲等于特征速度与喷管推力系数的乘积，而推力系数 C_F 却取决于喷管。

当燃气在喷管中膨胀更充分，能量转换效率更高时，发动机的比冲也会更高。所以，考虑喷管中燃气的平衡状态，可以获得更真实的喷管流动状态，有利于对喷管的性能进行估算，进而估算其比冲。如果都按平衡流来考虑，那么估算出来的比冲要比实际比冲高很多。如果都按冻结流来考虑，计算出的比冲要比实际比冲低，所以要考虑喷管内燃气是冻结流还是平衡流，或者是松弛流，这对于大型的固体火箭发动机很重要。

6.1.2 喷管流动过程中燃气内能平衡问题

燃气在喷管中流动时，燃气的内能保持平衡。燃气的内能包含了燃气分子做无规则运动所具有的内部热量。无规则运动能量包含燃气分子的平动动能、旋转动能、振动动能。对于这 3 种动能，都以燃气温度来进行体现，温度越高，无规则运动的动能就越大。燃气分子之间的位能取决于燃气分子之间的比容。所以，衡量燃气内能的高低，可以认为是温度的函数，也是比容的函数。如果燃气在喷管中膨胀加速，温度会迅速下降，内能也会发生变化，比热容也会发生变化。

比热容随温度变化，可以认为是温度的函数。在喷管热力计算时，考虑能量平衡问题时可将比热容分为 3 种。第一种情况，能量是平衡的，表示燃烧产物的比热容变化得非常快。气体流动过程中，温度会发生变化，比热容能迅速跟得上，这时称为平衡比热容。第二种是冻结比热容，燃气的比热容变化跟不上温度的变化速度，这时比热容不随温度变化，即比热容保持常数，该比热容的值跟燃烧室中的比热容完全相同。第三种是能量的不平衡，介于平衡比热容和冻结比热容之间，它不是一个常数，也不等于平衡值，出现在不平衡的流动中，这种情况计算出来的能量损失，要比冻结流的损失小些。

6.1.3 喷管中的两相流动理论

由燃烧室热力计算可知，燃气中存在大量的凝相颗粒，这些颗粒会造成喷管的两相损失。因为早期的固体推进剂中，只含有 C、H、O、N、F、Cl 等非金属元素。这些元素燃烧之后大部分是气相产物，但是人们后来发现气相产物的能量提高是有限度的。后来在推进剂中加入了一些金属粉末,因为当金属粉末燃烧之后,燃气温度会提高,推进剂总能量也会提高,所以金属粉末可以提高推进剂的能量。

加入金属粉末有 3 个作用。第一个作用是提高推进剂的燃烧温度,从而增加发动机的理论比冲。因为推进剂燃烧温度和它的特征速度是成正比的,燃烧温度越高,C^* 越高,比冲也越高。第二个作用是改善推进剂的燃烧性能。早期的推进剂中不含金属粉末,燃烧过程中会出现高频压强振荡,对发动机产生不利的影响。后来人们发现添加金属粉末,如铝粉,燃烧之后会产生一些凝相的颗粒,这些颗粒对于高频的压强振荡有抑制作用,能够改善推进剂的燃烧性能,使推进剂燃烧更稳定。第三个作用是提高推进剂的密度,因为金属的密度要比氧化剂和黏合剂密度更高,所以单位体积的推进剂有更多的质量,在有限空间内,可以装填更多的固体推进剂。

从图 6-2 中可以看出,上面 3 种是高能炸药,包括 TNT、黑索今(RDX)和奥克托今(HMX),它们的能量已经很高,但是与铝热剂相比,它们的能量密度要远远低于铝热剂。所以,现有推进剂和炸药里都会添加一些铝粉,可以提高推进剂和炸药的能量。

早期,除了铝粉外,还会添加一些锂粉、硼粉、铍粉、镁粉、钛粉等。但最常用的还是铝粉,因为铝比较便宜,所以铝粉使用是比较多的。一般固体推进剂中含有 5%~20%(质量分数)铝粉作为能量添加剂。所使用铝粉的粒度,一般在 5~30 μm。铝粉燃烧之后,会产生氧化物,即 Al_2O_3。但是 Al_2O_3 的熔点和沸点都远远高于推进剂燃烧产物的温度,所以 Al_2O_3 常以液滴或者固体颗粒的形式存在于燃烧产物中,而 Al_2O_3 颗粒的直径存在双峰分布,小的粒径在 5 μm 左右,大的在 100~200 μm 范围。燃烧产物中 Al_2O_3 的质量分数却比较大,占到总燃烧产物质量的 10%~40%。这种同时含有气相和凝相的流动,称为"两相流动"。

为什么推进剂中铝的质量分数不到 20%,而燃烧产物中凝相的 Al_2O_3 质量分数达到 30%~40%?因为铝会与推进剂中氧元素结合,相当于一个铝原子结合了 1.5 个氧原子,所以燃烧产物中凝相质量分数会增加。

在图 6-3 中,下方黑色区域是推进剂的燃烧表面,黑色的小球是从燃烧表面脱离的铝颗粒,纯铝液滴燃烧完后会生成很多只有几微米的 Al_2O_3 颗粒。燃烧之后的这些颗粒,会在燃烧室和喷管中跟燃气一起流动。由于燃气中存在这种凝相颗粒,这些颗粒就会对燃气的流动

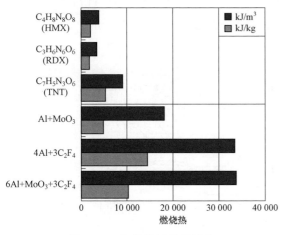

图 6-2 几种燃料的燃烧热

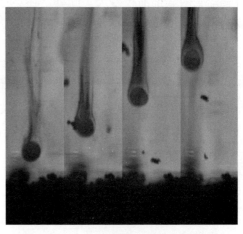

图 6-3 在 1 ms 间隔拍摄的 4 幅图像中铝颗粒在固体推进剂表面的燃烧过程

造成一定的影响。纯气相在喷管流动时，会出现从亚声速、跨声速到超声速流动的转换。但是由于增加了很多凝相颗粒，凝相颗粒本身的尺寸要比气相分子的尺寸大，惯性更大，和气体一起流动时，凝相颗粒质量较大，流动性较差，所以会出现两种效应，如图6-4所示。

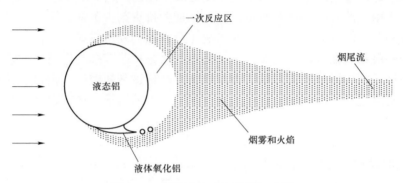

图6-4　铝液滴流动和燃烧示意图

一种效应是速度滞后。为什么会有速度滞后？因为燃气在拉瓦尔喷管中膨胀时，速度会迅速增加。但是凝相颗粒尺寸大，不会像燃气分子一样，当喷管压强降低时迅速膨胀。因此，凝相颗粒在喷管中不会自发加速流动，要被气体分子携带着运动，所以它比气体的运动速度慢，造成速度滞后损失。由于凝相产物的加入，两相流的速度要低于纯气相的速度。在喷管出口，两相流中气体速度就要减小，造成等效排气速度减小，从而降低了发动机的比冲，这是第一种效应。

第二种效应是温度滞后。什么叫温度滞后？是指燃气以纯气相在喷管中膨胀，由于速度不断增加，燃气的温度会快速下降。但是凝相颗粒，不会像气相一样膨胀，它的温度要高于周围气体的温度，会通过气固两相的传热，把热量慢慢传递给气相来进行降温。所以，会存在凝相的热能没有充分转变为动能，产生温度滞后。由于温度下降，颗粒的温度下降速度没有气相的快，就会引起能量转换效率下降，降低发动机比冲。

此外，两相流还有其他坏处，比如固相颗粒会冲刷撞击喷管的壁面，造成喷管的烧蚀，引起喷管的喉部面积变大。此外，还会造成喷管的沉积。因为生成很多的 Al_2O_3 颗粒，在喷管的上游会沉积在喷管入口段壁面上，堵塞气体流过的通道，如图6-5所示。

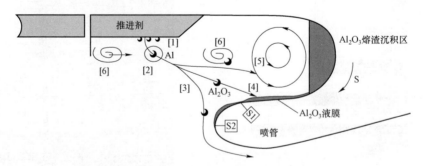

图6-5　Al_2O_3 颗粒在喷管入口的沉积

另外，还有一些没有燃烧完的液体铝和液体 Al_2O_3，会在燃烧室里的某一个地方形成熔渣，如潜入式喷管背风区，这些残渣是流不走的，会堆积在发动机的燃烧室里，增加了发动机自身的结构质量。因为按照齐尔科夫斯基公式，发动机的结构质量在燃烧之后越小越好，但是铝的残渣在发动机中沉积下来，结构质量就会提高，从而降低了火箭的质量比，降低了它的性能。所以，喷管的两相流损失，占了喷管总损失的 $\frac{1}{3} \sim \frac{1}{2}$，这是一个很大的损失，使实际比冲下降，所以对发动机设计者来说，要重点考虑两相流损失对喷管的影响。

1. 研究两相流动的基本假设

由于前期建立的喷管流动公式都是基于气相假设，虽然假设与实际情况相差比较大，但是可以利用前期的这些公式去计算，计算后再进行修正，就可以把其他的影响因素修正过来。在研究喷管两相流时，需要进行一些假设：

（1）认为流动是一维定常和等熵的流动；
（2）系统和环境之间无质量、动量和能量传递，忽略外力对系统的作用；
（3）系统内部没有相变，不考虑固相和气相之间的传质，它们两者之间没有化学反应；
（4）假定凝相颗粒是一些等直径的小球，具有相同的速度和温度；
（5）微粒之间的距离很小，并且弥散均匀。

因此，在燃烧产物里可以认为凝相颗粒是一种连续的介质，颗粒和气体都一起流动，而且凝相颗粒对压强没有贡献，压强主要来自气相，所以凝相颗粒不占用空间体积，颗粒之间也没有相互作用，两相之间没有质量交换，流动中没有相变。不考虑两相混合物和喷管壁面之间的摩擦和传热。气相产物是理想气体，没有黏性，比热容恒定。喷管中的两相流为无加质流。因此，喷管入口和出口之间，入口的质量流量等于出口的质量流量，不考虑壁面的烧蚀，也不考虑壁面质量的损失或者沉积。有了这些假设之后，就可以建立起喷管两相流的控制方程。

2. 两相混合物的热力学性质

在建立控制方程之前，要计算两相混合物的热力学参数，因为要建立控制方程，必须知道热力学参数，如混合物的质量 m_m 等于凝相的质量（m_c）加上气相质量（m_g）：

$$m_m = m_c + m_g \tag{6-1}$$

两相混合物的体积，等于凝相体积加上气相体积。因为根据前面的假设，凝相不占用体积，所以混合物的体积等于纯气相的体积，即

$$V_m = V_c + V_g \approx V_g \text{（因为假设（3））} \tag{6-2}$$

凝相的质量比，等于凝相的质量除以混合气体的质量，即

$$\varepsilon = \frac{m_c}{m_m} \tag{6-3}$$

凝相浓度 $\bar{\rho}_c$，等于凝相质量除以混合物的体积，即

$$\bar{\rho}_c = \frac{m_c}{V_m} \tag{6-4}$$

气相密度 $\bar{\rho}_g$，等于气体的质量除以混合气的体积，即

$$\bar{\rho}_g = \frac{m_g}{V_m} \approx \frac{m_g}{V_g} = \rho_g \tag{6-5}$$

两相混合物的密度，等于混合气体的质量除以混合气体的体积。由于 m_m 等于 m_c 加上 m_g，其和再除以混合气的体积 V_g，等于 $\bar{\rho}_c$ 和 $\bar{\rho}_g$，即

$$\rho_m = \frac{m_m}{V_m} = \bar{\rho}_c + \bar{\rho}_g \tag{6-6}$$

凝相与气相的质量流量比，等于 $\dot{m}_c$ 除以 $\dot{m}_g$，$\dot{m}_c = \dot{\rho}_c u_c A$，$\dot{m}_g = \dot{\rho}_g u_g A$。因为 u_c 和 u_g 的速度是不一样的，存在速度滞后，而 $\bar{\rho}_c$ 和 $\bar{\rho}_g$ 等于它的质量比，最后变成 $\frac{\varepsilon}{1-\varepsilon}$，即是流量质量比，即

$$\varepsilon_{\dot{m}} = \frac{\dot{m}_c}{\dot{m}_g} = \frac{\bar{\rho}_c u_c A}{\bar{\rho}_g u_g A} = \frac{\varepsilon}{1-\varepsilon} \tag{6-7}$$

两相混合物的焓，包含气相焓和凝相焓，等于气相焓乘以气相质量比加上凝相的焓乘以凝相质量比，即

$$h_m = (1-\varepsilon)h_g + \varepsilon h_c \tag{6-8}$$

混合物的定压比热容 c_{pm}，等于气相的 c_{pg} 乘以它的气相质量比加上凝相的比热容乘以它的质量比，即

$$c_{pm} = (1-\varepsilon)c_{pg} + \varepsilon c \tag{6-9}$$

两相混合物的定容比热容为

$$c_{vm} = (1-\varepsilon)c_{vg} + \varepsilon c \tag{6-10}$$

两相混合物的气体常数 R_m 等于 c_{pm} 减去 c_{vm}，最后变成了 $(1-\varepsilon)R_g$，即

$$R_m = c_{pm} - c_{vm} = (1-\varepsilon)(c_{pg} - c_{vg}) = (1-\varepsilon)R_g \tag{6-11}$$

两相混合物的状态方程，$P = \rho_m R_m T_m$。混合物的比热比 k_m 等于 c_{pm} 除以 c_{vm}，即

$$k_m = \frac{c_{pm}}{c_{vm}} = \frac{(1-\varepsilon)c_{pg} + \varepsilon c}{(1-\varepsilon)c_{vg} + \varepsilon c} = k\frac{1 + \frac{\varepsilon}{1-\varepsilon}\frac{\delta}{k}}{1 + \frac{\varepsilon}{1-\varepsilon}\delta} \tag{6-12}$$

两相混合物中气相的比热比 k 等于 c_{pg} 除以 c_{vg}，即

$$k = \frac{c_{pg}}{c_{vg}} \tag{6-13}$$

相对比热比是凝相的定容比热容 c 除以气相的 c_{vg}，即

$$\delta = \frac{c}{c_{vg}} \tag{6-14}$$

混合气的比热比和气相的比热比是不等的，因为它们之间有一个函数关系，这样可以通过函数关系来计算。因为混合物作为一个整体进行流动，它有一个整体的比热比。

两相混合物的滞止焓，等于凝相的滞止焓乘以它的质量比加上气相的滞止焓乘以它的

质量比，即

$$h_{0m} = (1-\varepsilon)\left(c_{pg}T_g + \frac{1}{2}u_g^2\right) + \varepsilon\left(cT_c + \frac{1}{2}u_c^2\right) \quad (6-15)$$

以上这些是两相流动中用到的热力学参数。有了这些参数之后，下面进行守恒方程的求解。进行守恒方程求解，假设流动过程是一维定常的绝热流动，视为一个悬浮的连续相流体，颗粒相不产生压强，气体和凝相之间存在相互作用力。因为气体有黏性，所以气相会带着凝相流动，但是凝相的速度要低于气相的速度。另外，只考虑颗粒和气体之间的对流换热，不考虑它们之间的辐射、化学反应以及凝相的蒸发。

3. 两相流动的基本方程

两项流动，首先要满足质量守恒，即

$$\dot{m}_m = \dot{m}_c + \dot{m}_g \quad (6-16)$$

凝相颗粒的质量比 ε 定义为 $\dot{m}_c$ 与 $\dot{m}_m$ 之比，即

$$\varepsilon = \frac{\dot{m}_c}{\dot{m}_m} = \frac{\dot{m}_c}{\dot{m}_g + \dot{m}_c} \quad (6-17)$$

凝相的质量流量，等于 ε 乘以混合气的 $\dot{m}_m$，又等于 $\bar{\rho}_c u_c$ 乘截面积 A，即

$$\dot{m}_c = \varepsilon \dot{m}_m = \bar{\rho}_c u_c A \quad (6-18)$$

气相的质量流量 $\dot{m}_g$，等于 $\rho_g u_g A$，即

$$\dot{m}_g = (1-\varepsilon) \cdot \dot{m}_m = \rho_g u_g A \quad (6-19)$$

这里需要注意的一点是，$\bar{\rho}_c$ 并不是表示凝相颗粒的密度，而是表示凝相颗粒在混合气体中的密度，所以 $\bar{\rho}_c$ 和纯凝相的 ρ_c 是不一样的。$\bar{\rho}_c$ 是凝相的质量除以混合气体的体积，而这个 ρ_c 是凝相的质量除以凝相的体积，所以它们的数值是不一样的。它们两者之间存在以下关系，其中 n_p 是混合气单位体积内的颗粒数量。

$$\bar{\rho}_c = n_p \frac{4}{3}\pi r_p^3 \rho_c \quad (6-20)$$

第二个方程是两相流混合气的动量守恒方程，即

$$\dot{m}_g dv_g + A dp + dR = 0 \quad (6-21)$$

两相流动量守恒方程需要分别进行处理，因为气相具有动量方程，凝相也有动量方程，对于凝相产物，它的动量方程表示什么呢？

在图 6-6 中，凝相颗粒受到气相对它的作用力，假定凝相颗粒随气体从左向右流动。对于凝相来说，它受到的摩擦力就是它的驱动力，带动它从左向右流动。所以，在凝相的动量方程中，凝相的动量随时间的变化量，等于动量在 x 方向的变化量、气相对凝相的作用力，再减去压强对凝相混合物的作用力。凝相颗粒的动量守恒方程为

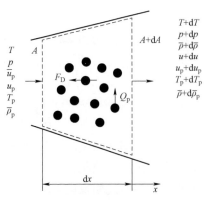

图 6-6 在气体中均匀悬浮凝相颗粒的两相混合物流动模型

$$\frac{\partial}{\partial t}(\bar{\rho}_c A u_c) + \frac{\partial}{\partial x}(\bar{\rho}_c A u_c^2) = \bar{\rho}_c f_D A - A \frac{\partial p}{\partial x} \quad (6-22)$$

在这个动量守恒方程中，其中凝相受到的作用力是气相对凝相颗粒的作用力，与 x 轴正向是一致的，表示凝相向右运动，受到的作用力也是向右的，表示气相曳着它流动。此外，对于凝相颗粒来说，压强对它是没有作用力的，因为它不占体积，所以 $\frac{\partial p}{\partial x}=0$，表示凝相的运动完全来自气相对它的黏性力，又根据假设（1）定常流动，所以把动量随时间的变化量去掉，就变成了动量在 x 方向的变化量，等于单位质量的凝相颗粒受到的摩擦力，即

$$u_c \frac{\mathrm{d}u_c}{\mathrm{d}x} = f_D, \quad f_D = \frac{F_D}{m_{c1}} \quad (6-23)$$

式中，f_D 等于 F_D 除以凝相颗粒的质量，F_D 是作用于单个颗粒上的作用力，m_{c1} 表示单个颗粒的质量，因此 f_D 即单位质量颗粒受到的摩擦力。F_D 取决于颗粒的阻力系数和颗粒的迎风面积以及气相和凝相之间的速度差，即

$$F_D = C_R \left(\frac{\pi d_c^2}{4} \right) \frac{1}{2} \rho_g (u_g - u_c)^2 \quad (6-24)$$

如果气相和凝相颗粒之间的速度差越大，单个颗粒受到的拖曳力也越大，如果两者速度相等，这时颗粒受力就是零，没有受到气相的黏性力。

单个颗粒受到的作用力是 F_D，等于阻力系数乘以颗粒的迎风面积（颗粒是个球体，球体的迎风面积就是投影面积），再乘以 $\frac{1}{2}\rho_g$，再乘以气相与颗粒之间的相对速度。单个颗粒的阻力系数：$C_R = \frac{24\mu}{d_g \rho_g (u_g - u_c)}$，是通过试验数据拟合得到的，其中 μ 是气相产物的动力黏度，动力黏度表示气体和凝相之间，由于摩擦力所导致的黏性，由于黏性的作用才使颗粒被气体带着一起流动，所以把 C_R 代入式（6-24）可以得到 F_D，即

$$F_D = 3\pi d_c \mu (u_g - u_c) \quad (6-25)$$

式（6-25）说明，单个颗粒受到的黏性力正比于两者之间的速度差。

对于气相产物的动量方程，刚好反过来。凝相要对气相产生一个反作用力 F_D，气相的动量守恒方程为

$$\frac{\partial}{\partial t}[\rho_g u_g A] + \frac{\partial}{\partial x}[\rho_g u_g^2 A] = -A \frac{\partial p}{\partial x} + \rho_c f_c A \quad (6-26)$$

左边第一项是动量随时间的变化量，第二项是动量在 x 方向的变化量；右边第一项是气体压强作用在运动控制体上的力，右边第二项是凝相对气体的作用力，这个作用力的方向和气体的运动方向是相反的。因为是凝相对气体的作用力，阻碍气体向前运动，所以，f_c 和 f_D 的方向是相反的，即 $f_c = -f_D$。

下面推导一维定常流动方程。把刚才气相的动量守恒方程变成一个定常方程，去掉时间项，然后再把 $f_D = u_c \frac{\mathrm{d}u_c}{\mathrm{d}x}$ 代入，就可以得到气相和凝相的动量守恒方程，即

$$\rho_g u_g \mathrm{d}u_g + \mathrm{d}p + \rho_c u_c \mathrm{d}u_c = 0 \tag{6-27}$$

下面再看能量守恒方程。能量守恒方程也分成两个,一个是凝相产物的能量守恒方程,即

$$\frac{\partial}{\partial t}\left[\bar{\rho}_c A\left(e_c + \frac{1}{2}u_c^2\right)\right] + \frac{\partial}{\partial x}\left[\bar{\rho}_c A u_c\left(h_c + \frac{1}{2}u_c^2\right)\right] = \rho_c A u_c f_D - \bar{\rho}_c \dot{q} A \tag{6-28}$$

式(6-28)表示凝相的内能和它的动能变化量,等于沿 x 方向传入控制体的能量,加上黏性力做的功,以及凝相和气相之间的传热所引起的凝相能量变化。$\dot{q}$ 是单位质量凝相颗粒传递给气体的热量,相当于凝相给气相传递的热量。一般情况下,凝相温度要高于气相温度,在喷管流动过程中气体速度加快,气体温度会马上下降,但是凝相没有膨胀,不会因为速度加快而使温度下降。

凝相的温度比气相温度高,所以凝相要加热气体,因此它的热量会传给气相,存在气相和凝相之间的热交换。然后把一维定常流动代入,简化得到

$$\frac{\mathrm{d}}{\mathrm{d}x}\left[\bar{\rho}_c A u_c\left(h_c + \frac{1}{2}u_c^2\right)\right] = \rho_c A u_c f_D - \bar{\rho}_c \dot{q} A \tag{6-29}$$

再把 $u_c \dfrac{\mathrm{d}u_c}{\mathrm{d}x} = f_D$ 的表达式代入式(6-29),所以式(6-29)可以化简成

$$\left(h_c + \frac{1}{2}u_c^2\right)\frac{\mathrm{d}u_c}{\mathrm{d}x} + u_c \frac{\mathrm{d}h_c}{\mathrm{d}x} = -\dot{q} \tag{6-30}$$

凝相的能量变化量等于对气相传递的热量。$\dot{q}$ 等于传热量除以凝相颗粒的总质量,传热量等于颗粒小球的表面积 πd^2 乘以温度差 $(T_c - T_g)$,再乘以换热系数 α。即

$$\dot{q} = \frac{\dot{Q}}{m_{c1}} = \frac{\alpha(\pi d^2)(T_c - T_g)}{m_{c1}} \tag{6-31}$$

下面再看气相的能量守恒方程,即

$$\frac{\partial}{\partial t}\left[\rho_g A\left(e_g + \frac{1}{2}u_g^2\right)\right] + \frac{\partial}{\partial x}\left[\rho_g u_g A\left(h_g + \frac{1}{2}u_g^2\right)\right] = -\rho_c u_c A f_c + \rho_c \dot{q} A \tag{6-32}$$

对于气相,气相的能量随时间的变化量,等于在 x 方向能量的变化量,加上摩擦力做的功,以及凝相对气相的加热量。

对一维定常流动,式(6-32)变成

$$\frac{\mathrm{d}}{\mathrm{d}x}\left[\rho_g u_g A\left(h_g + \frac{1}{2}u_g^2\right)\right] = -\rho_c u_c A f_c + \rho_c \dot{q} A \tag{6-33}$$

然后把 $u_c \dfrac{\partial u_c}{\partial x} = f_D = -f_c$ 代入,最后化简成气相的能量守恒方程,即

$$\rho_g u_g \frac{\mathrm{d}h_g}{\mathrm{d}x} + \left(\frac{3}{2}\rho_g u_g^2 + \rho_g h_g\right)\frac{\mathrm{d}u_g}{\mathrm{d}x} = \bar{\rho}_c \dot{q} \tag{6-34}$$

气体的状态方程: $p = \rho_g R_g T_g$

凝相焓方程: $\mathrm{d}h_c = c\mathrm{d}T_c$

气相焓：
$$dh_g = c_{pg}dT_g$$

总的动量守恒方程和总的能量守恒方程：

$$\dot{m}_g\left(T_g c_{pg} + \frac{u_g^2}{2}\right) + \dot{m}_c\left(c_c T_c + \frac{u_s^2}{2}\right) = \text{const}$$

$$\dot{m}_g du_g + \dot{m}_c du_c + A dp = 0$$

总的能量方程中包括气相的能量守恒方程和凝相的能量守恒方程，然后再加上气相和凝相的动量守恒方程，这样就会建立 9 个方程：质量守恒方程是 2 个，分别是凝相和气相的，动量守恒方程也是 2 个，还有能量守恒方程也是 2 个，还有焓的方程也是 2 个，再加上 1 个状态方程，就变成 9 个方程。

因为这些方程组中凝相和气相是分开的，所以速度、密度、焓和温度变量包含凝相和气相，共 8 个变量，再加上 1 个压强变量，就是 9 个未知数了，可以把气相和凝相的状态参数计算出来。但是实际的方程很复杂，单独求解纯气相的动量、质量和能量方程已经比较困难，现在又加上凝相的方程，所以解法就比较复杂。为了能够在实际工程应用中得到一些简化的结果，可以把凝相的滞后条件做一些极端的假设，然后用解析法求其近似解，采用半经验公式进行修正，可以得到一些定性的规律去解释由于燃气中增加了凝相所引起的性能损失。因为存在速度滞后和温度滞后，把这两个条件加上，就可以进行解析法的求解。

4. 一维两相流动的几种极限情况

根据速度滞后和温度滞后，可以确定 4 种极端的近似条件。第一种是温度平衡和速度平衡（$u_c = u_g$，$T_c = T_g$），表示凝相的速度等于气相的速度，凝相的温度等于气相的温度，这种情况表示它们两者之间没有任何差别，是完全一样的，即凝相的速度和温度完全与气相一样。第二种是速度冻结和温度冻结（$u_c = u_0 = 0$，$T_c = T_0$），速度冻结表示凝相的速度是等于 0 的，因为它等于燃烧室的凝相速度。凝相的温度冻结，表示在喷管中流动时，凝相温度等于燃烧室的凝相温度，即燃烧室的绝热燃烧温度。第三种是速度冻结和温度平衡（$u_c = u_0 = 0$，$T_c = T_g$），表示在喷管中凝相的速度是 0，它的温度等于气相温度。第四种是速度平衡，温度冻结（$u_c = u_g$，$T_c = T_0$），表示凝相速度等于气相速度，但是凝相的温度始终等于燃烧室的温度。下面用解析的方法来探索由于存在这 4 种状态，两相流对发动机的流量和排气速度有什么影响。

第 1 种情况：速度平衡和温度平衡（$u_c = u_g$，$T_c = T_g$）

平衡表示凝相的速度和气相的速度是一样的，凝相的温度也和气相的温度是一样的，所以两相之间不存在气固两相之间的传热问题，而且也不存在速度滞后和摩擦力。如果凝相颗粒的尺寸非常小，这时颗粒的跟随性很好，能够很快达到气相的速度和温度，可以用这种方法来进行近似。混合气的状态方程为

$$p = \rho_m R_m T_m = \rho_m (1-\varepsilon) R_g T_g = \rho_g R_g T_g \tag{6-35}$$

由于 R_m 等于 $(1-\varepsilon)R_g$，两相之间存在平衡，所以 $T_m = T_g$，即得到 $\rho_m(1-\varepsilon)R_g T_g$。又由于混合气的密度 $\rho_m(1-\varepsilon) = \rho_g$。所以在平衡条件下，混合气的状态方程和纯气相的状态方程是一样的，即气体状态方程。

能量方程用混合气的滞止焓表示，即

$$[(1-\varepsilon)c_{pg} + \varepsilon c]T_m + \frac{1}{2}u_m^2 = h_{0m} \tag{6-36}$$

混合气滞止焓等于混合气的 c_{pm} 乘以 T_m。由于 c_{pm} 可由下式计算，即

$$c_{pm} = (1-\varepsilon)c_{pg} + \varepsilon c \tag{6-37}$$

于是式（6-36）可写成下边的式子，即

$$c_{pm}T_m + \frac{1}{2}u_m^2 = h_{0m} \tag{6-38}$$

从式（6-38）可以看出，和气相能量方程的形式是一样的，只是气相公式中参数变成了混合气的。又由于凝相和气相之间是速度平衡和温度平衡，所以 $T_m = T_g$，$u_c = u_g$。其不同点在于 c_{pm} 和 c_{pg} 是不一样的。再看排气速度，因为能量方程是根据焓相等表示的，可根据焓相等的方程计算排气速度。由于喷管中的流动过程是等熵的，所以纯气相一维等熵流动方程也适用于两相平衡流动。只要把 k_m 和 R_m 代替 k 和 R_g 即可，于是得到

$$\begin{aligned}u_{em1} &= \sqrt{\frac{k_m}{k_m-1} \cdot R_m T_0 \left[1 - (p_e/p_0)^{\frac{k_m-1}{k_m}}\right]} \\ &= \sqrt{1-\varepsilon}\sqrt{\frac{k_m}{k_m-1} \cdot R_g T_0 \left[1 - (p_e/p_0)^{\frac{k_m-1}{k_m}}\right]} \\ &= \Phi_{u1}\sqrt{\frac{2k}{k-1}R_g T_0 \left[1 - \left(\frac{p_e}{p_0}\right)^{\frac{k-1}{k}}\right]}\end{aligned} \tag{6-39}$$

式中　u_e——喷管出口的速度；

　　　下标 m——混合气；

　　　下标 1——第一种情况，是速度和温度都平衡的条件。

然后把 k_m 和 R_m 代入纯气相一维等熵流动方程，变成

$$u_{em1} = \sqrt{\frac{k_m}{k_m-1} \cdot R_m T_0 \left[1 - (p_e/p_0)^{\frac{k_m-1}{k_m}}\right]} \tag{6-40}$$

然后再把 R_m 变成 $(1-\varepsilon)R_g$ 代入式（6-40），即可得

$$u_{em1} = \sqrt{1-\varepsilon}\sqrt{\frac{k_m}{k_m-1} \cdot R_g T_0 \left[1 - (p_e/p_0)^{\frac{k_m-1}{k_m}}\right]} \tag{6-41}$$

经再变换，得

$$u_{em1} = \Phi_{u1}\sqrt{\frac{2k}{k-1}R_g T_0 \left[1 - \left(\frac{p_e}{p_0}\right)^{\frac{k-1}{k}}\right]} \tag{6-42}$$

可以看出，由于凝相所导致的出口排气速度的变化量，对于第一种极限情况，Φ_{u1} 是一个比例系数，两相流的出口速度与纯气相的出口速度之比可表示为

$$\Phi_{u1} = \sqrt{\frac{\dfrac{k_m}{k_m-1}\left[1-\left(\dfrac{p_e}{p_0}\right)^{\frac{k_m-1}{k_m}}\right]}{\dfrac{k}{k-1}\left[1-\left(\dfrac{p_e}{p_0}\right)^{\frac{k-1}{k}}\right]}}\sqrt{1-\varepsilon} \qquad (6-43)$$

式（6-43）中 $\sqrt{1-\varepsilon}$ 小于 1，$\sqrt{\dfrac{\dfrac{k_m}{k_m-1}\left[1-\left(\dfrac{p_e}{p_0}\right)^{\frac{k-1}{k}}\right]}{\dfrac{k}{k-1}\left[1-\left(\dfrac{p_e}{p_0}\right)^{\frac{k_m-1}{k_m}}\right]}}$ 基本上接近于 1。总的来看，Φ_{u1} 是小于 1 的，这表示什么意思呢？由于两相流中存在凝相，即便凝相的速度、温度和气相一样，但是由于增加了凝相之后，排气速度还是会减小。两相流使排气速度下降，下降程度取决于凝相的百分含量。

两相流的质量流量可表示为

$$\dot{m}_{m1} = \frac{\Gamma(k_m)p_0 A_t}{\sqrt{R_m T_0}} = \frac{\Gamma(k_m)p_0 A_t}{\sqrt{R_g T_0}\sqrt{1-\varepsilon}} = \Phi_m \frac{\Gamma(k)p_0 A_t}{\sqrt{R_g T_0}} \qquad (6-44)$$

Φ_{m1} 可表示为两相流的质量流量与纯气相质量流量之比，即

$$\Phi_{m1} = \frac{\dot{m}_{m1}}{\dot{m}} = \frac{\Gamma(k_m)}{\Gamma(k)\sqrt{1-\varepsilon}} \qquad (6-45)$$

式（6-45）中，由于混合气的比热比是 k_m，纯气相的比热比是 k，因此两个 Γ 相比接近于 1，但是 $\sqrt{1-\varepsilon}$ 小于 1，所以 $\Phi_{m1}>1$，Φ_{m1} 称为质量流量修正系数。在两相流中由于增加了凝相，导致两相流出口的混合气体总的质量流量是增加的，增大的程度随 ε 而变化。

第 2 种情况：速度冻结，温度冻结（$u_c = u_0 = 0$，$T_c = T_0$）

第 2 种情况是另一个极端，速度冻结表示在喷管中，凝相的速度等于 0，即 $u_0 = 0$。凝相的温度等于喷管入口的温度，即燃烧室温度。这表示颗粒在喷管中的速度是 0，是静止的，温度是入口的温度。所以，颗粒在喷管中始终保持在入口处的温度和速度，表示颗粒没有随着气体一块排出来。静止的颗粒会阻碍气体流动，混合气能量方程表示为

$$\dot{m}_g\left(c_{pg}T_g + \frac{1}{2}u_g^2\right) + \dot{m}_c\left(cT_c + \frac{1}{2}u_c^2\right) = \text{const} \qquad (6-46)$$

混合气动量方程为

$$\dot{m}_g du_g + \dot{m}_c du_c + A dp = 0 \qquad (6-47)$$

因为 $u_c = u_0 = 0$，且 $T_c = T_0$，T_0 也是一个常数。所以，上面能量方程中 $\dot{m}_c\left(cT_c + \dfrac{1}{2}u_c^2\right)$ 项是一个常数。再看 $\dot{m}_g\left(c_{pg}T_g + \dfrac{1}{2}u_g^2\right)$ 项，这项是纯气相的能量。因为喷管中气相的质量流量

$\dot{m}_\mathrm{g} = \rho_\mathrm{g} A u_\mathrm{g}$ 是不变的。所以，$\dot{m}_\mathrm{g}\left(c_\mathrm{pg}T_\mathrm{g} + \dfrac{1}{2}u_\mathrm{g}^2\right)$ 项进行求微分就等于 0。于是得到

$$\dot{m}_\mathrm{g}\mathrm{d}u_\mathrm{g} + A\mathrm{d}p = 0 \tag{6-48}$$

因为 $u_\mathrm{c} = 0$，所以这种情况就表示虽然是两相流，但是凝相是不流动的，相当于凝相颗粒是静止的，剩下的气相在喷管中流动。

这种情况和纯气相方程是一样的，所以纯气相在出口的排气速度 u_eg 等于两相流的出口排气速度 u_e，2 表示第二种情况。

$$u_\mathrm{em2} = (1-\varepsilon)u_\mathrm{eg} + \varepsilon u_\mathrm{ec} \approx (1-\varepsilon)u_\mathrm{eg} = (1-\varepsilon)u_\mathrm{e} \tag{6-49}$$

在速度冻结和温度冻结时，上面的方程和纯气相的方程一样，所以出口的纯气相速度等于出口的混合气速度，因为在出口只有气相，凝相固定在喷管入口，凝相没有排出。于是在第 2 种情况下，喷管出口的两相流的速度为

$$u_\mathrm{em2} = (1-\varepsilon)u_\mathrm{eg} + \varepsilon u_\mathrm{ec} \approx (1-\varepsilon)u_\mathrm{eg} = (1-\varepsilon)u_\mathrm{e} \tag{6-50}$$

两相流的出口速度按照上式计算，等于气相的速度乘以气相的质量比加上凝相的速度乘以凝相的质量比，由于凝相的速度等于 0，所以等于气相的排气速度乘以气相的质量比。又因为气相的排气速度等于 u_e，所以在两相流完全冻结的情况下，排气速度修正系数 $\varPhi_\mathrm{u2}$ 为

$$\varPhi_\mathrm{u2} = \dfrac{u_\mathrm{em2}}{u_\mathrm{e}} = 1 - \varepsilon \tag{6-51}$$

u_em2 与 u_e 之比等于 $1-\varepsilon$，表示两相流混合气的排气速度小于纯气相喷管的排气速度。

第 3 种情况：速度冻结，温度平衡（$u_\mathrm{c} = u_0 = 0$，$T_\mathrm{c} = T_\mathrm{g}$）

速度冻结表示凝相的速度等于 0。凝相的温度等于气相的温度，所以是热力平衡且动力不平衡的状态。凝相的速度保持喷管入口的速度，其温度和气体温度是一致的，由此可以写出混合气两相流的能量方程为

$$c_\mathrm{pm}T_\mathrm{m} + (1-\varepsilon)\dfrac{1}{2}u_\mathrm{g}^2 = h_\mathrm{0m} \tag{6-52}$$

又由于 c_pm 为

$$c_\mathrm{pm} = (1-\varepsilon)c_\mathrm{pg} + \varepsilon c \tag{6-53}$$

把式（6-53）代入式（6-52）中，经整理得

$$h_\mathrm{0m} = (1-\varepsilon)\left(c_\mathrm{pg}T_\mathrm{g} + \dfrac{1}{2}u_\mathrm{g}^2\right) + \varepsilon\left(cT_\mathrm{c} + \dfrac{1}{2}u_\mathrm{c}^2\right) = c_\mathrm{pm}T_\mathrm{m} + (1-\varepsilon)\dfrac{u_\mathrm{g}^2}{2} \tag{6-54}$$

上面的式子可以拆成两部分，一部分是气相的，另一部分是凝相的。因为凝相的速度等于 0，所以可以把它去掉。又由于 $T_\mathrm{c} = T_\mathrm{g} = T_\mathrm{m}$，所以可以得到式（6-54）。根据混合物两相焓的公式，即

$$c_\mathrm{pm}T_\mathrm{m} + \dfrac{u_\mathrm{m}^2}{2} = h_\mathrm{0m} \tag{6-55}$$

比较式（6-55）和式（6-54），就会发现式子中 $c_\mathrm{pm}T_\mathrm{m}$ 可以约掉，变成了 $u_\mathrm{m}^2 = (1-\varepsilon)u_\mathrm{g}^2$，所以可以得到

$$u_{\mathrm{m}} = \sqrt{1-\varepsilon}\, u_{\mathrm{g}} \qquad (6-56)$$

式中，u_{m} 表示速度冻结、温度平衡的条件下，两相混合物的速度，也即两相混合物的排气速度。

第 3 种情况下，两相混合物的出口排气速度等于气相排气速度、凝相排气速度的加权平均。又由于 $u_{\mathrm{ec}} = 0$，$u_{\mathrm{em3}} = (1-\varepsilon) u_{\mathrm{eg}}$，$u_{\mathrm{eg}}$ 是第一种情况时两相流的排气速度 u_{em1}。于是

$$u_{\mathrm{em3}} = (1-\varepsilon) u_{\mathrm{eg}} + \varepsilon u_{\mathrm{ec}} = (1-\varepsilon) u_{\mathrm{eg}} = \sqrt{1-\varepsilon}\, u_{\mathrm{em1}} \qquad (6-57)$$

所以，可以得到

$$\Phi_{\mathrm{u3}} = \frac{u_{\mathrm{em3}}}{u_{\mathrm{e}}} = \sqrt{1-\varepsilon}\, \Phi_{\mathrm{u1}} \qquad (6-58)$$

其中 Φ_{u1} 是第一种情况完全平衡时的 Φ。

第 4 种情况：速度平衡，温度冻结（$u_{\mathrm{c}} = u_{\mathrm{g}}$，$T_{\mathrm{c}} = T_0$）。

速度平衡表示凝相的速度等于气相的排气速度，但是凝相在喷管中流动时温度不变，等于燃烧室的温度。在喷管中的任意一个截面上，两相混合气的焓值等于气相产物的焓加上凝相产物的焓，即

$$h_{0\mathrm{m}} = (1-\varepsilon) \left(c_{\mathrm{pg}} T_{\mathrm{g}} + \frac{1}{2} u_{\mathrm{g}}^2 \right) + \varepsilon \left(c T_{\mathrm{c}} + \frac{1}{2} u_{\mathrm{c}}^2 \right) \qquad (6-59)$$

由于凝相产物的温度等于入口的温度，所以 $T_{\mathrm{c}} = T_0$。又由于凝相的速度平衡，所以 $u_{\mathrm{c}} = u_{\mathrm{g}}$，于是上式变为

$$h_{0\mathrm{m}} = (1-\varepsilon) \left(c_{\mathrm{pg}} T_{\mathrm{g}} + \frac{1}{2} u_{\mathrm{g}}^2 \right) + \varepsilon \left(c T_0 + \frac{1}{2} u_{\mathrm{g}}^2 \right) \qquad (6-60)$$

在燃烧室中混合气焓值为

$$h_{0\mathrm{m}} = (1-\varepsilon) c_{\mathrm{pg}} T_{0\mathrm{g}} + \varepsilon T_{0\mathrm{c}} \qquad (6-61)$$

燃烧室内的速度都是 0，由于 $T_{0\mathrm{c}}$ 和 $T_{0\mathrm{g}}$ 是一样的，都是燃烧室入口的温度，所以，比较式（6-61）和式（6-60），可以得到

$$(1-\varepsilon) c_{\mathrm{pg}} T_{\mathrm{g}} + \frac{1}{2} u_{\mathrm{g}}^2 = (1-\varepsilon) c_{\mathrm{pg}} T_{0\mathrm{g}} \qquad (6-62)$$

从式（6-62）可得气相的速度为

$$u_{\mathrm{g}} = \sqrt{1-\varepsilon}\, \sqrt{2 c_{\mathrm{pg}} (T_{0\mathrm{g}} - T_{\mathrm{g}})} = \sqrt{1-\varepsilon}\, \sqrt{2 c_{\mathrm{pg}} (T_{0\mathrm{g}} - T_{\mathrm{eg}})} = \sqrt{1-\varepsilon}\, u_{\mathrm{e}} \qquad (6-63)$$

又由于 $\sqrt{2 c_{\mathrm{pg}} (T_{0\mathrm{g}} - T_{\mathrm{eg}})} = u_{\mathrm{e}}$，所以

$$u_{\mathrm{em4}} = (1-\varepsilon) u_{\mathrm{eg}} + \varepsilon u_{\mathrm{ec}} = u_{\mathrm{eg}} = \sqrt{1-\varepsilon}\, u_{\mathrm{e}} \qquad (6-64)$$

u_{em4} 是第 4 种情况下两相流的出口排气速度。因为 $u_{\mathrm{eg}} = u_{\mathrm{ec}}$，所以等于 u_{eg}，也等于 $\sqrt{1-\varepsilon}\, u_{\mathrm{e}}$，可得

$$\Phi_{\mathrm{u4}} = \sqrt{1-\varepsilon} \qquad (6-65)$$

把这 4 种情况下两相混合气出口的排气速度以及它们与纯气相的排气速度之比计算出来,列于表 6-1 中。

表 6-1 4 种状态的比较

极限情况	速度平衡,温度平衡	速度冻结,温度冻结	速度冻结,温度平衡	速度平衡,温度冻结
排气速度修正系数	Φ_{u1}	Φ_{u2}	Φ_{u3}	Φ_{u4}
表达式	$\sqrt{\dfrac{\dfrac{k_m}{k_m-1}\left[1-\left(\dfrac{p_e}{p_0}\right)^{\frac{k_m-1}{k_m}}\right]}{\dfrac{k}{k-1}\left[1-\left(\dfrac{p_e}{p_0}\right)^{\frac{k-1}{k}}\right]}}\sqrt{1-\varepsilon}$	$1-\varepsilon$	$\sqrt{1-\varepsilon}\,\Phi_{u1}$	$\sqrt{1-\varepsilon}$

表 6-1 是 4 种极限情况对应的排气速度修正系数,分别为 Φ_{u1}、Φ_{u2}、Φ_{u3}、Φ_{u4}。比较这 4 种情况,找出速度系数最大值和最小值。越大就表示出口的排气速度越接近于气相的排气速度,损失的能量、损失的速度越小。从上面的表达式可以发现,完全平衡时 Φ_{u1} 是最大的。完全冻结时 Φ_{u2} 是最小的,表示凝相不参与流动,而且它保持入口温度,这部分能量没有用于喷管中气体的加速流动,也没有热量传递给气相,所以能量损失最大,出口的排气速度也是最小的。下面比较第 3 种和第 4 种情况,一个速度冻结,一个温度冻结。从对应表达式可以看出,Φ_{u4} 要大于 Φ_{u3}。因为 $\Phi_{u4}=\sqrt{1-\varepsilon}$,而 Φ_{u3} 还要乘以 Φ_{u1},所以可以看出 Φ_{u3} 要小于 Φ_{u4}。所以,速度平衡时损失是较小的,但是一旦速度冻结,损失要大于速度平衡时。Φ_{u2} 和 Φ_{u3} 都是速度冻结的工况,而 Φ_{u1} 和 Φ_{u4} 都是速度平衡的工况,这样就能够比较出速度冻结和速度平衡对出口排气速度的影响。

比较 4 种极限状态的损失,完全平衡时速度损失是最小的,完全冻结时速度损失是最大的,速度冻结的工况损失是第二大的,速度平衡、温度冻结的工况损失是第二小的。两相混合物排气速度的损失,随着凝相颗粒质量比 ε 的增大而增大,随颗粒的尺寸和颗粒的密度增加而增大。其中排气速度损失随颗粒滞后程度的增加而增大。全冻结时损失是最大的,全平衡时损失是最小的。实际情况肯定是介于全冻结和全平衡之间,所以介于 Φ_{u3} 和 Φ_{u4} 之间。此外,颗粒速度滞后引起的排气速度损失,比温度滞后引起的损失要大。从第 3 种和第 4 种情况来看,速度冻结的损失要大于速度平衡的损失。所以,可以得出结论:两相流之所以会引起速度损失,是由于燃烧产物中存在凝相颗粒,同时凝相和气相之间存在热力学滞后和动力学滞后。热力学滞后表示凝相颗粒的温度要高于气相的温度,因为凝相不会膨胀,它的温度下降完全靠凝相向气相的热传递。而速度滞后也是由于凝相不会膨胀,因此它的速度增加完全来自于气相拖曳提高它的速度,所以,凝相不会像气相那样膨胀做功。两相流损失,是整个固体发动机损失的很大一部分。

求解之后可知,有两相流时,喷管的实际比冲就与纯气相的比冲不一样。两相流的实际真空比冲为

$$I_{s,V,2\varphi} = \frac{\dot{m}_g u_{eg} + \dot{m}_c u_{ec}}{\dot{m}_g + \dot{m}_c} + \frac{A_e}{\dot{m}_g + \dot{m}_c} p_e = [u_{eg} - \varepsilon(u_{eg} - u_{ec})] + \frac{A_e}{\dot{m}_g + \dot{m}_c} p_e \quad (6-66)$$

由于喷管中两相流的作用，式（6-66）相当于等效排气速度，或者说等于出口排气速度加上压强差。但是对于两相流，包含一个气相的排气速度和凝相的排气速度，然后再乘以它们所占的质量。当环境压强为 p_a 时，发动机的比冲为

$$I_{s,2\varphi} = \frac{\dot{m}_g u_{eg} + \dot{m}_c u_{ec}}{\dot{m}_g + \dot{m}_c} + \frac{A_e}{\dot{m}_g + \dot{m}_c}(p_e - p_a) \quad (6-67)$$

在设计状态时，$p_e = p_a$，发动机的比冲为

$$I_{s,2\varphi} = \frac{\dot{m}_g u_{eg} + \dot{m}_c u_{ec}}{\dot{m}_g + \dot{m}_c} \quad (6-68)$$

5. 表征两相流不平衡性的特征参数

对于两相不平衡流动，有一些特征参数，用于表示凝相速度和温度滞后于气相。滞后怎么用定量的方法去表示呢？在两相流中，凝相颗粒受到气体黏性的作用而加速，这时不考虑凝相颗粒左右压差产生的浮力效应，凝相的运动完全来自气相对凝相的黏性力，因此对单个凝相颗粒建立动量方程，即

$$6\pi\mu r_p(u_g - u_c) = \frac{4}{3}\pi r_p^3 \rho_c \frac{du_c}{dt} \quad (6-69)$$

式（6-69）左边是凝相颗粒受到的黏性力，右边是单个凝相颗粒的动量变化量。$\frac{du_c}{dt}$ 是速度的变化率，$\frac{4}{3}\pi r_p^3$ 是凝相颗粒的体积，ρ_c 是凝相颗粒的密度。

可以得到凝相颗粒的速度随时间的变化率为

$$t_v \frac{du_c}{dt} = (u_g - u_c), \quad t_v = \frac{2}{9}\frac{r_p^2 \rho_c}{\mu} \quad (6-70)$$

对式（6-70）进行积分，可以得到凝相颗粒速度和气相速度之间的关系式，即

$$u_c = u_g - (u_g - u_{c0})e^{-\frac{t}{t_v}} \quad (6-71)$$

当 $t = 0$ 时，凝相颗粒的速度 $u_c = u_{c0}$。在喷管的入口，假定凝相的速度是 0，那么 $u_{c0} = 0$，所以，初始速度差 $(u_g - u_{c0})$ 一定时，凝相颗粒在黏性力作用下不断加速，其运动速度按指数规律增加，并逐渐趋近于气体速度 u_g。

当 $t = t_v$ 时，$u_c = u_g - \frac{u_g - u_{c0}}{e}$。

凝相颗粒的动力松弛时间：凝相速度 u_c 增加到与气相速度 u_g 相差 $\frac{u_g - u_{c0}}{e}$ 所需要的时间，表征了颗粒的随流性。

图 6-7 中横坐标是时间，纵坐标是凝相的速度。从图中可以看出，凝相和气相一起流动，

凝相速度逐渐升高，最后和气相速度是一致的。气相和凝相之间存在一定的滞后。颗粒的参数不一样，滞后的时间也是不一样的，取决于松弛时间 t_v。可以看出 t_v 越大，滞后时间越长，需要更长的时间才能达到两相的速度平衡。在实际的喷管中气相不断加速，但是喷管的长度是有限的，燃烧产物在喷管中的停留时间也是很短的，所以喷管中的流动是不平衡流动，不平衡的程度取决于动力松弛时间 t_v。

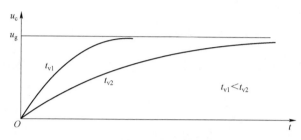

图 6-7　u_c 速度变化规律和参数 t_v 的关系

另外两相流在喷管中的停留时间为

$$t_r \approx \frac{L}{a} \tag{6-72}$$

式中　L——喷管特征长度；

　　　a——喷管中燃气的声速。

动力松弛时间 t_v 与停留时间 t_r 之比是无量纲特征参数 τ_v，即

$$\tau_v = \frac{t_v}{t_r} = \frac{2}{9}\frac{r_p^2 \rho_c a}{\mu L} \tag{6-73}$$

t_v 是动力松弛时间，与颗粒直径成正比，表示颗粒的直径越大，松弛时间就越长，颗粒越大越不容易被加速到纯气相的速度。颗粒越小，表示颗粒很容易随着气相一起流动。t_v 还与黏性系数有关，黏性系数越大，表示颗粒越容易被加速。若颗粒黏性系数越小，越不容易被加速。

t_v 和 t_r 之间满足以下关系：如果 $\tau_v \ll 1$，表示 $t_v \ll t_r$，停留时间长，而松弛时间比较短，也表示在喷管中，凝相会被快速加速，最后和气体的速度一样，一起等于气体速度排出。由于燃烧产物在喷管中能停留的时间比较长，两相流动状态可接近于平衡状态。反之，如果 $\tau_v \gg 1$，表示颗粒来不及完全被加速就从喷管中排走，流动状态是不平衡状态，或者接近于冻结状态。冻结状态表示颗粒的速度还是保持喷管入口的速度，速度很慢，没有被加速。

什么情况更接近于平衡状态呢？因为发动机的工作条件不一样，尺寸大小、用的推进剂成分都不一样，有的发动机是处于平衡态的，有的处于不平衡态。当两相流的颗粒尺寸很小时，颗粒的跟随性很好，能和气体一起达到气体的速度，很快达到平衡。或者气体对颗粒的黏性力很大，也能够使颗粒不断被加速，使颗粒很快达到气体的速度，这时也是接近于平衡态的。如果喷管尺寸比较大，那么喷管也是比较接近平衡态的，因为停留时间比较长，有充分的时间让颗粒去加速到气体的速度。

除了速度滞后外，还有温度滞后，因为颗粒在喷管的流动过程中不会膨胀，所以颗粒

温度要高于周围气体的温度，颗粒便向气体传热，把热量传递给气体。凝相颗粒的能量守恒方程为

$$\frac{1}{3}r_p^2\rho_c c_0 \frac{\mathrm{d}T_c}{\mathrm{d}t}u_p = \lambda(T_g - T_c) \tag{6-74}$$

式（6-74）的左边是颗粒能量的变化率，右边是凝相传递给气相的热量。定义一个特征参数——凝相颗粒的热松弛时间 t_t：

$$t_t = \frac{1}{3}\frac{r_p^2 \rho_c c_0}{\lambda} \tag{6-75}$$

t_t 表征了温度的变化快慢，表示颗粒温度趋近于气体的温度，达到热平衡状态的快慢程度。相对应地，也定义了 τ_t，即

$$\tau_t = \frac{t_t}{t_r} = \frac{1}{3}\frac{r_p^2 \rho_c c_0 a}{\lambda L} = \frac{3}{2}\tau_v \frac{\mu c_0}{\lambda} \tag{6-76}$$

t_r 是颗粒在喷管中的停留时间，如果热松弛时间非常短，远远小于停留时间（$t_t \ll t_r$），表示两相流很快达到热力学的平衡态；反之，如果停留时间很短，而热力学的松弛时间又比较长（$t_t \gg t_r$），此时是一个完全不平衡的状态，或者说是一个冻结状态。根据这两种松弛时间的快慢，就定义了以上 4 种极限情况。

6.2 喷管流动过程热力计算模型

6.2.1 计算内容及已知条件

喷管流动的热力计算，是计算喷管的指定截面上燃烧产物的成分和热力学参数。这个指定截面，除了喷管的出口截面外，也可以是喷管的喉部截面或者是扩张段的某一个截面。最后计算燃烧产物的流速，以及发动机的理论比冲。通过燃烧室的热力计算，可以获得喷管入口截面上的热力学参数。接下来计算喷管指定截面上的参数，包括压强、面积比、马赫数、燃烧产物的温度。喷管的热力计算模型，不考虑复杂的燃烧流动状态，主要针对极限情况进行热力计算，给出发动机性能的最大值。

6.2.2 热力计算模型

在进行喷管热力计算时，也要进行一些假设：推进剂完全燃烧，燃烧产物在流动过程中处于平衡状态，表示燃气处处都能达到化学平衡和相平衡。另外，燃烧产物是完全气体，燃烧产物的流动是一维、绝热的，不考虑向外界散热，所以燃烧产物在喷管中流动，可以认为是一维定常等熵流动。根据上面的假设，纯气相的燃烧产物，在喷管流动过程中的热力计算可以分成以下 3 种模型。

（1）平衡的等熵流动模型。处于化学平衡状态，满足吉布斯自由能达到最小值。达到化学平衡和能量平衡状态，凝相的热量传递给气相，它们的温度是一样的。还有两相平衡，不考虑气相和凝相之间的传质。气体在膨胀过程中，气相燃烧产物的比热比随温度和压强都在变化，燃烧产物的成分也在变化。

（2）冻结的等熵流动模型。冻结是指化学冻结，表示化学成分是不变的，即喷管中燃气化学成分和燃烧室是一样的。在流动过程中，成分不变，只是气动参数在发生变化，压强、温度在变化。能量是平衡的，表示气体温度随着流动过程在下降。

（3）突然冻结的等熵流动模型。在某个温度之上，认为是平衡流动，但是燃气的温度下降到某个温度之后，就认为是冻结流动。这个假设更接近于真实情况。

6.2.3 典型的流动计算

首先看一个典型的流动计算，即平衡膨胀到给定压强的热力计算。任务是计算设计状态下的热力学参数。步骤是初步估算喷管出口界面的燃气温度 T_{e1} 和 T_{e2}。

喷管的热力计算，第一步是要计算喷管出口的温度，可以先假定两个温度 T_{e1} 和 T_{e2}。这个温度是怎么取的呢？在设计状态下，可以根据燃烧室压强 P_c、燃烧室温度 T_0，根据气体膨胀关系式，初步估算 T_e，即

$$T_e = T_0 \left(\frac{p_e}{p_c}\right)^{\frac{k-1}{k}} \tag{6-77}$$

根据初步估算的 T_e，在 T_e 以下或以上选取两个温度，即 T_{e1} 和 T_{e2}，然后再计算给定出口压强 p_e 和出口温度条件下燃气的平衡组分，根据燃气的平衡组分，可以计算出燃烧产物在出口的熵，即 $\tilde{S}_{e1}$ 和 $\tilde{S}_{e2}$。由于燃烧产物由气相和凝相组成，气相产物的熵 S_i 与气相的温度和压强有关，即

$$S_i = S_i^0 - R_0 \left(\ln p + \ln \frac{n_i}{n_g}\right) \tag{6-78}$$

而凝相产物的熵只和凝相的温度有关，可以根据出口温度计算燃烧产物的熵 $\tilde{S}_{e1}$ 和 $\tilde{S}_{e2}$。

再根据等熵方程，进行差分来获得出口截面上燃烧产物的温度，即

$$T_e = T_{e1} + \frac{\tilde{S}_e - \tilde{S}_{e1}}{\tilde{S}_{e2} - \tilde{S}_{e1}}(T_{e2} - T_{e1}) \tag{6-79}$$

$\tilde{S}_e$ 等于喷管入口的熵，因为喷管流动假设是等熵的。$\tilde{S}_{e1}$ 和 $\tilde{S}_{e2}$ 都是假定 T_{e1} 和 T_{e2} 时喷管出口两相流的熵。通过插值公式可以得到喷管出口截面上的温度，如图 6-8 所示。

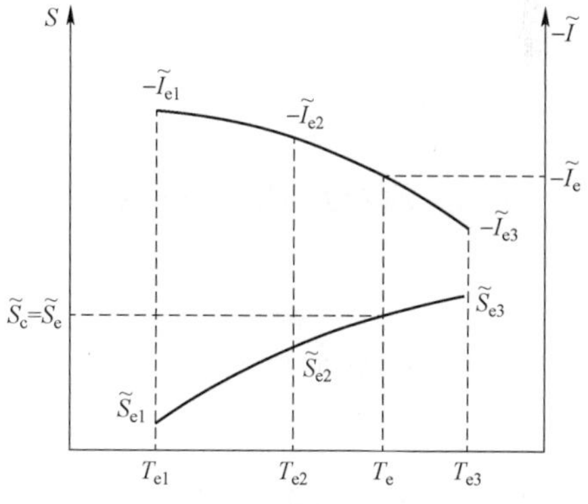

根据计算得到的出口截面上压强和温度，可以计算出口截面上的平衡组分以及出口截面的总焓、平均分子量、气体常数、平均等熵指数 k。因为喷管出口和燃烧室中燃气成分不一样，所以等熵指数 k 不等于燃烧室中燃气比热比和喷管出口燃气比热比的平均值。根据等熵过程得出以下方程，即

图 6-8 用内插法计算 T_e 及 I_e

$$p_c v_c^k = p_e v_e^k = \text{const} \tag{6-80}$$

式中，v 是燃气比体积，即密度的倒数。所以，根据 $p_c v_c^k = p_e v_e^k$，可以得到喷管中平均等

熵指数 k，即

$$k = \frac{\lg\left(\dfrac{p_e}{p_c}\right)}{\lg\left(\dfrac{p_e}{p_c} \cdot \dfrac{R_c}{R_e} \dfrac{T_0}{T_e}\right)} \quad (6-81)$$

因为 p_e 和 p_c 是已知的，R_e 和 R_c 是根据热力计算得到的，而 T_0 和 T_e 也已经算出来了，所以可以得到喷管中平均等熵指数 k。

6.3 发动机理论性能参数计算

6.3.1 发动机理论性能参数计算

计算性能参数有两种方法：第 1 种方法是在燃烧室和喷管热力计算结果的基础上进行计算；第 2 种方法是利用气动关系式以及平均等熵指数 k 进行计算。本节主要以第 1 种方法进行计算。根据第 1 个假设，喷管入口截面上燃烧产物处于 p_c、T_0 条件下的平衡状态。根据燃烧室的热力计算结果，可以获得喷管入口处燃烧产物的熵和焓。

固体火箭发动机理论性能参数计算，在以下基本假设条件下进行：

(1) 固体推进剂燃烧充分，燃烧产物在流动过程中处于平衡状态；

(2) 燃烧产物为完全气体，每种单一气体和混合物均可利用理想气体状态方程；

(3) 燃烧产物的流动状态为一维的，在同一截面上的组分、温度、压强和速度都是均匀分布的，喷管出口截面上的燃气射流为轴线方向；

(4) 燃烧室内的燃烧过程为绝热过程，燃烧产物在喷管中的流动过程为定常等熵过程。

根据喷管出口截面上的总焓 $I_{m,e}$ 和燃烧室出口总焓 $I_{m,c}$，可以获得燃烧产物的出口速度 u_e，即

$$u_e = \sqrt{2(I_{m,c} - I_{m,e})} \quad (6-82)$$

发动机的真空比冲为

$$I_{s,V} = u_e + \frac{A_e}{\dot{m}} p_e \quad (6-83)$$

环境压强为 p_a 时的理论比冲为

$$I_s = u_e + \frac{A_e}{\dot{m}} (p_e - p_a) \quad (6-84)$$

喷管出口截面上的质量流量为

$$\dot{m} = \rho_e u_e A_e \quad (6-85)$$

发动机的比冲为

$$I_{sp} = u_e + \frac{A_e}{\dot{m}} (p_e - p_a) \quad (6-86)$$

由 $\rho_e = p_e / (R_e T_e)$ 得

$$I_{sp} = u_e + \frac{R_e T_e}{u_e p_e}(p_e - p_a) \tag{6-87}$$

真空比冲为

$$I_{s,V} = u_e + \frac{R_e T_e}{u_e} \tag{6-88}$$

理论特征速度为

$$c^* = \frac{p_c A_t}{\dot{m}} = \frac{\sqrt{\bar{R}_c T_0}}{\bar{\Gamma}} \tag{6-89}$$

推力系数为

$$C_F = \frac{I_{sp}}{c^*} \tag{6-90}$$

利用喷管和燃烧室的热力计算结果,可以计算整个发动机的性能参数。

6.3.2 发动机理论性能参数的影响因素分析

首先,当 p_e 和 p_c 一定时,表示燃烧室和喷管出口压强是固定的。燃烧室压强怎么影响发动机性能呢? p_c 增加,表示燃烧产物的离解会降低,因为复合反应是朝着降低压强的方向进行的。所以,燃烧产物的离解反应速度下降,导致放热量增加,温度也增加。放热量增加导致分子量增加,从小分子变成大分子,R_c 减小,同时 T_0 增加得更多。所以,随着 p_c 的增加,RT_0 增加,发动机的特征速度和比冲增加,如图 6-9 所示。

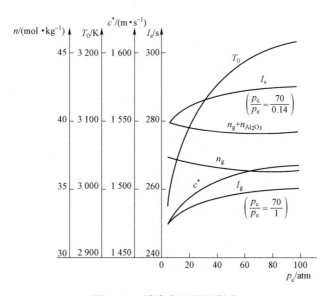

图 6-9 燃烧室压强的影响
(推进剂:聚氨酯 20%,过氯酸铵 60%,铝粉 20%)

接下来讨论当燃烧室的压强一定时喷管压强比的影响。对于一种推进剂,当 p_c 一定时,特征速度不变。当 p_e/p_c 减小，即 p_e 减小，相当于飞行高度在增加。p_e 下降表示燃气膨胀更加充分，推进剂热能更多地转变为燃气的动能，所以比冲是增加的。另外，p_e/p_c 减小时，出口的温度也在减小，喷管中的复合反应更加充分。因为复合反应是放热的，燃气中一部分原子和活性基进行复合反应，释放出化学能，转变成燃气的动能。所以，与冻结流相比，平衡流的比冲更大。

在实际应用中，如接近真空或者在接近真空的环境中，就必须要衡量推力、喷管质量、尺寸、成本及压强等因素，来判断到底是用平衡流还是冻结流计算发动机性能。比如，卫星、飞船用的火箭发动机，或运载火箭的三级发动机。

6.3.3 喷管流动状态的影响

喷管流动状态对发动机性能也会产生影响，喷管中燃气的温度下降，燃烧产物进行复合反应，平衡流比冲大于冻结流。对于含金属燃料的推进剂，由于它的燃烧产物中还会有凝相，所以平衡流的比冲比冻结流的比冲高 3%～10%。对于大型的火箭发动机，必须要考虑平衡流对其性能的影响。

接下来，回顾燃烧室和喷管的热力计算过程，如图 6-10 所示，开始计算时要输入固体推进剂的假定化学式，然后输入推进剂的总焓和初温以及燃烧室的工作压强、喷管出口截面的压强等原始数据。初温表示推进剂的初始温度，初温越高，总焓越高，燃烧温度也会越高。然后根据假定化学式，需要选择燃烧产物组分的种类，有哪些是主要成分、哪些是次要成分，以及在指定燃烧室的工作压强和温度下，根据最小吉布斯自由能法，计算燃烧产物的平衡组分、总焓和熵。根据能量守恒方程，用插值的方法计算燃烧产物的绝热燃烧温度。最后根据燃烧产物的物质的量计算燃烧产物的热力学参数。

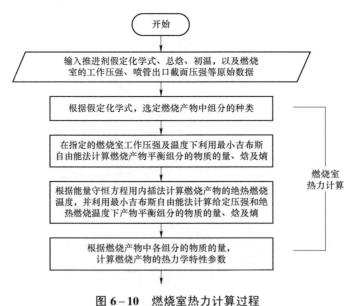

图 6-10 燃烧室热力计算过程

接下来总结喷管的热力计算，如图 6-11 所示。喷管的流动分成两种类型，一种是冻结流，另一种是平衡流。冻结流在图 6-11 的左边，选取喷管中平均等熵指数。这是个初步的预估，根据预估值计算喷管出口截面的温度。根据估算的结果，选取两个出口温度，即 T_{e1} 和 T_{e2} 试算温度。在 T_{e1} 和 T_{e2} 及 p_e 已知的条件下，计算出口燃烧产物的总焓和熵。根据等熵关系式进行内插值，可以得到燃烧产物在出口截面上的温度。根据出口温度，再用内插法确定出口截面的总焓，计算出出口截面的燃气的物质的量、平均分子量、气体常数等热力学参数。然后根据平均等熵指数，计算出出口截面上的温度 T_e，分析 T_e 是否在选取的两个温度 T_{e1} 和 T_{e2} 之间，如果是则表示计算结果合理，如果不是则要重新选择 k，取平均再重新计算。直到计算出的 T_e 处于 T_{e1} 和 T_{e2} 之间为止，这是冻结流的计算方法。

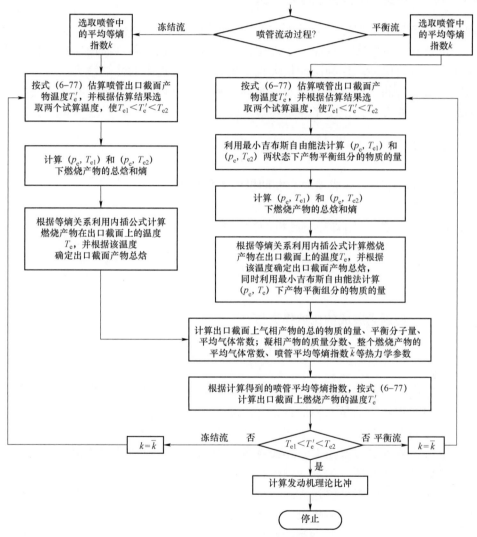

图 6-11 喷管热力计算流程框图

如果喷管中的流动是平衡流，仍然选择喷管的平均等熵指数，先试算喷管出口温度，确定平衡组分的物质的量，计算燃气的总焓和熵，根据内插法得到 T_{e0}，最后计算发动机的理论比冲。

6.4 喷管中实际流动过程与损失

完成喷管的热力计算后,可以得到发动机的理论性能参数。而实际发动机工作过程中,还有很多性能损失是无法通过理论计算得到的,这样会导致实际发动机的性能低于理论计算值。在实际固体火箭发动机工作过程中会出现哪些性能损失呢?这些性能损失对发动机的性能有什么影响?本节将进行介绍。

6.4.1 喷管的实际流动过程与损失

燃烧产物在喷管中的实际流动过程并非为上述讨论的一维等熵流动,实际过程中存在各种影响因素,使发动机的实际性能低于理想性能,因而存在各种性质的比冲损失,使发动机的实际比冲小于理论比冲。这种比冲损失就是喷管流动过程中的性能损失。

火箭发动机喷管的实际流动中涉及很多物理和化学过程,每种过程都会造成损失,为了表示每种性能损失的多少,定义了冲量系数,即

$$\xi_i = \frac{I_{s,i实}}{I_{s,i理}} \tag{6-91}$$

式中 $I_{s,i实}$——第 i 种因素造成损失后发动机的实际比冲;

$I_{s,i理}$——考虑第 i 种损失后的理论比冲。

两者之比是考虑第 i 种因素后发动机的冲量系数。

另外,还有相对比冲损失系数,定义为

$$\varsigma_i = \frac{I_{s,i理} - I_{s,i实}}{I_{s,i理}} = \frac{\Delta I_i}{I_{s,i理}} \tag{6-92}$$

式中 ΔI_i——第 i 种因素造成的比冲损失值。

$$\varsigma_i = 1 - \frac{I_{s,i实}}{I_{s,i理}} = 1 - \xi_i \tag{6-93}$$

喷管中的实际流动常常不是纯气相的流动。一般燃烧产物中含有凝相(液体或固体)微粒,因而喷管中的实际流动是二相混合物的流动。由于凝相微粒的速度滞后于气相速度,以及气体与微粒之间温度的不均一,引起了比冲损失。由于二相流引起的比冲损失称为二相流损失,一般用考虑喷管二相流损失的冲量系数 ξ_p 表示。为了计算二相流损失,必须研究喷管二相流动理论以及求解描述二相混合物流动的方程组。

喷管中的实际流动既不是绝热流动,也不是无摩擦流动,而是向环境有散热的流动和与壁面有摩擦的流动。由于喷管散热引起的比冲损失称为喷管的散热损失,用考虑喷管散热损失的冲量系数 ξ_q 表示;由于燃烧产物的黏性而引起的比冲损失称为喷管的摩擦损失,用考虑喷管摩擦损失的冲量系数 ξ_f 表示。为了确定散热损失和摩擦损失,必须进行附面层计算,以计算出喷管传热的热流强度和壁面摩擦应力,然后计算出损失。

喷管中的实际流动一般不是一维流动,而是二维或三维流动。在同一截面上流动参数的分布是不均匀的,尤其是在喷管出口截面上气流的速度方向与喷管轴线不平行,由此引起的

比冲损失称为喷管的扩张损失，用考虑喷管流动非轴向损失的冲量系数 ξ_a 表示。

喷管中的实际流动经常不是化学平衡流动，而是化学不平衡流动，由它引起的比冲损失称为喷管的化学不平衡损失，用考虑喷管化学不平衡损失的冲量系数 ξ_n 表示。另外，在喷管实际流动过程中高温高速的燃气流有可能使喷喉烧蚀，致使喷喉直径尺寸比设计值大，使燃烧室压强减小，由此引起的比冲损失称为喷管的烧蚀损失，用考虑喷管烧蚀损失的冲量系数 ξ_e 表示。

上述 6 种冲量系数数值的大致范围见表 6-2，可供参考。

表 6-2 喷管内各种冲量系数数值的大致范围

冲量系数	数值范围	说明
非轴向损失 ξ_a	0.998～0.983	
化学不平衡损失 ξ_n	0.998～0.99	
两相流损失 ξ_p	0.97～0.90	出口半角为 5°～15°
散热损失 ξ_q	0.98～0.97	
摩擦损失 ξ_f	0.995～0.98	
烧蚀损失 ξ_e	0.995～0.99	

由表 6-2 所列的数值范围可以看出，并且在其他参考文献中也指出，实际比冲对热力计算所得到的理论值的偏差不大于 5%～15%，而各个单独形式的损失值在百分之几的范围内。因为对于上述 6 种性质的损失，可以认为它们之间的相互影响忽略不计，所以可将这些损失单独考虑，然后再综合起来。这样，喷管中的冲量系数 ξ_N 可以写为

$$\xi_N = \xi_a \xi_n \xi_p \xi_q \xi_f \xi_e \tag{6-94}$$

6.4.2 喷管非轴向损失

非轴向损失是由于喷管流动并非一维，燃气的速度方向不平行于喷管轴线。对锥形喷管，可由"点源模型"进行计算，如图 6-12 所示，锥形喷管扩张段的点源流动模型假设流线均为直线，且交汇于一点。

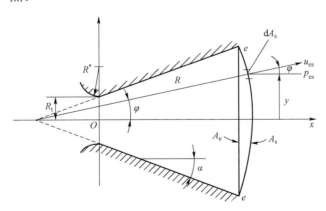

图 6-12 锥形喷管扩张段点源模型

接下来推导在出口球面上燃气产生的轴向推力，取球面 A_s 上一个微元 dA_s，微元中心与 O 点连接线与轴线的夹角为 φ，微元上的气体速度为 u_{es}，微元面上压强为 p_{es}，根据推力公式可得

$$dF = d\dot{m}u_{es} \cdot \cos\varphi + (p_{es} - p_a)dA_s \cos\varphi \quad (6-95)$$

φ 是微元 dA_s 的中心立体角，通过微元面的流量为 $d\dot{m}$，即

$$d\dot{m} = \rho_{es} u_{es} dA_s \quad (6-96)$$

ρ_{es} 为微元 dA_s 上的燃气密度。dA_s 是喷管出口球面上的一个小平面。下面推导球体的表面积公式。

微元 dA_s 是图 6-13 中的阴影面积，由圆弧 $r\sin\varphi d\theta$ 和 $rd\varphi$ 组成，两个弧长相乘即为 dA_s 面积。O 点是球心，r 为球面的半径，φ 是球面的中心立体角，取值范围是 $0°\sim\alpha$（扩张半角）。θ 为半径 r 绕 z 轴的旋转角，范围为 $0°\sim 2\pi$。半径 r 绕 z 轴的旋转一圈即为一个圆，$rd\varphi$ 绕 z 轴旋转一圈即为一个环。

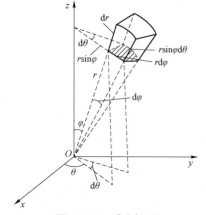

图 6-13 球坐标系

$$dA_s = \int_0^{2\pi} r\sin\varphi d\theta \times rd\varphi = 2\pi \times r^2 \sin\varphi d\varphi \quad (6-97)$$

式中　dA_s——一个半径为 r 的球面上的一个球面圆环带；

θ——从 $0\sim 2\pi$ 变化；

φ——球心角；

$d\varphi$——球心角增量。

对 $d\theta$ 积分，由 $r=R$，可得

$$dA_s = 2\pi R^2 \sin\varphi d\varphi \quad (6-98)$$

于是，可计算喷管出口球面 A_s 上的推力为

$$F = 2\pi R^2 \int_0^\alpha [\rho_{es} u_{es}^2 + (p_{es} - p_a)]\sin\varphi \cos\varphi d\varphi \quad (6-99)$$

φ 在 $0°\sim\alpha$ 之间变化，对 dA_s 微元的面积进行积分，可以获得整个球面上轴向的推力。

刚才推导了这个球面微元 dA_s 产生的沿着轴线方向的推力，dA_s 是一条圆环带面积，积分变量是 φ，对它从 $0°\sim\alpha$ 进行积分，在出口的球面上，ρ_{es} 是出口的密度，u_{es} 是出口的速度，p_{es} 是出口压强，还有环境压强 p_a，都是常数，与 α、φ 没有关系。对 dF 积分，就是对 φ 进行积分，所以就变成了 $\sin\varphi\cos\varphi d\varphi$ 从 $0°\sim\alpha$ 进行积分，积分完成之后，可以得到喷管出口沿轴线方向产生的推力，即

$$F = 2\pi R^2[\rho_{es} u_{es}^2 + (p_{es} - p_a)]\frac{1-\cos^2\alpha}{2} \quad (6-100)$$

与第 3 章推力公式不一样的是多了一个与 α 有关系的项，第 3 章推导推力公式时，认为出口气体的流动方向都是平行于轴线的。但是实际喷管中气流的出口方向与轴线是不平行的，所以气流的出口速度是损失掉的，没有产生推力。

下面对出口的球面 dA_s 进行积分，可得

$$A_s = \int_0^\alpha 2\pi R^2 \sin\varphi \mathrm{d}\varphi = 2\pi R^2(1-\cos\alpha) \tag{6-101}$$

对于理论火箭发动机来说,认为它是没有扩张损失的,所以理论推力公式为

$$F_{\text{理}} = \dot{m}u_{es} + (p_{es} - p_a)A_e \tag{6-102}$$

两个推力相比,用实际值除以理论值,就是推力效率,即考虑非轴向损失的冲量系数,为

$$\xi_a = \frac{1+\cos\alpha}{2} \tag{6-103}$$

如果 $\alpha = 0°$,表示出口气流都与喷管轴线是平行的,此时无非轴向损失。此外,α 越大,$1-\cos\alpha$ 就越小,表示推力损失越大,如图 6-14 所示。

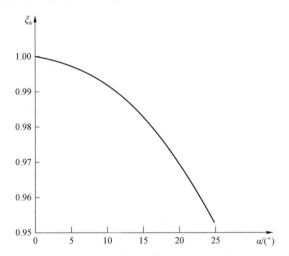

图 6-14 扩张半角对考虑非轴向损失的冲量系数的影响

对钟形喷管或特型曲线喷管的非轴向损失推导与锥形喷管类似(图 6-15),在此不再赘述。在美国 SPP(Solid Performance Program)程序中,通过诸多试验数据将非轴向损失的经验公式拟合成以下形式,即

$$\xi_a = \frac{1}{2}\left[1-\cos\left(\frac{\alpha+\theta_{ex}}{2}\right)\right] \tag{6-104}$$

式中 α ——喷管初始扩张半角;

θ_{ex} ——喷管出口扩张半角。

从式(6-104)可以看出,当喷管为锥形型面,即 $\alpha = \theta_{ex}$ 时,非轴向损失系数为

$$\xi_a = \frac{1-\cos\alpha}{2} = 1-\xi_a \tag{6-105}$$

通常钟形喷管的初始扩张半角在 30° 左右,出口扩张半角在 10° 左右,非轴向损失与传统 15° 锥形喷管相差较小,但喷管的长度可大大降低,喷管质量减小,发动机性能提高。但式(6-105)未考虑特型喷管的长度及出口直径对非轴向损失的影响,在 SPP 提出该经验公式后,后续人们对该公式进行了改进优化,变成了以下形式,即

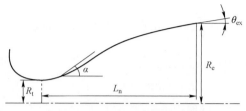

图 6-15　特型喷管结构简图

$$\xi_a = \frac{1-\cos\beta}{2}, \quad \beta = \frac{\bar{\alpha}+2\theta_{ex}}{3} \quad (6-106)$$

$$\bar{\alpha} = \arctan\left[\frac{D_t(\varepsilon^{0.5}-1)}{2L_n}\right] \quad (6-107)$$

式中　ε——喷管面积比；

L_n——喷管扩张段长度。

改进后的非轴向损失经验公式考虑了喷管长度及扩张段出入口直径的影响，较为合理。气流的扩张损失一般在 1.5%~2%范围。对于大面积比（A_e/A_t）喷管，在设计时，要合理设计喷管型面来减小它的气流扩张损失。

6.4.3　喷管两相流损失

两相流损失约占喷管整个损失的 1/3，能占到整个喷管冲量系数的 1.5%~5%。两相流损失是所有损失中最大的一部分。由于燃气中存在凝相成分，对于大型发动机，凝相成分占燃烧产物质量的 30%~40%，剩下 60%~70%是气相成分，因为凝相成分存在速度滞后和温度滞后，从而引起性能损失。影响两相流损失的因素有多种，最主要的因素是凝相颗粒的质量分数。凝相颗粒含量越多，损失量越大，两相流损失冲量系数与凝相颗粒质量分数间的关系曲线如图 6-16 所示。其他因素包括喷管面积比、喷管喉部直径、颗粒直径。颗粒直径越大，损失越大。因为颗粒直径越大，速度滞后越明显，温度滞后也越明显。另外，两相流损失大小还取决于燃烧室压强、喷管的几何形状。因为颗粒流动惯性非常大，不会像燃气在喷管中向侧向进行膨胀，大颗粒沿着喷管轴线流动。

当燃烧室压强、喷管的尺寸和形状一定时，颗粒的百分含量增加，两相流损失也会增大。从图 6-16 可以看出，没有凝相时，喷管冲量系数是 98%，当凝相含量增加到 40%时，喷管的冲量系数降到了 90%。

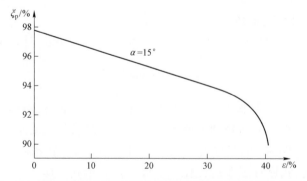

图 6-16　两相流损失冲量系数与凝相颗粒质量分数间的关系曲线

从图 6-17 可以看出，颗粒直径越大，损失越高，从 0%一直提高到 3%。另外，喷管的喉部直径增加，表示颗粒更容易从燃烧室中排走，使两相流损失减小。

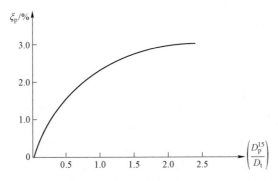

图 6-17　两相流相对比冲损失系数 ξ_p 与颗粒直径 D_p 和喷管喉径 D_t 的关系

前面已经讲述了喷管两相流流动过程中的 4 种极限工作过程，实际工作过程中的发动机则处在上述 4 种状态之间，既非两相冻结，也非两相平衡，实际上为部分热力冻结与部分动力冻结，至于冻结程度如何确定则需要根据试验数据来评定。美国 SPP 程序将两相流损失归纳整理成经验公式，即

$$\xi_p = \frac{6.3}{100} \frac{C_3 \varepsilon^{C_4} D_p^{C_5}}{p^{0.15}(A_e/A_t)^{0.08} D_t^{C_6}} \tag{6-108}$$

式中　ε——凝相的摩尔分数；
　　　D_p——凝相颗粒粒径，μm；
　　　p——燃烧室压强，MPa；
　　　A_e, A_t——分别为喷管出口面积和喉部面积；
　　　D_t——喷管喉径，mm。

不同参数取值见表 6-3。

表 6-3　两相流损失经验公式系数取值

ε	C_4	D_t/mm	D_p/μm	C_3	C_5	C_6
≥0.09	0.5	<25.4	—	9	1	1
		25.4~50.8	—	9	1	0.8
		≥50.8	<4	13.4	0.8	0.8
			4~8	10.2	0.8	0.4
			≥8	7.58	0.8	0.33
<0.09	1	<25.4	—	30	1	1
		25.4~50.8	—	30	1	0.8
		≥50.8	<4	44.5	0.8	0.8
			4~8	34	0.8	0.4
			≥8	25.2	0.8	0.33

凝相颗粒粒径通过下式估算，即

$$D_p = 2.38534 p^{1/3} \varepsilon^{1/3} (1 - e^{-0.0001575 L^*})(1 + 0.001772 D_t) \quad (6-109)$$

式中　L^*——发动机的特征长度，计算公式为 $L^* = V_c/A_t$；

　　　V_c——发动机的容积；

　　　A_t——喷管喉部面积。

6.4.4　喷管附面层损失

喷管附面层损失包括两种损失，即散热损失和摩擦损失。

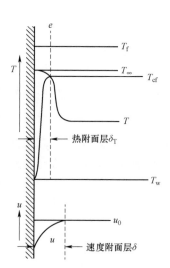

图 6-18　附面层内燃烧产物流速和温度的变化

固体火箭发动机不会主动冷却，它的散热完全靠喷管耐烧蚀材料的烧蚀进行冷却。耐热材料在高温燃气作用下进行分解，降低壁面附近的燃气温度，从而引起传热，壳体吸收燃气热量，使壳体的温度升高，引起散热损失。液体火箭发动机，采用主动冷却方式，利用液体推进剂作为冷却剂冷却喷管的壁面，使它的壁面温度足够低，低于壳体材料的工作温度极限，由于推进剂吸收了燃气热量，从而引起散热损失。燃气在喷管扩张段内流动时，沿壁面膨胀加速，壁面附近存在速度附面层与热附面层，喷管中散热损失主要由热对流和热辐射两种方式产生，如图 6-18 所示。

燃气和喷管壁面之间存在摩擦引起的损失，因为喷管的壁面和燃气不是完全光滑的，而是有黏性的。黏性作用会引起摩擦损失。图 6-19 是喷管壁面处的附面层，散热损失和摩擦损失都与附面层的传热和流动有关，又称为附面层损失。

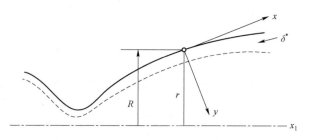

图 6-19　附面层坐标系

通过分析法来计算附面层损失需要花费大量计算资源，因此通过 SPP 经验公式进行计算。SPP 程序中将附面层损失归纳整理为以下公式，即

$$\zeta_{qf} = \frac{C_1}{0.98} \frac{p^{0.8}}{D_t^{0.2}} \left[1 + 2\exp\left(\frac{-C_2 p^{0.8} t}{0.98 D_t^{0.2}}\right) \right] [1 + 0.016(A_e/A_t - 9)] \quad (6-110)$$

式中　C_1，C_2——与喷管的材质有关，对普通喷管有 $C_1 = 0.00365$、$C_2 = 0.000937$，对钢制喷管有 $C_1 = 0.00506$、$C_2 = 0$。

　　　t——喷管工作时间。

式（6-110）既考虑了尺寸参数与工作参数的影响，包含喷管的面积比与喉径，也与燃烧室压强及工作时间相关。

6.4.5 其他损失

发动机中其他损失主要有燃烧室内的不完全燃烧损失，SPP 中的经验公式如下。

对含铝推进剂，有

$$\zeta_c = \left[K + \frac{10-a}{10}(100-K) \right] cb\% \tag{6-111}$$

式中　a——推进剂中含铝百分数，%，有

$$a = \begin{cases} 10 & (a > 10) \\ a & (a \leqslant 10) \end{cases} \tag{6-112}$$

　　　c——与黏合剂相关的参数，具体数值见表 6-4。

　　　K——与装药燃速有关的参数，与燃速相对应，式（6-113）适用于燃速在 2.79～50.80 mm/s 下，拟合得到公式为

$$K = 99.91608 - 4.1737e^{-r/0.082} - 94.32382e^{-r/0.953\,86} - 4.18326e^{-r/11.3225} \tag{6-113}$$

　　　b——热损失修正系数，通常取 1。

表 6-4　不同黏合剂参数选择

黏合剂	NF	PGA/NC	PBAA	PBAN	HTPB	CTPB	NC	PU
c	1.008	1.008	1.006	1.006	1.003	1.000	0.998	0.992

1. 化学不平衡损失

前面讲热力计算时定义了喷管流动，有两种极端情况，一种是完全的平衡流，表示化学反应的速度非常快，燃气停留时间比较长，这时只要压强和温度一旦下降，化学成分马上发生变化，能与压强变化、温度变化相适应，这时的平衡流是化学平衡流，喷管的损失是最小的。还有一种是完全冻结流，表示化学成分在喷管中的化学反应速度很慢，来不及进行化学反应，燃气就流走了。燃烧室有一些离解的原子态的原子或者自由基，它们的能量没有进一步释放出来，所以能量损失是最大的。另外，还存在第 3 种情况，介于化学平衡流与完全冻结流之间，表示它是一种停留时间很短，属于化学不平衡的流动状态，称为化学冻结流。由化学不平衡引起的损失，如图 6-20 所示。

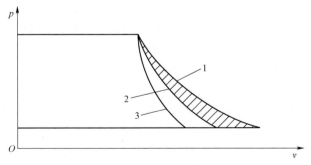

图 6-20　表示化学动力学损失的示功图

1—化学平衡流；2—化学冻结流；3—完全冻结流

化学不平衡损失是由有限反应速率所决定的，SPP 中的经验公式为

$$\xi_n = \frac{33.3}{100}\left[1 - \frac{\text{理论冻结比冲} I_{sp}}{\text{理论平衡流比冲} I_{sp}}\right]\left(\frac{1.38}{p}\right)_{p > 1.38\text{ MPa}} \quad (6-114)$$

2. 潜入式损失

喷管潜入损失只在潜入式喷管结构中出现，潜入式喷管相当于把喷管的收敛段和喉部移到燃烧室内部，好处是可以减小整个固体发动机的长度。所以，现在的大型固体发动机一般用的都是潜入式喷管，可以减少总长度。但是，由于潜入式喷管的收敛段放在燃烧室，会增加气体在喷管入口段侧面的停留时间，这部分气体会形成旋涡，造成气流损失，即潜入式喷管损失。潜入式喷管结构如图 6-21 所示。

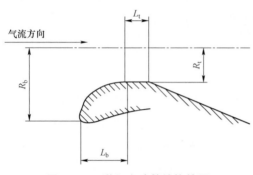

图 6-21　潜入式喷管结构简图

SPP 中潜入式损失表示为

$$\xi_s = 0.442\left(\frac{p\varepsilon}{A^*}\right)^{0.8}\frac{S^{0.4}}{D_t^{0.2}} \quad (6-115)$$

式中，p 为燃烧室压强，MPa；ε 为凝相摩尔分数，g/(mol·100g)；A^* 为喷管潜入面积比 R_b^2/R_t^2，其中 R_b 为收敛段入口半径，R_t 为喷管喉部半径；S 为喷管潜入段长度与发动机内腔体长度之比 L_b/L_m；D_t 为喷管喉部直径，mm。

除了这几种损失外，还会有一些喷管入口的局部阻力损失。另外，在喷管中会产生激波，在低空时会有气流分离，也会引起损失，所以这也是喷管的一些损失。

6.4.6　SPP 程序介绍

SPP 是美国用来预测固体火箭发动机性能的标准计算程序，自 1975 年发布，已多次更新升级。该程序从固体火箭发动机理想性能开始，考虑多种性能损失，如化学动力学损失、喷管喉部烧蚀损失、喷管潜入损失、喷管扩张损失、两相流损失、推进剂燃烧不完全损失和喷管壁面边界层损失，最终可以获得更加接近真实工况的发动机性能数据。

SPP 程序包含以下几个模块：

① ODE——One Dimensional Equilibrium Program，一维平衡流程序；
② ODK——One Dimensional Kinetics Program，一维动力学程序；
③ TD2P——Two Dimensional Two Phase Program，二维两相程序；
④ TBL——Turbulent Boundary Layer Program，湍流边界层程序；
⑤ Three Dimensional Grain Design Program，三维装药设计程序；
⑥ Motor Ballistics Program，发动机弹道程序。

前 4 个模块都是 SPP 程序中的独立模块，后两个模块则将它们进行合并处理，6 个模块之间的关系如图 6-22 所示。

（1）ODE 模块是 NASA 刘易斯研究中心的化学平衡程序经修改后的形式，采用最小吉布斯自由能法，通过以下假设去计算得到发动机的性能参数。

① 流动为一维状态；

② 各组分及各相之间处于化学平衡状态;
③ 凝相和气相是热力平衡与动力平衡状态;
④ 流动为绝热等熵。

修正的 ODE 模块用来计算给出混合物的黏性（拟合成萨兰德公式）、热导率、Pr，提供给 TD2P 模块和 TBL 模块。

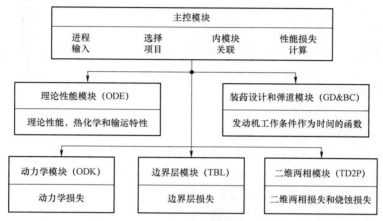

图 6-22 SPP 程序各模块之间的关系

（2）GD&BC 模块能够为发动机设计和药柱设计提供优化，装药型面包括端面燃烧、内孔、星孔及球形等几何形状，以及现在常用的槽孔型和翼柱型设计。内弹道计算模块考虑了点火药所产生的燃气及沿装药通道流速增大引起的侵蚀燃烧的影响。

（3）ODK 模块考虑了化学反应速度的影响，基本假设为：
① 系统中没有任何质量或能量损失;
② 气体是无黏性的;
③ 气体中每种组分都是完全气体;
④ 气体中每种组分的内自由度（平移的、旋转的和振动的）处于平衡状态;
⑤ 固相和气相处于热力平衡状态（没有滞后）;
⑥ 不考虑气相到液相或固相的相变;
⑦ 在固相的熔点，以液态形式存在颗粒凝固;
⑧ 颗粒所占体积为零，并不给气体施加压强。

ODK 模块最大可处理 150 个反应，40 种组分，可处理 10 个熔点下的 10 种凝相。

（4）TBL 模块在 SPP 中计算喷管出口边界层的动量损失。SPP 又对该模块进行了优化，减小了对附面层的预估误差，通过较少的方程计算附面层损失。

$$\Delta F_{BL} = \int_0^s (p_t^* - p_\infty) 2\pi r_p \frac{dr_p}{dx} dx - $$
$$\int_0^s (p_w - p_\infty) 2\pi (r_v + \overline{\delta}^* \cos\phi) \cdot \frac{d(r_p + \overline{\delta}^* \cos\phi)}{dx} + $$
$$\int_0^s \tau_w 2\pi (r_p + \overline{\delta}^* \cos\phi) \cos\phi dx \tag{6-116}$$

上式中，第一项是气体压强作用在无黏喷管壁面上产生的推力，第二、三项是黏性应力作用在有黏喷管上产生的推力。r_p 为从轴线到位势流边界的距离，p_w 为 r_p 处的压强，$\bar{\delta}^*$ 为边界层位移厚度。

（5）TD2P 模块包括二维扩张损失（非轴向损失）、烧蚀损失和两相流损失，通过喷管面积比随时间的变化计算平均烧蚀损失。基本假设有：

① 气体是完全气体；
② 气体和颗粒的比热容是温度的函数；
③ 气体是无黏的（除了与颗粒相互作用外）；
④ 忽略重力；
⑤ 忽略颗粒所占据的体积；
⑥ 颗粒热运动对压强没有贡献；
⑦ 忽略颗粒之间的相互作用；
⑧ 颗粒尺寸分布被视为一组不同尺寸的球形颗粒；
⑨ 颗粒内能是均匀的；
⑩ 气体和颗粒之间的热量交换只考虑对流；
⑪ 只考虑气体和颗粒之间的黏性阻力；
⑫ 喷管内气体膨胀过程中不存在气体到凝相的相变；
⑬ 整个两相流系统没有质量和能量损失。

TD2P 模块的下游流场通过特征线法求解。特征线法需要的起始线由两种方法来获得：一是 Hall 提出的小扰动方法，假设颗粒相和气相之间存在固定的滞后系数，每个颗粒相的速度分量为气相速度对应分量的某个恒定倍数；二是数值求解二维气固两相流输运方程。

6.5 火箭发动机中的传热

因为火箭发动机燃烧室是一个高温高压的容器，所以发动机壳体的强度要满足高内部压强的要求。在高温燃气作用下，普通的金属壳体被加热，失去强度，不能承受这么高的压强。所以，火箭发动机燃烧室和喷管要采用主动或被动降温的措施，来降低壳体材料的温度，从而保证壳体具有一定的强度。

通过第 5 章的热力计算，能够获得固体或液体推进剂的燃烧温度，常用固体推进剂的燃烧温度在 2 000～3 500 K。针对这么高的燃烧温度，因此要保证在工作时间内发动机的壳体具有一定的强度。壳体的材料可以选用复合材料，也可以采用金属材料，但它们都存在许用温度上限，超过许用温度之后材料强度会下降，所以要对壳体结构进行冷却。固体火箭发动机会在燃烧室壳体内壁粘贴耐高温的绝热材料，在喷管中使用耐烧蚀材料，绝热材料和烧蚀材料受热分解，吸收热量，降低壳体温度，以达到保护燃烧室和喷管的目的。火箭发动机燃烧室中，热传递方式包括热传导、热对流和热辐射。在火箭发动机中，喷管中燃气流速高，燃气与壁面的换热强度大，是整个发动机中受热最严重的部位，因此下面将重点介绍喷管中的传热过程。

6.5.1 喷管中对流换热热流密度计算

在火箭发动机燃烧室中，推进剂燃烧产生高温高压的燃气，燃气流速较低，燃气通过对流和辐射向壁面传递热量。而在喷管中,燃气不断加速,燃气流速高,热对流系数大,尤其是喉部附近,局部热流密度大。高温燃气与壁面的对流换热热流密度,可以由下面公式计算,即

$$q = h_g(T_{ag} - T_{wg}) \tag{6-117}$$

式中 h_g ——燃气对壁面的对流换热系数;
T_{ag} ——燃气平均温度;
T_{wg} ——与燃气接触的壁面温度。

在火箭发动机设计的过程中,一般采用巴尔兹(Bartz)公式去计算燃气对流换热系数 h_g。h_g 主要取决于燃气的特征速度 c^*、燃气的动力黏性系数 μ,因为燃气和壁面之间有摩擦力,还取决于喷管喉部的直径 d_t 及燃烧室压强 p_c,可以看出压强越高,对流换热越强烈。对流换热系数还取决于喷管喉部的曲率半径 r_c、喉部的面积 A_t 等参数。

Bartz 公式为

$$h_g = \left[\frac{k'}{d_t^{0.2}} \left(\frac{\mu^{0.2} c_p}{Pr^{0.6}} \right) \left(\frac{p_c}{c^*} \right)^{0.8} \left(\frac{d_t}{r_c} \right)^{0.1} \left(\frac{A_t}{A} \right)^{0.9} \right] \sigma_{bt} \tag{6-118}$$

式中 k' ——修正系数,为 0.026;
d_t ——喷管喉部直径;
μ ——燃气的动力黏性系数;
c_p ——燃气定压比热容;
Pr ——普朗特数;
p_c ——燃烧室压强;
c^* ——燃气的特征速度;
r_c ——喷管喉部的曲率半径;
A_t ——喷管喉部面积;
A ——指定轴线位置的喷管截面面积;
σ_{bt} ——考虑附面层内密度与黏性系数变化的无量纲参数,可按下式求出,即

$$\sigma_{bt} = \frac{1}{\left[\frac{1}{2} \frac{T_w}{T_0} \left(1 + \frac{k-1}{2} Ma^2 \right) + \frac{1}{2} \right]^{0.68} \left(1 + \frac{k-1}{2} Ma^2 \right)^{0.12}} \tag{6-119}$$

式中 k ——燃气比热比;
T_0 ——燃气滞止温度;
T_w ——壁面温度;
Ma ——马赫数。

这样就可以计算出燃气向壁面的传热量,图 6-23 是沿发动机轴线,燃气向内壁面的传热量,其中 q_c 是对流换热量,q_r 是辐射换热量。

从图 6-23 中可以看出,由于燃烧室温度最高,辐射换热占了较大部分,大约是对流换热量的一半。在喷管中,由于燃气的温度迅速下降,所以喷管中的辐射换热在收敛段比较大,但是在

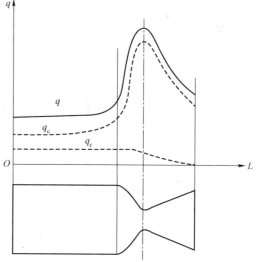

图 6-23 热流密度沿着发动机长度的变化

扩张段辐射换热减小。对流换热在燃烧室中，由于气体流速较低，对流换热的传热量较少。但是在喷管中，气流速度在不断提高，对流换热量逐渐升高，最后在喷管的喉部截面达到最大。所以，对于一个火箭发动机来说，最关键部位是喷管的喉部，其传热和烧蚀最严重。

6.5.2 喷管中辐射热流密度计算

火箭发动机中要根据燃气的成分计算辐射换热量。由于在火箭发动机燃烧室中，燃气成分复杂，每种组分辐射的热量是不一样的。对每一种成分，只会在特定的波长范围内辐射或者吸收能量。一般来说，多原子或者双原子分子才有强烈的辐射能力。辐射能力比较强的燃气成分有二氧化碳、水蒸气、一氧化碳等。其中最强的是二氧化碳，图 6-24 显示了不同气体的相对辐射强度。从图中可以看出，不同的气体其辐射强度不同，而且每种气体只在特定的波长范围内辐射最强。

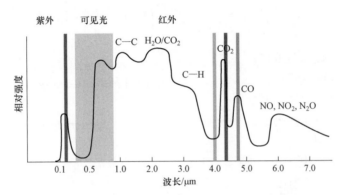

图 6-24　火焰辐射频谱（横坐标做了局部放大处理）

可以看出，CO_2 辐射量在 4.5 μm 波长附近是最大的。C—C 活性基团在 1 μm 附近，CO 在 4.8 μm 附近，H_2O 在 2.3 μm 附近，波长在可见光范围辐射量不同。红外光区间，CO_2 和 H_2O 混合区辐射最强，CO_2 的谱带会有几个波长，如图 6-25 所示。

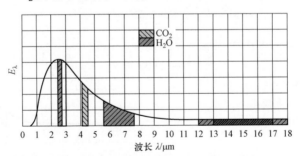

图 6-25　CO_2 和 H_2O 主要光带示意图

发动机燃烧室和喷管内壁面的温度很高，除了吸收气体辐射的热量外，也要向气体辐射热量。所以，发动机壁面向燃气辐射的热流密度可表示为

$$q_r = \sigma \varepsilon_w [\varepsilon_g T_g^4 - \alpha_g T_w^4] \qquad (6-120)$$

式（6-120）中，等号右侧第一部分是燃气辐射给壁面的热量，第二部分是壁面又辐射回燃

气的热量，等号左侧是燃气辐射给壁面的净热量。式（6-120）中，ε_w 为壁面的有效黑度，ε_g 为燃气的发射率，α_g 为燃气的吸收率。

壁面有效黑度与壁面黑度 ε'_w 的关系为

$$\varepsilon_w = 0.5(\varepsilon'_w + 1) \tag{6-121}$$

壁面实际辐射率总是小于同温度下黑体辐射率，两者比值称为壁面黑度。壁面有效黑度除与壁面黑度有关外，还与热流面的几何特征有关，壁面有效黑度永远大于壁面黑度。

燃气的辐射率取决于主要的燃气成分，即二氧化碳和水蒸气。

$$\varepsilon_g = \varepsilon_{CO_2} + \varepsilon_{H_2O} - \Delta\varepsilon = C_{CO_2}\varepsilon^*_{CO_2} + C_{H_2O}\varepsilon^*_{H_2O} - \Delta\varepsilon \tag{6-122}$$

$$\varepsilon_{CO_2} = C_{CO_2}\varepsilon^*_{CO_2}(T_g, p_{H_2O}s) \tag{6-123}$$

$$\varepsilon_{H_2O} = C_{H_2O}\varepsilon^*_{H_2O}(T_g, p_{H_2O}s) \tag{6-124}$$

式中，s 为水蒸气辐射的平均射线程长。有关传热方面的知识在其他专业书籍会有介绍，本节不详细讨论。

6.5.3 燃气向壁面的散热率

通过以上计算可以得到燃气向壁面的传热量。热流密度为

$$q = q_c + q_r \tag{6-125}$$

式中 q_c——对流传热热流密度；
q_r——辐射传热热流密度。

对燃烧室的壁面和喷管的壁面进行积分，可以得到散热率 ΔQ，有

$$\Delta Q = \int_A q \, dA \tag{6-126}$$

根据散热率可以计算由于喷管散热所引起的性能损失，从而计算散热引起的冲量系数，即

$$\xi_q = 1 - \frac{1}{I_{s,th}}\left(\frac{2\Delta Q}{\dot{m}}\right)^{0.5} \tag{6-127}$$

式中，$I_{s,th}$ 为理论比冲。

6.6 长尾管内的流动

固体火箭发动机中，一般情况下喷管直接连接燃烧室出口。但是在某些实际导弹中，固体火箭发动机的喷管和燃烧室是分开的，它们之间有一段很长的直管。推进剂燃烧后的燃气从燃烧室流出，经过一段很长的直管之后，再进入喷管中。这是因为有些空空、地空导弹，由于外径的限制，不能太大，只能提高长细比来增大推力，这么长的导弹，在发动机工作过程中，推进剂装药在不断燃烧。如果将发动机放置在导弹的后半部分，点火之前导弹的质心在中间，但是随着推进剂燃烧，导弹后部越来越轻，质心往前移，当推进剂燃烧完时，导弹的质心会发生较大变化，对导弹的气动布局不利。为了减小导弹飞行过程中的质心变化，会

把火箭发动机放在质心附近,使推进剂装药燃烧前后,导弹质心变化较小。

如果把固体火箭发动机的燃烧室放在导弹中部,把喷管放在导弹尾部,它们之间会出现一段很长的空间,这个空间可以用一根直管连接,这一段很长的直管就称为长尾管,如图 6-26、图 6-27 所示。固体推进剂在燃烧室中燃烧,高温高压的燃气在喷管中加速流动,在长尾管中是亚声速流动。亚声速燃气在流动过程中,与壁面之间存在摩擦,壁面摩擦对燃气进行做功,对其进行加热,导致燃气速度发生变化。下面讨论燃气在长尾管中的流动过程。

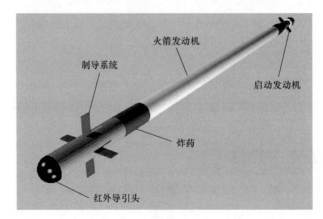

图 6-26　导弹各部分示意图

图 6-27　长尾管示意图

由于长尾管一般都比较长,燃气与长尾管内壁面之间存在摩擦力,因此燃气在长尾管中是有摩擦的绝热流动,不考虑长尾管壁面向外的散热。长尾管内部都会有严格的隔热措施,降低燃气向壁面的传热。在长尾管的外侧一般会布置一些伺服机构、电线电缆,这些电子元器件或者电线,是不能承受高温的,温度太高会把这些电子元器件烧坏。一般长尾管外壁面温度不超过 60 ℃。

对于有摩擦的管内流动,基本的流动方程为

$$(Ma^2-1)\frac{\mathrm{d}u}{u}=-\frac{k}{a^2}\mathrm{d}W_\mathrm{f} \tag{6-128}$$

式中　k——比例系数;

　　　a——燃气的声速;

　　　$\mathrm{d}W_\mathrm{f}$——壁面摩擦力对燃气做的功,大于 0。

可以看出,式(6-128)右边是一个负数,燃气在长尾管中流动的速度是增加还是减小,取决于马赫数 Ma。如果 $Ma<1$,可以看出 $\mathrm{d}u>0$,则说明亚声速气流在长尾管中流动,由于摩擦力的作用,会使亚声速气流不断加速。反之,如果 $Ma>1$,(Ma^2-1) 是大于 0 的,所

以 $du<0$，表示气体在减速，即超声速来流进入长尾管后受到摩擦力作用不断减速。所以，摩擦力使亚声速气流加速，而使超声速气流减速。可见，只靠摩擦力是不可能使气流速度超过声速的。亚声速气流不会一直加速到超声速，最大也就是声速。

为了得到长尾管中摩擦功与气流速度变化的关系，采用流体力学的通用关系式，把摩擦力对气体做的功 dW_f 表达成

$$dW_f = f\frac{u^2}{2}\frac{dl}{D} \tag{6-129}$$

式中 f——燃气与壁面间的摩擦系数。

式（6-129）表示摩擦功与速度的平方成正比，即燃气的速度越快，摩擦力做功就越多。另外 dW_f 还与 dl 有关系，dl 是长尾管微元段的长度，说明燃气与壁面相接触的长度越长，做功就越多。长尾管直径 D 越大，做功就越少，直径越小，表示做的功就越多。把 dW_f 代入式（6-128）得

$$(Ma^2-1)\frac{du}{u} = -fk\frac{M^2}{2}\frac{dl}{D} \tag{6-130}$$

由于马赫数的平方和速度系数 λ 之间有以下关系，即

$$Ma^2 = \frac{2\dfrac{\lambda^2}{(k+1)}}{1-\dfrac{(k-1)\lambda^2}{(k+1)}} \tag{6-131}$$

代入式（6-131）可得

$$\left(\frac{1}{\lambda^2}-1\right)\frac{d\lambda}{\lambda} = f\frac{k}{k+1}\frac{dl}{D} \tag{6-132}$$

式中，λ 表示管道中燃气的速度系数，dl 表示从入口到某个位置的长度，对于粗糙管子，管壁的粗糙度一定，因此 f 是常数。对上面这个式子进行积分，设入口截面的速度系数是 λ_1，距离入口长度为 l 的位置，速度系数是 λ_2，如图 6-28 所示，可以得到 λ_1、λ_2 和 l 之间的关系，即

$$\frac{1}{\lambda_1^2}+\ln\lambda_1^2 - \left(\frac{1}{\lambda_2^2}+\ln\lambda_2^2\right) = f\frac{k}{k+1}\frac{l}{D} \tag{6-133}$$

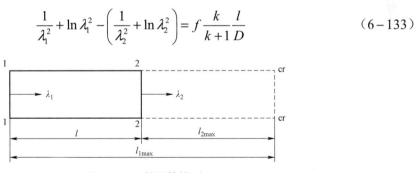

图 6-28 长尾管模型

已知入口的 λ_1、管道的长度 l 和摩擦系数 f，就可以得到第二个截面上的 λ_2，然后根据 λ_1 和 λ_2 之间的关系，就可以获得第二个截面上燃气的速度、压强、温度等参数。因为入口的 λ_1 是已知的，长尾管入口与燃烧室是相连接的，长尾管出口是喷管入口，所以可以计算喷管中

的流动参数。由于摩擦力使亚声速气流加速，使超声速气流减速，可以发现，无论是亚声速来流还是超声速来流，如果长尾管足够长，燃气的极限都是声速。对于一定的入口 λ_1，会存在一个声速对应的 λ_2，这个位置定义为临界截面，临界截面能让 λ_1 一直变到声速。如果 $\lambda_1 > 1$，是超声速来流，到临界界面就变成了声速；如果 $\lambda_1 < 1$，是亚声速来流，燃气不断加速，到这个临界截面就变成声速。因此，定义折合长度 x 为

$$x = f\frac{k}{k+1}\frac{l}{D} \tag{6-134}$$

$$\frac{1}{\lambda_1^2} + \ln\lambda_1^2 - \left(\frac{1}{\lambda_2^2} + \ln\lambda_2^2\right) = x \tag{6-135}$$

当达到临界截面时，x 等于最大值 $X_{\max}$，即

$$X_{\max} = \frac{2k}{k+1}\frac{l_{\max}}{D}\frac{1}{\lambda_{1,\lim}^2 \ln\lambda_{1,\lim\max}^2} \tag{6-136}$$

在临界截面之后，燃气流速会降低；然后，再加速到声速。

根据长尾管与喷管的位置关系，长尾管可分为亚声速长尾管和超声速长尾管，如图 6-29 所示。前者入口气流为亚声速，后者为超声速。一般情况下，喷管喉部在长尾管的下游，所以属于亚声速的长尾管。对于超声速长尾管，喷管喉部在上游，因为长尾管入口是超声速的气流，气流不断减速，会形成激波，激波会对壁面形成局部的高温和高压区，对长尾管换热不利，有可能把壳体烧穿，所以一般采用亚声速长尾管。

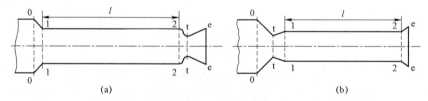

图 6-29 亚声速长尾管和超声速长尾管
(a) 亚声速长尾管；(b) 超声速长尾管

第7章
固体火箭发动机中的燃烧

本章的主要内容是关于固体火箭发动机中的燃烧过程,研究固体推进剂的化学能转变成燃烧产物热能的变化过程。在热力计算章节中介绍了推进剂化学能转变成热能的计算方法,这是完全理想的情况。但实际的固体推进剂要转变为高温燃气,需要经历相变、蒸发和燃烧等物理化学过程。固体推进剂的燃烧速度要受到这些过程的影响,这正是本章要介绍的。同时本章还将介绍影响固体推进剂燃烧过程的因素。本章主要分为3个部分,即固体推进剂的稳态燃烧、燃速特性和不稳定燃烧。

7.1 概 述

如图7-1所示,当发动机点火时,位于燃烧室头部的点火器受到外部电信号的触发,点火器发火从而产生大量的燃气。高温燃气加热固体推进剂装药的表面,推进剂表面受热分解进而被点燃,推进剂装药表面开始燃烧,燃气通过燃烧室内的装药通道流入喷管,在喷管内膨胀加速,最终由喷管出口排出。为防止发动机的壳体烧穿,在推进剂装药和壳体之间会粘贴绝热层,从而避免壳体温度过高。根据对发动机工作过程中的传热分析可知,喷管喉部传热量最高、热密度最大,因此为防止喷管被烧穿,常使用C/C复合材料,且抗冲刷能力强。

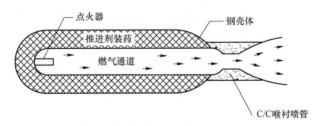

图7-1 固体火箭发动机示意图

7.1.1 对燃烧过程的要求

为保证发动机正常、高效地工作,对于固体推进剂燃烧过程提出了几点要求:第一,燃烧稳定。稳定表示能够正常燃烧,并且不会出现压强波动,因为压强稳定,推力才能稳定。第二,燃烧效率高。燃烧反应都发生在燃烧室内,不会出现在喷管外,因为在喷管外燃烧的这部分推进剂的能量是无法被利用的。第三,燃烧有规律。推进剂按照一定的规律燃烧,由发动机输出的推力与推进剂装药的燃烧面积成正比。这三点是对固体推进剂燃烧过程的基本要求。

固体推进剂燃烧的研究方法主要包括理论研究和试验研究。理论研究主要基于推进剂的微观结构，建立其理论模型，进行数值模拟分析，研究其燃烧规律，主要包括火焰温度、火焰结构和燃烧速度的变化等。理论模型必须有一定的试验验证，通常是利用试验手段对推进剂的燃烧现象进行观察、分析和总结，最后验证理论分析得到的燃烧模型。

图7-2显示了固体推进剂在不同压强下燃烧时的火焰结构，火焰下方为推进剂药条。推进剂点燃后只有上方的小部分是燃烧的火焰，这部分火焰就像是推进剂的点火源，加热下方的推进剂，推进剂受热分解气化，气化分解后的气体进入火焰反应区燃烧，从而使其由上向下自发地燃烧。当燃烧室压强较低时，可见火焰很微弱，几乎看不出来。随着压强的升高，可以看到推进剂燃面变亮，表示其温度升高。由于推进剂燃烧温度提高，火焰亮度更强，同时将推进剂加热至更高温度，加快推进剂分解。

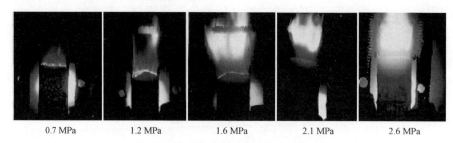

图7-2 不同压强下推进剂燃烧时的火焰结构

从图7-2中可以看出，随着压强的升高，从1.2 MPa到1.6 MPa发光发亮的火焰逐渐向推进剂表面靠近，当压强达到2.6 MPa时距离进一步缩小。由于火焰发光发亮表示其温度较高，因此随着压强的升高，高温火焰逐渐靠近推进剂表面，同时对推进剂的传热就会增加，从而增强推进剂的热分解。固体推进剂的燃烧就是依靠其自身火焰的热反馈而形成的自持燃烧过程。如果热反馈过程受到影响，固体推进剂就不能正常燃烧，要么熄火，要么断续燃烧，要么燃速增大。

7.1.2 燃速

燃烧速度（简称燃速）是固体推进剂的一个重要参数，它定义为推进剂燃烧过程中燃烧表面沿其法线向推进剂内部连续退移的速度。由于固体推进剂燃烧过程是由固体变成气体的过程，因此燃烧界面是气固界面。

由于实际发动机中，推进剂装药燃烧表面（简称燃面）在很多情况下都是曲面，因此退移方向是沿推进剂表面的法线方向。平均燃速 $\bar{r}$ 定义为燃烧掉的推进剂装药厚度 e 除以燃烧时间 t，瞬时燃速定义为 de/dt。e 是沿着燃面的法线向推进剂内部退移的直线距离，称为燃烧掉的厚度，也称为装药的肉厚。

$$\bar{r} = \frac{e}{t}, \quad r = \frac{de}{dt} \quad (7-1)$$

除瞬时燃速 r 以外，表示燃烧速度的还有质量燃速 r_m，表示单位时间内在单位燃面上生成燃烧产物的质量，质量燃速与瞬时燃速的关系可以表示为式（7-2），其中 ρ_p 是推进剂的密度，

$$r_m = \rho_p r \quad (7-2)$$

燃速 r 既取决于推进剂自身性质，又与燃烧时的工作环境密切相关。自身性质包括推进剂类型（双基推进剂、复合推进剂）、推进剂中各组分的含量以及添加剂成分（增速剂、降速剂）。工作环境主要包括初始温度、压强、加速度等因素。

燃烧产物的质量生成率，可以表示为推进剂密度、燃烧面积（A_b）和燃速的乘积，即单位时间内所产生的燃气质量，即

$$\dot{m} = \rho_p A_b r \tag{7-3}$$

对于固体火箭发动机而言，燃气质量来自于推进剂表面的燃烧，同时燃气会从喷管排出。当发动机工作稳定时，燃烧室内生成的燃气质量流量应该等于由喷管排出的燃气质量流量。

图 7-3 所示为星孔装药等时间间隔，装药燃烧表面连续变化的曲线，星孔装药最初的燃面是图中最内圈的闭合曲线。推进剂燃烧时，初始的燃面最先被点燃，然后沿着燃面每个点的法线方向向推进剂内部燃烧，最后形成一层一层的封闭曲线。闭合曲线的周长（S_b）乘以垂直于纸面方向的长度（L）就可以得到装药的燃烧面积（$A_b = S_b L$）。

图 7-3 星孔装药连续燃面曲线

从图 7-3 中可以看出，每一条封闭曲线的周长基本相等，则燃烧产生的燃气流量也是大致相同的，即等面燃烧过程。燃烧面积不变，燃烧室压强恒定，输出的推力则为常数。

推进剂燃速受工作条件（初始温度、压强、过载加速度等）的影响而变化的规律称为燃速特性，准确确定推进剂的燃速是提高发动机性能预估精度的一个重要因素。虽然推进剂的燃速能够通过理论模型推导，但涉及的过程复杂，且与实际相差较大，还不能用于实际的定量计算。因此，推进剂的燃速公式一般通过试验进行测量，得到半经验公式。

影响固体推进剂燃速的因素包括推进剂组分、推进剂初温和燃烧室条件。推进剂初始温度越高，则推进剂总焓越高，燃烧温度也越高，导致燃速提高。燃烧室条件包括燃烧室压强、燃烧表面局部压强、平行于燃烧表面的燃气流速、燃气温度、化学反应时间、发动机的工作状态（加速度和自转速度）、装药的受力和应变等因素。燃烧室内部压强以及燃烧表面压强在不同位置并不相同，尤其是对于尺寸比较大的发动机，沿着燃烧室轴线方向，压强从头部到喷管是逐渐降低的，越靠近燃烧室头部压强越高。固体火箭发动机结构示意图如图 7-4 所示。

当固体火箭发动机尺寸较大时，燃烧过程中燃烧室内各点的压强、流速等流动参数不同，导致推进剂局部的燃速不同。燃烧室出口处的燃气质量流量是上游推进剂燃面产生的所有燃气流量之和，因此燃烧室出口处燃气流速最快，对推进剂表面的冲刷也就越严重，推进剂燃速也越大。

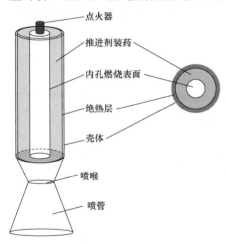

图 7-4 固体火箭发动机结构示意图

7.1.3 装药燃面变化规律

早在 19 世纪，由火炮发射中残余药片同原药片形状对比发现，两者形状相似，通过观察并总结药片燃烧提出了几何燃烧定律，有以下几个基本假设：

① 整个装药的燃烧表面同时被点燃；
② 装药成分均匀，燃烧表面各点的条件相同；
③ 燃烧表面上各点都以相同的燃烧速度向装药内部退移。

根据这些假设可以发现，燃烧过程中装药的燃烧表面始终与起始燃烧表面平行，形成沿装药初始几何形状平行退移的规律，这就是平行层燃烧规律，也称为几何燃烧定律。

如图 7-5 所示，S_b 表示推进剂的燃烧表面，0 代表起始状态。在燃烧过程中每一点 $S_1 \sim S_6$ 条件相同，假设每点发射出球面波，其退移速度相同。将这些点发射的球面波波前锋相连接，最后就形成了推进剂燃烧过程中任意时刻的燃烧表面。由于推进剂表面的点有无穷多个，最后将无穷多个点连接起来得到的燃面就与任何时刻的燃面相平行。平行层燃烧的实质是新燃面上各点距上一时刻燃面的最小距离相等，均为 $e = rt$。

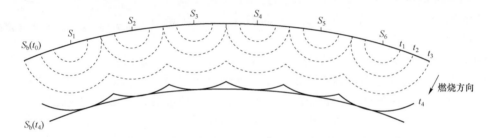

图 7-5 装药燃烧表面的演变规律

图 7-6 所示为内孔装药，推进剂燃烧时沿内孔形成了类似球面波的燃面，与初始燃烧表面形成同心圆。

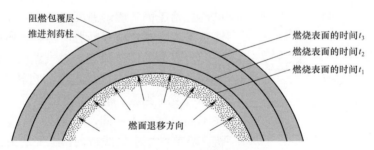

图 7-6 内孔装药燃面变化规律

通过对推进剂装药进行终止燃烧试验，得到星型装药的燃面变化规律如图 7-7 所示。从图中可以看出，后两个时刻的燃面较初始燃面退移了一定距离且各点退移距离相同。退移过程中凸尖点和凹尖点的变化规律不同，凸尖点退移仍是凸尖点，且退移距离与其他燃面向内的退移距离相同。凹尖点燃面退移后变成圆弧，与其他燃面退移得到的燃面相切，如图 7-8 所示。

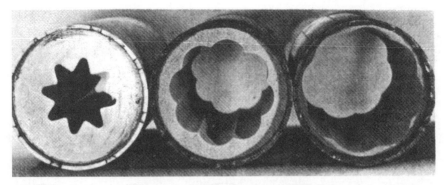

图 7-7 星型装药燃烧变化规律

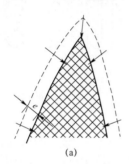
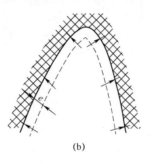

图 7-8 燃烧边界在凸尖点和凹尖点的变化
(a) 凸尖点；(b) 凹尖点

端燃装药和管型装药的燃面退移规律不同，端燃装药从一个侧面开始燃烧并按照平行层退移规律进行燃烧。管型装药的初始燃面根据包覆情况的不同，可以分为很多种。外包覆和圆柱端面包覆的管型装药，只从管的内表面开始燃烧；只有端面包覆的管型装药，内孔表面和外表面才同时燃烧。

装药设计有很多种方法，不同的药型代表不同的燃面变化规律，由于燃面面积与流量成正比，流量又与压强成正比，因此装药的燃面设计就直接决定发动机的压强变化，而压强的变化决定了推力的变化。固体火箭发动机不像液体火箭发动机那样流量可调，而是提前设计好装药药型，因此装药燃面如何变化决定了燃气流量和推力的变化规律。

图 7-9 所示为不同的推进剂药型，有十字型、波浪型、星孔型、齿轮型等。剖面线部分为推进剂装药，空白区域是燃气流动的通道。发动机一旦被点燃，流动通道内就会充满高温燃气，燃气将推进剂表面点燃，推进剂按照平行层退移的规律进行燃烧。

前面已经提到燃面的变化影响发动机的性能，图 7-10（a）是内孔燃烧的管型装药，燃面面积是逐渐增加的，即增面燃烧，因此其推力也逐渐提高。在这种装药基础上往内孔中插入柱状装药，则获得另一种装药结构——套管型装药，如图 7-10（c）所示。该装药在燃烧过程中既有装药内孔向外退移的增面燃烧，同时也有柱状装药向内退移的减面燃烧，综合两者的变化规律，最终燃面面积基本不变，即恒面燃烧，因此输出的推力也是等值曲线。

星孔型装药如图 7-10（b）所示，燃烧过程中基本能保证恒面燃烧，因此其推力也恒定不变。对比星孔型装药和套管型装药，燃烧过程中套管型装药是均匀地退移到发动机燃烧室的内壁，推进剂完全燃烧，无剩药，因此推力突然下降到 0。从图 7-10（b）中可以看出，

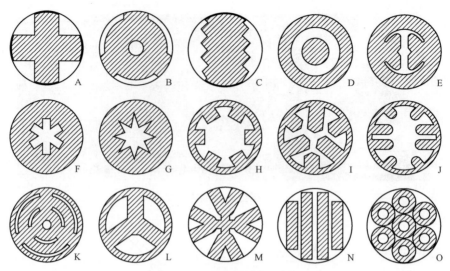

图 7-9 不同推进剂药型

A—十字型；B—多弧形孔型；C—波浪型；D—套管型；E—船锚型；F—星孔型；G—星型；H—齿轮型；I—树突型；J，K—槽型；L，M—雪花型；N，O—多根管状药型

星孔型装药燃烧到最后会有尖点剩药残留，会导致发动机出现较长的脱尾段，不利于发动机壳体的热防护。第四种是多筋型内孔装药，如图 7-10（d）所示，装药初始燃面较大，但燃烧一定时间后燃面迅速减小，燃面接近于内孔装药，推力曲线表现出两种推力大小。

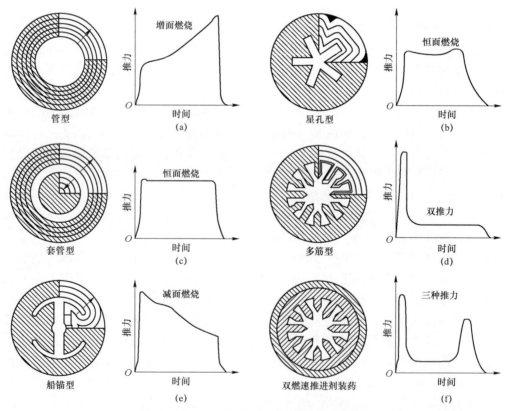

图 7-10 典型装药的燃面与推力变化规律

还有一种是双燃速推进剂的装药，如图7-10（f）所示，装药内圈是一种推进剂，外圈是另一种推进剂，两者燃速不同。从推力曲线可以看出，当内圈装药开始燃烧时出现推力峰值，这是因为初始燃面较大，随后燃面减小，推力也变小。当内圈推进剂燃完后，外圈推进剂开始燃烧，由于外圈推进剂燃速较高，因此出现了第二个推力峰值。从上面的实例中可以看到发动机推力曲线与装药的药型以及推进剂的燃速密切相关。

固体推进剂按成分可以分为两种，即双基推进剂和复合推进剂。双基推进剂是一种均质的混合物，而复合推进剂是机械混合的异质混合物，由于两者结构的差异导致它们的燃烧过程不同。

7.2 双基推进剂的燃烧过程

双基推进剂是一种均质推进剂，主要成分为硝化棉、硝化甘油，同时还会添加一些固化剂、催化剂和燃速调节剂等。双基推进剂药柱就像一块塑料，比较硬，一般采用自由装填药柱，放置到发动机燃烧室中点燃，使推进剂剧烈燃烧，释放出来大量燃烧热和燃气。

图7-11所示为两种双基推进剂装药，颜色不同表示其催化剂成分不同，图7-11（a）的推进剂呈现绿色，说明其组分中含有铜盐。图7-11（b）的推进剂呈现黑色，说明其组分中含有炭黑。两种推进剂均为端燃装药，只有端面进行燃烧，装药侧面被黄色的包覆层覆盖，不参与燃烧。

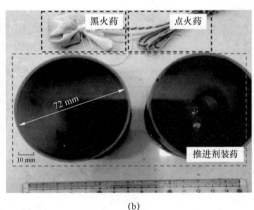

(a)　　　　　　　　　　　　　(b)

图7-11　双基推进剂装药

图7-12是双基推进剂典型的火焰照片，表7-1所示为三种燃烧状态的压强与燃速，从图7-12中可以看出三种压强下火焰的结构不同。推进剂燃烧后产生火焰，固体推进剂受热分解产生燃气由推进剂表面向上流走，从图7-12（a）中可以到细条状的火焰，但这部分火焰亮度较小，表示其温度不是很高，再向上可以看到图中最亮的区域，这部分的反应非常剧烈。从三个压强下的火焰对比可以看出，随着压强的升高，最亮的火焰部分逐渐贴近推进剂的燃烧表面。

 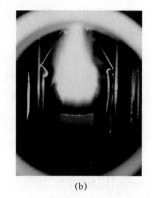 

图 7-12 典型的双基推进剂燃烧火焰

表 7-1 三种状态下的压强和燃速

图 7-12	p/MPa	r/(mm·s^{-1})
（a）	1.0	2.2
（b）	2.0	3.1
（c）	3.0	4.0

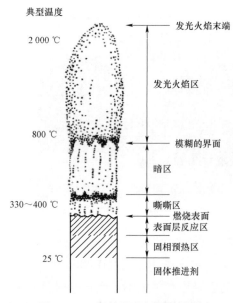

图 7-13 双基推进剂燃烧模型

由于环境压强的作用，火焰逐渐向燃面移动，最后移动到燃面附近，此时火焰对燃面的加热作用更加明显，燃烧速度提高。环境压强降低时火焰离燃面变远，当压强足够小时，由于火焰离燃烧表面太远，导致火焰对推进剂的热反馈不足，燃烧中止，发动机熄火。

根据对双基推进剂火焰结构的观察，研究人员建立了一种燃烧模型，如图 7-13 所示，将双基推进剂燃烧时的区域分为五个部分，即固相预热区、表面层反应区、嘶嘶区、暗区和发光火焰区。

固相预热区位于推进剂内部，此区域中的固体推进剂受热温度升高，此区域以下的固体推进剂不受影响，温度不变。图中左边数字是该区域的温度，25 ℃ 表示室温，在此区域内推进剂受热，温度开始升高。表面层反应区的推进剂受热开始发生熔融、升华等物理过程，并发生热分解反应；嘶嘶区中温度急剧升高，同时该区域中存在气-固-液三相，发出"嘶嘶"的声音；暗区不发光，但不代表该区域没有化学反应，只是该区反应产生的热量较少；暗区上方非常亮的区域是发光火焰区。

固相预热区简称预热区，该区域推进剂温度逐渐升高，但未达到推进剂热分解的温度，因此推进剂的化学成分和物理结构都没有变化，如图 7-14 所示，从左至右温度逐渐升高（$T_i \to T_a$；$T_a \approx 90\ ℃$）。该区域的作用是积聚热量，为热分解做准备。固相预热区的厚度受燃速影响，燃速越大，预热区厚度越薄，温度梯度越大。

固相预热区外更靠近火焰的区域是凝相反应区，即表面层反应区，因其温度更高，在该区域会发生一些物理和化学变化。高温时引起硝化棉、硝化甘油（甘油的三硝酸酯）等物质的熔化、蒸发和升华。同时高温会导致硝化棉、硝酸酯等大分子物质的解聚和热分解，最后分解出的 NO_2 与硝酸酯分解出的 CH_2O 进行反应生成 H_2O、CO、CO_2 及 NO。大分子的解聚和热分解为吸热反应，NO_2 与 CH_2O 的反应为放热反应，该区总的热效应是放热。

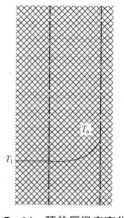

图 7-14 预热区温度变化

（1）硝化棉解聚

$$[C_6H_7O_2(OH)_3]_n \to nC_6H_7O_2(OH)_3 - q$$

（2）硝酸酯解聚

$$R-ONO_2 \to R'-CHO + NO_2 - q$$

（3）二氧化氮与甲醛的反应

$$NO_2 + CH_2O \to H_2O + CO + NO + q$$

$$2NO_2 + CH_2O \to H_2O + CO_2 + 2NO + q$$

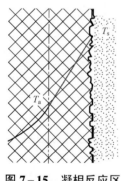

图 7-15 凝相反应区温度变化

图 7-15 是凝相反应区的温度变化，最右侧是固体推进剂燃面，温度大概是 300 ℃，该温度大小会影响推进剂燃速。温度高低主要取决于推进剂组分、燃烧条件等，通常随着压强的增加，温度也会升高。

该区域气-固界面布满凹坑，并充满蒸发、升华的物质及反应物。压强升高时火焰对推进剂表面的热反馈增加，凝相反应区厚度减小，表现为火焰侵入增加。在该区域中，推进剂中的 Fe_2O_3、PbO 不会蒸发，仍然是固体颗粒，作为催化剂能够增加反应速度。此外，推进剂中的石墨、MgO、$CaCO_3$ 在该区域仍然保持固相，其多孔结构会吸附 NO_2 气体，促进其与中间产物反应，增加放热量，提高低压燃烧稳定性。

混合相区也称为嘶嘶区，该区域的放热量约占双基推进剂总放热量的 50%，温度为 1 200~1 400 ℃。反应十分剧烈并发出"嘶嘶"声，一旦有液体产物进到该区域，很快就变成气体。固-液-气三相共存，厚度非常薄，温度梯度大，对推进剂的热反馈大。

该区域的化学反应主要为 NO_2 还原成 NO。

$$NO_2 + CH_2O \to H_2O + CO + NO + q$$

$$2NO_2 + CH_2O \to H_2O + CO_2 + 2NO + q$$

$$NO_2 + H_2 \to H_2O + NO + q$$

$$NO_2 + CO \to CO_2 + NO + q$$

暗区的主要反应是 NO 还原为 N_2，该区域温度低，反应缓慢，气体达不到发光程度，温度从高到低变化很小。暗区受压强影响明显，增大压强会使反应加快，放热增加，温度梯度增大，厚度变薄。

发光火焰区又称为二次火焰区，该区域为燃气的发光反应区，一般双基推进剂燃烧产物中气体成分被加热到 1 800 ℃ 以上开始发光。其化学反应与暗区基本相同，该区释放的热量约占推进剂全部放热量的 50%，厚度同样随压强升高而减小。

总结以上分区，双基推进剂燃烧时，每个反应区包含不同的化学反应，如图 7-16 所示。Ⅰ区无化学反应；Ⅱ区主要反应产物是 NO_2；Ⅲ区中 NO_2 与醛类发生反应；Ⅳ区中 NO_2 被还原为 NO，反应十分缓慢；Ⅴ区中 NO 大量被还原为 N_2，同时 CO、NO_2、H_2 等组分被氧化为 CO_2 和 NO_2 等最终产物。

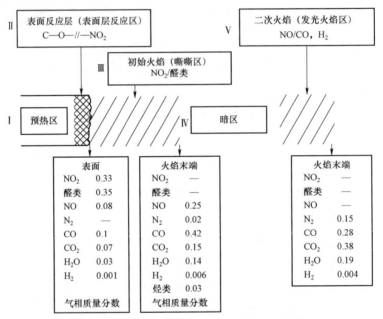

图 7-16 多阶段燃烧模型各区特征示意图

固体推进剂的燃烧速度是燃烧过程中气、固相燃烧界面向里推进的速度，可以用单位时间内在单位面积的燃面上固相分解气化的质量来度量，这也是固相反应层中的分解反应速度。对一定的推进剂配方来说，分解反应速度取决于反应层中的温度分布。温度越高，分解气化速度越快，燃速也越高。燃面温度的高低却与固相表面层所得到的热量有关。固相表面层的热量有两个来源：一个来源是固相本身的放热反应，这取决于推进剂各组分；另一个来源是气相高温区的热反馈。气相反应区向固相传热使固体推进剂气化、分解，是保证燃烧过程稳定持续进行的基本条件。热反馈在固相和凝相反应区内以热传导为主，在气相反应区中以对流传热为主，同时有高温火焰的辐射传热。

在稳态燃烧条件下，热反馈主要依靠热传导，当压强增加时，各反应区厚度减小，温度梯度增加，传热增加，使固相得到更多的热量，温度梯度提高，加快反应速度和分解气化速度，从而增大燃速。紧靠固相表面的是嘶嘶区，气相对固相的热反馈主要来自嘶嘶区。发光火焰区离固相表面较远，往往影响不到对固相表面的传热，只有在压强很高的条件下，当暗区的厚度缩小到接近于零时，发光火焰区才能对燃速有比较显著的影响。实际上，在低压下，固相反应区中的热量主要依靠固相反应本身放热，来自气相的热反馈相对较少。因此，燃速取决于固相反应本身，或者说低压下由固相反应控制燃速。在高压下则相反，由于压强升高，增加了气相对于固相的热反馈，使它成为固相反应层中热量的主要来源。因此，高压下由气相反应控制燃速。

当压强降低到一定程度时，双基推进剂甚至不会出现火焰区，燃烧在暗区结束，推进剂化学能不能充分释放，形成不完全燃烧，只能依靠混合相区和凝相区的放热反应维持燃烧；压强进一步降低，依靠混合相区和凝相区的放热不足以维持燃烧进行，燃烧熄灭。

固体推进剂在低温（−40 ℃或−50 ℃）条件下稳定燃烧的压强下限称为该推进剂的临界压强。低于临界压强，推进剂燃烧时会出现喘息或熄火、$p-t$ 曲线异常。含有 AP 的复合推进剂临界压强在 0.1 MPa 左右，而双基推进剂临界压强在 5 MPa 左右。双基推进剂燃烧时，发动机内燃气压强是保持固体推进剂稳定燃烧的条件之一。燃气压强高，固相预热区离火焰近、暗区窄，从发光火焰区传到固相预热区的热量多，推进剂能保持正常稳定地燃烧。反之，当发动机内燃气压强较低时，固相预热区离火焰区远，暗区宽，从发光火焰区传到固相预热区的热量少。燃气压强低到一定程度，从发光火焰区传到固相预热区的热量满足不了保持固相分解、熔化所需求的最低值，推进剂就不能正常燃烧。因此为保证推进剂正常燃烧，在设计固体火箭发动机时，必须使工作压强高于临界压强。

7.3 过氯酸铵（AP）复合推进剂的燃烧过程

7.3.1 概述

复合推进剂是一种异质推进剂，其基本组分为氧化剂、高分子黏合剂和金属燃烧剂。复合推进剂是一种多相机械混合物，如图 7−17 所示。各组分之间有明显的界面，因此它们的结构不均匀性是这种推进剂的基本特征。目前比较常用的复合推进剂中以过氯酸铵（AP）为氧化剂，端羟基聚丁二烯（HTPB）为黏合剂，简称 HTPB 丁羟推进剂。本节以该复合推进剂为例，介绍其燃烧过程。

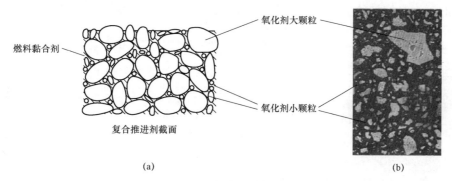

图 7−17 复合推进剂结构
(a) 示意图；(b) 推进剂样品照片

复合推进剂燃烧形成的火焰是扩散火焰，这是因为氧化剂受热分解出的氧化性气体与黏合剂分解的还原性气体混合后发生化学反应。图 7−18 所示为不同条件下复合推进剂的火焰，从图中可以看出火焰紧贴推进剂表面，反应不均匀，导致火焰有亮有暗。

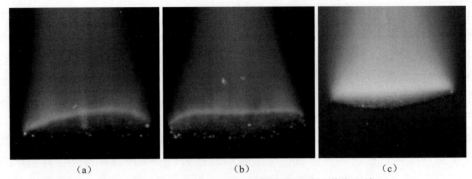

图 7-18　AP-HTPB 复合推进剂低压下的燃烧火焰

(a) AP:HTPB = 86:14, 0.07 MPa; (b) AP:HTPB = 86:14, 0.1 MPa; (c) AP:HTPB = 80:20, 0.1 MPa

图 7-19 显示氧化剂 AP 分解出的氧化性气体与黏合剂分解的可燃气体，在推进剂表面上方形成了皱褶的火焰面。在火焰面不同位置，参加化学反应的组分不同，反应放热量也不一样。复合推进剂的燃烧过程，既有化学反应又有传热、扩散等物理过程。

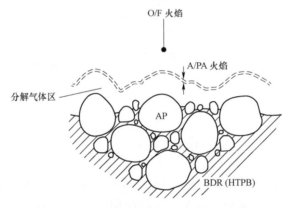

图 7-19　AP 颗粒和黏合剂的燃烧过程截面

复杂的三维结构导致复合推进剂燃烧过程比双基推进剂更复杂。根据复合推进剂三维火焰结构，不同的学者提出了不同的稳态燃烧模型，主要分为以下两大类。

① 气相的稳态燃烧模型：凝相无放热化学反应，维持燃烧所需的热量全部来自气相的放热反应。该模型与推进剂燃烧表面存在熔融层现象不符，典型的模型是粒状扩散火焰模型（GDF 模型）。

② 凝相稳态燃烧模型：推进剂燃烧所需要的热量部分或全部来自凝相的放热反应。该模型与许多发现的试验现象吻合，但仍有需进一步完善之处，典型的模型是多火焰模型（Beckstead-Derr-Price, BDP 模型）。下面以该模型为例进行介绍。

图 7-20 所示为复合推进剂的微观火焰示意图。AP 分解的氧化性气体与周围黏合剂分解的还原性气体在 AP 颗粒周围形成扩散火焰。该推进剂中增加了一些铝

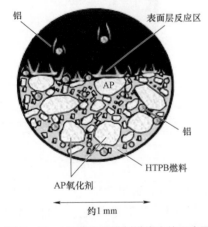

图 7-20　AP 复合推进剂燃烧火焰示意图

粉,来提高火焰温度,增加发动机比冲。从图中可以看出,有一些铝颗粒在表面团聚变成大颗粒,然后从表面脱落,进入气相区参与燃烧反应。

从宏观上看,由于氧化剂和铝颗粒很细(<200 μm),混合较均匀,燃烧过程大体上仍可看作平行层燃烧。从微观上看,颗粒尺寸不均匀,颗粒尺度与燃烧区厚度相当,不能忽略。燃烧区中的各种物理、化学过程,不仅沿垂直于燃烧表面方向变化,而且在平行于燃面方向上也不同。

复合推进剂燃烧时,在燃烧区存在多种物理和化学过程,包括加热和熔化过程以及推进剂的热分解过程,沿着推进剂燃烧表面法线方向变化。由于推进剂微观表面上分布着不同直径的 AP 颗粒和铝颗粒,因此燃烧过程中沿着燃面方向存在不同分解产物之间的扩散和化学反应。

AP 复合推进剂燃烧所涉及的主要化学反应包含以下 5 个:

① AP 的热分解,$NH_4ClO_4 \longrightarrow NH_3+HClO_4$;
② 黏合剂的热分解;
③ AP 分解产物在气相中的爆燃,即 AP 分解气体组分之间的反应,

$$HClO_4 \longrightarrow OH+ClO+O_2, \quad NH_3+O_2 \longrightarrow N_2+H_2O$$

④ 氧化剂分解气体和黏合剂分解气体在气相中的反应;
⑤ 铝颗粒的燃烧。

由于 AP 复合推进剂燃面呈现复杂的三维特性,因此以上 5 个反应发生的位置是不同的,在下文介绍。

7.3.2 BDP 多火焰模型

多火焰模型认为由于 AP 复合推进剂各组分在空间上呈三维分布,因此其火焰在空间上也是三维分布的。复合推进剂燃烧时,由于燃烧表面向推进剂内部传热,氧化剂和黏合剂受到加热,在燃烧表面发生分解反应,此过程为吸热过程。从图 7-21 可以看到,距离燃烧表面最远处为火焰区,接着是反应区和扩散区,氧化性气体和还原性气体在扩散区混合。

AP 分解产生的 NH_3 和 $HClO_4$ 与黏合剂分解产物混合,发生反应生成 CO_2、CO、H_2O 和 HCl,HCl 气体有强腐蚀性,因此 AP 推进剂的燃烧尾气腐蚀性比较强。此外,分解产物还会被吸附在推进剂燃烧表面,与凝相发生放热反应,因此,在燃烧表面上进行的物理和化学过程总的热效应是放热。然后,这些燃烧产物由燃面进入气体区域,进行扩散混合,并发生燃烧反应,释放的热量进一步反馈到固相,以维持推进剂自持燃烧。

图 7-22(a)表明多火焰模型是围绕着氧化剂建立的,AP 颗粒的上方形成了不同的火焰结构。AP 是晶体颗粒,熔点是 350 ℃,受热后首先形成液相的熔融层,在这里发生凝相反应,熔融层较薄,气相停留时间也比较短。

熔融层(AP 分解焰)受热蒸发为气相,在高

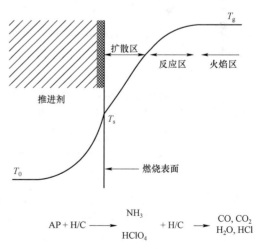

图 7-21 多火焰模型分区与温度变化示意图

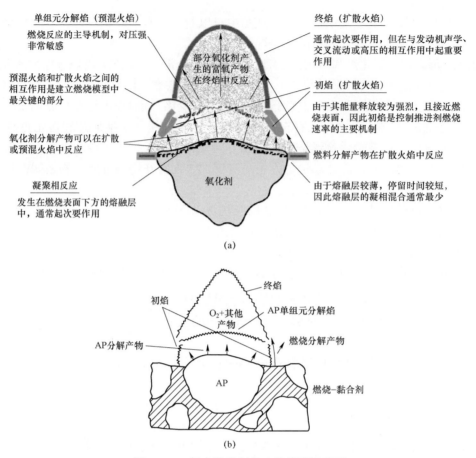

图 7-22 复合推进剂多火焰模型示意图
（a）详细火焰结构；（b）简化多火焰模型

温下，气相 AP 不稳定，会发生分解反应，气相的氧化剂分解产物在 AP 表面上方反应形成第一种火焰。由于反应组分都是 AP 分解的产物，该火焰被称为单组元分解焰，同时该火焰为预混火焰并紧贴 AP 表面。该反应对压强非常敏感，高压强时该火焰紧贴燃烧表面，压强较低时该火焰远离燃烧表面。因此，单组元分解焰会影响 AP 的加热，从而影响 AP 的受热熔化和分解。

在燃面上，AP 颗粒外侧是黏合剂，黏合剂受热分解为可燃的碳氢小分子气体组分，这些分解气体向燃面外侧流动，与氧化性气体混合，会在混合区域上方反应形成初焰。由于初焰放热比较剧烈且接近燃烧表面，因此初焰是控制 AP 复合推进剂燃烧速度的主导机制。

初焰外侧的燃料气体继续向外，与单组元分解焰燃烧后的富氧燃烧产物反应形成最上方的火焰，称为终焰，终焰也是扩散火焰，对复合推进剂的燃烧起次要作用。

三种火焰像帽子一样扣在氧化剂颗粒表面。由于氧化剂颗粒在燃烧过程中尺寸发生变化，因此初焰、终焰和分解焰的大小形状和位置也在发生变化。

综上，可简单总结单个氧化剂颗粒周围存在三种火焰，如图 7-22（b）所示。

① 初始火焰（简称 PF）。PF 是 AP 分解的富氧产物与黏合剂热解的富燃产物之间的化学反应形成的火焰。位于 AP 颗粒与黏合剂接触界面附近的燃烧表面上方，为扩散火焰。

② 过氯酸铵火焰（简称 AP 分解火焰）。AP 分解火焰是 AP 分解产物 NH_3 与 $HClO_4$ 之间反应形成的火焰，位于 AP 晶粒上方，为预混火焰。

③ 终焰（简称 FF）。AP 分解的富氧产物与黏合剂分解富燃产物间的二次扩散火焰，反应后达到推进剂燃烧温度，为扩散火焰。

多火焰模型认为，氧化剂 AP 的分解反应控制着整个燃烧过程。各组元分解产物相互扩散和反应，在燃烧区内形成多种火焰。各火焰间通过传热和传质相互影响，且对固相产生热反馈，影响推进剂燃速。推进剂的组分和燃烧条件对燃烧过程有着重要影响。

7.3.3 压强对 AP 推进剂燃烧过程的影响

燃烧室压强会影响 AP 分解焰距离燃烧表面的远近，从而影响固体推进剂的反应方式。在低压下，复合推进剂火焰仅由初焰组成，由于化学反应动力学的压强敏感性，AP 分解产物反应速度较慢，单组元分解焰无法形成，同时扩散火焰离表面较远。由于加热层较浅，熔融层较厚，凝相反应的影响大。**低压下气相反应速度减慢，AP 火焰离表面较远，向固相的反馈热减小，加上热损失，使固相分解得不到必需的热量，促使燃烧终止。因此，存在一个压强下限，其大小与初温和推进剂等因素有关。一般在常温下，此压强下限为 1 MPa 左右。**不同压强下的燃烧火焰示意如图 7-23 所示。

中压火焰由典型的 BDP 结构（三种火焰）组成，单组元分解焰向燃烧表面靠近，并与初焰（扩散火焰）相抗衡。扩散火焰开始受压强影响，除了与单组元分解焰相抗衡外，其形状不发生变化。由于热反馈较强，熔融层较薄，凝相反应的影响较小。

高压火焰由两种火焰组成，单组元分解焰较为靠近燃烧表面，并且主导燃烧过程。初焰不能与单组元分解焰相抗衡，终焰（扩散火焰）对燃烧的影响变大。由于热反馈很大，熔融层非常薄，因此凝相反应的影响很小。

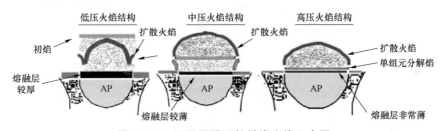

图 7-23 不同压强下的燃烧火焰示意图

AP 复合推进剂在低压下燃烧时，气相反应时间比扩散时间长，主要由化学反应速度控制。AP 火焰离表面较远，固相分解热量主要来自初焰。初焰对 AP 晶粒中央表面的热反馈较小，AP 分解速度减慢，使 AP 晶粒凸出于黏合剂表面之上，如图 7-24（a）所示。当压强增大时，气相反应加快，AP 火焰离表面距离变近，AP 晶粒受热分解加快，凹于黏合剂表面之下，如图 7-24（b）所示。

压强升高到火箭发动机常用工作压强范围内（6～10 MPa）时，化学反应与扩散混合有着相同的影响，它们共同影响燃速。压强升高到 10 MPa 以上时，气相反应速度加快，扩散混合相对较慢。终焰 FF 远离表面，AP 火焰更贴近表面，推进剂燃速由 AP 火焰控制。

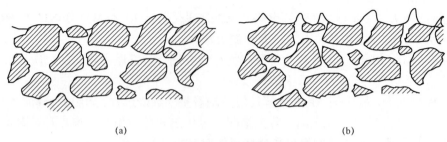

图 7-24 AP 复合推进剂熄火样品截面图

(a) 低压下 AP 凸出；(b) 高压下 AP 下陷

由于复合推进剂由大小不同的 AP 颗粒堆积而成，当复合推进剂燃烧时，燃面动态变化。当 AP 颗粒开始燃烧时，初始的火焰结构仅为初焰，由于扩散距离非常小，单组元分解焰无法形成。当 AP 颗粒继续燃烧时，单组元分解焰产生，形成经典的 BDP 火焰结构。最终，初焰富含氧化剂，在黏合剂上方翻转，形成蘑菇形结构，如图 7-25 所示。

7.3.4 AP 颗粒尺寸对推进剂燃速的影响

AP 颗粒尺寸越大，推进剂结构不均匀性越大，火焰结构越不均匀。AP 颗粒气化时，形成氧化剂气柱。AP 颗粒越大，气柱越粗，使扩散混合时间加长，扩散火焰远离燃烧表面，减小热反馈，推进剂燃速减小。AP 颗粒越小，燃速越快。因此，AP 颗粒尺寸是影响推进剂燃速的重要因素，如图 7-26 所示。

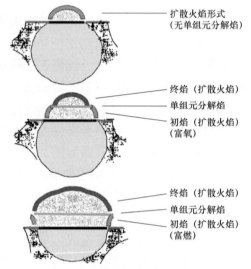

图 7-25 复合推进剂燃烧不同阶段火焰结构示意图

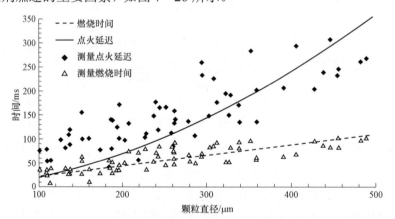

图 7-26 点火延迟时间、燃烧时间与颗粒直径的关系

由此可以看出，AP 颗粒的尺寸会影响推进剂的燃烧速度，因此在调节推进剂燃速时可以通过改变 AP 颗粒的大小实现。一般选取的 AP 有粗颗粒（直径为 200～500 μm）、细颗粒（直径为 5～20 μm）、超细颗粒（直径在 5 μm 以下）。

复合推进剂的多火焰模型相对比较完善，既考虑了燃烧表面微观结构，又考虑了气相反应和凝相反应,还特别强调了凝相反应的重要作用。利用多火焰模型能解释很多试验现象,并较好地预测氧化剂含量对燃速的影响,但不能预测氧化剂粒度对燃速的影响,因为粒度的影响需要通过做大量的试验测得。多火焰模型主要有以下两个缺陷:

① 假设一种规整的粒子结构,它与推进剂的多分散随机结构不符;
② 用一种特征火焰代替不同火焰的总体性质,在物理上不真实。

7.3.5 铝粒的燃烧

此外,复合推进剂中含有铝粉,铝粉的燃烧反应与 AP 和黏合剂的反应不同,铝粉是还原性成分,需要与氧化性气体发生燃烧反应。

从图 7-27 可以看到,AP 颗粒尺度为 200 μm,在 AP 颗粒之间有一些小颗粒的铝粉,铝粉的粒度有两种:3～5 μm 和 20～30 μm,比 AP 颗粒小很多,因此铝粉会填充在大的 AP 颗粒之间。

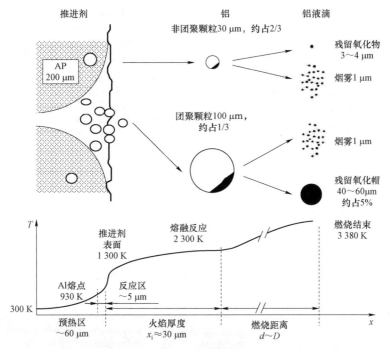

图 7-27 复合推进剂(铝,18%质量含量)中铝颗粒的燃烧过程

图 7-28 是通过试验观察到的不同时刻推进剂表面的火焰,可以看到,从推进剂表面迸射出一束束强光,这些亮点是高温的铝颗粒。

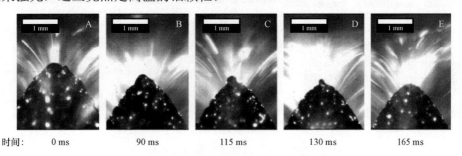

图 7-28 复合推进剂在不同时刻的燃烧图

燃烧过程中，在 AP 颗粒圆周边界形成初焰，由于铝颗粒的熔点（930 K）高于黏合剂的分解温度，在黏合剂分解时，铝颗粒不会发生反应。当表层的黏合剂分解后，分散在黏合剂中的铝颗粒显露出来。受到火焰的加热作用，铝颗粒受热后由小颗粒团聚成大颗粒并与燃气发生反应，燃气是黏合剂气体以及 AP 的富氧气体。从图 7-27 中可以看出，白色小球边缘的黑色部分代表了氧化铝壳体，由于熔点很高，因此是固体，此时铝颗粒变成液体小球被包裹在其中。液体铝球燃烧后会变成 1 μm 的烟尘，另外燃烧后也会形成大的残渣，尺寸为 40~60 μm。还有一部分铝颗粒在推进剂表面没有团聚直接产生凝相颗粒，直径较小，只有 30 μm，直接和气体组分燃烧形成 3~4 μm 的残渣和 1 μm 的烟尘。

另外，从图 7-27 可以发现，推进剂的预热区厚度只有 60 μm，其温度从常温一直到表面层反应区的温度，燃烧表面外的气相火焰区厚度约为 30 μm，火焰区之外是铝颗粒的燃烧区域，因此铝颗粒的燃烧要经历从常温加热到熔化、燃烧等过程，如图 7-29 所示。

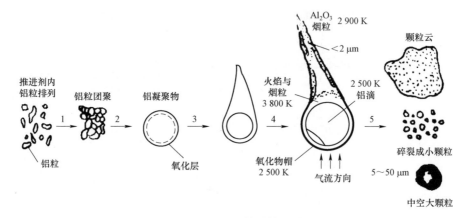

图 7-29 铝颗粒燃烧过程
1—积累；2—团聚；3—点火；4—燃烧；5—燃完

铝颗粒的燃烧过程，试验所拍到的照片如图 7-30 所示，在左边图中可以看到不同时刻铝颗粒堆积、燃烧的过程，下方黑色部分是推进剂燃面。

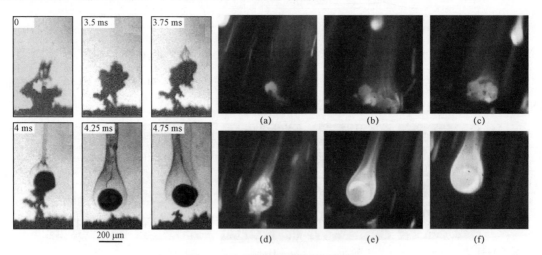

图 7-30 铝颗粒燃烧试验照片

（1）当推进剂燃烧时，燃面退移，金属颗粒逸出至火焰锋面（预混气体的反应区），如图 7-30（a）所示。

（2）铝被火焰及当地混合物的反应产生的热反馈加热，相邻的铝颗粒开始聚集黏合呈珊瑚状。当最终的扩散火焰接触到这一结构时，金属颗粒温度升高，发生点火（图 7-30（b）和图 7-30（c））。

（3）这一聚集体坍缩成一熔融液滴（图 7-30（d）），最终脱离燃面进入燃烧室燃烧（图 7-30（e）和图 7-30（f））。

铝燃烧后会形成两种类型的团聚物：第一种是表面有氧化帽的金属铝颗粒；第二种是"空心"团聚物，其内部是很小的金属铝，外部被氧化铝包裹，中间是气体空腔，此类型团聚物数量比第一种多。

7.4 改性双基推进剂燃烧过程

改性双基推进剂是指在双基推进剂组分中加入固体氧化剂、高能炸药、金属燃料等成分以提高能量性能。双基推进剂中含氧量不足，不能使其中的燃烧组元完全燃烧。在双基推进剂的基础上，增加氧化剂和金属燃料，可提高其能量特性。主要组分有硝化纤维素、硝化甘油、铝粉、无机氧化剂（如高氯酸铵）和有机硝胺类化合物（如奥克托今或黑索今）以及安定剂、燃烧催化剂等。在加入固体填料后，推进剂内部结构与复合推进剂相似，存在多相界面，所以又称为复合改性双基推进剂。在结构上以双基组元为黏合剂，将氧化剂和金属燃料等黏合为一体，属于异质推进剂。

改性双基推进剂具有很高的能量，其海平面理论比冲在 2 550~2 646 N·s/kg 范围。密度高于双基推进剂，与复合推进剂相当。缺点是高、低温力学性能还不够理想，低温延伸率低。改性双基推进剂常用的氧化剂有过氯酸铵（AP）、奥克托今（HMX）或黑索今（RDX）。

改性双基推进剂的火焰结构如图 7-31 所示。在氧化剂颗粒之外的区域，类似于双基推进剂的火焰结构，有嘶嘶区、暗区和发光火焰区。而在氧化剂颗粒附近，会形成类似于 AP 复合推进剂的火焰结构。与 AP 颗粒周围的火焰不同，HMX 分解温度较低，因此 HMX 颗粒上方会形成分解焰，分解后的气体在 HMX 颗粒侧边也会形成初焰。因此，改性双基推进剂

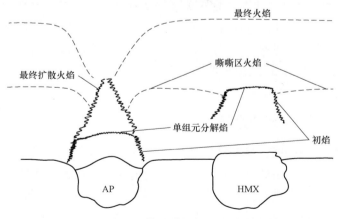

图 7-31 改性双基推进剂的火焰结构示意图

的火焰结构与双基推进剂不同,双基推进剂是分层的火焰结构,而加入氧化剂颗粒后其火焰结构会发生相应变化,变成三维火焰结构。

7.5 固体推进剂燃速与压强的关系

从上述几节固体推进剂的燃烧模型已经了解到压强对于推进剂的燃烧非常重要。压强过低,火焰会远离推进剂表面,使热反馈不足,容易导致推进剂熄火,因此推进剂燃烧时存在压强下限,称为临界压强。压强越高,气体浓度越高,化学反应速度越快,燃烧速度也会增加。因此,压强是影响固体推进剂燃烧的最重要因素。压强直接影响燃烧速度,从而决定推进剂产生的燃气质量流量,进而影响发动机推力大小。

图 7-32 所示为几种不同推进剂燃速与压强的关系。从图中可以看出 6 条曲线的趋势基本相同,燃速随着压强的升高而逐渐升高。不过曲线 3 比较特殊,随着压强升高先升高,再保持不变,接着下降,最后再升高。曲线 1、2、4、5、6 基本上都满足线性关系,但是观察坐标轴可以发现燃速为对数坐标,因此燃速与压强实际上是对数关系。

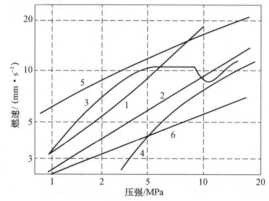

图 7-32 几种推进剂燃速与压强的关系(对数坐标)
1—JPN 双基推进剂;2—缓燃双基推进剂;3—麦撒(mesa)双基推进剂;
4—纯 AP;5—细颗粒 AP+聚酯推进剂;6—粗颗粒 AP+聚酯推进剂

图中曲线 1、2 表示双基推进剂,且 2 为缓燃双基推进剂,所以 2 的燃速比 1 要低;曲线 3 中下降段称为麦撒段,所以推进剂 3 被称为麦撒推进剂;曲线 4 为纯 AP 燃烧的曲线;曲线 5 是细颗粒 AP 和聚酯推进剂,曲线 6 是粗颗粒 AP 和聚酯推进剂,从图中可以看出,曲线 6 的燃速明显低于曲线 5,这是由于曲线 6 是粗颗粒 AP,氧化剂颗粒越粗相同条件下燃速越低。

7.5.1 推进剂燃速的测量方法

固体推进剂的燃速一般通过试验方法获得,燃速的测量方法有很多种,主要可以分成两大类:第一类是燃速仪法测量燃速;第二类是发动机法测量燃速。燃速仪法测量燃速是将推进剂做成药条,在燃速仪中进行测试;发动机法测量燃速是将推进剂做成标准形状和尺寸的装药,在标准发动机中进行点火试验测量燃速。第二种方法中,发动机燃气温度高于第一种方法燃速仪内部的气体温度,更接近实际发动机的工作环境,也称为动态燃速测试方法。

燃速仪测量燃速的方法主要有靶线法、声发射法和准直激光伺服法，其中靶线法最简单也较常用。燃速仪是一个密闭高压容器，由于要测量不同压强下的燃速，因此必须保证燃速仪中压强能达到测试的压强，主要采用惰性气体（氮气）进行充压，达到待测试的压强，其原理如图7-33所示。

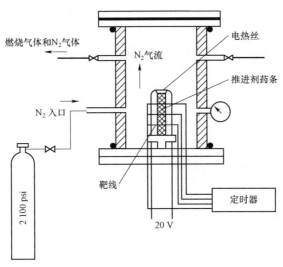

图7-33 燃速仪结构示意图

利用高压氮气对燃速仪充压至所需压强，通过电热丝将推进剂点燃，点燃后推进剂药条从上向下燃烧，由于推进剂药条侧面包覆，因此侧面不参加燃烧，只从端面燃烧。为了能够测量其燃速，在药条的不同位置放上靶线，靶线用于接通外部电路。当火焰面传播至靶线时将靶线烧断，烧断后对应电路的电信号消失，此时记录起始时刻 t_1。当燃面移动至第二条靶线，将靶线烧断时记录下第二个时刻 t_2。根据两个时刻的间隔以及靶线之间的距离，可以计算该压强下的平均燃速 $\bar{r}$，如图7-34所示。

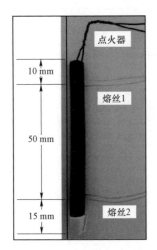 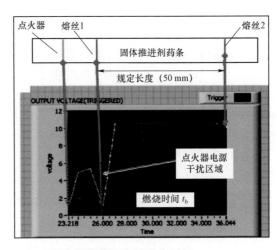

图7-34 药条和固体推进剂测得的实际燃烧时间

第二种方法是声发射法，试验系统如图7-35所示。将推进剂药条放入装有水的燃烧室，对燃烧室进行加压至测试压强，然后点燃推进剂药条。推进剂药条点燃后，在水中从上向下燃烧。通过声压传感器测量水中压强波形，并通过计算机记录下来。图7-36所示为实际测量的声压曲线，由于试验前在推进剂药条侧边开了两个缺口，因此，在推进剂燃烧过程中，当燃面到达第一个缺口时由于燃烧面积突然发生变化，因此压强产生了突降，声压曲线上出现波谷。当燃面移动至第二个缺口时，出现第二个压强波谷。根据两个波谷之间时间间隔和两个缺口之间的长度，可以计算该压强下的平均燃速。

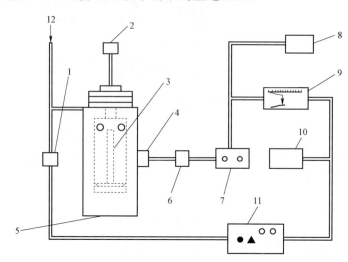

图7-35 声发射系统测燃速简图

1—压强传感器；2—点火装置；3—药条试件（固定在水中）；4—声压传感器；5—燃烧室；6—前置放大器；7—声发射放大器；8—数字式计时器；9—波形记录器；10—数字电压表；11—测压放大器；12—充压管路

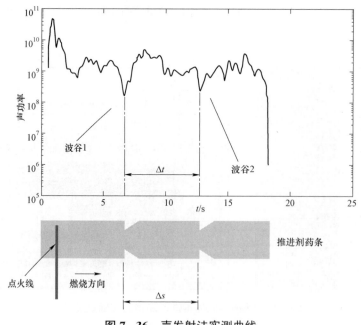

图7-36 声发射法实测曲线

第三种方法是准直激光伺服法,试验系统如图 7-37 所示。将推进剂药条放置在高压燃烧器内,伺服电机的送进动作由平行通过燃面上方的准直激光束控制。如果激光束能够顺利通过,伺服电机工作,送进药条。当药条上升时,遮挡住激光束,伺服电机停止送进,从而使燃面在空间上的位置保持恒定,推进剂的燃速等于伺服电机移动的速度。这种方法不仅可以测量药条的瞬时燃速,而且便于用光学方法来观察燃烧反应区,从而研究推进剂燃烧过程。

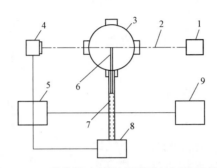

图 7-37 准直激光控制伺服系统测燃速简图

1—He-Ne 激光器;2—准直激光束;3—燃烧室;4—光电管;5—控制放大器;6—药条试件;
7—送进螺杆;8—步进马达;9—电子记录系统

在以上方法中,由于燃速仪中使用的药条尺寸较小,周围气体为氮气或水且处于常温状态,而在实际发动机中推进剂周围是高温燃气,因此燃速仪法测量的推进剂燃速偏低约 10%。发动机法则弥补了这一缺点。

标准发动机法是先将推进剂做成标准尺寸的装药,一般是内孔装药或者内外孔同时燃烧的管型装药。将固体推进剂通过浇注或者自由装填药柱安装在标准发动机中。标准发动机有不同的规格直径,比如 $\phi 50\ \text{mm}$、$\phi 75\ \text{mm}$、$\phi 118\ \text{mm}$、$\phi 315\ \text{mm}$ 标准发动机,用于不同的行业。在标准发动机中进行点火试验,测量发动机的 $p-t$ 曲线,根据推进剂装药的燃烧时间和肉厚,计算推进剂的动态燃速。图 7-38 是 $\phi 315\ \text{mm}$ 发动机的结构。

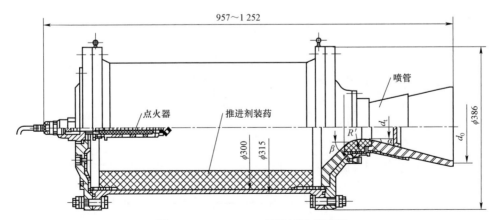

图 7-38 $\phi 315\ \text{mm}$ 标准试验发动机

另一种方法是中止燃烧法，如图 7-39 所示。在发动机内放置推进剂装药并进行点火试验。但在试验的中间时刻，通过发动机下方的爆炸螺栓和上方的高压氮气瓶，将发动机推入下方的水池或者沙池，由于压强突然减小至常压，因此推进剂装药熄火。推进剂装药尺寸在试验之前已知，试验后测量熄火的推进剂装药尺寸，并与试验前进行比较，计算燃烧掉的装药肉厚，可以获得不同轴线位置处推进剂装药的燃速，用于研究固体推进剂侵蚀燃烧。

7.5.2 双基推进剂的燃速特性

双基推进剂的燃速不仅与压强有关，还受推进剂初始温度、燃烧室温度、推进剂组分和配比等因素的影响。

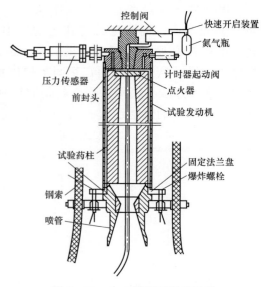

图 7-39 中止燃烧试验发动机

目前还无法从理论上确定燃速与压强的解析关系，燃速公式都是在大量试验测量的基础上提出的经验公式，最常用的燃速公式是指数型燃速关系式，即

$$r = ap^n \tag{7-4}$$

式中　a——燃速系数，与推进剂组元、初温有关，由试验确定；

n——燃速的压强指数，是一个无量纲参数。

燃速系数 a 的单位取决于 n 的大小以及压强和燃速的物理单位，因此 a 的单位并不固定，随其他参数而变化。指数型燃速公式非常重要，不仅适用于双基推进剂，复合推进剂同样适用。

从图 7-40 中可以看出，对压强和燃速取对数后存在线性关系，曲线 B 基本上是一条直线，斜率为压强指数 $n \approx 0.7$，说明压强升高时燃速也在增加。

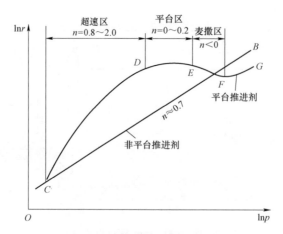

图 7-40 燃速-压强曲线

对一些特殊推进剂，如在双基推进剂里添加少量催化剂，其燃速特性会发生变化，不再是线性关系，如图 7-40 中曲线 G 所示。CD 段为超速区，该区为低压区，n 显著增加（$n=0.8\sim 2$），燃速变化大，称为"超速燃烧"；DE 段为平台区，压强指数 n 比较小，$n=0\sim 0.2$，因此压强的变化对燃速影响很小；EF 段为"麦撒"效应区，$n<0$，随着压强升高燃速减小。

压强影响双基推进剂燃速的原因：① 影响气相对固相的热反馈，使压强升高，气相反应速度加快，放热增加，气相反应区变薄，火焰接近燃烧表面，增加热反馈；② 影响凝相放热强度，使压强升高，分解的气体不易从凝相表面逸出，有利于凝相放热反应充分进行。

除指数燃速公式外，还有一些其他的经验燃速公式，这些燃速公式的适用范围不同。

$$r = a + bp^n \quad \text{（适用于低压 5~6 MPa）} \tag{7-5}$$

$$r = a + bp \quad \text{（适用于高压，大于100 MPa）} \tag{7-6}$$

$$r = bp \quad \text{（适用于高压，大于100 MPa）} \tag{7-7}$$

7.5.3 复合推进剂燃速与压强的关系（萨默菲尔德燃速公式）

由于复合推进剂燃烧时有多种火焰结构，因此燃速和压强的关系更加复杂，萨默菲尔德总结复合推进剂的燃速关系式为

$$\frac{1}{r} = \frac{A}{p} + \frac{B}{p^{1/3}} \tag{7-8}$$

该关系式是根据一维粒状扩散火焰模型推导出来的，燃速系数 A、B 取决于推进剂性质、装药初温和燃烧室压强范围，在较大压强范围内（15 MPa 以内）适用。

简化的推导过程如下。

根据对复合推进剂燃烧过程的分析，在一定条件下推进剂燃速的大小可以近似地看作正比于气相火焰对固相的热反馈。当火焰温度一定时，热反馈的强度主要取决于火焰离开燃烧表面的平均距离 L，因此

$$r \propto \lambda \frac{\mathrm{d}T}{\mathrm{d}x} \propto \lambda \frac{T_f - T_s}{L} \propto \frac{1}{L} \tag{7-9}$$

火焰距离 L 是固相分解产物离开燃烧表面、在气相中完成燃烧、达到燃烧温度所经历的路程，与这些过程进行的速度有关。对复合推进剂来说，完成气相燃烧过程可分为两部分：一部分是氧化剂气体同燃料气体扩散混合，需要经过的路程 L_D；另一部分是进行化学反应所需要经过的路程 L_K。大体上可以认为

$$L = L_D + L_K \tag{7-10}$$

化学反应速度受压强的影响较大，在气相中一般可以认为与压强成正比。反应所需要的时间以及完成反应所需要经历的路程则与压强成正比。如果以 a 表示此比例常数，则有

$$L_K = \frac{a}{p} \tag{7-11}$$

扩散混合的速度则受压强影响较小，根据气体分子运动的扩散理论，完成扩散混合需要经历的路程则与压强的 1/3 次方成反比。如果用 b 表示此比例常数，则有

$$L_D = \frac{b}{p^{1/3}} \tag{7-12}$$

将化学反应路程 L_K 和扩散混合路程 L_D 代入 L 的计算公式中,取倒数可以得到复合推进剂的燃速公式。其中比例常数 a 称为反应时间常数,代表除压强以外的影响气相反应速度的各个因素的作用,主要是推进剂的混合比和燃烧温度。比例常数 b 称为扩散混合时间常数,代表除压强以外的影响扩散混合速度的各个因素的作用,其中影响最大的是 AP 氧化剂的粒度,颗粒尺寸越大,气相过程中初始不均匀程度也越大,需要更多的扩散时间,因此 b 值增加。

低压下复合推进剂燃烧受化学动力学控制,式(7-8)的第二项可近似忽略,燃速与压强呈线性关系;中等压强范围内,化学反应与扩散混合作用相当,符合式(7-8);高压下,受扩散过程控制,式(7-8)的第一项可忽略,更接近指数公式。此公式在比较大的压强范围内与试验结果吻合得也比较好,为了方便处理和比较,往往采用不同压强范围内分段的指数燃速公式。

7.6 燃速与推进剂初温的关系

初温是指推进剂装药燃烧前的温度,由燃烧前推进剂所处的环境温度决定。根据热力计算的结果可知,初温影响固体推进剂的总焓,从而影响固体推进剂的燃烧温度、比冲和燃速。我国幅员辽阔,年气温变化大,年最低气温为 -40 ℃,最高气温超过 40 ℃。为了了解固体火箭发动机的性能,必须了解固体推进剂在不同初温下的燃速。此外,飞行器或导弹在飞行过程中环境温度变化大,因此也必须考虑飞行环境中的温度变化。

我国一般取 -50~+60 ℃ 作为固体火箭发动机的高低温极限,20 ℃ 作为常温。有时需考虑特殊温度的影响,如空空导弹考虑气动加热,热带和沙漠地区导弹环境温度高于 70 ℃,导致燃速提高,发动机压强升高。发动机测量燃速一般在常温下进行,而测量的燃速与在不同环境温度时的燃速会有明显不同,所以研制推进剂时需要测量其在不同温度下的燃速,为发动机设计提供参考,用于确定不同环境温度下固体火箭发动机的性能上、下限。

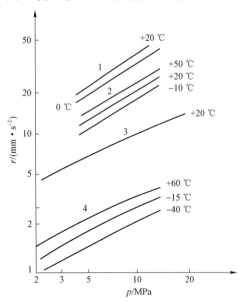

图 7-41 燃速与压强和初温的关系(对数坐标)
1—KP 推进剂;2—JPN 双基推进剂;
3—AP 推进剂;4—AN 推进剂

初温变化对燃速的影响是固体火箭发动机的一个固有缺点,直接影响发动机的工作特性。初温升高,燃速增加,发动机推力增加,工作时间缩短,会影响整个发动机的工作性能。

从机理上看,初温升高,在同样热反馈下推进剂固相表面层温度提高,热分解加速,从而使燃速提高。在图 7-41 中,从 4 号推进剂在不同初温下的燃速与压强的关系可以发现,在相同压强下随着温度的提高燃烧速度不断升高。从这几条曲线上可以看出不同初温下的曲线斜率变化不大,主要变化集中在数值上,因此可知指数燃速公式中,a、n 均受初温影响,但对 n 影响较小,可认为压强指数 n 不随初温变化,其影响全部归到燃速系数 a 中。

从图 7-42 中可以看出,在 -30 ℃ 时由于推进剂燃速比较低，发动机的工作时间达到 18 s。当初温升高到 60 ℃时，燃速增加，发动机的推力增加，但燃烧时间变短，只有 11 s。

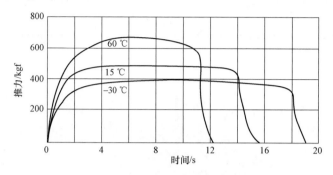

图 7-42　推力-时间曲线随初温的变化

1. 温度敏感系数 σ_p（或表示为 α_r）

为了反映燃速对温度的敏感性，定义了燃速的温度敏感系数 σ_p，即在压强不变的条件下，初始温度变化 1 K 时，燃速的相对变化量。

$$\sigma_p = \left[\frac{1}{r}\frac{\partial r}{\partial T_i}\right]_p = \left[\frac{\partial \ln r}{\partial T_i}\right]_p (\%/K), \quad \sigma_p = \left[\frac{\Delta \ln r}{\Delta T_i}\right]_p = \left[\frac{\ln r_2 - \ln r_1}{T_{i2} - T_{i1}}\right]_p \quad (7-13)$$

试验测定 σ_p 后，可以由 T_{i1} 时的 r_1 计算 T_{i2} 时的 r_2，即

$$r_2 = r_1 e^{\sigma_p(T_{i2}-T_{i1})} \approx r_1[1 + \sigma_p(T_{i2} - T_{i1})] \quad (7-14)$$

为了提高发动机性能稳定性，希望 σ_p 越小越好，目前固体火箭推进剂的 σ_p 在（0.1～0.5）%/K 范围内。

2. 不同种类推进剂温度敏感系数变化规律

不同类型推进剂的温度敏感系数 σ_p 随压强的变化也不同，如图 7-43 所示，当压强升高时，温度敏感系数在减小。这是因为高压强下，高温气相热反馈对推进剂燃速的影响在增强，推进剂初温对推进剂燃速的影响作用在减弱。

复合推进剂的温度敏感系数 σ_p 比双基推进剂略小，因为其燃速还受扩散过程影响，扩散过程受初温影响小。温度敏感系数随压强变化规律的主要影响因素为 AP 含量及粒度、初焰及 AP 焰的强度等。

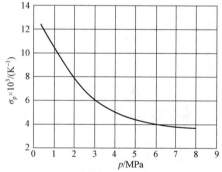

图 7-43　燃速温度敏感系数随压强的变化（双基）

7.7　侵蚀燃烧

侵蚀燃烧也是影响推进剂燃速的一个重要因素。为了提高固体火箭发动机的装填密度，通常会减小发动机通气截面积（图 7-44）。由于大多数发动机都采用内孔燃烧装药，因此推进剂燃烧所产生的燃气要从装药中心孔流出后经喷管排出，而高速气流经过推进剂表面后，会影响燃气对推进剂表面的传热，从而导致燃速增加，这种现象是侵蚀燃烧。

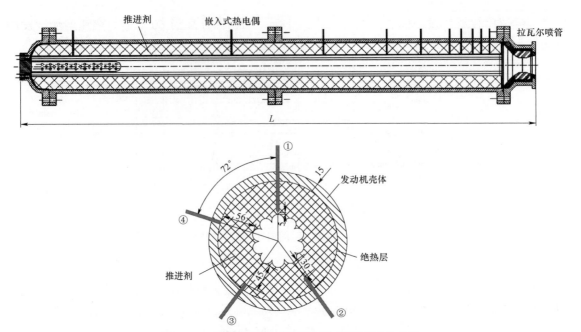

图 7-44 装有温度传感器的侵蚀燃烧测试发动机

侵蚀燃烧造成的后果如图 7-45（c）所示，沿轴线方向上，推进剂装药内孔直径在燃烧室后部变大，装药内孔形状如同喇叭口。这是由于推进剂装药在燃烧过程中，不同装药表面燃烧后的燃气流入内孔通道，因此沿轴线方向的气流速度在燃烧室头部为 0，而在燃烧室尾部达到最大，从而导致尾部传热增加、燃速提高。

1. 侵蚀燃烧现象的特点

典型现象：发动机工作初期，$p-t$ 曲线上有一个初始峰值。随时间增加，峰值消失。这是由于燃烧一段时间后，通道截面积增加，轴向气流速度减小，侵蚀效应减弱。最后侵蚀效应消失，$p-t$ 曲线变得平稳。发生侵蚀的装药燃面面积呈减面性，$p-t$ 曲线拖尾现象比较严重。如图 7-46 所示，燃烧过程中装药上游内孔为管形，下游为锥形，按照平行层退移规律，下游装药最先烧完，会导致下游壳体提前暴露在燃气中，造成严重的壳体烧蚀。

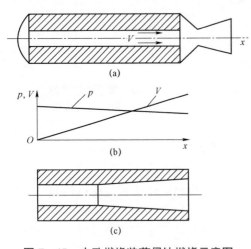

图 7-45 内孔燃烧装药侵蚀燃烧示意图

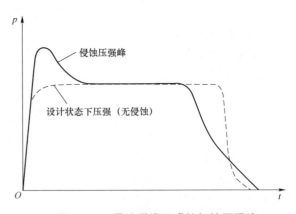

图 7-46 侵蚀燃烧形成的初始压强峰

2. 侵蚀燃烧的不利影响

在侵蚀燃烧比较严重的情况下,侵蚀压强峰比无侵蚀的稳态平衡压强要高得多,这对发动机性能造成不利影响,不仅使发动机工作参数改变,而且要求燃烧室结构有更大的承压能力,不得不增加结构重量。而且,由于侵蚀燃烧的影响,推进剂燃速沿装药内孔通道逐渐增加,下游装药出口附近燃速最大,比上游装药提前烧尽,结果不仅使 p-t 曲线有较长的拖尾段,而且使后段燃烧室壳体提前暴露于高温燃气中,必须采取更严格的热防护措施,增加结构重量。总之,侵蚀燃烧不利于发动机性能的提高,因此在发动机设计中要尽可能消除侵蚀燃烧的影响。

侵蚀燃烧发生时,燃气存在一个界限流速,气流速度大于此速度。同时侵蚀燃烧也分为正侵蚀和负侵蚀。正侵蚀时,推进剂燃速大于无侵蚀时的燃速;负侵蚀时,推进剂燃速小于无侵蚀时的燃速。

3. 侵蚀燃烧机理及影响因素

如图 7-47 所示,由于横向气流导致火焰不再垂直于燃烧表面,而会向气流方向偏移,从而影响火焰对固相的传热。

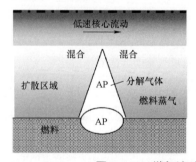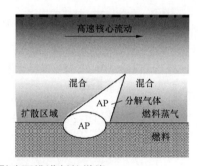

图 7-47 燃气流动影响下推进剂的燃烧

(1)横向气流速度是影响侵蚀燃烧最主要的因素。横向气流速度增加,层流底层厚度与气相反应区厚度相同时,湍流流动开始影响底层的气相反应区。

(2)燃烧室压强的影响。压强减小,层流底层厚度增加了湍流气流对反应区的影响;压强升高,临界速度减小。

(3)推进剂性质的影响。基本燃速低的推进剂更容易受到侵蚀燃烧的影响,其临界速度比高燃速推进剂更小。

(4)装药几何形状和发动机尺寸的影响。装药几何形状影响发动机局部流场,影响推进剂局部的燃烧过程。星孔型装药相比管型装药侵蚀燃烧更严重,同样是星孔型装药,星谷比星尖位置侵蚀严重。中、大尺寸发动机侵蚀燃烧效应小于小尺寸发动机。

4. 侵蚀燃烧的经验计算式

为了更好地研究侵蚀燃烧,定义了侵蚀函数(侵蚀比)和通气参量。侵蚀函数定义为在任意压强及横向气流速度下,发生侵蚀燃烧的燃速 r 与在相同压强下气流速度为零时的燃速 r_0(基本燃速)之比,即

$$\varepsilon = \frac{r}{r_0} \tag{7-15}$$

通气参量有两个,分别是面通比 $æ$ 和喉通比 J,其计算公式为

$$æ = \frac{S_b}{A_p}, J = \frac{A_t}{A_p} \qquad (7-16)$$

式中，A_t 为喷管喉部截面积，S_b 为推进剂装药燃面积，A_p 为装药内孔通气截面积。

通气参量越大，侵蚀燃烧越严重。发动机设计者往往采用 $æ$ 和 J 值判断是否发生侵蚀燃烧。有的资料推荐，对于双基推进剂，$æ$ 值不宜超过 160~180，很多人设计时经常采用此范围数值。但实际上，不同推进剂的临界 $æ$ 值不同，需要通过试验测定。从图 7-48 可以看出，发动机燃烧室内横向气流不断有燃气从燃面加入，并从右向左从喷管流出。

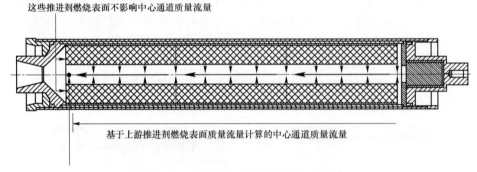

图 7-48　发动机燃烧室燃气流动示意图

通过测试得到侵蚀比与燃气流速的曲线，横坐标表示中心气流的流速，纵坐标为侵蚀比，当侵蚀比等于 1 时表示没有侵蚀。从图 7-49 可以发现，不同的推进剂其临界流速也不同，而且随着横向气流速度的增加，侵蚀比在增大，最大超过了 1.4。

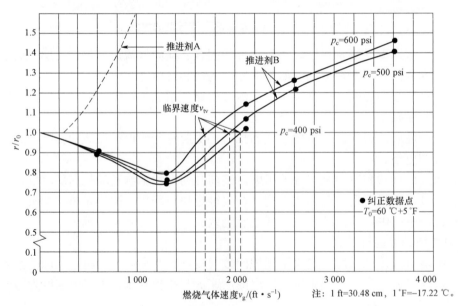

图 7-49　燃气流速对侵蚀比的影响

5. 侵蚀燃烧的试验方法

人们对侵蚀燃烧的研究非常多，设计出多种不同的测试装置，主要方法有试件法和发动机法。试件法是将小尺寸推进剂试件置于各种不同压强和流速的试验装置中进行试验，得到不同工况下的侵蚀比。但与发动机的真实工作情况有所不同，须作修正后方能用于真实发动机。

图 7-50 所示装置是早期设计的试验装置，左边是一个星孔型装药作为驱动段，用来产生高温气流冲刷推进剂药片，可以通过设计星孔型装药的燃面来控制燃气流速。流速不同则被冲刷推进剂的燃速也不同，利用高速摄影相机拍摄火焰以及推进剂药片退移的过程，就可以计算出推进剂燃烧的速度，通过控制燃气流速和试验装置压强能得到不同条件下的侵蚀比。

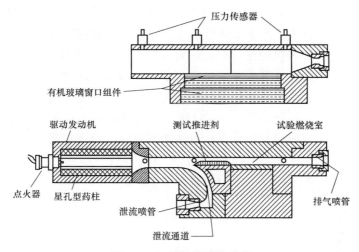

图 7-50 试件法试验装置

发动机法则是在缩比或全尺寸发动机中，直接进行侵蚀条件下的燃速测定，但不易获得瞬态数据。试验发动机的主装药既产生燃气形成侵蚀气流，又作为试件在其上测定燃气流动作用下的燃速。一种中止燃烧试验发动机如图 7-51 所示。它是利用圆形内孔装药在中止燃烧后装药内孔的尺寸变化来确定各个截面上的燃速。而各截面上燃气的质量流量则由该截面上游各点装药尺寸的变化来确定，由质量流量可以进而确定该截面的气流密度等参数，从而得到燃速与气流参数的关系。由于中止燃烧，所得参数都是时均值。但气流参数沿通道在变化，一次试验可以获得多组数据。

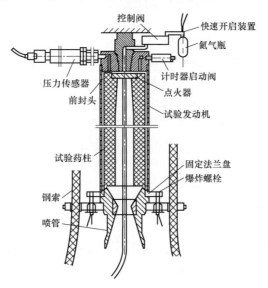

图 7-51 中止燃烧试验发动机

7.8 其他工作条件对燃速的影响

7.8.1 燃速与加速度的关系

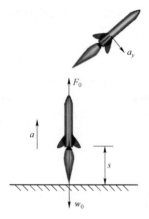

图 7-52 飞行器发射过程

固体火箭发动机主要用于导弹、火箭等飞行器,其飞行加速度较大。产生加速度的主要原因是火箭加速飞行、导弹自旋稳定飞行、导弹机动飞行等。因此,加速度对于固体推进剂的燃烧过程有很大影响,其中垂直并指向燃烧表面的加速度对燃速影响最大。加速度会改变燃烧表面结构和燃烧过程,引起燃速变化。

下面以图 7-52 所示飞行器的发射过程为例进行说明。在简化的二维模型情况下,海平面垂直起飞的飞行器净加速度为

$$a = \left(F_0 \frac{g_0}{w_0}\right) - g_0 \quad (7-17)$$

$$\frac{a}{g_0} = \left(\frac{F_0}{w_0}\right) - 1 \quad (7-18)$$

式中 $\dfrac{a}{g_0}$ ——以海平面重力加速度 g_0 的倍数表示的初始起飞加速度,$g_0 = 9.8 \text{ m/s}^2$;

$\dfrac{F_0}{w_0}$ ——起飞推重比。

对于大型的地面或海面发射飞行器,该初始推重比的值大致在 1.2~2.2。对于小型导弹(空空型、空面型、面空型),飞行加速度通常较大,有时可高达 $50g_0$ 甚至 $100g_0$。垂直上升飞行器的最终加速度或末加速度 a_f,通常指在火箭发动机临关机前、推进剂完全耗尽前的加速度。

$$\frac{a_f}{g_0} = \left(\frac{F_f}{w_f}\right) - 1 \quad (7-19)$$

在无重力环境中,式(7-19)变为 $a_f / g_0 = F_f / w_f$。对于推进剂流量恒定的飞行器,因为飞行器总重量在推进剂耗尽前达到最小值,且对于上升的飞行器,其发动机推力随高度增加,故飞行器最终加速度通常也是最大加速度。若该末加速度太大,就可能导致结构超载,需加强结构,导致结构重量增加,因此可考虑在发动机工作后期把推力降低到较小的值。

1. 加速度影响燃速的主要特征

无论双基推进剂还是复合推进剂,无论推进剂是否含有铝粉,在加速度作用下,燃速都有所增加。复合推进剂的燃速增加百分比大于双基推进剂,含铝推进剂的燃速增加率大于不含铝推进剂。燃速增大百分比随加速度增大而增大,推进剂不同时有差别。图 7-53 是通过试验获得的曲线,可以看到,随着加速度增加,燃速比先线性增加,100g 以下燃速增加很快,100g 左右增加缓慢,甚至出现"平台区"。

从图 7-54 可以看出,当发动机高速旋转时,燃烧末期发动机推力突然增加,发动机工作时间变短。这是由于推进剂表面的法向加速度随转速增加,导致高转速下推进剂燃速增加。

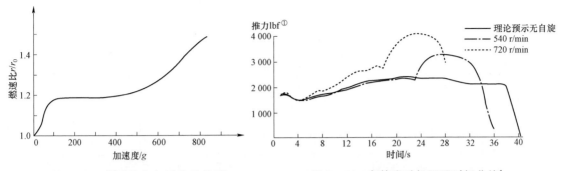

图 7-53　燃速比与加速度的关系

图 7-54　自旋发动机压强时间曲线[1]

同样是中心孔燃烧的装药，如果存在垂直于发动机轴线的横向加速度，由于燃面各个位置的燃速不同，导致装药燃面退移过程不再是均匀退移，如图 7-55 所示。由于存在从左向右的横向加速度，导致内孔装药的右侧燃面燃速增加，而左侧的燃速略有减小。在有横向加速度作用下，内孔装药的燃烧不再是同心圆的燃面退移过程，不同时刻的燃面变成了近似椭圆形，导致最右侧装药先燃烧完，最左侧装药后燃烧完，如图 7-55（b）所示。最后，发动机右侧壳体最先暴露在高温燃气中。

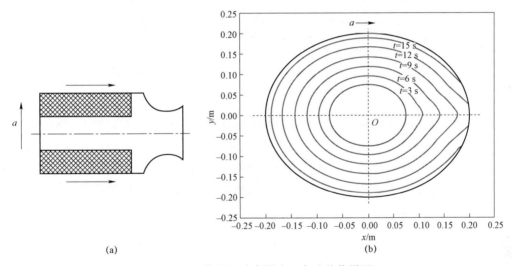

图 7-55　横向加速度影响下内孔装药燃面

图 7-56 为在加速度作用下推进剂的燃速变化曲线，可以看到燃速增大程度随时间而变化，先增大至最大值，随后减小，趋于稳定值。

燃烧室压强增加时，加速度的影响增大。从图 7-57 中可看出，随着压强的升高即从 19.6 MPa 到 29.4 MPa，燃速增加更明显，即加速度的影响更大。

加速度对燃烧的影响还与加速度方向与燃面的夹角 θ 有关，$\theta = 90°$ 时最大，θ 小于某一界限时无显著影响。从图 7-58 可以看出，当 $\theta < 75°$ 时，加速度对燃速的影响较小；当 $\theta > 75°$ 时，加速度对燃速的增加表现明显。

---

① 1 lbf≈4.45 N。

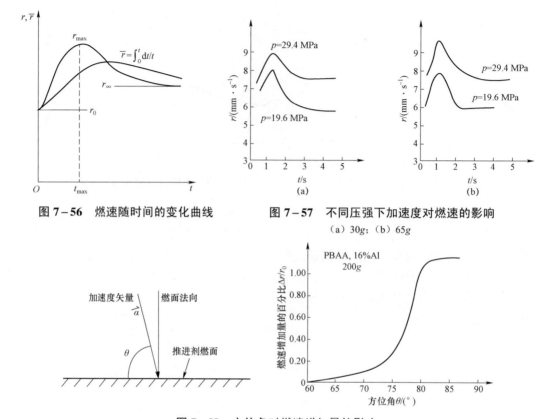

图 7-56 燃速随时间的变化曲线

图 7-57 不同压强下加速度对燃速的影响
(a) 30g；(b) 65g

图 7-58 方位角对燃速增加量的影响

此外，一些试验获得的规律是：推进剂基本燃速越小，加速度影响越大。AP 颗粒越大，扩散速度越慢，基本燃速越低，加速度影响越大。随着铝的含量及颗粒尺寸增加，加速度影响增加。由于加速度基本上作用于燃烧产物中的凝相颗粒，因此铝含量增加会导致燃烧产物凝相含量提高，加速度作用下燃烧产物对推进剂的热反馈也会随之增加，从而提高燃速。燃速增大的机理如图 7-59 所示。

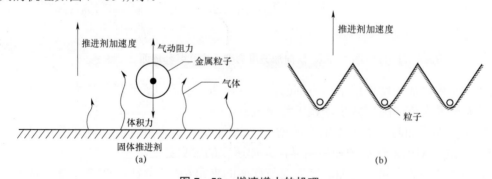

图 7-59 燃速增大的机理
(a) 金属颗粒的滞留；(b) 凹点的形成

加速度增大燃速的机理一般认为，主要原因是燃烧产物中某些凝相微粒在加速度作用下离燃面很近，增加了对固相的传热，使燃速增大。特别是铝粒子在燃烧表面的集聚和结团，加长了停留时间，更增加了固相受热。此外，由于凝相产物附着在燃面上，会在燃面上形成凹坑，增大燃烧面积，从而间接增大燃速。

2. 过载加速度地面模拟试验台

为研究加速度对于发动机的影响，人们建立了飞行加速度的地面模拟试验台，如图 7-60 所示。由于导弹在飞行过程中受到加速度影响，而在地面做静止点火试验时无加速度，为了能够获得模拟实际飞行条件下推进剂的燃烧规律，需要在地面上建立加速度试验条件。图 7-60 所示试验台能够把 7.3 t 的物体加速到 $100g$，轻一些的物体能加速到 $300g$，最大旋转速度可以达到 175 r/min。试验台可以用于研究卫星在太空中运动时受到加速度的影响，还有再入返回的飞行器、火箭、传感器、武器组件等在加速度影响下的工作状态及特性。

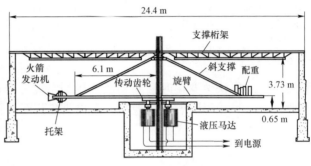

图 7-60　NASA 的飞行过载试验台

图 7-61 是移动式加速度过载试验平台，是北京理工大学宇航学院喷气推进实验室研发的第三代过载测试系统。该系统核心为离心式过载试验装置，可广泛用于导弹、飞机、卫星等产品部件的研发测试或开展高过载条件下的科学研究。该系统能进行高过载条件下点火与动态燃烧试验、离心过载条件下火工品爆炸试验、离心过载条件下的动态力学性能测试、不同角度下过载加速度环境测试和自旋测试。该试验平台转速为 0～450 r/min，过载加速度为 0～$150g$，过载角度可调，实现了 100 m 远程控制和多功能模块化设计。

图 7-61　移动式加速度过载试验平台

7.8.2　压强变化率对燃速的影响

在实际使用中，固体火箭发动机的推力并不全是恒定推力输出，有时需要采用两级推力，

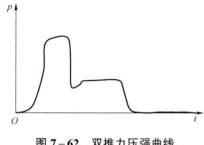

图 7-62 双推力压强曲线

比如单室双推力固体火箭发动机，两段式的推力输出如图 7-62 所示。在极短时间内，采用高燃速推进剂，发动机推力很大，用于导弹的助推。随后在巡航段采用低燃速推进剂产生小推力。由于发动机在工作过程中会出现从高压强向低压强的快速转换，引起推进剂的瞬态燃速突然下降，有可能导致发动机熄火。

当压强变化率 $\dfrac{dp}{dt}$ 超过一定数值后，一般急升时会引起燃速增加（相对于静态燃速），急降时会引起燃速降低。由于压强突然升高，相当于冲击波挤压火焰靠近燃面，从而对燃面传热量增加，进而提高燃速；压强突然降低时则相反。如图 7-62 所示，当压强急速降低后，瞬时燃速突然下降，引起压强低于理论计算值，在 $p-t$ 曲线上出现凹坑。如果 $\dfrac{dp}{dt}$ 太大会造成发动机熄火。

燃气压强发生快速变化时，固相及气相的温度分布也随之调整，但其调整速率总是滞后于压强变化率，形成了瞬态燃烧现象。温度调整滞后时间与推进剂热扩散系数、基本燃速、压强等因素有关。

7.8.3 其他影响因素

除了上述因素外，还有其他因素影响推进剂燃速。

1. 燃烧产物的热辐射

燃气热辐射使透明或半透明推进剂燃速不均匀。由于推进剂分解产物进行燃烧时产生高温的明亮火焰，当推进剂透明时火焰辐射可以加热推进剂内部，导致内部推进剂温度升高，引起推进剂燃速提高。为避免这种现象，可以在推进剂组分中加入炭黑做成纯黑色，不透光，从而使推进剂受到火焰辐射时，从外向内进行传热，使推进剂内部温度变化均匀。

2. 推进剂应变

复合推进剂装药在发动机工作过程中不仅要燃烧，产生高温高压的气体，而且要承受发动机在制造、运输、储存、工作过程中对其造成的各种恶劣载荷。这些载荷会使推进剂装药内部产生应力和应变。在应变条件下，复合推进剂中黏合剂会产生微疏松和空隙，黏合剂与固体颗粒之间会产生裂纹与空穴，推进剂燃烧生成的火焰会进入应变引起的裂缝和空穴，使燃面增大，导致推进剂燃速有所增加。

推进剂应变可能引起发动机内弹道性能的改变，从而导致固体火箭发动机不能正常工作，严重时甚至造成整个发动机炸毁。例如，1995 年在"沙漠风暴"战斗中，由于美军导弹在长距离运输中不断受到振动载荷的作用，导致推进剂自燃，使导弹运输车着火而发生爆炸事故；1998 年国内某大型的地地洲际战略导弹的第 1 级固体火箭发动机，因为固体火箭发动机装药产生了缺陷，造成前封头爆破，从而导致地面试车失败的重大事故；2000 年美国的"大力神 Ⅳ"运载火箭固体助推器在进行地面试验时，在点火的瞬间发生了严重的爆炸，后经事故调查小组认定，该事故是由于发动机药柱在受到点火增压过程冲击时造成了装药结构完整性破坏，产生燃烧转爆轰（DDT）现象，从而引起助推器的爆炸。

7.9 燃速的调节与控制

燃速特性取决于推进剂本身的性质,最主要的是基本组元。其他影响推进剂燃速的因素还有推进剂氧燃比、燃烧温度、氧化剂颗粒尺寸、燃速调节剂含量、工艺成型方法、推进剂密度等。其中有些因素可以用来在一定范围内改变推进剂的燃速特性,使其适应不同发动机的要求,这就是燃速调节。另外,对一定的发动机应用来说,推进剂燃速特性的变动又不得超出一定的允差范围,因此,必须严格控制这些影响因素,防止燃速有过大的波动,保证发动机对燃速的要求。

1. 混合比

在基本组元一定的条件下,改变氧化剂-燃料的混合比,不仅会影响推进剂的能量特性,也会影响其燃速特性。这是因为混合比的改变使燃烧温度改变,因而使气相火焰对推进剂固相的热反馈改变,从而影响燃速。一般来说,无论是双基推进剂还是复合推进剂,为了满足其全面性能(特别是力学性能)的要求,大抵都是贫氧的。因此,如果增加氧化剂的含量,使混合比朝着化学计量比的方向改变,将使燃烧温度提高,使燃速增加。反之,氧化剂含量减少将使燃速减小。以 AP 复合推进剂为例,增加 AP 含量,可以增加燃速。在含铝推进剂中,加铝是为了提高能量、提高燃烧温度,因而对燃速也会有所提高。但由于在推进剂的燃烧过程中,铝的燃烧放热发生在较远离燃烧表面的地方,它对燃速影响很小,燃速改变不大。在双基推进剂中,如果增加硝化甘油的含量,将使燃烧温度提高,同样也使燃速有所增加。由于混合比的改变直接影响推进剂的能量特性——比冲,因此,用改变混合比的办法来调节燃速会受到很大限制。只有在某些特殊情况下,才不得不略微牺牲比冲来得到较低的燃速。

2. 颗粒尺寸

AP 颗粒的粗细是影响推进剂燃速的一个重要因素。颗粒越细,燃速越高。从燃烧过程可以看到,固体颗粒的大小,直接决定气相过程起始阶段的不均匀程度。尺寸较大的 AP 颗粒,在燃烧表面气化形成的氧化剂气柱的尺寸也较大,它和周围燃料气体扩散混合均匀所需的时间也较长,使高温火焰离开燃烧表面的距离增加,气相对于固相的热反馈减小,因而燃速减小;反之,当 AP 颗粒较细,气相过程起始不均匀度减小,扩散混合所需时间较短,高温火焰更靠近燃烧表面,增加对固相的热反馈,从而使燃速增加。AP 的粒度可以比较方便地在较大的范围内变化,从最细的几微米到粗的几百微米。因此,改变 AP 颗粒粗细是调节燃速常用的方法。一种复合推进剂会选择几种不同的 AP 颗粒尺寸。比如,采用粗、细两种不同的粒度,粗粒度尺寸为 292~401 μm,细粒度尺寸在 81 μm 以下。很显然,随着细粒度 AP 的含量增大,燃速也增大。

在含铝推进剂中,铝粉的粒度也对燃速有影响。由于铝粉粒度的改变在工艺上成本较高,而且对燃速改变不显著,通常不用于调节燃速。

3. 燃速调节剂

往推进剂中加入少量的燃速调节剂是改变燃速的一种比较有效的手段,它是利用化学方法来催化加速(或抑制)燃烧过程中的某些化学反应,使燃速改变。在一定范围内增加催化剂的含量可以使燃速调节的范围扩大。AP 推进剂中应用最多的燃速调节剂是各种类型的氧化铁;也有一些非铁氧化物,如亚铬酸铜等,可以使其燃速增加。加入 LiF 可以在一定范围内抑制 AP 推进剂的燃速。双基推进剂也可以采用类似的方法。平台双基推进剂就是因为加入了一定的铝盐以后改变了燃速特性。

4. 工艺过程的影响

推进剂成型的方法和过程不同，对推进剂的微观结构也有影响，使推进剂的密度在小范围内有所变化，从而影响燃速。因此，控制工艺过程也是控制燃速的一个重要方面。通常推进剂密度越大，其燃速则越小。对压伸成型的推进剂来说，平行于压伸方向的燃速比垂直于压伸方向的燃速更大些，最大的可以相差10%。此外，推进剂原材料的规格甚至供应的厂家和批次，都对燃速特性有影响。这都是在生产过程中需要注意并加以控制的。

5. 加金属丝提高燃速

为了较大幅度地提高推进剂燃速，以适应发动机技术指标的要求，还可以采用在推进剂中加金属丝的方法。这是利用金属导体的良好导热性，增加气相燃烧区对固相的传热，从而增加燃速，是一种行之有效的调节燃速的物理方法。由于金属丝的导热性好于推进剂，因此金属丝周围

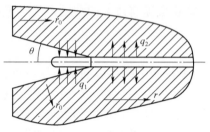

图 7-63 金属丝传热示意图

推进剂的传热量大于其他位置，导致燃速提高，在金属丝附近推进剂燃速加快，会形成锥形坑，如图 7-63 所示。

图 7-64 所示为嵌入金属丝后燃面的形状，金属丝两侧推进剂为正常燃速 r_0，中间嵌入金属丝区域推进剂的燃速为 r_f，从图 7-64 中可以看出，金属丝与燃面的夹角 θ 与燃速 r_0 和 r_f 存在以下关系，即

$$\sin\theta = \frac{r_0}{r_f} \tag{7-20}$$

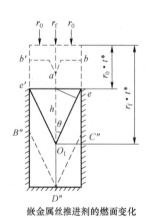
嵌金属丝推进剂的燃面变化

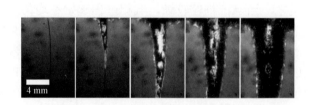
嵌钯铝合金丝的推进剂在13.8 MPa下燃烧图像（图片间隔40 ms）

图 7-64 嵌入金属丝的装药面变化示意图

推进剂燃速增加的放大倍数与金属丝的材料有关，表 7-2 所示为常用的金属丝，包括银、紫铜、钨、铂、铝、镁和钢。对比各材料在 650 ℃下热扩散系数和热导率，可以发现银的导热性最好，所以其燃速放大倍数最大。同时金属丝熔点也会对燃速增加产生影响，若熔点过低，金属丝很容易被烧断而失去作用，熔点高的金属丝如钨可以直接深入火焰区进行热传导，增加推进剂燃速。

表 7-2　加入各种金属丝的推进剂燃速数据

金属丝材料	650 ℃下热扩散系数 a/(cm² · s⁻¹)	热导率 λ/[kcal/(m · K)]	熔点 m_p/℃	燃速 r/(mm · s⁻¹)	燃速增大倍数 K
银	1.23	394.6	960	67.3	5.3
紫铜	0.90	338.0	1 083	58.9	4.6
钨	0.67	137.9	3 370	46.2	3.6
铂	0.35	—	1 750	37.1	2.9
铝	0.94	175	660	29.5	2.3
镁	0.66	136	651	24.4	1.9
钢	0.064	40	1 460	20.3	1.6

金属丝的直径也会对燃速增大倍数产生影响。图 7-65 是银丝直径和燃速增大程度的对应关系。从图中可以发现，随着银丝直径的增加，推进剂燃速增大倍数先增加后减小，因此存在一个直径使燃速增大倍数最高。

由前面分析可知，燃速增加程度与金属丝材料有关。如图 7-66 所示，前 3 个锥面形成过程同样是 2 mm 的金属丝，等值线表示燃面推移过程，可以看到，银丝的锥角最小，表示其对燃速影响最大。比较 2 mm 和 0.6 mm 的银丝可以看出，0.6 mm 时形成尖角更小的锥面，表示其燃速增加程度远大于 2 mm 的银丝。

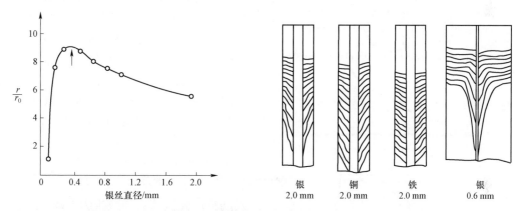

图 7-65　金属丝直径对燃速增大程度的影响（$p=40$ atm）　　图 7-66　锥形表面形成过程（$p=16$ atm）

7.10　固体火箭发动机不稳定燃烧

有些飞行条件下，固体火箭发动机会出现反常燃烧。反常燃烧会使发动机性能变坏（甚至爆炸或熄火），影响导弹飞行性能，因此预防反常燃烧是固体火箭发动机研究的重要内容，不稳定燃烧是反常燃烧中非常重要的一种类型。

前面的内容介绍是基于推进剂稳定燃烧，但实际上发动机中的燃烧过程并不是完全稳定的，会出现压强振荡，进而引起发动机推力振荡，因此会带来不利的影响。

7.10.1 不稳定燃烧现象

在固体推进剂燃烧过程中,燃烧室内部会出现周期性的燃烧振荡,这种振荡常表现为燃烧室压强的周期性振荡。当这些压强波动幅值小于平均燃烧室压强的±5%时,燃烧室的运行被认为是"平稳"的。但如果燃烧室内部出现周期性压强波动,压强波动幅值 p' 与平均燃烧室压强 $\bar{p}$ 之比 $p'/\bar{p} \approx 10\%$ 时,则燃烧室发生了燃烧不稳定。图 7-67(b)是典型的发生不稳定燃烧时的压强曲线。正常燃烧时燃烧室压强是图 7-67(b)中虚线。在发动机实际工作过程中,压强曲线并不是平滑曲线,从图中可以看出,在中期出现压强异常升高现象,并产生了剧烈的振荡。

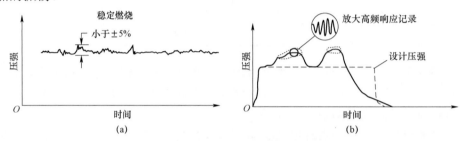

图 7-67 典型的不稳定燃烧现象

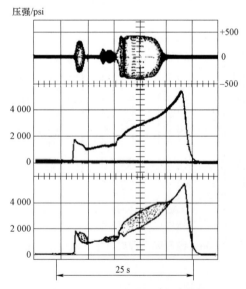

图 7-68 不稳定燃烧与压强振荡

不稳定燃烧现象由燃烧室内周期性的压强振荡来表征,燃烧室内的压强振荡行为大都由燃烧室内流场与燃烧过程、室腔的反射等相互作用引起。因此,不稳定燃烧是指在一定条件下,火箭发动机工作时间内,随机扰动发展成一定频率的压强振荡。其内在表现为,燃烧室压强围绕某一均值做周期或近似周期性振荡。图 7-68 所示为发动机压强振荡曲线。中间图中曲线为平均压强 $\bar{p}$ 曲线,最下方图为工作过程中压强振荡的 $\bar{p}+p'$ 曲线,两条曲线相减可以获得压强振荡 p' 曲线,可以看到压强振荡出现在特定的时刻,形成了有限振幅的振荡,如上图所示。

发动机压强振荡会导致推力波动,从而对发动机性能产生不良影响。燃烧不稳定时会出现压强和推力振荡,导致平均压强不规则增加,或者弹体的剧烈振动,可能会导致燃烧室的壳体或者推进剂装药破坏,引起爆炸;发动机性能参数会发生改变,不能实现预计的推力方案;对发动机传热加剧,受热部件过热,不能正常工作。而且强烈的振动会影响导弹、飞行器的其他部件,导致其失灵或破坏,使发射任务失败。

在某型大长径比单室双推力固体火箭发动机的研制试验中,出现了明显的压强/推力振荡现象。图 7-69(a)所示为压强与推力的关系曲线,从图中可以看到,在 14 s 时发动机中出现了压强振荡,同时推力曲线上产生了比较大的振荡,这会引起导弹和飞行器产生剧烈的振动。如图 7-69(b)所示在 14 s 时发动机质心出现了剧烈振动,最大振动加速度达到约 175g。

因此，需要消除固体火箭发动机的压强和推力振荡。

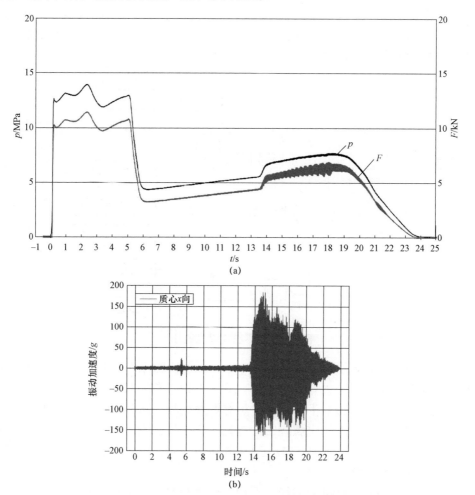

图 7-69　发生不稳定燃烧时发动机参数时间变化关系
（a）压强与推力的关系曲线；（b）发动机质心振动曲线

针对导弹等飞行器，在飞行过程中可能出现不稳定燃烧或者振动，为了考核弹上元器件在振动条件下的工作性能，需要在地面开展相应的环境试验，如振动、过载试验，即在地面模拟空中飞行的环境，测试元器件能否抵抗外部环境载荷，并正常工作。

7.10.2　不稳定燃烧的分类

按照不稳定燃烧产生的机理，可以分为 3 种不稳定燃烧，分别是声不稳定燃烧、非声不稳定燃烧和流动不稳定燃烧，如图 7-70 所示。

不稳定燃烧的基本特征是燃烧室压强做周期或近似周期性变化。根据压强振荡频率与燃烧室空腔固有频率的相对关系，可将不稳定燃烧分为声不稳定燃烧与非声不稳定燃烧。声不稳定燃烧是推进剂燃烧过程与发动机中声学模态相互作用的结果，其特点是压强振荡频率与燃烧室空腔的固有声振频率基本一致，根据振荡频率可分为低频、中频和高频不稳定。非声不稳定燃烧则与声振无关，可以是燃烧过程本身的周期性变化，也可以是燃烧过程与排气过程相互作用的结果。在分析与处理过程中，根据不稳定燃烧的发展历程，可将不稳定燃烧现象分为线性不稳定燃烧和非线性不稳定燃烧。此外，与燃烧主导不同，还有一类不稳定燃烧，它主要由流动不稳定导致，即涡声耦合现象，其与推进剂的燃烧特性没有直接联系，主要在大长径比发动机、分段发动机中出现。

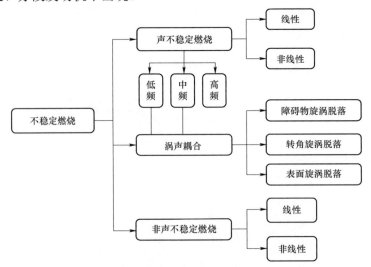

图 7-70 不稳定燃烧的分类

固体火箭发动机的燃烧室可以被认为是一个自激的声振系统，当发生不稳定燃烧时，压强振荡的频率与燃烧室声腔的固有频率一致。非声不稳定燃烧与声振无关，可以是燃烧过程本身的周期性变化，属于固有的不稳定性，也有燃烧过程与排气过程的相互作用，其频率不同于声腔固有的频率。非声不稳定燃烧的特点是，压强振荡频率比燃烧室的最小声振频率低 1~2 个量级，以低频（通常为 5~15 Hz）压强振荡为主，整个燃烧室内可以认为压强均匀一致，各处都表现为同相，整体振荡。

按照压强振荡的描述方程可分为线性不稳定燃烧和非线性不稳定燃烧。线性不稳定燃烧的压强振荡可以用线性方程描述、可以叠加。线性不稳定的压强振幅很小，是自微弱扰动发展起来的。振荡的波形是正弦波，即简谐振荡，振幅按指数规律增长。非线性不稳定燃烧是由有限振幅的振荡发展起来的，一开始就不是微弱扰动，而是有一定强度的扰动，振幅的增长不是按指数规律变化。一般非线性不稳定燃烧是推进剂燃烧过程受到外部激励所产生的压强振荡，如由外部弹体振动、团聚的铝颗粒突然燃烧放热、绝热层脱落堵塞喷管等因素引起。

按照压强振荡频率，不稳定燃烧可分为高频、中频和低频 3 个量级。高频不稳定燃烧是指压强振荡频率在 1 000 Hz 以上，中频不稳定燃烧发生在 100~1 000 Hz 的频率范围，100 Hz 以下则属于低频不稳定燃烧。

除了振幅的大小、频率的高低以外，振型也是声腔振荡的一个基本特征。它包括波阵面的几何特性、波的传播方向等，实质上是声振参数在燃烧室声腔中的分布和传播形式。声腔的振型取决于声腔的几何形状和尺寸、介质的特性和声腔的边界条件。对于火箭发动机来说，振型取决于燃烧室内腔结构、推进剂和燃烧产物特性。不稳定燃烧按照振型可分为纵向振型、切向振型和径向振型。

纵向振型是指声波沿燃烧室轴线方向传播，波阵面是垂直于轴线的平面。压强振荡传播

方向为轴向,一般在燃烧室内腔纵向长度较大时发生。纵向振型的频率也较低,属于低频振动,振荡频率可以表示为

$$f_{纵} = \frac{na}{2L} \quad (7-21)$$

式中 n——振荡的阶数;
a——燃烧室内的声速;
L——燃烧室的长度。

因此压强振荡频率与燃烧室长度和燃烧室内的声速有关。根据声速的计算公式可知,声速与温度有关,温度越高,声速越大,因此振荡频率也越高。纵向振荡时,最大压强变化的区域(压强波腹)交替出现在发动机燃烧室的两端。燃气在燃烧室中沿轴线来回振荡,最大振荡速度出现在燃烧室中部。

切向振型和径向振型都是沿垂直于轴线方向的振荡,统称为横向振型,其频率可以由式(7-22)估算。其中切向振型是指在燃烧室横截面上沿切线方向发生的振荡,声波一般紧贴燃烧室内壁面或装药内表面传播,如图7-71(b)所示。波阵面呈圆弧形,振荡传播的方向为切向,切向压强振荡的频率较高。

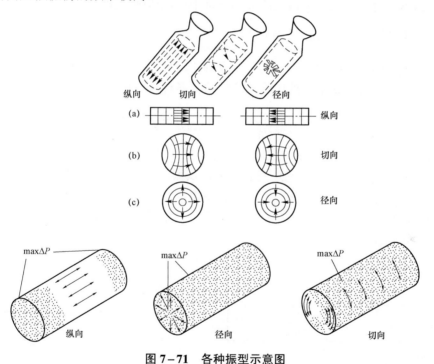

图7-71 各种振型示意图

径向振型是指在燃烧室横截面上沿燃烧室半径方向发生的振荡,如图7-71(c)所示。波阵面是一系列同心圆柱面,振荡传播的方向为径向,径向振荡的频率更高。压强波腹出现在燃烧室轴线和燃烧室/装药的内表面。

$$f_{切} = 0.293\frac{na}{R}, \quad f_{径} = 0.610\frac{na}{R} \quad (7-22)$$

选用圆柱形燃烧室长度 $L=1\,\text{m}$,半径 $R=0.15\,\text{m}$,取声介质密度为 $4.0\,\text{kg/m}^3$,平均声速

为 1 004 m/s，从而确定圆柱形燃烧室，空腔声学固有频率理论计算结果如表 7-3 所示。

表 7-3 声腔各振型频率

模式	$f_纵$ 理论解/Hz	$f_切$ 理论解/Hz	$f_径$ 理论解/Hz
1	502	1 961.147	4 082.933
2	1 004	3 922.293	8 165.867
3	1 506	5 883.44	12 248.8
4	2 008	7 844.587	16 331.73

高频振荡一般出现在尺寸较小的发动机上，尤其是液体火箭发动机，它的燃烧室尺寸比较短，所以高频切向和径向不稳定出现的次数较多。在液体火箭发动机中，头部是喷注器，为消除切向不稳定，在头部做了很多径向隔板，可以起到削弱压强振荡的作用，从而使燃烧更加稳定。固体火箭发动机一般较长，容易产生纵向振荡，频率较低但振幅较大。固体火箭发动机中也会出现高频的压强振荡，但燃气中有大量凝相产物，会对高频压强振荡产生阻尼作用，因此固体火箭发动机中压强振荡大部分是中低频压强振荡。

7.10.3 声不稳定燃烧的基本机理

古典的声腔指刚性封闭的空腔，其中充满静止均匀的弹性介质，微弱的压强扰动可在其中传播，产生声振。考虑到壁面处速度为零的边界条件，纵向振型的声压可表示为

$$p'(x,t) \propto \cos\left(n\pi\frac{x}{L}\right) \cdot \cos(\omega t) \tag{7-23}$$

p' 表示振荡的压强，由实际压强 p 减去压强的平均值 $\bar{p}$ 得到，从式中可以看到，p' 是时间和位置的函数，同时 p' 还与燃烧室长度 L 以及振荡频率 ω 有关。从图 7-72 可以看出，驻波的声压分量和速度分量在某些位置产生最小幅值。图中，声压分量的幅值在边界处最大，速度分量的幅值在中点处最大。声压分量幅值为零的位置称为压强波节点，声压分量幅值最大的位置称为压强波腹点。

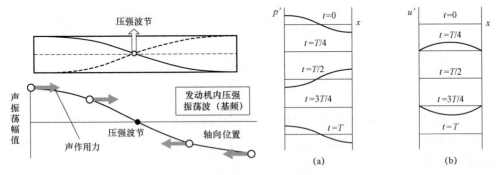

图 7-72 封闭声腔中压强和速度分布
（a）压强波；（b）振动速度波

从图 7-72 可以看到，封闭声腔两端是压强振荡的波腹。在 $t=0$ 时刻，左端压强高，右端压强低，此时气体会从左向右运动。在 $t=T/4$ 时刻，压强在各处都相等，气体速度在声腔中间达到最大值。由于惯性作用，气体会继续向右端运动，最终导致右端压强升高，左端压强下降，即 $t=T/2$ 时刻。如果没有阻尼，这个振荡过程会交替持续下去。

在声腔中，声波来回运动，每一个位置上压强都以正弦波形式振荡，只是振幅不同。从图中可以看到中心位置处压强始终为 0，这个点称为压强波节，而声腔两端的压强值最大，这个点称为压强波腹。

在封闭的刚性圆柱空腔内，除了存在 1 阶声模态外，还存在高阶声模态。1 阶声模态频率最低，波长最长，高阶声模态频率是 1 阶声模态频率的整数倍。图 7-73 中，1 阶声模态时空腔内部只有一个波节（图 7-73（a））。由于 2 阶振荡频率更高，波长更短，因此在同样的长度上存在两个波节（图 7-73（b））；3 阶模态的波节点更多，存在 3 个波节（图 7-73（c））。

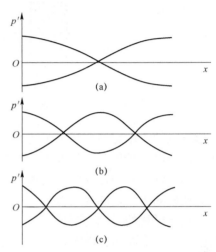

图 7-73　封闭、刚性壁圆柱空腔内的纵向模型

如果没有阻力，声腔中声波振荡会一直持续下去，但实际情况是声波在声腔中会慢慢停止或消失。这是由于声腔中存在空气的阻力、气体和周围壁面的摩擦力，它们会让声波振荡逐渐衰减。在固体火箭发动机中，由于有固体推进剂的燃烧，从而使燃气不断加入，因此压强振荡能不断维持下去，形成自持的压强振荡。如果要形成自持的压强振荡，整个发动机系统需要满足瑞利准则。

瑞利准则是指对于一个声振系统，如果有热源周期性向系统输入或抽出能量，则有可能使声振发生变化。当在声压最大时向系统输入热能，在声压最小时从系统抽出热能，则声振会被放大；反之，如果在声压最大时从系统抽出热能，而在声压最小时向系统输入热能，则声振会衰减。如果声腔中介质处于平衡状态，就不会发生振荡，热量交换不会对其产生影响，因此给它输入热量或者抽走热量会有相位关系，只有满足相位关系后，才能让振荡维持下去。进一步研究发现，在有质量源的系统中，系统的质量周期性交换也会影响声振的发展，同热能交换相似。

所以，在一定条件下，热源或者质量源对系统做周期性的交换作用，就可以对声腔振荡进行激发。这种热交换和质量交换会使声振放大，使其振幅越来越大，从而形成自激声振系统。在最大振幅时输入质量和能量会让振荡更剧烈，在最小振幅时抽走质量和能量也会让振荡更剧烈，这是自激振荡过程。

固体火箭发动机的燃烧室可看作一个声腔（声振系统），包含燃气和固体推进剂两种介质。固体推进剂具有良好的黏弹性阻尼作用，只有气相振型才有可能起到放大压强振荡的作用。推进剂装药表面和燃烧室壁面可视为刚性边界。喷管中气体是超声速流动，喉部下游扰动不会影响上游压强振荡，且入口段有很大的压强梯度和温度梯度，构成了很多声学特性不同的横截面，有效地反射了燃烧室中的声波，因此喷管喉部可以作为声振隔离面处理。

当发动机工作时，推进剂装药在燃烧，因此燃烧室声腔会有质量和能量的加入，从而形成一个自激系统。图 7-74 所示为一个典型的固体火箭发动机结构，左端为推进剂装药，推进剂表面是燃烧区，固体推进剂燃烧产生燃气质量和释放热量，燃烧室内部为燃烧产物。燃烧室的压强波动会影响推进剂燃烧放热，压强高时推进剂燃面输入的质量和能量也增多，压强低时输入的质量和能量也减少，此时符合自激振荡的条件。声不稳定燃烧即是由燃烧室在工作过程中依靠自身的热量源和质量源维持的一个自激声振系统。

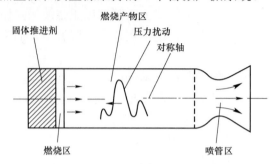

图 7-74 端燃装药固体火箭发动机

燃烧室的不稳定燃烧产生于初始小扰动，在满足瑞利准则的条件下，初始小扰动会不断被放大，且燃烧过程与压强波动、密度、环境温度都密切相关。燃烧产物的波动会引起流场局部波动，这一波动在介质中传播并与燃烧室中不稳定区域结合，在适合的条件下，流场演变成可观察的不稳定燃烧状态。

不稳定燃烧的激励与两种因素有关，分别是燃烧室力学行为（气体动力学行为）和燃烧动力学行为（推进剂燃烧压强耦合响应）。增益与阻尼共同作用，决定燃烧是否稳定。当阻尼大于增益时，压强振荡会逐渐衰减，发动机最终趋于稳定。

7.10.4 不稳定燃烧的影响因素

固体火箭发动机的不稳定燃烧与发动机结构、推进剂种类、发动机中的燃烧和流动等因素都有关系。根据对不稳定燃烧的影响性质可分为两类。第一类是增益因素，表示能激发燃烧不稳定的因素。主要增益因素有固体推进剂压强耦合、速度耦合和分布燃烧等。

含铝固体推进剂燃烧时，铝颗粒会在燃烧表面团聚变成大的铝颗粒小球，被周围燃气携带以较高速度喷射进入发动机燃烧室内，使大部分铝颗粒的燃烧发生在远离推进剂表面的地方。这使铝粉的存在不仅没有体现出预期的抑制不稳定燃烧的作用，反而加剧了不稳定燃烧，这是分布燃烧增益。

第二类是阻尼因素，主要有喷管阻尼、粒子阻尼、流动阻尼、结构阻尼等。当燃烧室中出现压强振荡时，阻尼因素会削弱压强振荡，最后使不稳定燃烧消失或压强振幅减小。整个固体火箭发动机燃烧室是一个高压容器，只有喷管与外界连通，燃气从喷管流出，与周围环境存在质量交换，燃烧室中的压强振荡也会通过喷管从燃烧室中排走一部分，从而减弱原有的压强振荡，这种抑制作用就是喷管阻尼。颗粒阻尼是指燃烧产物中存在一些凝相颗粒，相比燃气流动，其运动速度比燃气流速低，而且颗粒与气体之间还存在黏性，这会降低气体的流速，从而使压强振荡减小。

从图 7-75 可以看出，压强耦合和速度耦合都出现在推进剂燃烧表面附近，分布燃烧发生在燃烧室中间的气体通道内。燃烧室中可能存在阻尼环、绝热层或者台阶，这些因素会使气体流动产生旋涡，旋涡脱落也会引起周期性压强振荡，是一种激励因素。

第 7 章 固体火箭发动机中的燃烧

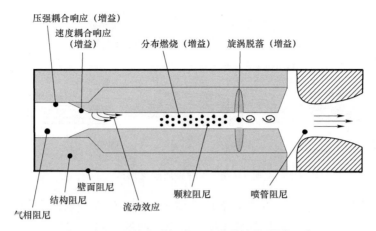

图 7-75 固体发动机中不稳定燃烧的影响因素

1. 推进剂表面燃烧的影响

固体推进剂是固体火箭发动机所有能量的来源。在某些条件下，如果推进剂燃烧所释放能量的 0.14% 转化为声能，压强振幅就可以达到燃烧室平均压强的 10%。固体火箭发动机燃烧室声腔中最重要的声能增益来自装药表面对声振的响应，响应途径主要有压强耦合响应和速度耦合响应（声侵蚀）。

压强耦合响应是指燃烧室压强振荡引起推进剂燃面局部燃速的波动。固体推进剂的燃速受压强影响，当压强产生波动时，推进剂燃速随之产生波动。如果推进剂的燃速波动与压强波动的相位相同或者具有相同的分量时，推进剂燃面的质量加入可使压强波动的振幅变大。这是固体推进剂对压强波动的燃烧响应过程，燃烧对压强扰动的响应存在时滞，时滞的数值决定燃烧与压强扰动间的耦合。压强耦合响应是推进剂燃烧过程和压强之间的耦合，推进剂的压强耦合响应是固体火箭发动机不稳定燃烧的主要增益因素之一。

速度耦合响应是指平行于燃烧表面的气流引起燃烧表面附近的推进剂燃速产生周期性的波动。近年来的研究将速度耦合归为非线性现象，平行于燃面的气流是声振速度对燃烧过程的增益，其本质尚未达成共识。一般出现在大长径比的固体发动机中。这种类型的发动机可以被理想化成一个长的圆柱形多孔介质，会出现 Taylor-Culick 类型的流动不稳定。从多孔介质表面流出来的气流汇聚成一股轴向气流，在多孔介质表面引起旋涡脱落，激发出不稳定。

2. 主流流动的影响

在大型分段式固体火箭发动机中，如航天飞机的助推器，发动机由多段燃烧室和装药组成，通过拼接形成一个封闭的燃烧室结构，从而形成大长径比的声腔，分段之间存在装药绝热层。由于绝热层烧蚀速率低于推进剂装药的燃烧速率，当发动机工作时，推进剂燃烧之后会有绝热层突出。当燃气流经绝热层时会产生旋涡脱落。

除了绝热层引起的旋涡脱落外，还有其他形式的旋涡脱落。旋涡脱落主要分为 3 种，即障碍物旋涡脱落、转角旋涡脱落和表面旋涡脱落，如图 7-76 所示。障碍物式旋涡脱落：由于障碍物相对高出燃面，因此就会在障碍物尖端形成旋涡。转角式旋涡脱落：推进剂燃烧时，为了减小侵蚀燃烧，装药后半段一般会做成锥形开口，推进剂装药燃烧过程中会形成向后的台阶，从而引起旋涡脱落。另外，对于后翼柱装药，在燃烧后期会形成后空腔，燃气从燃面流过进入空腔形成旋涡脱落。

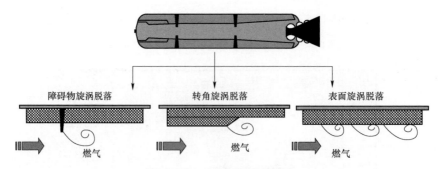

图 7-76 3种旋涡脱落形式

表面旋涡脱落是指整个推进剂燃面都是平整光滑的，没有任何凸起和拐角情况下的旋涡脱落。表面旋涡脱落是因为燃面上有燃气从垂直于燃面的方向上产生，阻碍了中心横向气流，当垂直方向产生的燃气量足够多时，横向燃气流过，产生旋涡脱落的现象。从图 7-77 中可以看到，表面旋涡脱落在上游较少发生，这是因为上游横向流速较低，一般都出现在下游靠近发动机喷管入口处，这里横向气流流速快，燃面上产生的气流产生 90°的流动转向，从而产生表面旋涡脱落。

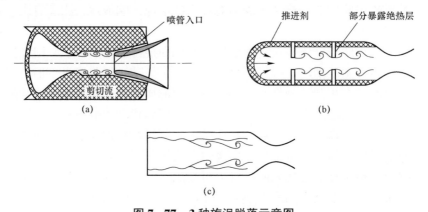

图 7-77 3种旋涡脱落示意图
（a）转角旋涡脱落；（b）后台阶旋涡脱落；（c）表面旋涡脱落

3. 涡声耦合

涡声耦合是指主流在发动机内孔通道中流动时，遇到燃烧室内的障碍物或台阶而产生旋涡，从而激发压强振荡的现象。如图 7-78 所示，脱落的旋涡在向下游流动时会与潜入喷管入口段凸出部位发生碰撞，从而激发压强振荡。从图 7-78 中，可以看到障碍物与台阶处不稳定的剪切层引起的旋涡形成与脱落，燃烧室内周期性脱落的旋涡通过撞击壁面引起压强振荡，反过来又促使旋涡的形成与脱落，从而引起涡声耦合的现象。这也是固体发动机不稳定燃烧的一种激励因素，容易出现在大长径比的固体发动机中。

4. 阻尼因素

在固体火箭发动机燃烧室中，除了有激励因素，也存在使压强振荡衰减的阻尼因素，能消耗声能、抑制不稳定。阻尼包括喷管阻尼、壁面阻尼、药柱黏弹性阻尼、气体阻尼和微粒阻尼。

（1）喷管阻尼：喷管处于开口状态，气流流出时会使声波以对流和辐射的形式从喷管向外扩散出去，从而削弱压强振荡，对纵向振型的阻尼作用最显著。

（2）壁面阻尼：燃气与燃烧室壁面摩擦、散热，引起声能损耗、声振衰减。

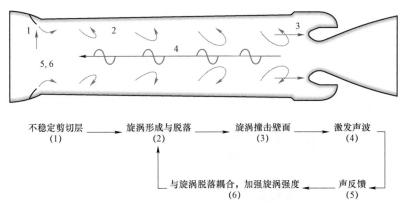

图 7-78　涡声耦合过程

（3）药柱黏弹性阻尼：推进剂装药属于黏弹性材料，当压强振荡频率接近药柱自振的固有频率时，固体推进剂发生弹性振动，降低压强振荡幅值。

（4）气体阻尼：由气体的黏性、热传导和化学分子松弛所引起的声能损失。燃烧室中由于速度和压强振荡产生压强、速度和温度梯度。由于这些梯度的存在，气体中存在能量和质量传输，引起声能损失。分子松弛指分子内部能量的分配滞后于温度的变化，燃气密度变化滞后于声压变化，形成声能损失。气体阻尼较小，可忽略不计。

（5）微粒阻尼：燃烧产物中的凝相微粒，产生阻尼，衰减压强振荡。凝相颗粒可衰减大部分高频压强振荡，对低频振荡抑制作用小。同时，凝相微粒与气相之间存在速度、温度滞后，由于黏性和传热，产生声能损失。

7.10.5　线性稳定性理论

在线性理论中，将压强振幅的变化看作以上这些因素所带来的"贡献"。即压强振幅的变化，是各种影响因素综合作用的结果。因此，线性稳定性以燃烧室内的一维波动方程为基础，研究小扰动振幅随时间的变化规律。燃烧室压强 p 可表示为

$$p = \bar{p} + p' = \bar{p} + p_0 e^{\alpha t} e^{j(\omega t + hx)} \quad (7-24)$$

若增长常数 $\alpha > 0$，小扰动有增长趋势，表现为燃烧不稳定性；若 $\alpha < 0$，则具有稳定性。α 可表示为各种增益、阻尼效果之和，即

$$\alpha = \alpha_{PC} + \alpha_{VC} + \alpha_{DC} + \alpha_N + \alpha_P + \alpha_{MF} + \alpha_G + \alpha_W + \alpha_{ST} \quad (7-25)$$

式中系数依次为压强耦合响应系数、速度耦合响应系数、分布燃烧增益系数、喷管阻尼系数、惰性微粒阻尼系数、流动效应、气相阻尼系数、壁面耗散阻尼系数与结构阻尼系数。分别确定各个系数，就可预估发动机的稳定性。

由此可以看出，对于特定频率来说，发动机燃烧稳定性是由这些影响因素共同作用的结果。当所有作用的总效果体现为阻尼时（$\alpha < 0$），则认为这个发动机是线性稳定的；当这种总的效果体现为增益时（$\alpha > 0$），则认为这个发动机不是线性稳定的。这是线性理论所提供的最重要结果，也是线性稳定的一般条件。但与此同时，也可以看出线性稳定性主要回答的是会不会发生不稳定燃烧，而对于发生不稳定燃烧后的振荡程度以及外部激励的效果没有进行解答。

7.10.6　压强耦合响应函数

压强耦合响应是推进剂燃烧过程和压强之间的耦合,推进剂的压强耦合响应函数是固体火箭发动机不稳定燃烧的主要增益因素之一,在通常情况下,都会通过试验获得所需的数据。根据瑞利准则,若燃面的燃速扰动与声压振荡同相位,或具有相同的分量,燃面向燃烧室加入的质量可以放大压强振荡,于是引出一个以质量燃速表征的参量,定义为压强耦合响应函数 R_{pc},该响应函数定义为质量燃速的相对波动量与压强相对波动量的比值,即

$$R_{pc} = \frac{\frac{\dot{m}'}{\bar{\dot{m}}}}{\frac{p'}{\bar{p}}}, \quad \begin{array}{l} \text{Re}[R_{pc}] > 0 \quad \text{燃烧不稳定} \\ \text{Re}[R_{pc}] < 0 \quad \text{燃烧稳定} \end{array} \quad (7-26)$$

式中　$\dot{m}'$,p'——质量燃速和压强的波动值;
　　　$\bar{\dot{m}}$,$\bar{p}$——平均质量燃速和平均压强。

当燃烧室内存在压强谐振荡时,推进剂的质量燃速也会发生谐振荡,即 $\dot{m} = \bar{\dot{m}} + \dot{m}'$。

压强耦合响应函数可以用来判断由于压强波动所引起的质量流量的相对变化量,数值越大表示同样的压强波动会引起越大的质量流量波动。R_{pc} 为复数,既有实部又有虚部,实部表示相对的变化量,虚部代表相位关系。当实部大于 0 时燃烧不稳定,当实部小于 0 时则表示燃烧稳定。

测定压强耦合响应函数经常用的装置是 T 形燃烧器(图 7-79)。T 形燃烧器由长的燃烧室和中间放置的喷管组成,即两端封闭中间开口的一种燃烧器。根据其内部声腔压强的波动,可以看出其压强的波腹在两端,而在燃烧器中间是压强的波节,此处的压强振幅一直为 0,说明在此处排气不会对整个压强的振荡起到衰减作用。

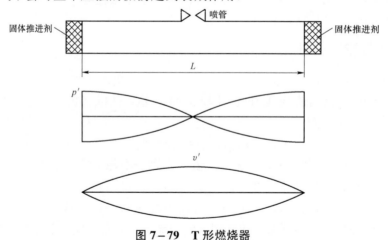

图 7-79　T 形燃烧器

装药选择圆盘形状,端面燃烧,放置在直管两端。圆柱形内腔形成一个声腔,两端封闭、中间开口的内腔构成一个自激的驻波声振系统,为纵向基振振型。在波腹位置添加质量会激发声腔的驻波振荡,为纵向振型提供声能增益。排气位于波节,与纵波成 90°,因此排气的声能损失是最小的。T 形燃烧器容易产生纵向的不稳定燃烧,利用声振条件可以测量各种推进剂表面对于声振的响应特性,即压强耦合响应函数。

图 7-80 是通过试验测出来的压强-时间曲线,可以看到该 T 形燃烧器中产生了压强振荡,

且逐渐增加后再高水平维持振荡一段时间,最后振荡逐渐减小并消失。将振荡放大之后可以看到它是一个周期性的压强波动,通过压强振幅的升高和消失可以计算推进剂的燃烧响应。

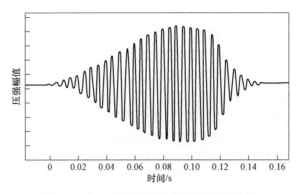

图 7-80　T 形燃烧器中的压强振荡曲线

为了改变压强振荡频率,可以改变燃烧室长度 L,L 越长频率越低,L 越短频率越高。当两端推进剂燃烧时,声能增益大于声能损失,T 形燃烧器内形成自激振荡过程。振荡从微弱扰动开始发展,压强振荡振幅按指数规律增大,振荡增长阶段,声压变化规律为

$$p' = p_0 e^{at} \cos(kx) \cos(\varpi t) \quad (7-27)$$

式中　p_0——起始声压振幅;
　　　a——振幅增长常数。

在增长段 $a = a_g > 0$,增长段之后,装药燃烧的时间内,维持压强振荡,直到燃烧结束。装药燃烧完后,振荡开始衰减,压强振荡的振幅按指数规律衰减,衰减段 $a = a_d < 0$。

将压强随时间的变化曲线画在半对数坐标上($\ln p - t$),可以求出振幅增长常数,如图 7-81 所示。

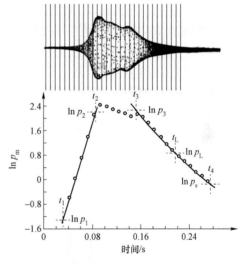

图 7-81　不稳定燃烧的压强-时间曲线

在增长段,有

$$a_g = \frac{\ln p_2 - \ln p_1}{t_2 - t_1} \quad (7-28)$$

在衰减段,有

$$a_d = \frac{\ln p_4 - \ln p_3}{t_4 - t_3} \quad (7-29)$$

在增长段,a_g 表示净增长,是燃面增益和声腔阻尼之和,即 $a_g = a_b + a_d'$。在衰减段,a_d 表示声腔阻尼,$a_d = a_d'$。因此,可以求得燃面对声振的增长常数为 $a_b = a_g - a_d$。a_b 代表了压强振荡作用于燃面的声能增长率,反映了推进剂燃烧过程对一定频率声振的相对稳定性。其值越大,越容易发生不稳定燃烧。

对于具有两侧端燃燃面的 T 形燃烧器试验,根据声能关系、推进剂参数及燃烧室长度等,可以得到燃烧器中压强响应函数实部 $R_{pc}^{(r)}$ 与 α_b 的关系为:

$$R_{\mathrm{pc}}^{(\mathrm{r})} = \frac{\alpha_{\mathrm{b}} \overline{p}}{4 f a \rho_{\mathrm{p}} \overline{r_{\mathrm{b}}} \left(\dfrac{S_{\mathrm{b}}}{S_{\mathrm{c}}} \right)} \frac{a_{\mathrm{m}}}{a}$$

式中，$\overline{p}$ 为平均压强；ρ_{p} 为推进剂密度；$\overline{r_{\mathrm{b}}}$ 为测得的平均燃速；$(S_{\mathrm{b}}/S_{\mathrm{c}})$ 为推进剂燃面与通道面积之比；a 为理论声速（由推进剂燃烧产物温度决定）；a_{m} 为测得的声速，$a_{\mathrm{m}} = 2fL$，L 为 T 形燃烧器长度，f 为测量振荡频率。将测量参数 α_{b} 和其他已知参数代入上式，即可获得相应频率下的压强响应函数实部。

T 形燃烧器测试方法简单，被广泛用于确定各种推进剂对压强振荡的响应特性，但这种方法也存在一些误差。比如，压强增长段与衰减段的工作条件不同、燃烧室温度不同导致声腔的损失不完全相同，以及点火过程的影响和燃烧过程中声腔长度的变化。因此，需要进行多次测量以减小误差，最后获得比较有效的结果，而多次测量会导致成本较高。

此外，T 形燃烧器在使用过程中，默认情况下认为压强升高段阻尼等于压强衰减段阻尼，但有时增长段和衰减段的平均压强不同，这样就会对 T 形燃烧器的测试结果造成误差。为了消除这种误差，需要对 T 形燃烧器进行改进，使它在工作过程中的压强始终保持恒定。为了保证燃烧室压强恒定，在 T 形燃烧器出口增加一个阀门，阀门可以调节燃烧器内的压强，使燃烧器变得压强可控，如图 7-82（a）所示。

为了保证压强恒定，另一种方法是利用较大体积的稳压罐，稳压罐比 T 形燃烧器体积大，当推进剂装药燃烧时产生燃气流入稳压罐，不会对整个稳压罐的压强造成较大影响，保证稳压罐和燃烧器的压强保持恒定，如图 7-82（b）所示。

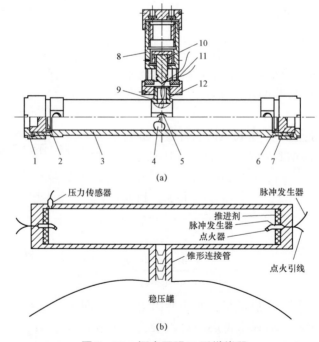

图 7-82 恒定压强 T 形燃烧器

（a）压强可控的 T 形燃烧器；（b）带稳压罐的 T 形燃烧器

1—端盖；2—试件；3—燃烧器壳体；4—点火药盒；5—测压孔；6—密封圈；7—堵头；
8—控制器壳体；9—点火线；10—活塞锥体；11—垫圈；12—喷管座

双基推进剂在 T 形燃烧器两端容易受到声场的激励产生压强振荡，这是由于双基推进剂中不含或含有少量铝粉，燃气中凝相成分较少，对压强振荡的抑制作用不强。但是含铝复合推进剂的燃烧产物中有大量凝相产物，能抑制高频压强振荡，使 T 形燃烧器中复合推进剂不容易产生自激压强振荡。为获得复合推进剂燃烧过程对压强振荡的响应，人为增加压强脉冲，从而产生压强振荡。脉冲法的工作原理是在推进剂试件燃烧过程中和燃烧刚刚结束时，各施加一次压强脉冲，两次脉冲的衰减常数差即为推进剂燃面的增益，如图 7-82（b）所示。

7.10.7　抑制和预防燃烧不稳定的措施

1. 燃烧不稳定的基本规律

（1）在各种频率振型中，一阶基振频率振型最不稳定，因为阻尼作用最小。

（2）端燃装药易发生纵向不稳定，内孔燃烧低含铝推进剂装药易发生切向不稳定，内孔燃烧高含铝推进剂装药在燃烧末期易发生一阶纵向不稳定燃烧。

（3）高频不稳定燃烧以速度耦合为主，会引起平均压强改变，使压强振幅增大。降低发动机长径比和增加凝相，有利于稳定燃烧。

（4）中频不稳定除压强耦合外，还可能出现速度耦合引起的声侵蚀，导致平均燃速增大。降低发动机长径比有利于稳定燃烧，但铝颗粒的分布燃烧可能增强燃烧不稳定性。

（5）推进剂能量越高，燃烧室压强越高，越容易产生不稳定燃烧；低燃速推进剂，容易产生不稳定燃烧。

2. 常见抑制措施

1）调整推进剂配方

（1）改变铝粉含量、尺寸。

铝粉含量增加对高频的阻尼效果会更明显，不同颗粒尺寸对于声波的衰减情况不同，颗粒尺寸越小，阻尼的频率越高。

（2）降低推进剂能量，如降低 AP 的含量，或者降低黑索今或奥克托今的含量。改变氧化剂粒度，减小铝燃烧产物颗粒直径，有助于增强推进剂燃烧的稳定性。

（3）改变氧化剂颗粒尺寸或增加适当的添加剂。

（4）提高推进剂燃速和降低压强指数。

2）改变发动机和装药几何形状

改变发动机和装药几何形状能改变声腔固有构型和固有频率，从而能够消除或减弱压强振荡。比如，减小发动机的长径比，或者在发动机头部预留空腔，消除下游空腔，因为下游空腔越大，燃烧不稳定的剧烈程度越大；非潜入式喷管压强振荡小于潜入式喷管；收敛段做成凸形、长度加长等。改变装药形状的方法主要有内孔装药改成非轴对称的截面、台阶形通道改成锥形截面或者管型装药沿轴线螺旋线式布置一系列径向孔。扩大喷管喉部直径，增大喷管阻尼，有利于发动机稳定。

3）改变发动机工作参数

增大 p_c 易激发非线性不稳定燃烧。

4）增加抑制不稳定燃烧装置

（1）声阻尼器：在头部、尾部、点火器等位置布置开口的亥姆霍兹声腔，来抑制这种纵向的压强振荡。但一种空腔只能抑制一种频率的压强振荡。

（2）壳体上布置盲孔或安装隔板可以抑制横向不稳定。

（3）沿发动机轴向布置阻尼环。阻尼环能改变发动机的固有频率，削弱推进剂燃速与压强振荡的耦合关系。但是阻尼环会带来旋涡脱落，需要评估其对压强振荡的影响。

7.10.8 低频不稳定燃烧

试验发现，发动机在低压工作时易出现低频不稳定燃烧。有时低频不稳定燃烧是声不稳定中高频向低频发展的结果，但多数属于非声不稳定燃烧。其与发动机固有的声腔频率不一致，即偏离了固有频率，振荡频率在 100 Hz 以下。

由于频率较低，因此振荡的波长较长，大于整个燃烧室的长度。此时可以认为燃烧室内的压强处处相同，即燃烧室压强振荡是整体振型，整个燃烧室压强随时间周期性波动。低频振荡燃烧又可分为两类，即不完全燃烧和 L^* 不稳定燃烧。

1. 不完全燃烧

基本特征：燃烧室的压强低于推进剂的临界压强，导致燃烧时间增加、比冲降低，出现燃烧不完全或熄火，中止燃烧之后又被点燃。正常工作压强-时间曲线如图 7-83（a）中实线所示，但低压下压强曲线如图中虚线所示，这时出现了不完全燃烧，会出现断续燃烧。

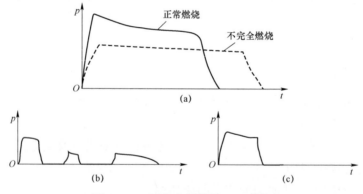

图 7-83 不稳定燃烧的 p-t 曲线
（a）正常曲线；（b）喘振曲线；（c）熄火曲线

这种不完全燃烧的情况在低频下称为喘振，如图 7-84（a）所示。出现喘振情况时发动机会喷出大量的浓烟，火焰亮度减弱。其物理过程是，压强降低使气相对固相热反馈减弱，压强低于临界压强时，燃烧有可能中止。但燃烧室仍具有较高温度，有热传递和缓慢的化学反应放热，热量积聚到一定程度后，推进剂被重新点燃，压强上升，但仍不能维持正常燃烧，再次被中止，断续燃烧。

2. L^* 不稳定燃烧

L^* 不稳定燃烧是一种低频的非声不稳定燃烧，L^* 是发动机燃烧室的一种特征长度，定义为燃烧室的体积与喷管喉部面积的比值。L^* 不稳定燃烧的特点是压强-时间曲线连续且最低压强可能远高于外界压强。其压强-时间曲线如图 7-84（b）所示。因为 L^* 不稳定燃烧经常

发生在 L^* 比较小的发动机中,所以称为 L^* 不稳定燃烧。

发动机的 L^* 越小,表示喷管的喉部面积越大;而燃烧室的体积越小,表示燃烧放热的热量越不足,燃烧室产生的热量很快被高温燃气从喷管带走,导致燃气的热反馈不足,使推进剂的燃速相对于燃烧室压强振荡存在滞后。固体推进剂燃速响应较慢,这是因为固体推进剂的燃烧包含火焰的热辐射加热、凝相的加热、固相的分解及气相的分解等过程,这些过程都需要时间,这些时间比压强波传播时间长。

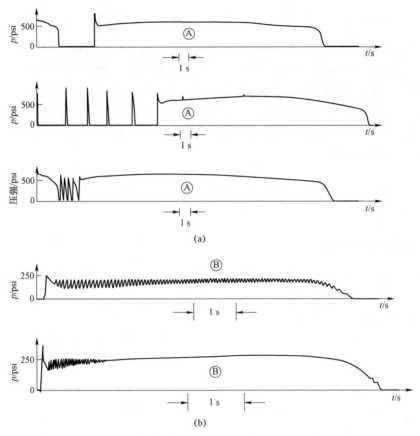

图 7-84 压强喘振与 L^* 不稳定燃烧的 p-t 曲线
(a) 压强喘振;(b) L^* 不稳定燃烧

第 8 章
固体火箭发动机内弹道学

本章将主要讨论固体火箭发动机燃烧室内的压强变化规律及其相应的计算方法。首先，不考虑固体火箭发动机燃烧室压强随空间的分布，进而讨论"零维"内弹道问题，计算等燃面燃烧装药的发动机工作压强及其在点火段和熄火段的压强随时间的变化规律；其次，不考虑燃烧室内燃气流动影响，介绍变燃面发动机内弹道问题；再次，考虑燃烧室压强随空间的分布，介绍固体火箭发动机的"一维"内弹道；最后，针对横向过载工况、变推力固体发动机，介绍其内弹道计算方法。

8.1 概 述

8.1.1 内弹道学的含义

"内弹道"（Interior Ballistics）一词源自枪炮技术，内弹道是炮弹弹道的一部分，是指被发射的抛射物从点火到离开发射器身管这一段过程。内弹道学是弹道学里专门研究弹道体在内弹道中运动情况的学科，对各种身管武器设计发展都有重要意义。它的产生是以 1740 年 Robins 采用弹道摆测速为标志，距今已有约 300 年的历史。炮弹的内弹道和外弹道如图 8-1 所示。

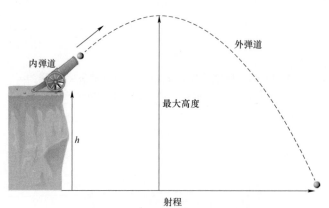

图 8-1 炮弹的内弹道和外弹道

在固体火箭发动机研究的早期，也将固体火箭发动机的内部工作过程视为内弹道问题来进行研究，固体火箭发动机内弹道学的核心是研究固体火箭发动机燃烧室内压强随时间变化的规律，其目的在于计算发动机推力随时间的变化曲线和质量流量随时间的变化曲线，为火箭、导弹外弹道计算提供依据。但是伴随着固体火箭发动机的发展，燃气流动速度不断增大，燃烧室内的压强不仅随时间发生改变，还随着燃烧室轴向位置发生改变，因此很有必要考虑压强在燃烧室流场中的空间分布。实际上内弹道计算已渐渐发展成为固体火箭发动机燃烧室内压强和气动流场的计算。

8.1.2 燃烧室压强计算的意义

固体火箭发动机的压强在整个内弹道计算中具有极其重要的意义和作用，主要是因为以下几点。

1. 燃烧室压强及其变化规律决定着发动机的推力大小

根据固体火箭发动机的推力公式 $F = C_F p_c A_t$，对于设计好的发动机来说，推力系数 C_F 和喷管的喉部截面积 A_t 均可视为定值，因此发动机的推力 F 与燃烧室的压强 p_c 成正比。那么，发动机推力随时间的变化规律便取决于压强随时间的变化规律。

2. 燃烧室压强决定着发动机的质量流量

固体火箭发动机的质量流量与燃烧室压强密切相关，即

$$\dot{m} = C_D p_c A_t$$

由上式可以看出，对于设计好的发动机，流量系数 C_D 和喷管的喉部截面积 A_t 均已确定，那么发动机的质量流量 $\dot{m}$ 就可以由燃烧室压强确定。

3. 燃烧室压强决定着发动机的工作时间

燃烧室压强影响着固体推进剂的燃烧速度，一般而言，对于一个发动机，发动机装药一定、装药厚度一定，压强越高，固体推进剂的燃烧速度越快，燃烧时间也相应缩短。因此，固体火箭发动机燃烧室压强决定着发动机的工作时间。

4. 燃烧室压强与燃烧室内推进剂的燃烧稳定性息息相关

燃烧室压强影响着推进剂燃烧的稳定性。同时燃烧室的压强又是保证发动机稳定工作的一个必要条件，为保证固体推进剂稳定燃烧且燃烧充分，就要求燃烧室压强高于推进剂稳定燃烧的临界压强。

5. 燃烧室压强直接影响着发动机壳体强度和发动机的结构质量

固体火箭发动机燃烧室压强历来是比较高的。早期采用双基推进剂，为保证稳定燃烧，燃烧室压强高达 9.81~19.62 MPa，有时出于设计需要，为缩短发动机工作时间，这一压强甚至接近 50 MPa。随着复合推进剂的发展，复合推进剂的燃烧允许在更低的压强下进行，但一般也在 3.92~7.85 MPa 范围内。过高的燃烧室压强对于同种发动机壳体材料，往往意味着更厚的燃烧室壳体和更重的结构重量，影响着发动机的整体性能。

由此可见，固体火箭发动机燃烧室压强及其变化规律，以及压强-时间曲线的准确计算是固体火箭发动机性能预估和发动机设计以及火箭、导弹外弹道性能预估的重要依据。

8.1.3 固体火箭发动机内弹道计算的任务

因为燃烧室压强对于推进剂燃烧、发动机结构设计等具有重要的意义，因此十分有必要计算得出燃烧室压强随时间的变化规律。固体火箭发动机内弹道计算的任务是，在给定推进剂组分、装药几何尺寸、工作环境温度、喷管喉部直径等条件下，计算燃烧室压强随时间的

变化规律。

此外，很有必要介绍一下固体火箭发动机工作的 3 个阶段，即发动机启动阶段、稳定工作阶段及拖尾阶段，如图 8-2 所示。发动机启动阶段是指从发动机点火到开始建立燃烧室压强的这段时间，其工作时间很短，只有几十毫秒；发动机稳定工作阶段是指燃气生成量和喷管流量达到相对平衡的阶段，该阶段是火箭发动机稳定输出推力或者产生所需燃气流量的阶段。在大多数情况下，都要求发动机推力输出相对稳定，此时尽量采用等面燃烧，使燃烧室压强可以相对稳定，从而获得稳定的发动机推力；而拖尾阶段是指推进剂装药燃烧基本结束，排出燃气的过程，同时由于存在残留的剩余推进剂，有时会出现较长的拖尾阶段。这是在发动机设计中所不愿意看到的，因为拖尾阶段越长，一方面，燃气会在燃烧室内停留时间变长，发动机壳体要承受燃气长时间的高温加热，进而影响发动机的结构强度，同时影响发动机的传热；另一方面，较长的拖尾阶段意味着发动机不断地有尾气从喷管排出，会影响火箭或者导弹的制导信号。

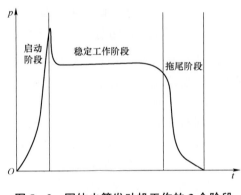

图 8-2　固体火箭发动机工作的 3 个阶段

8.2　零维内弹道学及等燃面装药发动机工作压强计算

8.2.1　零维内弹道问题和一维内弹道问题概述

火箭发动机燃烧室可被认为是一个充满高温高压气体的容器，若不考虑燃气的流动和燃烧室内的压强分布，可以认为燃烧室内各点的压强相等，这样整个燃烧室内的压强只随时间发生改变，与空间位置无关，这就是"零维"压强变化或"零维"内弹道。该模型对应到现实的发动机中仍然具有实际意义，如等面燃烧的端燃发动机以及通气横截面积大、气流参数沿轴线变化不大的发动机等，都可以认为燃烧室内压强各处相等，如图 8-3（a）和图 8-3（b）所示。

但是随着发动机推力的增加以及发动机装药的装填密度的提高，使装药初始燃气通道截面积越来越小，当推进剂燃烧时，燃气通道中是加质流动，造成燃气通道头部压强高、末端处压强低。此时，就不能认为压强在整个燃烧室内处处相等，即燃烧室内的压强不仅与时间有关，还有轴向位置有关，这就是"一维"内弹道，如图 8-3（c）所示。

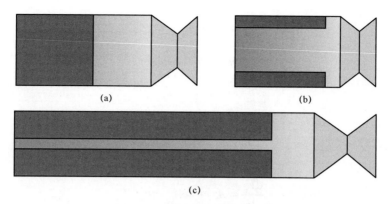

图 8-3 典型固体发动机结构
（a）端面燃烧装药发动机；（b）内孔燃烧装药发动机；（c）大长径比内孔燃烧装药发动机

因此在下面的讨论中，为简化起见，不考虑燃烧室压强随空间位置的变化，即采用"零维"内弹道模型，这种计算方法比"一维"计算简便，对一些压强沿轴向变化小的端燃装药和喉通比 J 值较小的侧面燃烧装药，以及一些计算精度要求不太高的一般侧面燃烧装药都适用。

8.2.2 零维内弹道学基本方程

零维内弹道计算的基本假设如下：
① 燃气流动参数取其沿轴向的平均值；
② 推进剂装药燃烧完全，燃烧产物组分不变，且燃烧温度等于推进剂的等压燃烧温度；
③ 燃气为完全气体，服从理想气体状态方程；
④ 装药燃烧服从几何燃烧定律。

根据质量守恒原理，燃烧室内的燃气生成率 $\dot{m}_b$ 与通过发动机喷管排出的质量流量 $\dot{m}_t$ 之差，应该等于燃烧室内燃气质量的变化率，即

$$\frac{\mathrm{d}m_c}{\mathrm{d}t} = \dot{m}_b - \dot{m}_t \tag{8-1}$$

式中　m_c——燃烧室内存留的燃气质量，又等于燃烧室的自由容积 V_c 与燃气的平均密度 ρ_c 的乘积，即 $m_c = \rho_c V_c$，代入式（8-1）得

$$\frac{\mathrm{d}(\rho_c V_c)}{\mathrm{d}t} = \dot{m}_b - \dot{m}_t \tag{8-2}$$

又因

$$\dot{m}_b = \rho_p A_b r \tag{8-3}$$

$$\dot{m}_t = C_D p_c A_t = \frac{p_c A_t}{c^*} \tag{8-4}$$

式中　ρ_p——固体推进剂的密度；
　　　A_b——装药燃面的面积；
　　　r——推进剂燃速，在下面的推导中，采用 $r = ap^n$。

考虑侵蚀燃烧和流量损失，引入侵蚀比 ε 和流量损失系数 ϕ 后，得

$$\dot{m}_b = \rho_p A_b a p^n \varepsilon \tag{8-5}$$

$$\dot{m}_t = \phi \Gamma \frac{p_c A_t}{\sqrt{RT_c}} \tag{8-6}$$

又有

$$\frac{d(\rho_c V_c)}{dt} = V_c \frac{d\rho_c}{dt} + \rho_c \frac{dV_c}{dt} \tag{8-7}$$

其中，

$$\frac{dV_c}{dt} = A_b \cdot r = A_b \cdot a p_c^n \varepsilon \tag{8-8}$$

认为燃烧室温度 T_c 恒定不变，由理想气体状态方程 $p = \rho RT$ 得

$$\frac{d\rho_c}{dt} = \frac{1}{RT_c} \cdot \frac{dp_c}{dt} \tag{8-9}$$

将式（8-8）和式（8-9）代入式（8-7）得

$$\frac{d(\rho_c V_c)}{dt} = \frac{V_c}{RT_c} \cdot \frac{dp_c}{dt} + \rho_c A_b \cdot a p_c^n \varepsilon \tag{8-10}$$

将式（8-10）、式（8-5）和式（8-6）代入式（8-2）得

$$\frac{V_c}{RT_c} \cdot \frac{dp_c}{dt} = \left(1 - \frac{\rho_c}{\rho_p}\right) \varepsilon \rho_p A_b a p_c^n - \Gamma \frac{\phi p_c A_t}{\sqrt{RT_c}} \tag{8-11}$$

一般情况下，固体火箭发动机装药的密度 ρ_p 远大于燃气的平均密度 ρ_c。例如，某固体火箭发动机燃烧室压强 p_c 为 9.81 MPa，燃烧室温度 T_c 为 3 000 K，$R = 400$ J/(kg·K)，推进剂密度 ρ_p 为 1 600 kg/m³，根据理想气体状态方程得燃气的平均密度 ρ_c 为

$$\rho_c = \frac{p_c}{RT_c} = \frac{9.81 \times 10^6}{400 \times 3\,000} = 8.175\,(\text{kg/m}^3)$$

$$\frac{\rho_c}{\rho_p} = 0.005\,109 \ll 1$$

因此在式（8-11）中可以忽略 ρ_c / ρ_p 项，则

$$\frac{V_c}{RT_c} \cdot \frac{dp_c}{dt} = \varepsilon \rho_p A_b a p_c^n - \Gamma \frac{\phi p_c A_t}{\sqrt{RT_c}} \tag{8-12}$$

继续考虑燃烧室的热损失，引入热损失修正系数 χ，得

$$\frac{V_c}{\chi RT_c} \cdot \frac{dp_c}{dt} = \varepsilon \rho_p A_b a p_c^n - \Gamma \frac{\phi p_c A_t}{\sqrt{\chi RT_c}} \tag{8-13}$$

式（8-12）和式（8-13）便是零维内弹道计算微分方程。对于脉冲发动机，可以立足于式（8-12）和式（8-13），采用积分求解得出燃烧室压强随时间的变化关系（图 8-4）；对于工作时间较长的发动机，可以按照上升段、工作段和下降段 3 个阶段求解得出燃烧室压强随时间的变化关系。下面将基于式（8-12）和式（8-13）讨论发动机稳定工作阶段的压强计算。

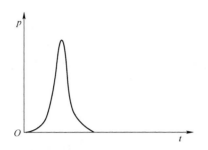 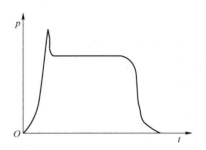

图 8-4 脉冲发动机和长工作时间发动机压强-时间曲线

8.2.3 等燃面装药发动机工作压强计算

1. 平衡压强计算

试验表明，在发动机喷管喉部 A_t 不变的情况下，燃烧室压强随时间的变化规律与装药燃烧的燃面面积 A_b 相一致。对于等燃面装药发动机，燃烧室内的燃气生成率 $\dot{m}_b$ 与喷管排出的质量流量 $\dot{m}_t$ 相等时，$dp_c/dt=0$，此时燃烧室处于平衡状态，压强为平衡压强 p_{eq}，将上述关系代入式（8-13），则

$$p_{eq} = \left(\frac{\varepsilon \rho_p A_b a \sqrt{\chi R T_c}}{\Gamma \phi A_t} \right)^{\frac{1}{1-n}} \tag{8-14}$$

定义燃面面积 A_b 与喷管喉部截面积 A_t 之比为面喉比 K_N，即

$$K_N = \frac{A_b}{A_t} \tag{8-15}$$

考虑热损失的速度系数 c^* 为

$$c^* = \frac{1}{\Gamma} \sqrt{\chi R T_c} \tag{8-16}$$

将式（8-15）与式（8-16）代入式（8-14）得

$$p_{eq} = \left(\frac{\varepsilon}{\phi} c^* K_N a \rho_p \right)^{\frac{1}{1-n}} \tag{8-17}$$

理想情况下，不考虑侵蚀燃烧、流动损失和热损失，即 $\phi = \varepsilon = \chi = 1$，则

$$p_{eq} = (c^* K_N a \rho_p)^{\frac{1}{1-n}} \tag{8-18}$$

式（8-18）即为固体火箭发动机理想情况下的平衡压强，但是该理论值往往与实测值存在偏差，主要原因有以下几个。

① 燃烧室内存在热损失和绝热层烧蚀，热力计算得到的 c^* 理论值往往高于实际值。
② 燃速仪测定的推进剂燃速一般小于发动机内推进剂的实际燃速。
③ 对于含有金属的推进剂，其燃烧产物中含有部分未完全燃烧的铝颗粒，会降低实际燃烧温度，导致平衡压强降低。

以上平衡压强的推导都是基于指数型燃速公式 $r=ap^n$，对于其他燃速公式，也可以推导相应的平衡压强公式。

当燃烧室内的燃气生成率 $\dot{m}_b$ 与喷管排出的质量流量 $\dot{m}_t$ 相等时，燃气处于平衡状态，此时的压强为平衡压强 p_{eq}，据此关系可以计算得出不同燃速公式下的平衡压强，现将其总结如表 8-1 所列。

表 8-1 不同燃速压强公式下的平衡压强

燃速压强公式	适用条件	平衡压强 p_{eq}
$r = a + bp$	炮用胶体火药，压强在 100 MPa 以上	$p_{eq} = \dfrac{a}{\dfrac{\phi}{\varepsilon \rho_p c^* K_N} - b}$
$r = ap^n$	固体火箭发动机中较为常见	$p_{eq} = \left(\dfrac{\varepsilon}{\phi} c^* K_N a \rho_p\right)^{\frac{1}{1-n}}$
$\dfrac{1}{r} = \dfrac{A}{p} + \dfrac{B}{p^{1/3}}$	AP 复合推进剂	$p_{eq} = \left(\dfrac{\varepsilon \rho_p c^* K_N - \phi A}{\phi B}\right)^{3/2}$

注：$c^* = \dfrac{1}{\Gamma}\sqrt{\chi R T_c}$。

2. 影响发动机燃烧室平衡压强的因素

(1) 推进剂特性的影响。

根据式 (8-17)，推进剂的密度 ρ_p、推进剂的燃速特性——燃速系数 a 和压强指数 n 都对燃烧室平衡压强有决定性的影响。另外，经过热力计算获得的参数都只是理论值，在发动机实际条件下，由于燃烧不完全或散热损失，必须采用实际值，同时要对燃速仪中测出的燃速数值进行修正。常用推进剂的密度 ρ_p 介于 1 600~1 800 kg/m³，特征速度 c^* 介于 1 200~1 600 m/s，常用的推进剂燃速在 5~40 mm/s 变化。因此，在整个生产过程中，要严格控制生产流程，保证推进剂的特性参数在一定的范围内，避免由于推进剂特性参数的较大波动导致平衡压强散布过大。

(2) 装药初温的影响。

发动机设计完成后，其燃烧室平衡压强还会受到推进剂装药初温的影响。图 8-5 是同一发动机在不同初温下燃烧室压强随时间的变化曲线。可以发现，初温越高，发动机平衡压强越高，工作时间越短；而初温越低，发动机平衡压强越低，工作时间越长。这是因为初温会影响推进剂燃速，初温越高时，燃速越高，相应的平衡压强越高，工作时间越短。

据此引入压强温度敏感系数 π_k，其定义为面喉比 K_N 不变，而初温变化 1 K 时燃烧室压强的相对变化量，即

$$\pi_k = \left[\dfrac{1}{p}\left(\dfrac{\partial p}{\partial T_i}\right)\right]_{K_N} = \left[\dfrac{\partial \ln p}{\partial T_i}\right]_{K_N} \tag{8-19}$$

由式 (8-18)，即 $p_{eq} = (c^* K_N a \rho_p)^{\frac{1}{1-n}}$，得

$$\pi_k = \frac{1}{1-n}\left[\left(\frac{\partial \ln \rho_p}{\partial T_i}\right)_{K_N} + \left(\frac{\partial \ln c^*}{\partial T_i}\right)_{K_N} + \left(\frac{\partial \ln a}{\partial T_i}\right)_{K_N}\right] \qquad (8-20)$$

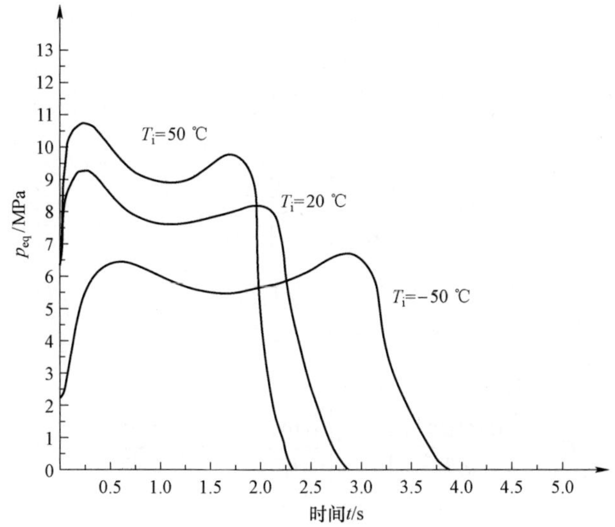

图 8-5　平衡压强受初温的影响曲线

一般情况下，初温升高，推进剂体积会适度膨胀。试验表明，双基推进剂的线胀系数在 $1.2\times10^{-4} \sim 2\times10^{-4}\ \mathrm{K}^{-1}$ 范围，而复合推进剂的线胀系数在 $5\times10^{-5} \sim 1.5\times10^{-4}\ \mathrm{K}^{-1}$ 范围，因此除了对于计算有特别的精度要求外，推进剂的密度 ρ_p 受推进剂初温的影响很小，同样对于特征速度 c^*，其主要受到燃烧温度的影响（$c^* = \sqrt{\chi R T_c}/\Gamma$），燃温一般在 2 000～3 500 K 内，受推进剂初温的影响也很小，因此式（8-20）可以简化为

$$\pi_k = \frac{1}{1-n}\left(\frac{\partial \ln a}{\partial T_i}\right)_{K_N} \qquad (8-21)$$

在本书的第 7 章中已经定义了推进剂的燃速温度敏感系数 σ_p，即

$$\sigma_p = \left[\frac{\partial \ln r}{\partial T_i}\right]_p = \left[\frac{\partial \ln a}{\partial T_i}\right]_p$$

那么

$$\pi_k = \frac{1}{1-n}\left[\frac{\partial \ln a}{\partial T_i}\right]_{K_N} = \frac{\sigma_p}{1-n} \qquad (8-22)$$

式（8-22）表明，平衡压强受初温的影响不只与 σ_p 有关，还与燃速压强指数 n 有关。

在压强保持不变的前提下，根据

$$\pi_k = \frac{1}{p}\frac{\mathrm{d}p}{\mathrm{d}T_i} = \frac{\sigma_p}{1-n}$$

分离变量，在初温 T_{i1} 和 T_{i2} 之间积分，得

$$p_{\text{eq},T_{i2}} = p_{\text{eq},T_{i1}} e^{\frac{\sigma_p}{1-n}(T_{i2}-T_{i1})} \qquad (8-23)$$

现有固体推进剂的燃速温度敏感系数 σ_p 大致在 0.001～0.005 1/K 内，通常燃速压强指数 n 越小的推进剂，其 σ_p 也越小。通过式（8-22）和式（8-23）可以发现，为减小发动机性能受初温变化的影响，要尽量减小燃速压强指数 n，同时发展 $n=0$ 的平台推进剂。

除上述讨论的两个温度敏感系数外，这里再介绍两个温度敏感系数。

① 第 1 个温度敏感系数为

$$\sigma_k = \left[\frac{1}{r}\frac{\partial r}{\partial T_i}\right]_{K_N} = \left[\frac{\partial \ln r}{\partial T_i}\right]_{K_N} \qquad (8-24)$$

它表示发动机面喉比 K_N 一定时，推进剂燃速的温度敏感系数。即对一台已经设计完成的发动机，初温升高 1 ℃，推进剂燃速增加的相对值。

在式（8-24）中引入燃速公式 $r = ap^n$，则

$$\sigma_k = \left[\frac{\partial \ln(ap^n)}{\partial T_i}\right]_{K_N} = \left[\frac{\partial \ln a}{\partial T_i}\right]_{K_N} + n\left[\frac{\partial \ln p}{\partial T_i}\right]_{K_N}$$

即

$$\sigma_k = \sigma_p + n\pi_k \qquad (8-25)$$

式（8-25）表明，在 K_N 一定的发动机中，初温直接引起燃速变化，初温还引起压强变化，压强变化又引起燃速变化，同时式（8-25）还表明燃速的温度敏感系数 σ_k 比一定压强下的温度敏感系数 σ_p 要大得多。

② 第 2 个温度敏感系数为

$$\pi_{\frac{p}{r}} = \left[\frac{\partial \ln p}{\partial T_i}\right]_{\frac{p}{r}} \qquad (8-26)$$

它表示在一定的 p/r 值下，发动机压强的温度敏感度。

根据燃气的平衡条件 $\dot{m}_b = \dot{m}_t$，得

$$\frac{p}{r} = \rho_p c^* K_N \qquad (8-27)$$

即所谓的 p/r 为定值，也就是 $\rho_p c^* K_N$ 为定值的情况，那么

$$\pi_{\frac{p}{r}} = \left[\frac{\partial \ln(\rho_p c^* a K_N)^{\frac{1}{1-n}}}{\partial T_i}\right]_{\frac{p}{r}} = \frac{1}{1-n} \cdot \frac{\partial \ln a}{\partial T_i} = \frac{\sigma_p}{1-n} \qquad (8-28)$$

该温度敏感系数只反映了初温对燃速的影响而引起的压强变化，没有考虑密度 ρ_p、特征速度 c^* 和面喉比 K_N 受初温的影响。

（3）面喉比 K_N 的影响。

在发动机装药、装填条件以及初温一定的条件下，平衡压强 p_{eq} 仅仅只是面喉比 K_N 的函数，即

$$p_{eq} = (\rho_p a c^*)^{\frac{1}{1-n}} K_N^{\frac{1}{1-n}}$$

由上式看出，平衡压强 p_{eq} 随着面喉比 K_N 的增大而增大，图 8-6 是不同初温条件下的平衡压强 p_{eq} 随着面喉比 K_N 的变化曲线。在实际发动机的工作中，喷管喉部由于沉积与烧蚀，导致面喉比 K_N 发生变化，进而影响燃烧室平衡压强 p_{eq}。同时在发动机工作中，由于装药破碎，导致燃面增大，堵塞喷喉，进而引起压强急升，严重者甚至导致发动机爆炸。因此，研究面喉比 K_N 对于平衡压强 p_{eq} 的影响就有很重要的实际意义。

下面讨论图 8-6 中的曲线斜率，将上式对面喉比 K_N 求导，得

$$\frac{dp_{eq}}{dK_N} = \frac{A}{1-n} K_N^{\frac{n}{1-n}} \tag{8-29}$$

式中，

$$A = (\rho_p a c^*)^{\frac{1}{1-n}}$$

通过式（8-29），可以发现 K_N 值越大，p_{eq} 对于 K_N 的敏感度也越高。同时在图 8-6 中也可以发现，曲线存在 p_{eq} 急剧上升的阶段，即在此范围内，K_N 稍有所变动，平衡压强 p_{eq} 便骤然上升。因此，在发动机设计中要避免发动机的 K_N 过大而出现上述问题。例如，图 8-6 中初温为 50 ℃时，K_N 就不宜超过 520。

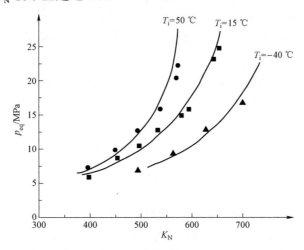

图 8-6 不同初温下面喉比 K_N 与平衡压强 p_{eq} 的关系曲线

（4）制造公差的影响。

研制定型的发动机，其实际工作性能总在一定范围内波动。除上述影响因素外，制造过程中的偏差也是一个影响因素。压强波动的相对值是各因素相对变化量的 $1/(1-n)$ 倍。n 越接近于 1，波动幅度越大。因此，为减小波动幅度，最好采用 n 相对较小的平台推进剂。

下面针对平衡压强公式 $p_{eq} = (c^* K_N a \rho_p)^{1/(1-n)}$，讨论发动机制造公差对平衡压强的影响。首先平衡压强的相对变动量为

$$\frac{dp_{eq}}{p_{eq}} = \frac{1}{1-n}\left(\frac{d\rho_p}{\rho_p} + \frac{dc^*}{c^*} + \frac{da}{a} + \frac{dK_N}{K_N}\right) \tag{8-30}$$

其中，

$$\frac{\mathrm{d}K_N}{K_N} = \frac{\mathrm{d}A_b}{A_b} - \frac{\mathrm{d}A_t}{A_t} \tag{8-31}$$

根据式（8-30）和式（8-31），将发动机的制造公差分为制造尺寸公差和推进剂性能偏差，在生产流程中应该尽量避免或者减小这两者对于平衡压强的影响。

8.2.4 燃烧室压强稳定性

在等面燃烧装药的发动机中，燃烧室内的燃气生成率 $\dot{m}_b$ 与通过发动机喷管排出的质量流量 $\dot{m}_t$ 相等时，发动机达到稳定工作状态，平衡压强得以建立。但是在整个发动机工作过程中，随时都有意想不到的情况破坏这个平衡，如推进剂制造中存在空隙或者气泡导致推进剂装药燃面突然发生改变，点火器或绝热层脱落从喷管排出，引起压强突升等。这些意想不到的情况都可能使燃烧室压强发生偏离。燃烧室压强发生小的可自动恢复的压强波动是允许的，但是对于发生较大的偏离且不可恢复，则应该尽量避免。因此，发动机燃烧室压强的"恢复能力"就显得格外重要。这样的"恢复能力"就是下面要讨论的燃烧室压强的稳定性。

燃烧室压强的稳定性是指在发动机工作过程中，燃烧室内的燃气有能力自动趋近于各瞬时平衡状态对应的平衡压强的能力。具体含义是发动机在工作过程中，维持稳定平衡工作情况下的抗干扰能力，以及发动机稳定工作过程中由一种平衡状态过渡到新平衡状态的能力，如图 8-7（a）所示。下面将深入讨论发动机燃烧室压强的稳定性。

首先通过前面的论述与讨论，可以发现影响发动机燃烧室压强稳定性的一个主要因素是，燃气质量生成率和喷管质量流量。若燃气质量生成率大于喷管质量流量，会导致燃气大量积聚在燃烧室，进而引起燃烧室压强的增加；而燃气质量生成率小于喷管质量流量时，则压强降低；只有当两者相等时，燃烧室压强才能达到平衡。根据燃气质量生成率和喷管质量流量，其各自的计算表达式为

$$\dot{m}_b = \rho_p A_b r = \rho_p A_b a p_c^n \varepsilon$$

$$\dot{m}_t = \phi \frac{p_c A_t}{c^*}$$

通过上式可以发现，喷管质量流量 $\dot{m}_t$ 与燃烧室压强 p_c 是线性关系，而燃气质量生成率 $\dot{m}_b$ 与燃烧室压强 p_c 是指数关系。当 $n>1$ 时，$\dot{m}_b$ 与 p_c 的关系曲线向下弯曲；而 $n<1$ 时，关系曲线向上弯曲；当 $n=1$ 时，则为直线。上述关系已在图 8-7 中直观呈现。两曲线的交点即为平衡压强。

假设现在发动机受到某一扰动因素，使燃烧室压强发生波动，压强的增量为 Δp_c，压强的波动必然引起燃气质量生成率 $\dot{m}_b$ 和喷管质量流量 $\dot{m}_t$ 的波动，分别设其增量为 $\Delta \dot{m}_b$ 和 $\Delta \dot{m}_t$，它们与压强变化量的关系分别为

$$\Delta \dot{m}_b = \left(\frac{\mathrm{d}\dot{m}_b}{\mathrm{d}p_c}\right)_{eq} \times \Delta p_c \tag{8-32}$$

$$\Delta \dot{m}_t = \left(\frac{\mathrm{d}\dot{m}_t}{\mathrm{d}p_c}\right)_{eq} \times \Delta p_c \tag{8-33}$$

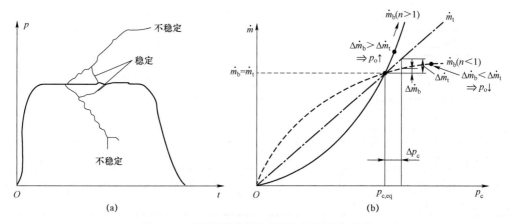

图 8-7 发动机压强稳定性和流量变化曲线
(a) 平衡压强稳定性示意图;(b) 燃气质量生成率和喷管质量流量随压强的变化曲线

发动机燃烧室压强要具备上述的稳定性,则需满足

$$\Delta \dot{m}_b < \Delta \dot{m}_t \tag{8-34}$$

值得一提的是,以上讨论是基于压强波动增加展开的,对于压强减小的情况则与之相反,但最终讨论结果相同,就不在此赘述了。

下面就固体推进剂中常用的燃速公式 $r = ap^n$,进一步讨论压强稳定性条件。

$$\left(\frac{\mathrm{d}\dot{m}_b}{\mathrm{d}p_c}\right)_{eq} = \rho_p A_b \frac{\mathrm{d}r}{\mathrm{d}p_c} = \dot{m}_b \frac{\mathrm{d}(\ln r)}{\mathrm{d}p_c} \tag{8-35}$$

$$\left(\frac{\mathrm{d}\dot{m}_t}{\mathrm{d}p_c}\right)_{eq} = \phi \frac{A_t}{c^*} \frac{\mathrm{d}p_c}{\mathrm{d}p_c} = \dot{m}_t \frac{\mathrm{d}(\ln p_c)}{\mathrm{d}p_c} \tag{8-36}$$

由稳定条件 $\Delta \dot{m}_b < \Delta \dot{m}_t$,且在平衡条件下有 $\dot{m}_b = \dot{m}_t$ 成立,将式 (8-35) 与式 (8-36) 代入,得

$$\frac{\mathrm{d}(\ln r)}{\mathrm{d}p_c} < \frac{\mathrm{d}(\ln p_c)}{\mathrm{d}p_c}$$

即

$$\frac{\mathrm{d}(\ln r)}{\mathrm{d}(\ln p_c)} < 1$$

又因为 $\frac{\mathrm{d}(\ln r)}{\mathrm{d}(\ln p_c)} = n$,从而得到燃烧室压强的稳定条件为

$$n < 1$$

目前常用的复合推进剂的压强指数范围为 $0.3 < n < 0.7$,双基和改性双基推进剂的压强指数为 $n < 0.1$。

同样对于其他燃速公式下燃烧室稳定条件,也可采用以上讨论方法计算得出,下面将几种常见的燃速公式(其适用条件已在表 8-1 中列出)下的燃烧室压强稳定条件列于表 8-2 中,具体推导不再赘述。

表 8-2 不同燃速公式下的燃烧室压强稳定条件

燃速公式	燃烧室压强稳定条件
$r = a + bp$	$\dfrac{\varepsilon}{\phi}\rho_p c^* K_N b < 1$ 且 $a > 0$
$r = a + bp^n$	$\dfrac{\varepsilon}{\phi}\rho_p c^* K_N b n p_{eq}^{n-1} < 1$
$r = ap^n$	$n < 1$
$\dfrac{1}{r} = \dfrac{A}{p} + \dfrac{B}{p^{1/3}}$	$\dfrac{1}{r} > \dfrac{A}{p_{eq}} + \dfrac{B}{3p_{eq}^{1/3}}$（注：当 $B>0$ 时，该等式一般是成立的）

8.2.5 高压下的燃烧室压强计算

在 8.2.2 节，式（8-11）认为 $\rho_c/\rho_p \approx 0$，于是将式（8-11）简化为式（8-12）再展开讨论，这在低压燃烧室内其计算误差是可以得到认可的。但在高压下，如燃烧室压强为 29.4 MPa 时，ρ_c/ρ_p 可达 2%，因此为得到精确计算结果，很有必要考虑这一项。令 $\delta = \rho_c/\rho_p$，燃烧室达到平衡状态时 $dp_c/dt = 0$，不考虑侵蚀燃烧和流动损失，即 $\varepsilon = 1$、$\phi = 1$，则

$$0 = \left(1 - \dfrac{\rho_c}{\rho_p}\right)\rho_p A_b a p_c^n - \dfrac{p_c A_t}{c^*}$$

$$p_{eq} = (c^* K_N a \rho_p)^{\frac{1}{1-n}}(1-\delta)^{\frac{1}{1-n}} \tag{8-37}$$

由于 $\delta \ll 1$，对 $(1-\delta)^{\frac{1}{1-n}}$ 展开为幂级数，并忽略高阶项，则有

$$(1-\delta)^{\frac{1}{1-n}} \approx 1 - \dfrac{\delta}{1-n}$$

将上式代入式（8-37），得

$$p_{eq} = (c^* K_N a \rho_p)^{\frac{1}{1-n}}\left(1 - \dfrac{1}{1-n}\delta\right) \tag{8-38}$$

当压强高于 20 MPa 时，δ 较大，不可忽略，可以采用下式计算得到平衡压强，即

$$p_{eq} = (c^* K_N a \rho_p)^{\frac{1}{1-n}}\left[1 - \dfrac{1}{1-n}\dfrac{(c^* K_N a \rho_p)^{\frac{1}{1-n}}}{\rho_p R T_f}\right] \tag{8-39}$$

燃烧室压强更高时，气体分子体积不能忽略，需对理想气体状态方程进行修正，即

$$p = \dfrac{\rho}{1 - a\rho}RT$$

其中，一般推进剂燃烧后的燃气可以取气体的余容 $a = 1 \text{ cm}^3/\text{g}$。

8.3 零维变燃面发动机工作压强计算

在 8.2 节中着重讨论了零维等燃面装药发动机的内弹道问题，但是对于不是等燃面的推进剂装药，其燃烧过程中燃面面积是时刻在发生改变的。燃面的变化使发动机的面喉比 K_N 发生改变，因此发动机燃烧室的平衡压强不再恒定不变，即 $\mathrm{d}p_c/\mathrm{d}t \neq 0$。但是对于喉通比 J 值较小的一类发动机，仍可将其视为零维内弹道问题，这便是下面将要讨论的零维变燃面内弹道问题。

8.3.1 基本方程的变换

在变燃面装药发动机中，装药燃面、自由容积都随时间发生变化，同时燃烧室平衡压强不再恒定不变，即 $\mathrm{d}p_c/\mathrm{d}t \neq 0$，对于式（8-13）

$$\frac{V_c}{\chi R T_c} \cdot \frac{\mathrm{d}p_c}{\mathrm{d}t} = \varepsilon \rho_p A_b a p_c^n - \Gamma \frac{\phi p_c A_t}{\sqrt{\chi R T_c}}$$

很难通过上式直接推导出燃烧室压强 p_c 与时间 t 的解析表达式。为了求出 $p_c - t$ 关系，本节采用数值计算法，即先找出燃烧室压强 p_c 与推进剂装药的燃去厚度 e 的关系，同时找到燃速 r 与 e 的关系；继而根据 $r-e$ 关系找到 $e-t$ 关系，最终得出 p_c-t 曲线。下面仅考虑理想情况，即不考虑侵蚀燃烧、流动损失及热损失，即 $\varepsilon = \phi = \chi = 1$ 时，对式（8-13）进行变换，首先根据燃速的定义，有

$$r = \frac{\mathrm{d}e}{\mathrm{d}t} = a p_c^n$$

则

$$\frac{\mathrm{d}p_c}{\mathrm{d}t} = \frac{\mathrm{d}p_c}{\mathrm{d}e} \cdot \frac{\mathrm{d}e}{\mathrm{d}t} = \frac{\mathrm{d}p_c}{\mathrm{d}e} \cdot a p_c^n \tag{8-40}$$

将上式代入式（8-13）得

$$\frac{V_c}{\Gamma^2 c^{*2}} \cdot \frac{\mathrm{d}p_c}{\mathrm{d}e} \cdot a p_c^n = \rho_p A_b a p_c^n - \frac{p_c A_t}{c^*} \tag{8-41}$$

即

$$\frac{\mathrm{d}p_c}{\mathrm{d}e} = \frac{\Gamma^2 c^* A_t}{V_c a} \left(\frac{\rho_p A_b a c^*}{A_t} - p_c^{1-n} \right) \tag{8-42}$$

取 $p_{c,\mathrm{eq}} = (\rho_p c^* a K_N)^{\frac{1}{1-n}}$，则

$$\frac{\mathrm{d}p_c}{\mathrm{d}e} = \frac{\Gamma^2 c^* A_t}{V_c a} (p_{c,\mathrm{eq}}^{1-n} - p_c^{1-n}) \tag{8-43}$$

或者

$$p_c^{1-n} = p_{c,\mathrm{eq}}^{1-n} - \frac{V_c a}{\Gamma^2 c^* A_t} \frac{\mathrm{d}p_c}{\mathrm{d}e} \tag{8-44}$$

式（8-43）和式（8-44）中的 $p_{c,\mathrm{eq}}$ 称为瞬时平衡压强，其表达式为

$$p_{c,eq} = (\rho_p c^* a K_N)^{\frac{1}{1-n}} = \left(\frac{\rho_p A_b c^* a}{A_t}\right)^{\frac{1}{1-n}} \qquad (8-45)$$

式（8-45）形式上与等燃面装药发动机的平衡压强公式完全相同，但因为燃面 A_b 随时间变化，因此 $p_{c,eq}$ 是瞬变量。

通过式（8-44）可以发现，一般情况下，燃烧室压强的瞬时值 p_c 并不等于瞬时平衡压强 $p_{c,eq}$，两者之间相差一个与压强变化率有关的修正项。修正项的存在表明，当燃面面积比较迅速地连续变化时，燃烧室压强始终落后于燃面的变化，任何瞬时都不能达到对应燃面下的瞬时平衡压强。其原因在于推进剂燃烧时，燃面瞬间发生改变，但燃烧室自由容积内压强升高或降低需要时间，从旧平衡状态到新平衡状态不能瞬时完成，且燃面的变化越快，压强滞后越严重，修正值越大。同时对于增面性装药，$dp_c/de > 0$，因此 $p_c < p_{c,eq}$；而对于减面性装药，$dp_c/de < 0$，因此 $p_c > p_{c,eq}$。其推力曲线如图 8-8 所示。

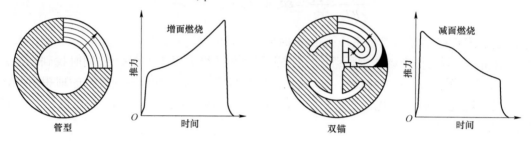

图 8-8 增面燃烧和减面燃烧装药推力曲线

8.3.2 零维变燃面装药发动机工作段压强计算

8.3.1 小节就零维内弹道的基本微分方程展开变换得到了式（8-43）和式（8-44），试验表明，一般的变燃面装药发动机的燃面变化，并不会使燃烧室的瞬时工作压强的变化率和瞬时平衡压强变化率有很大的差别，因此可以认为

$$\frac{dp_c}{de} \approx \frac{dp_{c,eq}}{de} \qquad (8-46)$$

数值计算时用差分代替式（8-44）中的微分，得

$$p_c^{1-n} = p_{c,eq}^{1-n} - \frac{V_c a}{\Gamma^2 c^* A_t} \frac{\Delta p_c}{\Delta e} \qquad (8-47)$$

将式（8-46）代入式（8-47），得

$$p_c^{1-n} = p_{c,eq}^{1-n} - \frac{V_c a}{\Gamma^2 c^* A_t} \frac{\Delta p_{c,eq}}{\Delta e} \qquad (8-48)$$

根据瞬时平衡压强的定义，有

$$p_{c,eq} = (\rho_p c^* a K_N)^{\frac{1}{1-n}} = \left(\frac{\rho_p A_b c^* a}{A_t}\right)^{\frac{1}{1-n}}$$

令 $K = \rho_p c^* a K_N$，同时对上式取对数，再对肉厚 e 求微分，得

$$\frac{\mathrm{d}p_{c,eq}}{p_{c,eq}\mathrm{d}e}=\frac{1}{1-n}\frac{\mathrm{d}K}{K\mathrm{d}e}$$

或者

$$\frac{\mathrm{d}p_{c,eq}}{\mathrm{d}e}=\frac{p_{c,eq}}{1-n}\frac{\mathrm{d}K}{K\mathrm{d}e} \tag{8-49}$$

即

$$\frac{\mathrm{d}p_{c,eq}}{\mathrm{d}e}=\frac{p_{c,eq}}{A_b(1-n)}\frac{\mathrm{d}A_b}{\mathrm{d}e} \tag{8-50}$$

将上式变成差分，得

$$\frac{\Delta p_{c,eq}}{\Delta e}=\frac{p_{c,eq}}{A_b(1-n)}\frac{\Delta A_b}{\Delta e} \tag{8-51}$$

从式（8-51）可以看出，只要能得到燃面 A_b 随肉厚 e 变化的关系式，就能通过式（8-51）获得 $\Delta p_{c,eq}/\Delta e$，代入式（8-48）就能求得 p_c - t 的关系。为消除用 $p_{c,eq}$ 代替 p_c 计算修正值的误差，可以进行迭代计算，求得更精确的 p_c - t 关系。

下面将 p_c - t 关系的计算步骤总结如下，留作参考。图 8-9 是一个管型装药发动机，管型装药的两个侧面包覆不参与燃烧，只有内孔表面和外圆柱面燃烧。

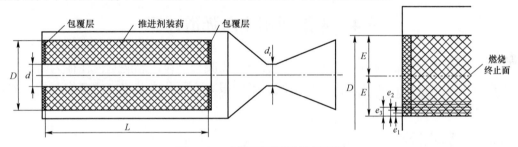

图 8-9 变燃面压强计算示意图

在燃烧过程中，固体推进剂装药在外圆柱面从外向内燃烧，在内孔表面从内向外燃烧。装药用于燃烧的厚度 $E=\dfrac{D-d}{4}$。在计算过程中，把单侧肉厚分割成 n 个微元，每个微元的肉厚为 Δe，$E=n\times\Delta e$。

（1）把装药的总肉厚 E 分成 n 段，每个微元肉厚为 $\Delta e=E/n$，获得肉厚序列 e_1、e_2、e_3、⋯、e_n，计算肉厚单元 Δe_1、Δe_2、Δe_3、⋯、Δe_n。

（2）计算每个肉厚对应的燃面，获得 A_{b0}、A_{b1}、A_{b2}、⋯、A_{bn}。

（3）利用式（8-45）计算瞬时平衡压强 $p_{c,eq}$ 以及 $\Delta p_{c,eq}$，获得 $p_{c,eq1}$、$p_{c,eq2}$、$p_{c,eq3}$、⋯、$p_{c,eqn}$ 以及 $\Delta p_{c,eq1}$、$\Delta p_{c,eq2}$、$\Delta p_{c,eq3}$、⋯、$\Delta p_{c,eqn}$。

（4）计算每个燃去肉厚时燃烧室的自由容积：V_{c0}、V_{c1}、V_{c2}、⋯、V_{cn}。

（5）计算每个燃去肉厚对应的修正项，即

$$\frac{V_c a}{\Gamma^2 c^* A_t}\frac{\Delta p_c}{\Delta e}$$

(6) 计算每个燃去肉厚时的燃烧室工作压强 p_{ci}，即

$$p_c^{1-n} = p_{c,eq}^{1-n} - \frac{V_c a}{\Gamma^2 c^* A_t} \frac{\Delta p_{c,eq}}{\Delta e}$$

(7) 计算相邻两点（相邻两个燃烧肉厚之间）的燃烧室工作压强的平均值，即

$$\bar{p}_{c,i} = \frac{p_{c,i} + p_{c,i-1}}{2}$$

(8) 根据各燃去肉厚段的平均压强 $\bar{p}_{c,i}$ 计算对应燃去肉厚的燃速 r_i，且

$$r_i = a(\bar{p}_{c,i})^n$$

(9) 计算各燃去肉厚段的燃烧时间 Δt_i，即

$$\Delta t_i = \frac{\Delta e_i}{r_i}$$

(10) 计算燃去总燃烧肉厚 E 的燃烧时间，即

$$t_b = \sum_{i=1}^{n} \Delta t_i$$

最后，可以获得不同时刻的燃烧室压强。

8.4 零维两相流内弹道计算

对于含金属添加剂的固体推进剂，燃烧后会生成凝相颗粒，燃烧室内往往为两相流动。两相流动对发动机性能，尤其是内弹道性能的影响很大，因此本节将介绍零维两相流内弹道的计算方法。

8.4.1 基本方程

在建立零维内弹道计算方程时，先做以下假设：

① 凝相颗粒是具有均一尺寸的单分散混合物，即按质量平均的凝相颗粒半径作为整个颗粒群的半径，不存在颗粒间的相互作用及相变，仅考虑气相与凝相之间的气动作用项和传热项；

② 推进剂在燃烧室内完全燃烧，并且燃烧过程中燃烧温度不变；

③ 推进剂燃烧的气相产物是组分不变的理想气体。

为建立计算压强的内弹道公式，需要考虑燃气质量的变化规律。根据质量守恒方程，燃烧室内两相燃气的质量 m_m（包括气相质量 m_g 与凝相质量 m_c）随时间的变化率，应等于燃烧室内燃气生成率 $\dot{m}_b$ 与燃气从喷管排出的质量流量 $\dot{m}_t$ 之差，即

$$\frac{dm_m}{dt} = \dot{m}_b - \dot{m}_t \tag{8-52}$$

式中 $\dot{m}_b$——燃气生成率；

$\dot{m}_t$——喷管排出的质量流量。

燃气生成率和喷管排出的质量流量中均包含了两相。

燃烧室中的两相燃气质量 m_m 可以表示为

$$m_\mathrm{m} = (\rho_\mathrm{c} + \rho)V_\mathrm{g} = \frac{1}{1-\varepsilon}\rho V_\mathrm{g} \quad (8-53)$$

式中　ρ_c——凝相的平均密度；

　　　ρ——气相的平均密度；

　　　V_g——燃烧室的自由容积；

　　　ε——凝相质量比。

将式（8-53）对时间求导数，得

$$\frac{\mathrm{d}m_\mathrm{m}}{\mathrm{d}t} = \frac{1}{1-\varepsilon}\rho\frac{\mathrm{d}V_\mathrm{g}}{\mathrm{d}t} + \frac{1}{1-\varepsilon}V_\mathrm{g}\frac{\mathrm{d}\rho}{\mathrm{d}t} \quad (8-54)$$

式中　$\dfrac{1}{1-\varepsilon}\rho\dfrac{\mathrm{d}V_\mathrm{g}}{\mathrm{d}t}$——燃烧室自由容积的增大而产生的燃气填充量；

　　　$\dfrac{1}{1-\varepsilon}V_\mathrm{g}\dfrac{\mathrm{d}\rho}{\mathrm{d}t}$——燃气密度改变所引起的燃气质量变化。

自由容积的增大量实际上等于推进剂燃烧掉的体积，即

$$\mathrm{d}V_\mathrm{g} = A_\mathrm{b}\dot{r}\mathrm{d}t \quad (8-55)$$

式中　A_b，$\dot{r}$——分别为推进剂装药的燃烧面积和燃速。

气相密度的变化根据状态方程，可以转化为零维平均压强的变化关系，故式（8-54）可以变为

$$\frac{\mathrm{d}m_\mathrm{m}}{\mathrm{d}t} = \frac{1}{1-\varepsilon}\rho A_\mathrm{b}\dot{r} + \frac{1}{1-\varepsilon}\frac{V_\mathrm{g}}{\chi RT}\frac{\mathrm{d}p}{\mathrm{d}t} \quad (8-56)$$

式中　χ——燃气温度 T 的修正系数；

　　　R——燃气的气体常数。

燃气生成率为

$$\dot{m}_\mathrm{b} = \rho_\mathrm{p}A_\mathrm{b}\dot{r} \quad (8-57)$$

将式（8-56）和式（8-57）代入式（8-52），可得零维两相内弹道微分方程为

$$\frac{1}{1-\varepsilon}\frac{V_\mathrm{g}}{\chi RT}\frac{\mathrm{d}p}{\mathrm{d}t} = \left(\rho_\mathrm{p} - \frac{1}{1-\varepsilon}\rho\right)A_\mathrm{b}\dot{r} - \dot{m} \quad (8-58)$$

或

$$\frac{V_\mathrm{g}}{\chi RT}\frac{\mathrm{d}p}{\mathrm{d}t} = [(1-\varepsilon)\rho_\mathrm{p} - \rho]A_\mathrm{b}\dot{r} - (1-\varepsilon)\dot{m} \quad (8-59)$$

与纯气相的零维内弹道微分方程相比，零维两相内弹道微分方程中多了修正项 $1-\varepsilon$，同时喷管排出的质量流量 $\dot{m}_\mathrm{t}$ 为两相流动的质量流量。实际上，零维内弹道微分方程的本质是，影响压强变化的各项均是混合流动中的气相因素。当 $\varepsilon \to 0$ 时，则与纯气相的零维内弹道微分方程相同。

由于 $\rho \ll \rho_\mathrm{p}$，零维两相内弹道微分方程可近似为

$$\frac{V_\mathrm{g}}{\chi RT}\frac{\mathrm{d}p}{\mathrm{d}t} \approx (1-\varepsilon)\rho_\mathrm{p}A_\mathrm{b}\dot{r} - (1-\varepsilon)\dot{m} \quad (8-60)$$

由类似分析可知，零维两相内弹道后效段方程为

$$V_c \frac{d\rho}{dt} = -(1-\varepsilon)\dot{m} \tag{8-61}$$

式中　V_c——燃烧室容积。

后效段是指发动机中固体推进剂已完全燃烧，但燃烧室中仍有高压燃气，即高压燃气的排气过程。

8.4.2　零维两相内弹道中的两相特性参数

在零维两相内弹道模型中，涉及的两相特性参数包括凝相质量比 ε 和两相质量流量。

目前绝大多数推进剂添加的金属燃烧剂为铝粉。推进剂中 Al 的质量分数 w_{Al} 在小于 15% 时与对应燃气中的凝相（Al_2O_3）质量比 ε 可近似为线性关系，即

$$\varepsilon = 1.82 w_{Al} \tag{8-62}$$

在 $w_{Al} = 0\% \sim 26.92\%$ 时，凝相质量比 ε 为

$$\varepsilon = -0.6 + \frac{0.102\,2}{(w_{Al} - 0.249\,4)^2 + 0.108\,04} \tag{8-63}$$

喷管的两相质量流量公式为

$$\dot{m} = \varphi_{tp,m} \frac{1}{1-\varepsilon} \frac{p_{0i} A_t}{c^*} \tag{8-64}$$

式中　p_{0i}——喷管入口总压，近似结果有 $p_{0i} = p$；
　　　A_t——喷管喉部截面积；
　　　c^*——特征速度；
　　　$\varphi_{tp,m}$——两相流的流量系数，表达式为

$$\varphi_{tp,m} = (0.747\,21)\left(\frac{d_c}{d_{c0}}\right)^{0.005\,01} \tag{8-65}$$

式中　d_c——凝相粒子直径，μm；
　　　d_{c0}——凝相参考粒子直径，$d_{c0} = 0.52\,\mu m$。

为此，还需要确定凝相粒子直径 d_c 的大小。采用平均粒子尺寸估算公式，即

$$d_c = 2.385\,34\, p^{\frac{1}{3}} b_s^{\frac{1}{3}} (1 - e^{-0.000\,157\,5 L^*}) \times (1 + 0.001\,772 d_t) \tag{8-66}$$

式中　b_s——凝相颗粒的质量摩尔浓度，mol/（0.1 kg）；
　　　L^*——发动机的特征长度，mm，且 $L^* = V_g / A_t$；
　　　d_t——喷喉直径，mm；
　　　p——燃烧室压强，MPa。

在一定的凝相质量比 ε 下，凝相颗粒的质量摩尔浓度 b_s 与粒子的平均直径 d_c 有关。不考虑相变，考虑凝相的质量 m_c 是由单个粒子质量 m_{ci} 组成，即有

$$m_c = m_{ci} N_c = \rho_s \frac{1}{6} \pi d_c^3 N_c \tag{8-67}$$

式中，单个颗粒的质量 $m_{ci} = \dfrac{1}{6}\pi\rho_s d_c^3$，其中 ρ_s 为颗粒的质量密度，N_c 为总颗粒数。因此可得

$$b_s = \frac{6\varepsilon}{\rho_s \pi d_c^3} \tag{8-68}$$

将式（8-68）代入式（8-66），得粒子的平均直径 d_c 为

$$d_c = 0.12754 p^{\frac{1}{6}} \left(\frac{\varepsilon}{\rho_s}\right)^{\frac{1}{6}} \left[(1-\mathrm{e}^{-0.0001575 L^*}) \times (1+0.001772 d_t)\right]^{\frac{1}{2}} \tag{8-69}$$

8.4.3 零维两相内弹道的平衡压强

当燃气生成率等于喷管排出的质量流量时，压强处于平衡状态，即 $\dfrac{\mathrm{d}p}{\mathrm{d}t}=0$，由内弹道方程式（8-59）可得

$$[(1-\varepsilon)\rho_p - \rho]A_b r = (1-\varepsilon)\dot{m} \tag{8-70}$$

式中　r ——推进剂燃速，$r = ap^n \varphi(æ)$；

　　　$\varphi(æ)$ ——侵蚀函数，$æ = A_b/A_p$ 为燃通比；

　　　A_p ——燃气通气面积。

将两相质量流量公式（8-64）代入式（8-70），可得零维两相内弹道的平衡压强 p_{eq} 为

$$p_{eq} = \left[\frac{\left(1-\varepsilon-\dfrac{\rho}{\rho_p}\right)\rho_p c^* a A_b \varphi(æ)}{\varphi_{tp,m} A_t}\right]^{\frac{1}{1-n}} \tag{8-71}$$

由于 $\dfrac{\rho}{\rho_p} \ll 1$，平衡压强公式可近似为

$$p_{eq} \approx \left[\frac{(1-\varepsilon)\rho_p c^* a A_b \varphi(æ)}{\varphi_{tp,m} A_t}\right]^{\frac{1}{1-n}} \tag{8-72}$$

由于粒子的平均直径 d_c 与压强还存在一定量的变化关系，故两相流量系数 $\varphi_{tp,m}$ 与压强也存在变化关系。将式（8-69）代入式（8-65）可得流量系数 $\varphi_{tp,m}$ 为

$$\varphi_{tp,m} = C_{tp} p^{0.000835} \tag{8-73}$$

式中，系数 C_{tp} 为

$$C_{tp} = 0.74721^\varepsilon \left\{0.12754\left(\frac{\varepsilon}{\rho_s}\right)^{\frac{1}{6}} \times \frac{\left[(1-\mathrm{e}^{-0.0001575 L^*})(1+0.001772 d_t)\right]^{\frac{1}{2}}}{d_{c0}}\right\}^{0.00501} \tag{8-74}$$

从压强指数 0.000 835 可知，压强对两相流的流量系数影响很小，简化计算时可忽略不计。

将式（8-73）代入平衡压强公式（8-71）和式（8-72），得

$$p_{eq} = \left[\frac{\left(1-\varepsilon-\dfrac{\rho}{\rho_p}\right)\rho_p c^* a A_b \varphi(æ)}{C_{tp} A_t} \right]^{\frac{1}{1.000835-n}} \quad (8-75)$$

$$p_{eq} \approx \left[\frac{(1-\varepsilon)\rho_p c^* a A_b \varphi(æ)}{C_{tp} A_t} \right]^{\frac{1}{1.000835-n}} \quad (8-76)$$

定义装填参量 M 为

$$M = \left[\frac{\rho_p c^* a A_b \varphi(æ)}{C_{tp} A_t} \right]^{\frac{1}{1.000835-n}} \quad (8-77)$$

则平衡压强公式可表示为

$$p_{eq} = \left[\left(1-\varepsilon-\frac{\rho}{\rho_p}\right) M \right]^{\frac{1}{1.000835-n}} \quad (8-78)$$

$$p_{eq} \approx [(1-\varepsilon)M]^{\frac{1}{1.000835-n}} \quad (8-79)$$

近似式（8-79）可显式地直接计算平衡压强，而式（8-78）中由于包含密度 ρ 项，不能直接计算，是隐式方程，需要迭代求解。为提高简化计算的精度，可以对式（8-78）中的密度 ρ 项展开为幂级数，并忽略高阶项，可得

$$\left(1-\varepsilon-\frac{\rho}{\rho_p}\right)^{\frac{1}{1.000835-n}} \approx (1-\varepsilon)^{\frac{1}{1.000835-n}} \times \left[1-\frac{\dfrac{\rho}{\rho_p}}{(1-\varepsilon)(1.000835-n)}\right] \quad (8-80)$$

于是，式（8-78）变为

$$p_{eq} = \left[1-\frac{\dfrac{\rho}{\rho_p}}{(1-\varepsilon)(1.000835-n)}\right][(1-\varepsilon)M]^{\frac{1}{1.000835-n}} \quad (8-81)$$

将式（8-81）代入状态方程，可得精度更高的平衡压强公式为

$$p_{eq} = \frac{(1-\varepsilon)[(1-\varepsilon)M]^{\frac{1}{1.000835-n}}}{1-\varepsilon+\dfrac{[(1-\varepsilon)M]^{\frac{1}{1.000835-n}}}{(1.000835-n)\rho_p \chi RT}} \quad (8-82)$$

计算表明，式（8-81）的计算结果更精确，式（8-79）的计算结果与之相比误差为 2% 左右。利用零维两相内弹道的平衡压强公式，可以大大简化火箭设计过程中对两相内弹道压强的计算，有效提高设计精度。

8.4.4 零维两相内弹道的计算与分析

为求解零维两相内弹道微分方程，需要对式（8-59）进行变形，则

$$\frac{\mathrm{d}p}{\mathrm{d}t} = \frac{\left[(1-\varepsilon)\rho_p - \rho\right]\Gamma^2 c^{*2} A_b a \varphi(x)}{V_g} p^n - \frac{\Gamma^2 c^* A_t \varphi_{tp,m}}{V_g} p \quad (8-83)$$

式中，$\Gamma = \left(\dfrac{2}{\gamma+1}\right)^{\frac{\gamma+1}{2(\gamma-1)}} \sqrt{\gamma}$，$\gamma$ 为燃气比热比；特征速度 $c^* = \sqrt{\chi RT}/\Gamma$。该方程在准定常假设下为常系数微分方程，可利用 4 阶龙格－库塔法进行数值求解。

零维两相内弹道计算的主要过程如下：

① 根据选用的不同推进剂，由式（8-62）或式（8-63）得到相应的凝相质量比 ε；

② 给定初始时间、初始压强等初始条件和时间步长等参数；

③ 计算当前时刻装药的几何参数，由式（8-69）计算粒子的平均直径 d_c，再由式（8-71）计算对应的两相流量系数 $\varphi_{tp,m}$；

④ 利用龙格－库塔法解零维两相内弹道的微分方程式（8-82），得到下一时刻的压强；

⑤ 重复上述过程，直到计算出全部时刻对应的压强。

求解时，考虑到燃烧室中的温度假设是不变的，即有 $T = T_0 = \text{const}$。

为检验上述模型的有效性与正确性，计算了某远程固体火箭发动机的内弹道。该发动机采用两级装药（星孔+圆孔）；推进剂为含铝 5% 的丁羟复合推进剂，由式（8-62）可知，燃气的凝相质量比 $\varepsilon = 9.322\%$；凝相为液态 Al_2O_3，其密度 $\rho_s = 3.0 \times 10^3 \text{ kg/m}^3$。

对微分方程式（8-82）求解，在准定常条件下，得到压强－时间曲线，如图 8-10 所示。由图可见，计算结果与试验数据吻合得很好。计算得到的头部压强平均值与试验值的误差为 0.3%，具有较好的计算精度。

计算得到的推力－时间曲线如图 8-11 所示。由图可见，计算结果与试验数据吻合得很好。计算得到的平均推力与试验值的误差为 2.2%，同样具有令人满意的计算精度。

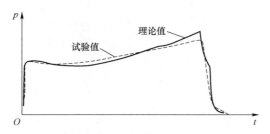

图 8-10　某远程发动机零维两相 p-t 曲线

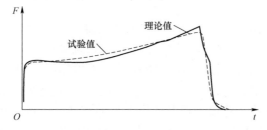

图 8-11　某远程发动机零维两相 F-t 曲线

8.5 固体火箭发动机点火过程及压强上升段的计算

固体火箭发动机的点火是根据操作指挥员或者某些自动控制装置发出的点火指令而开始工作的。点火指令先由指挥员发出,使发动机点火器的发火系统率先工作,发火系统再点燃能量释放系统,形成二级点火,产生足以保证点燃主推进剂装药所需能量的高温燃烧产物,这些燃烧产物通过热对流、热传导、热辐射以及其中灼热质点对主装药表面的碰撞等方式将热量传递给推进剂,使推进剂达到燃烧温度,产生燃烧火焰,并自持燃烧下去。

固体火箭发动机的点火实质上是外界向推进剂表面提供一定能量,激励表面点燃,并使推进剂达到稳态燃烧的过程。发动机点火的成败直接决定了固体火箭发动机主装药能否被点燃,关乎固体火箭发动机能否正常工作,同时点火的过程往往伴随着侵蚀燃烧,会导致初始压强峰较高,存在发动机壳体强度遭到破坏的风险,所以固体火箭发动机的点火是一个很重要的过程,除了理论计算外,还必须通过大量的试验,才能摸清楚它的规律。

8.5.1 点火器

点火器一般可分为烟火式点火器和发热式点火器,现将其介绍如下。

1. 烟火式点火器

烟火式点火器的形式与结构随着发动机和装药的不同存在差异,一般点火器都包括发火系统和能量释放系统这两个基本部分。图 8-12 是一种烟火式点火器的结构示意图。

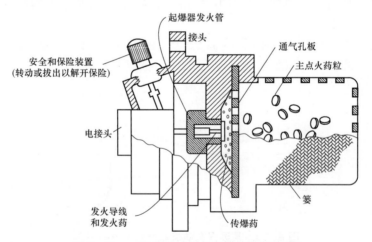

图 8-12 一种烟火式点火器的结构示意图

发火系统中含有发火药,发火药的一个主要作用是接收到点火指令后,点燃释放大量热量,进而点燃能量释放系统。发火药的成分视发火系统的外加能源种类不同而不同,目前普遍使用的电发火系统工作能源是电能,操作员按下按钮时,电流通过埋放在发火药中的细金属丝,使细金属丝发热,进而点燃发火药。为了便于点燃发火药,发火药中同时含有如三硝基苯间二酚铅等热敏药。除以上提及的电发火系统外,也可采用机械能(如机械撞击)、化学能(两种化学物质的化学反应)、冲击波等,同样发火药中也应该包含相应的能量敏感物质成分。

发火药被点燃后进一步点燃点火药，进而点燃推进剂主装药，能量输出是逐级递增的。其中点火药是能源释放系统的主体。点火药主要分为 3 类，即黑火药、烟火剂及复合推进剂。

双基推进剂一般采用黑火药作为点火药，黑火药成分包括木炭、硫和硝酸钾。而对于含铝的复合推进剂，黑火药的燃气温度不高，燃烧速度快，缺少凝相成果，因此点燃复合推进剂同时黑火药点火压强峰也比较高，因此复合推进剂的点火药多采用金属粉（铝、镁、硼、锆等）和氧化剂（过氯酸钾、硼–硝酸钾、聚四氟乙烯等）组成的烟火剂，它们加上少量黏合剂混合后经过造粒或者压成药片后使用，且点火药颗粒越大燃烧时间越长。

2. 发热式点火器

发热式点火器是一个小型的固体火箭发动机，其主要作用是点燃推进剂主装药，即点火发动机。小型发动机可以采用一个或多个喷管结构，喷管可以是亚声速的，也可以是超声速的，同时发热式点火器一般采用与一般固体火箭发动机相同的装药配方和设计技术。发热式点火器的装药要比主发动机装药易于点燃，发热式点火器点燃后产生燃烧产物冲击到主发动机装药表面，点燃主装药，这个过程主要是通过燃气对流向发动机的主装药传热。图 8–13 所示是一种发热式点火器的结构示意图。

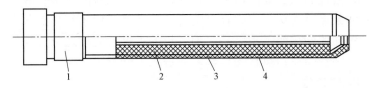

图 8–13　一种发热式点火器的结构示意图
1—瞬时延期两用电点火具；2—点火药柱；3—包覆层；4—金属壳体

3. 点火器的安装位置

图 8–14 是几种点火器的安装位置简图。当点火器安装在前封头上时，燃气流过推进剂主装药表面，有利于点火；而点火器安装在燃烧室尾部时，燃气向上游流动且传热量较少，尤其对于临近前封头处的推进剂装药，只能依靠点火器燃气的温度、压强和传热来实现点火；如果安装在喷管上，则点火器及其支撑体可以在点火完成使命后抛弃，减轻了点火器造成的死重。

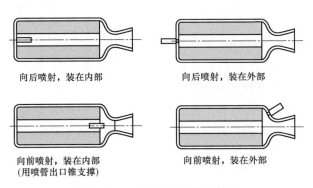

图 8–14　点火器安装位置简图

8.5.2 固体火箭发动机点火过程

固体火箭发动机的启动是依赖点火器工作后点燃推进剂主装药,使燃烧室压强逐步建立起来,达到工作压强。固体火箭发动机点火过程包含下面 5 个阶段,现介绍如下。

1. 预备阶段

预备阶段是指从操作员发出点火指令、接通点火器发火系统电路开始,到点火器开始向燃烧室内腔排出燃烧产物为止。这一阶段所需时间称为点火器的发火延迟和能量释放延迟时间。

2. 点火药燃烧产物的传播

点火器向燃烧室内腔排出的燃烧产物充满燃烧室和喷管,压缩原有冷空气,使压强上升,推开喷管堵盖。这一阶段,点火药燃烧产生的压缩波以更高的速度传播,到达喷管收敛段入口即被反射。在某些特定情况下,压缩波有可能发展成为激波,同时这一阶段还伴有稀疏波的产生。因此,在该阶段发动机内部流场是很复杂的。同时,如果点火器安装在主装药通道内部或者尾部,流场往往还具有不均匀性,其特征与点火器的具体结构有关系。

3. 主装药的加热和点燃

点火药燃烧产物流过装药表面,以对流、辐射、炽热颗粒的直接接触、撞击等方式加热主装药,推进剂表面某点首先达到点火临界温度时被点燃。由于流场的非定常性、不均匀性以及边界层结构沿轴向的变化等,主装药表面各点的点燃有先后之分。当表面某点率先达到点火临界温度时,主装药即在该点首先点燃,并进入下一阶段。

4. 装药表面的火焰传播

主装药的燃烧产物与点火药的燃烧产物共同对主装药加热,使主装药表面其余部分先后被点燃,这是装药表面的火焰传播过程。在这个过程中,装药表面上方燃气的流动状态以及装药表面的受热状态都有很大的变化,这主要是因为以下几点。

(1)装药点燃后立即向药柱内孔通道喷注燃气,这势必引起装药表面边界层结构的变化。边界层结构的变化,作为一种微小扰动,将在火焰前锋的前面以声速传播,从而改变对流换热特性。

(2)装药燃烧产物和点火药燃烧产物的混合燃气,以较高的速度运动,从而增强了未燃表面的加热。

(3)已燃推进剂部分不断产生燃气汇入燃烧室流场,产生的压缩波以声速传播、辐射,从而使流场参数和加热条件不断变化。

5. 燃烧室自由容积的填充过程

大量的燃气充填燃烧室自由容积,使燃烧室内压强具有很高的上升率,可达 $10^2 \sim 10^4$ MPa/s,从而引起装药燃速快速增加。

固体火箭发动机点火成败和好坏,通常以点火延迟时间 t_{ig} 来衡量。点火延迟时间定义为,从发出点火指令开始到确认装药全部表面被点燃的瞬时所经历的时间。图 8-15 和图 8-16 是点火延迟时间的示意图和点火涉及的物理和化学过程。

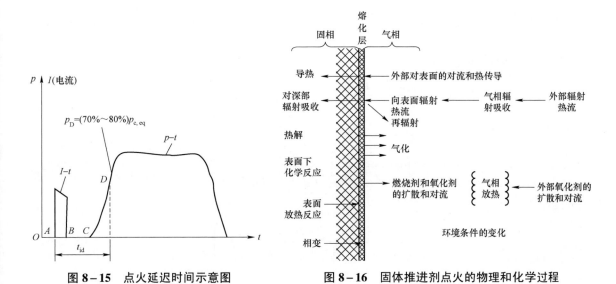

图 8-15　点火延迟时间示意图　　　　图 8-16　固体推进剂点火的物理和化学过程

点火延迟时间与推进剂的物理和化学性质、环境条件、燃烧室自由容积、点火能量等因素有关。一般希望点火延迟越短越好，散布越小越好。点火延迟包含点火滞后期、火焰传播期及燃烧室填充期。点火滞后期又包括点火器发火延迟、能量释放延迟以及主装药引燃延迟。

图 8-17 是几种典型的发动机点火过程压强上升曲线。其中曲线 1 表明，点火药过少、能量不足，点火失败；曲线 2 表明，点火药略显不足，点火延迟大；曲线 3 则是正常点火的情况；曲线 4 表明，点火药粒度太细、燃烧时间过短，造成点火初始压强峰和随后的下凹现象；曲线 5 表明，点火药量过多，造成严重的点火压强峰。在实际点火中，为了保证固体火箭发动机主装药的成功可靠点火，一般均会使点火药略微富足，保证主装药表面全部点燃后，仍然还有一部分剩余点火药在燃烧，同时点火药量还要保证不会产生过大的点火压强峰，以及出现过长的点火延迟甚至点不着火等。

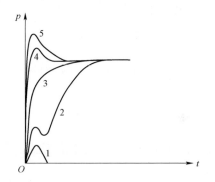

图 8-17　不同点火过程压强变化的比较

8.5.3　点火启动段压强建立过程的工程计算

由以上的介绍可以发现，固体火箭发动机的点火是一个十分复杂的过程，包含多种物理和化学过程，同时在此过程中燃烧室内腔的流场也十分复杂。为了便于工程计算，往往需要引入很多假设，简化点火过程的建模分析，以进一步认识和分析固体火箭发动机的点火过程。

目前，针对点火启动段压强建立过程，进行工程计算时，要做以下假设：

（1）装药点火瞬时完成，即 $t=0$，$p_c = p_{ig}$；

（2）主装药点燃后，压强上升很快，燃烧室的自由容积 V_c 和面喉比 K_N 均保持不变，为初始值，即 $V_c = V_{ci}$，$K_N = K_{N0}$；

（3）点火启动中压强瞬变过程为等温过程，即 $c^* = \text{const}$；

（4）没有剩余点火药。

由以上假设不难发现，在此假设下压强建立过程的计算，实际上简化为燃烧室充填过程的计算。

根据以上假设和式（8-13）：

$$\frac{\mathrm{d}p_c}{\mathrm{d}t} = \frac{\Gamma^2 c^* A_t}{V_{ci}}(\rho_p c^* a K_{N0} p_c^n - p_c) \quad (8-84)$$

分离变量进行积分，得

$$\int_0^t \mathrm{d}t = \frac{V_{ci}}{\Gamma^2 c^* A_t} \int_{p_{ig}}^{p_c} \frac{\mathrm{d}p_c}{(\rho_p c^* a K_{N0} p_c^n - p_c)} \quad (8-85)$$

积分结果为

$$t = \frac{1}{1-n} \frac{V_{ci}}{\Gamma^2 c^* A_t} \ln\left(\frac{\rho_p c^* a K_0 - p_{ig}^{1-n}}{\rho_p c^* a K_0 - p_c^{1-n}}\right) \quad (8-86)$$

令

$$\tau = \frac{1}{1-n} \frac{V_{ci}}{\Gamma^2 c^* A_t} \quad (8-87)$$

$$\rho_p c^* a K_{N0} = p_{c,eq}^{1-n} \quad (8-88)$$

则式（8-86）可以简化为

$$t = \tau \ln\left(\frac{p_{c,eq}^{1-n} - p_{ig}^{1-n}}{p_{c,eq}^{1-n} - p_c^{1-n}}\right) \quad (8-89)$$

将式（8-89）改写为指数形式，得

$$\left(\frac{p_c}{p_{c,eq}}\right)^{1-n} = 1 - \left[1 - \left(\frac{p_{ig}}{p_{c,eq}}\right)^{1-n}\right]\mathrm{e}^{-t/\tau} \quad (8-90)$$

令

$$c = 1 - \left(\frac{p_{ig}}{p_{c,eq}}\right)^{1-n} \quad (8-91)$$

则式（8-91）可以简化为

$$\left(\frac{p_c}{p_{c,eq}}\right)^{1-n} = 1 - c\mathrm{e}^{-t/\tau} \quad (8-92)$$

8.5.4 压强建立过程中瞬变压强的变化特征

在 8.5.3 小节中，基于一系列假设推导出压强建立过程中压强 p_c 与时间 t 的关系，即式（8-92）。理论上，当时间 t 足够长时，燃烧室压强 p_c 将趋近于燃烧室平衡压强 $p_{c,eq}$。同时通过式（8-91）、式（8-92）还可以看出，如果 $p_{ig} < p_{c,eq}$，则 $c > 0$，随着时间 t 增加，p_c 从 p_{ig} 按指数规律增加。如果 $p_{ig} > p_{c,eq}$，则 $c < 0$，随着时间 t 的增加，p_c 将下降至平衡压强 $p_{c,eq}$，上述两种情况如图 8-18 所示。

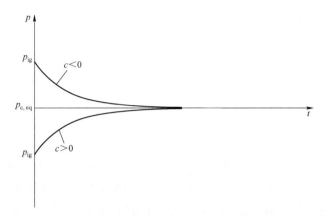

图 8-18 压强建立过程中瞬时压强的变化特征

通过式（8-92）可以看出，p_c 经过无限长时间总能达到平衡压强 $p_{c,eq}$，但是，实际上，仅需几毫秒到几十毫秒就可以到达平衡压强的 95%～98%。工程上，经常用压强达到平衡压强的 95% 所需时间来衡量压强上升的快慢。

式（8-87）和式（8-91）包含了影响压强建立过程变化特征的因素，通过式（8-91）不难发现，初始点火压强 p_{ig} 与平衡压强 $p_{c,eq}$ 之差越大，过渡过程所需时间也越长；通过式（8-87），参数 τ 与燃烧室初始自由容积 V_{ci} 和喉部面积 A_t 有关，式（8-87）中的参数 τ 定义为发动机的特征时间，可以发现，燃烧室初始自由容积 V_{ci} 越大，则特征时间 τ 越长，压强变化也就越缓慢，或者说当发动机的装填密度比较小时，那么充填自由容积或从自由容积排出多余气体都需要更长的时间。

在固体火箭发动机设计中，往往希望发动机的点火延迟较短，启动迅速，发动机能在很快的时间内达到平衡压强，进入稳定工作状态。式（8-89）表明，影响点火时间的因素包括初始点火压强 p_{ig} 与平衡压强 $p_{c,eq}$ 之间的压强差、燃烧室自由容积 V_{ci}、喉部面积 A_t、发动机装填密度等。工程上常用的缩短点火时间的方法有改进点火器设计、增加点火药量以及增大发动机装填密度、安装喷管堵盖等。

8.6 固体火箭发动机熄火过程及压强下降段的计算

8.6.1 熄火过程概述

固体火箭发动机在不同的应用场合下有不同的熄火方式，主要有以下两种。

1. 自动熄火

自动熄火是发动机主装药燃尽后，发动机自动熄火、停止工作。对于大多数战术导弹而言，若不是要求在主动段击中目标，发动机一般都是在主装药燃尽后自行熄火。

2. 强迫熄火

强迫熄火是指发动机在主装药还未燃尽前，通过一些手段措施使发动机熄火而且停止工作。例如，弹道式战略导弹为了保证弹头命中目标常常需要适时终止发动机推力，又例如航天用的火箭发动机，为了使航天器达到一定的入轨精度，常常需要在达到一定入轨速度后，适时终止发动机推力。发动机的推力终止需要火箭发动机迅速熄火，不再产生推力，同时要求飞行器与火箭发动机及时分离,不致使发动机的剩余推力作用在飞行器上,干扰飞行器的入轨精度。

强迫熄火在工程上常用的方法包括以下两种。

1) 采用反推力装置

一般在发动机头部设置若干个反向喷管,发动机正常工作时,它们被密封堵住,当需要推力终止时,它们再打开,那么燃气从这些反向喷管喷出,产生反向推力使发动机与弹头分离。同时发动机反向喷管产生的推力与正常喷管产生的推力相互抵消,有利于减小后效冲量。

此外,当反向喷管开启时,燃烧室压强迅速降低至推进剂燃烧的临界压强以下,引起推进剂熄火。试验表明,降压速率的大小也是熄火的一个条件,当燃烧室压强变化率 dp/dt 超过某一临界值时,足以使装药可靠熄火。每种推进剂熄火的压强变化率 dp/dt 与推进剂类型、熄火前的燃烧室压强有关。熄火前的燃烧室压强越高,临界压强变化率也就越大。例如,某复合推进剂,燃烧室压强为 3.75 MPa,此时的临界压强变化率 dp/dt 为 5.1 MPa/s。

2) 喷射阻燃剂

阻燃剂可以采用液体(如水)、固体(如碳酸氢铵粉末、干冰)、气体(如氮气)。当发动机需要终止推力时,立即向推进剂主装药表面喷射阻燃剂,阻燃剂升温、气化需要吸收热量,从而引起推进剂装药表面温度以及燃气温度下降,同时也影响了燃气向推进剂装药表面的热反馈,降低了固体推进剂的热分解速率,进而引起燃烧室压强下降,当燃烧室压强低于推进剂燃烧的临界压强时,即引起发动机强迫熄火。

阻燃剂的选择,需要阻燃剂材料满足热容和气化热都比较大的条件,这样有利于降低阻燃剂的消耗量。同时选择该种方式强迫熄火,也需要在飞行器上设计阻燃剂储箱以及喷注设备等,无形中增加了飞行器的结构重量和结构复杂性。

无论是自行熄火还是强迫熄火,都会在熄火后存在燃烧室内燃烧产物向外不断排出,压强和推力不断下降的过程,即图 8-2 中的拖尾阶段。拖尾阶段的存在仍然会使发动机存在冲量,称为后效冲量,它对航天器的入轨精度、弹头和发动机的分离等都会产生影响,因此后效冲量越小越好。一般含级间分离的飞行器,其分离要求发动机在 10~20 ms 内终止推力,减小后效冲量的影响。

8.6.2 压强下降段的计算

无论是自行熄火还是强迫熄火,发动机的压强下降段(熄火)都可以根据不同的情况,按下面两种理论计算。

1. 按等温膨胀计算下降段压强

对于自行熄火的发动机,可能存在主装药燃烧结束后,仍存有少量余药在燃烧的情况。例如,发动机采用星孔型装药,推进剂装药大部分燃面燃烧结束后,星角处仍可能存在少量的推进剂还在燃烧,但同时它又不产生很大的推力,所以其压强仍然是一个迅速下降的阶段。因为在这个过程中,仍然有余药燃烧,会有热量传递,所以可以认为是等温膨胀过程。

在等温膨胀的假设下,燃气温度不变,则特征速度 c^*(或者流量系数 C_D)可以看作一个常数,因为推进剂已经停止燃烧,故而燃面 $A_b = 0$,燃烧室的自由容积 V_c 也为常数,近似等于发动机燃烧室容积,在理想情况下,式(8-13)可简化为

$$\frac{dp_c}{dt} = -\frac{\Gamma^2 c^*}{V_c} p_c A_t \qquad (8-93)$$

分离变量积分,得

$$\int_0^t \mathrm{d}t = -\frac{V_c}{\Gamma^2 c^* A_t} \cdot \int_{p_{c,eq}}^{p_c} \frac{\mathrm{d}p_c}{p_c} \tag{8-94}$$

积分结果为

$$t = \frac{V_c}{\Gamma^2 c^* A_t} \ln \frac{p_{c,eq}}{p_c} \tag{8-95}$$

由式(8-95)可以获得压强 p_c 与时间 t 的关系,即

$$p_c = p_{c,eq} \mathrm{e}^{-\frac{t}{\tau'}} \tag{8-96}$$

其中,

$$\tau' = \frac{V_c}{\Gamma^2 c^* A_t} \tag{8-97}$$

式(8-96)表明,压强下降段的 $p_c - t$ 曲线是一条指数曲线,其中的 $p_{c,eq}$ 为推进剂装药燃烧结束时刻的燃烧室平衡压强,其数值可从发动机工作段中获取。

2. 按绝热等熵膨胀计算下降段压强

对于强迫熄火或者自行熄火后没有任何推进剂在燃烧的情况,由于推进剂装药不燃烧,就没有多余的热量传递给燃气,同时压强下降段的压强快速下降,时间很短,那么这时就可以认为燃气的排出是一个绝热等熵膨胀过程。由于绝热等熵膨胀过程中,燃气的温度不断下降,因此特征速度 c^*(或者流量系数 C_D)会随燃气温度而发生改变,因此式(8-13)不再适用,而应该通过质量守恒方程式(8-2)、理想气体状态方程以及等熵关系推导得出压强下降段的压强计算公式。

首先,因为 $A_b = 0$,式(8-2)可以简化为

$$\frac{\mathrm{d}(\rho_c V_c)}{\mathrm{d}t} = -\frac{p_c A_t}{c^*} \tag{8-98}$$

由于燃烧室的自由容积 V_c 为常数,故式(8-98)又可简化为

$$V_c \frac{\mathrm{d}\rho_c}{\mathrm{d}t} = -\frac{\Gamma}{\sqrt{RT}} A_t p_c \tag{8-99}$$

绝热等熵过程满足 $\frac{p_c}{\rho_c^k}$ = 常数,则

$$\rho_c = \rho_{c,eq} \left(\frac{p_c}{p_{c,eq}}\right)^{1/k}$$

将上式两边对时间 t 微分,得

$$\frac{\mathrm{d}\rho_c}{\mathrm{d}t} = \frac{\rho_{c,eq}}{k p_{c,eq}^{1/k}} p_c^{\frac{1-k}{k}} \frac{\mathrm{d}p_c}{\mathrm{d}t} \tag{8-100}$$

将式(8-100)代入式(8-99)得

$$V_c \frac{\rho_{c,eq}}{k p_{c,eq}^{1/k}} p_c^{\frac{1-k}{k}} \frac{\mathrm{d}p_c}{\mathrm{d}t} = -\frac{\Gamma}{\sqrt{RT}} A_t p_c \tag{8-101}$$

由理想气体状态方程,得

$$RT = \frac{p_c}{\rho_c} = \frac{p_c}{\rho_{c,eq}\left(\dfrac{p_c}{p_{c,eq}}\right)^{1/k}} = \frac{p_{c,eq}^{1/k}}{\rho_{c,eq}} p_c^{1-\frac{1}{k}}$$

将上式代入式（8-101）并化简得

$$V_c \frac{\rho_{c,eq}}{k p_{c,eq}^{1/k}} p_c^{\frac{1-k}{k}} \frac{\mathrm{d}p_c}{\mathrm{d}t} = -\Gamma A_t \cdot \frac{\rho_{c,eq}^{1/2}}{p_{c,eq}^{1/(2k)}} \cdot p_c^{\frac{k+1}{2k}} \qquad (8-102)$$

对式（8-102）分离变量，得

$$\mathrm{d}t = -\frac{V_c}{k\Gamma A_t} \frac{\rho_{c,eq}^{1/2}}{p_{c,eq}^{1/(2k)}} p_c^{\frac{1-3k}{2k}} \mathrm{d}p_c \qquad (8-103)$$

从燃烧结束瞬时算起，对式（8-103）积分得

$$\int_0^t \mathrm{d}t = -\int_{p_{c,eq}}^{p_c} -\frac{V_c}{k\Gamma A_t} \frac{\rho_{c,eq}^{1/2}}{p_{c,eq}^{1/(2k)}} p_c^{\frac{1-3k}{2k}} \mathrm{d}p_c \qquad (8-104)$$

积分结果为

$$t = \frac{2V_c}{(k-1)\Gamma A_t \sqrt{RT_f}} \left[\left(\frac{p_c}{p_{c,eq}}\right)^{\frac{1-k}{2k}} - 1\right] \qquad (8-105)$$

由式（8-105）可以解出压强 p_c 与时间 t 的关系为

$$p_c = p_{c,eq} \left[\frac{2V_c}{2V_c + \Gamma\sqrt{RT_f} A_t (k-1) t}\right]^{\frac{2k}{k-1}} \qquad (8-106)$$

以上是在不同情况下压强下降段的计算，下面通过一个计算案例，比较这两种计算理论的差异。

某发动机燃烧室燃温 T_f 为 2 193.2 K，燃气的平均分子量 $\bar{m}$ 为 23.4 g/mol，喷管喉部直径 d_t 为 17.7 mm，发动机熄火前的平衡压强 $p_{c,eq}$ 为 8.06 MPa，熄火前的初始自由容积 V_{ci} 为 2.46×10^{-3} m³，比热比 k 为 1.252，试采用本章介绍的两种方法计算压强下降段的 p_c-t 曲线。

将上述关系分别代入式（8-95）和式（8-105），将熄火的起始记为时刻 0。

① 按等温膨胀过程计算，有

$$t = \frac{V_c}{\Gamma^2 c^* A_t} \ln \frac{p_{c,eq}}{p_c}$$

$$= \frac{2.46\times10^{-3}}{0.658\ 4^2 \times 1\ 340.75 \times 2.46\times10^{-4}} \ln \frac{8.06\times10^6}{p_c} = 0.017\ 2 \ln \frac{8.06\times10^6}{p_c}$$

② 绝热膨胀过程计算，有

$$t = \frac{2V_c}{(k-1)\Gamma A_t \sqrt{RT_f}} \left[\left(\frac{p_c}{p_{c,eq}}\right)^{\frac{1-k}{2k}} - 1\right]$$

$$= \frac{2\times 2.46\times 10^{-3}}{(1.252-1)\times 0.658\ 4\times 2.46\times 10^{-4}\times \sqrt{\frac{8\ 314}{23.4}\times 2\ 193.2}}\times \left[\left(\frac{p_c}{8.06\times 10^6}\right)^{\frac{1-1.252}{2\times 1.252}}-1\right]$$

$$= 0.136\ 6\left[\left(\frac{p_c}{8.06\times 10^6}\right)^{-0.100\ 64}-1\right]$$

两种不同情况下，下降段压强计算结果如图 8-19 所示。

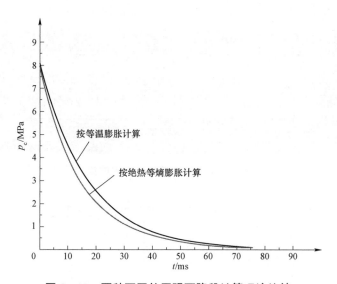

图 8-19　两种不同的压强下降段计算理论比较

可以发现，由于绝热等熵膨胀理论考虑了温度的下降，所以燃烧室压强下降更为快速，但整体而言，这两种理论的计算结果差异并不大。

此外，严格来说，式（8-95）和式（8-105）只适用于超声速流动的情况，而在压强下降的过程中，喷管中燃气流动会从超声速流动过渡到亚声速流动状态，因此式（8-95）和式（8-105）只适用于 $p_a/p_c \leqslant [2/(k+1)]^{k/(k-1)}$ 的情况，当压强 p_c 下降到 $p_a/p_c > [2/(k+1)]^{k/(k-1)}$ 时，喷管内的流动全为亚声速流动，就需要采用亚声速流动的流量关系式来求解相关的压强变化。实际上，由于整个喷管大部分的时间处于超声速流动状态，只有很少的一段时间，喷管出现亚声速状态，对发动机性能影响很小，可以予以忽略。

8.7　一维侧面燃烧装药发动机内弹道学

在以上章节中，主要针对零维发动机内弹道展开讨论，不考虑燃烧室压强 p_c 在空间的分布情况，这对于一些压强沿轴向变化小的端燃装药和喉通比 J 值较小的侧面燃烧装药，以及一些计算精度要求不太高的一般侧面燃烧装药都是适用的。但是随着发动机推力的增加以及发动机装填密度的提高，使装药初始燃气通道截面积越来越小，这时燃气在内孔通道中加速流动，造成燃烧通道前端处压强高、后端处压强小。此时，燃烧室内的压强不仅与时间有关，还与轴线位置有关，即"一维"内弹道问题。

8.7.1 侧面燃烧装药通道中燃气流动与燃烧的特点

如图 8-20 所示,侧面燃烧装药发动机中,中心通道内的燃气流动十分复杂,装药的燃烧过程与燃气的流动相互影响,是一个加质、非定常、非一维的流动状态,同时还耦合了两相流动和化学反应流动。为了研究固体火箭装药通道内的燃气流动问题以及内弹道问题,可以将此问题简化为一个"一维加质管流"问题,如图 8-21 所示。随着推进剂燃烧的进行,推进剂燃面不断变化,燃气的流速沿轴向不断增加,燃气的压强不断下降。燃气流速的增加又会引起侵蚀燃烧现象,而压强的下降则会引起燃速的降低。

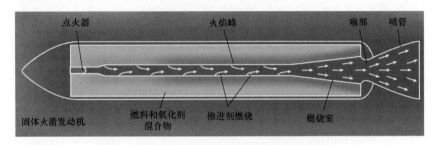

图 8-20 侧面燃烧装药发动机内的燃气流动

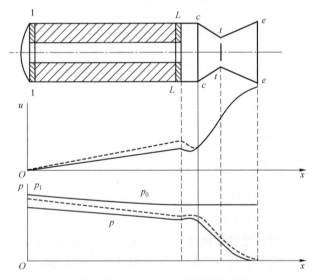

图 8-21 气体流速、压强沿装药通道的分布

8.7.2 一维侧面燃烧装药发动机内弹道计算的基本方程

在 8.7.1 小节中介绍了侧面燃烧装药通道中燃气流动与燃烧的特点,即燃烧室装药通道中的气流参数不仅是空间位置的函数,还是时间的函数。但是对于燃气流动参数的空间分布情况,具有较为明显变化的是燃气流动参数沿固体火箭发动机轴向的分布情况,因而可以将其视为"一维"问题处理,即大多数侧面燃烧装药的发动机可以视为一维非定常问题,燃气的流动参数是发动机轴向位置和时间的函数。

下面根据以上提及的观点,依据质量、动量和能量守恒方程来推导一维侧面燃烧装药发动机内弹道计算的基本方程。在推导前，先在装药通道上取一段微元体，如图 8-22 所示，并假设：

① 燃气在装药通道内的流动是一维的；
② 燃气遵循完全气体定律；
③ 推进剂的燃烧限于燃烧表面的薄层；
④ 忽略推进剂燃气质量流动的轴向动量分量。

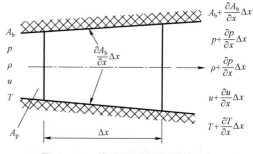

图 8-22　推进剂装药通道微元体

图 8-22 中的 A_b、A_p、p、ρ、T 和 u 分别表示装药的燃烧面积、中心通道横截面积、燃气的压强、燃气密度、燃气温度和燃气流速。同时燃气的内能用 E 表示。对于所取的微元体，单位时间内，微元体内燃气的质量、动量和能量的变化情况分别为

$$\frac{\partial}{\partial t}(\rho A_p \Delta x)$$

$$\frac{\partial}{\partial t}(\rho u A_p \Delta x)$$

$$\frac{\partial}{\partial t}\left[\rho A_p \Delta x \left(E + \frac{u^2}{2}\right)\right]$$

微元体内燃气的质量、动量和能量变化是由两方面因素引起的，一是由燃气进出微元体引起，二是对质量变化来说，由推进剂燃烧加入控制体的燃气质量引起；对动量变化而言，还包括忽略摩擦时的微元体各边界的轴向压强冲量；对能量变化而言，除了推进剂燃烧产生的能量外，还包括微元体各边界上的压强功。下面就此展开分析。

（1）单位时间内，推进剂燃烧加入微元体内燃气的质量和能量分别为

$$\rho_p r \frac{\partial A_b}{\partial x} \Delta x$$

$$\rho_p r \frac{\partial A_b}{\partial x} \Delta x H_p$$

式中　H_p，ρ_p，r ——推进剂的比焓、密度和燃速。

与此同时，燃气沿着装药通道表面的压强在轴向上冲量的分量为

$$p \frac{\partial A_p}{\partial x} \Delta x$$

（2）单位时间内，进入微元体左边界的燃气质量、动量和能量分别为

$$\rho u A_p$$

$$\rho u^2 A_p$$

$$\rho u A_p \left(E + \frac{u^2}{2}\right)$$

微元体左边界截面上的压强 p 的冲量为 pA_p，上游燃气对微元体的流动功为 $pA_p u$。

（3）单位时间内，流出微元体右边界的燃气质量、动量和能量分别为

$$\rho u A_p + \frac{\partial}{\partial x}(\rho u A_p)\Delta x$$

$$\rho u^2 A_p + \frac{\partial}{\partial x}(\rho u^2 A_p)\Delta x$$

$$\rho u A_p\left(E + \frac{u^2}{2}\right) + \frac{\partial}{\partial x}\left[\rho u A_p\left(E + \frac{u^2}{2}\right)\right]\Delta x$$

在微元体右边界截面上的压强 p 的冲量为

$$-\left[pA_p + \frac{\partial}{\partial x}(pA_p)\Delta x\right]$$

所做的流动功为

$$-\left[puA_p + \frac{\partial}{\partial x}(puA_p)\Delta x\right]$$

综上，可以分别依据质量守恒、动量定律和能量守恒写出相关的守恒方程，即

$$\frac{\partial}{\partial t}(\rho A_p \Delta x) = -\frac{\partial}{\partial x}(\rho u A_p)\Delta x + \rho_p r \frac{\partial A_b}{\partial x}\Delta x$$

$$\frac{\partial}{\partial t}(\rho u A_p \Delta x) = -\frac{\partial}{\partial x}(\rho u^2 A_p)\Delta x - \frac{\partial}{\partial x}(pA_p)\Delta x + p\frac{\partial A_p}{\partial x}\Delta x$$

$$\frac{\partial}{\partial t}\left[\rho A_p \Delta x\left(E + \frac{u^2}{2}\right)\right] = -\frac{\partial}{\partial x}\left[\rho u A_p\left(E + \frac{u^2}{2}\right)\right]\Delta x - \frac{\partial}{\partial x}(puA_p)\Delta x + \rho_p r \frac{\partial A_b}{\partial x}\Delta x H_p$$

以上 3 式经整理，化简后得到以下方程式。

质量守恒方程，即

$$\frac{\partial}{\partial t}(\rho A_p) + \frac{\partial}{\partial x}(\rho u A_p) = \rho_p r \frac{\partial A_b}{\partial x} \tag{8-107}$$

动量守恒方程，即

$$\frac{\partial}{\partial t}(\rho u A_p) + \frac{\partial}{\partial x}(\rho u^2 A_p + pA_p) = p\frac{\partial A_p}{\partial x} \tag{8-108}$$

能量守恒方程，即

$$\frac{\partial}{\partial t}\left[\rho A_p\left(E + \frac{u^2}{2}\right)\right] + \frac{\partial}{\partial x}\left[\rho u A_p\left(H + \frac{u^2}{2}\right)\right] = \rho_p r \frac{\partial A_b}{\partial x} H_p \tag{8-109}$$

式中　H——燃烧产物的焓，$H = E + p/\rho = c_p T = \frac{k}{k-1}RT$。

除式（8-107）、式（8-108）、式（8-109）外，还需补充两个方程使方程封闭，一个方程是理想气体状态方程，即

$$p = \rho RT \tag{8-110}$$

另一个方程根据装药的燃烧面积 A_b 和中心孔通道横截面积 A_p 存在一定的几何关系来获得。在 Δt 时间内，中心孔通道横截面积 A_p 的变化量为

$$\frac{\partial A_p}{\partial t}\Delta t$$

同时 A_p 在 Δt 的变化量又等于 Δt 时间内由于推进剂燃烧而减少的截面积，即

$$\frac{\partial A_p}{\partial t}\Delta t = r\Delta t \frac{\partial A_b}{\partial x}$$

化简得

$$\frac{\partial A_p}{\partial t} = r\frac{\partial A_b}{\partial x} \tag{8-111}$$

式中　r ——推进剂的燃速，在一维内弹道问题中，燃速是压强 p 和燃气流速 u 的函数，即

$$r = f(p, u)$$

由此，由式（8-107）至式（8-111）就构成了一维侧面燃烧装药发动机的内弹道计算的基本方程。通过给定的边界条件和初始条件，使用计算机编程，数值求解以上方程组，就能够得出各流动参数随时间和轴向位置的变化规律。

8.7.3　一维非定常基本方程组简化为准定常方程组的条件

一维侧面燃烧装药发动机的内弹道计算的基本方程——式（8-107）至式（8-111），可以采用计算机数值求解，但是计算过程比较复杂。实际发动机工作过程中，发动机的点火段和熄火段虽然具有非定常性，但是时间非常短（毫秒级）。而在工作段，燃烧室压强随时间变化相对平稳，除点火、熄火外，燃气在装药通道中的运动满足 $u \ll a$、$\rho \ll \rho_p$、$\Delta A_p \ll A_p$ 等条件时，燃气流动参数随时间的变化很小，可认为是准定常流动，因此忽略点火段和熄火段，将内弹道的基本方程简化为不考虑时间项的方程组，同时将偏微分方程组转化为常微分方程组求解。在本问题中，尤其应该注意在不同的时间间隔内，流动参数不相等，因此称这样的流动为准定常流动。

在以上情况下，可以将非定常问题简化为准定常问题，准定常的一维侧面燃烧装药的内弹道控制方程为

$$\frac{d}{dx}(\rho u A_p) = \rho_p r \frac{dA_b}{dx} \tag{8-112}$$

$$\frac{d}{dx}[(\rho u^2 + p)A_p] = p\frac{dA_p}{dx} \tag{8-113}$$

$$\frac{d}{dx}\left[\rho u A_p \left(H + \frac{u^2}{2}\right)\right] = \rho_p r \frac{dA_b}{dx} H_p \tag{8-114}$$

$$p = \rho RT \tag{8-115}$$

8.7.4　绝能流动条件下的一维准定常控制方程组

在发动机工作过程中，如果忽略燃气向燃烧室壁的散热损失，即为绝能流动，也就是 $H + u^2/2 = \text{const}$，则式（8-114）可以简化为

$$\left(H + \frac{u^2}{2}\right)\frac{d}{dx}(\rho u A_p) = \rho_p r \frac{dA_b}{dx} H_p$$

将式（8-112）带入上式，得

$$H + \frac{u^2}{2} = H_p$$

即

$$c_p T + \frac{u^2}{2} = c_p T_f$$

式中 T_f——固体推进剂燃烧产物的总温。

由此，绝能流动条件下的一维准定常控制方程组为

$$\frac{\mathrm{d}}{\mathrm{d}x}(\rho u A_p) = \rho_p r \frac{\mathrm{d}A_b}{\mathrm{d}x} \tag{8-116}$$

$$\frac{\mathrm{d}}{\mathrm{d}x}[(\rho u^2 + p) A_p] = p \frac{\mathrm{d}A_p}{\mathrm{d}x} \tag{8-117}$$

$$c_p T + \frac{u^2}{2} = c_p T_f \tag{8-118}$$

$$p = \rho R T \tag{8-119}$$

8.8 一维等截面通道装药发动机内弹道学

侧面燃烧装药发动机的药柱中心通道一般可以分为等截面通道和变截面通道两类。实际上，有很多侧面燃烧装药发动机的中心通气通道横截面积沿药柱长度方向变化不大，可以认为是等截面的药柱通道。同时对于多数的固体火箭发动机都能满足一维准定常条件，因此本节着重讨论在一维准定常条件下的等截面通道装药发动机的内弹道计算问题。

8.8.1 基本假设

① 燃烧产物是单一成分理想气体，服从理想气体状态方程；
② 燃气在燃烧室和喷管中的流动均为准定常流动；
③ 装药通道横截面积沿轴向不变，但是装药通道横截面积随着发动机工作时间而变化；
④ 不计摩擦和热损失；
⑤ 燃气的滞止温度等于推进剂的绝热燃烧温度。

根据以上的基本假设，可以将一维准定常方程式（8-112）至式（8-115）化简如下。

1. 质量守恒方程

$$A_p \frac{\mathrm{d}}{\mathrm{d}x}(\rho u) = \rho_p r \frac{\mathrm{d}A_b}{\mathrm{d}x}$$

令 $\Pi = \frac{\mathrm{d}A_b}{\mathrm{d}x}$，$\Pi$ 表示装药燃烧的周界长度，则

$$A_p \frac{\mathrm{d}}{\mathrm{d}x}(\rho u) = \rho_p r \Pi \tag{8-120}$$

或者

$$\frac{\mathrm{d}}{\mathrm{d}x}(\rho u) = \frac{\Pi}{A_\mathrm{p}}\rho_\mathrm{p} r \tag{8-121}$$

式中 r ——装药微元体燃烧段的局部燃速（受装药中心通道内燃气流场不均匀的影响，装药燃面不同部位的燃速不同）。

2. 动量守恒方程

对于等截面装药，装药通道横截面积沿轴向的变化为 0，即 $\frac{\mathrm{d}A_\mathrm{p}}{\mathrm{d}x}=0$，代入式（8-113）可以简化得

$$\mathrm{d}(\rho u^2 A_\mathrm{p}) = -A_\mathrm{p}\mathrm{d}p \tag{8-122}$$

或者

$$\mathrm{d}(\rho u^2) = -\mathrm{d}p \tag{8-123}$$

3. 能量守恒方程

根据上述假设，式（8-114）可以简化为

$$A_\mathrm{p}\frac{\mathrm{d}}{\mathrm{d}x}\left[\rho u\left(\frac{u^2}{2}+H\right)\right] = \rho_\mathrm{p} r \frac{\mathrm{d}A_\mathrm{b}}{\mathrm{d}x}H_\mathrm{p} \tag{8-124}$$

由质量守恒方程得

$$\rho_\mathrm{p} r \frac{\mathrm{d}A_\mathrm{b}}{\mathrm{d}x} = A_\mathrm{p}\frac{\mathrm{d}}{\mathrm{d}x}(\rho u)$$

将上式代入式（8-122）得

$$\mathrm{d}\left[\rho u A_\mathrm{p}\left(\frac{u^2}{2}+H-H_\mathrm{p}\right)\right]=0 \tag{8-125}$$

4. 状态方程

$$p = \rho R T \tag{8-126}$$

对于图 8-21 所示的等截面通道装药，截面 1—1 为发动机燃烧室前部，气流参数用 p_1、T_1、ρ_1 和 u_1 等表示；截面 L—L 为发动机燃烧室后端，气流参数用 p_L、T_L、ρ_L 和 u_L 等表示；其间任意截面处的流动参数用 p、T、ρ 和 u 等表示。在截面 1—1 处，气流速度 $u_1=0$，其他气流参数为滞止参数。由于能量守恒，推进剂的绝热燃烧温度 T_f 等于燃气的滞止温度，由此边界条件为

$$x=0, \quad u_1=0, \quad T_1=T_{01}=T_\mathrm{f} \tag{8-127}$$

$$p_1 = \rho_1 R T_1 = p_{01} \tag{8-128}$$

$$x=L, \quad \rho_L u_L A_\mathrm{p} = \frac{A_\mathrm{t} p_{0L}}{c^*} \tag{8-129}$$

同时，这里也忽略了发动机燃烧室头部空腔和喷管空腔的影响。

8.8.2 燃气参数与速度系数 λ 的关系

为了求得气流参数沿等截面通道轴向位置 x 的分布，可以分成以下几步完成。

（1）首先，求出燃气流动参数与燃气速度 u（速度系数 λ）的关系，在 x 截面上气流速度系数 $\lambda = \dfrac{u}{a^*}$，a^* 为气流的临界声速；

（2）其次，求出燃气速度 u（速度系数 λ）与轴向位置 x 的关系；

（3）最后，得到气流参数与轴向位置 x 的变化关系。

同样，对于图 8-21 中的等截面通道装药，有以下关系。

燃气静温与速度系数 λ 的关系，即

$$\frac{T}{T_0} = \frac{T}{T_1} = 1 - \frac{k-1}{k+1}\lambda^2 = \tau(\lambda) \tag{8-130}$$

燃气静压与速度系数 λ 的关系，即

$$\frac{p}{p_1} = \frac{1 - \dfrac{k-1}{k+1}\lambda^2}{1+\lambda^2} = r(\lambda) \tag{8-131}$$

燃气密度与速度系数 λ 的关系，即

$$\frac{\rho}{\rho_1} = \frac{p}{p_1} \cdot \frac{T_1}{T} = \frac{r(\lambda)}{\tau(\lambda)} = \frac{\dfrac{1-\dfrac{k-1}{k+1}\lambda^2}{1+\lambda^2}}{1-\dfrac{k-1}{k+1}\lambda^2} = \frac{1}{1+\lambda^2} = \varepsilon(\lambda) \tag{8-132}$$

任意截面 x 的总压 p_0 与 1—1 截面总压 p_1 之比为

$$\frac{p_0}{p_1} = \frac{p_0}{p} \cdot \frac{p}{p_1} = \frac{r(\lambda)}{\pi(\lambda)} = \frac{\dfrac{1-\dfrac{k-1}{k+1}\lambda^2}{1+\lambda^2}}{\left(1-\dfrac{k-1}{k+1}\lambda^2\right)^{\frac{k}{k-1}}} = \frac{1}{(1+\lambda^2)\left(1-\dfrac{k-1}{k+1}\lambda^2\right)^{\frac{1}{k-1}}} = \frac{1}{f(\lambda)} \tag{8-133}$$

定义函数 $\sigma(\lambda)$，且 $\sigma(\lambda) = 1/f(\lambda)$。

又

$$\frac{\rho}{\rho_{\lambda=1}} = \frac{\varepsilon(\lambda)}{\varepsilon(1)} = \frac{2}{1+\lambda^2}$$

则

$$\frac{\rho u}{\rho_{\lambda=1} a^*} = \frac{\varepsilon(\lambda)}{\varepsilon(1)}\lambda = \frac{2\lambda}{1+\lambda^2} = \frac{1}{\dfrac{1}{2}\left(\lambda + \dfrac{1}{\lambda}\right)} = \frac{1}{Z(\lambda)} \tag{8-134}$$

$$q(\lambda) = \frac{\rho u}{\rho_{\lambda=1} a^*} = \left(\frac{k+1}{2}\right)^{\frac{1}{k-1}} \lambda \left(1 - \frac{k-1}{k+1}\lambda^2\right)^{\frac{1}{k-1}} \tag{8-135}$$

将以上气动函数绘制成曲线,如图 8-23 所示。

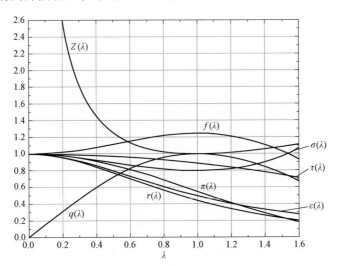

图 8-23 $k=1.25$ 时的气动函数曲线

8.8.3 速度系数 λ 与通道计算截面位置 x 的关系

8.8.2 小节讨论了燃气参数与速度系数 λ 的关系,但是仍然还没有获得燃气参数与通道计算截面位置 x 的关系。为此,下面先讨论速度系数 λ 与通道计算截面位置 x 的关系,将燃气参数与通道计算截面位置 x 联系起来。

质量守恒方程式(8-121)给出了燃气流速 u、密流 ρu 与 x 的关系,下面将式(8-121)改写为

$$\frac{\rho_p \Pi}{A_p} dx = \frac{\rho_{\lambda=1} a^*}{r} d\left(\frac{\rho u}{\rho_{\lambda=1} a^*}\right)$$

令式(8-132)中 $\lambda=1$,得 $\rho_{\lambda=1}=\frac{1}{2}\rho_1$,连同式(8-134)代入上式,得

$$\frac{\rho_p \Pi}{A_p} dx = \frac{\rho_1 a^*}{2r} d\left(\frac{1}{Z(\lambda)}\right)$$

即

$$\frac{\rho_p \Pi}{A_p} dx = \frac{p_1 a^*}{RT_1 r} \frac{1-\lambda^2}{(1+\lambda^2)^2} d\lambda \qquad (8-136)$$

考虑推进剂的侵蚀燃烧现象,推进剂的燃速为

$$r = ap^n \varepsilon = ap_1^n \cdot \left(\frac{p}{p_1}\right)^n \varepsilon = ap_1^n r^n(\lambda) \varepsilon \qquad (8-137)$$

将式(8-137)代入式(8-136)得

$$\frac{\rho_p \Pi RT_1 a}{p_1^{1-n} A_p a^*} dx = \frac{1}{r^n(\lambda)\varepsilon} \frac{1-\lambda^2}{(1+\lambda^2)^2} d\lambda \qquad (8-138)$$

对式（8-138）积分得

$$\frac{\rho_{\mathrm{p}} \Pi R T_1 a}{p_1^{1-n} A_{\mathrm{p}} a^*} x = \int_0^\lambda \frac{1}{r^n(\lambda) \varepsilon} \frac{1-\lambda^2}{(1+\lambda^2)^2} \mathrm{d}\lambda \qquad (8-139)$$

式（8-139）给出了速度系数 λ 与通道计算截面位置 x 的关系。遗憾的是，式（8-139）中存在一个仍未确定的参数 p_1，因此式（8-139）仍然无法使用。对于图 8-21 中的等截面通道装药情况，当燃气离开 L—L 截面后就没有燃气质量加入了，那么从 L—L 截面到喷管的质量守恒方程可以写成

$$\rho_{\mathrm{L}} u_{\mathrm{L}} A_{\mathrm{p}} = \rho_{\lambda=1} a^* A_{\mathrm{t}} = C_{\mathrm{D}} p_{0\mathrm{L}} A_{\mathrm{t}} \qquad (8-140)$$

则

$$J = \frac{A_{\mathrm{t}}}{A_{\mathrm{p}}} = \frac{\rho_{\mathrm{L}} u_{\mathrm{L}}}{\rho_{\lambda=1} a^*} \qquad (8-141)$$

由式（8-135）得

$$J = \frac{A_{\mathrm{t}}}{A_{\mathrm{p}}} = q(\lambda_{\mathrm{L}}) = \left(\frac{k+1}{2}\right)^{\frac{1}{k-1}} \lambda_{\mathrm{L}} \left(1 - \frac{k-1}{k+1} \lambda_{\mathrm{L}}^2\right)^{\frac{1}{k-1}} \qquad (8-142)$$

式（8-142）表明，喉通比 J 是装药通道出口处速度系数 λ_{L} 的函数，那么对于某一特定的等截面通道装药发动机，其喉通比 J 是确定的，因此发动机的装药出口速度系数 λ_{L} 也是确定的。

对式（8-138）从 $0 \sim \lambda_{\mathrm{L}}$ 积分，得

$$\frac{\rho_{\mathrm{p}} \Pi R T_1 a}{p_1^{1-n} A_{\mathrm{p}} a^*} L = \int_0^{\lambda_{\mathrm{L}}} \frac{1}{r^n(\lambda) \varepsilon} \frac{1-\lambda^2}{(1+\lambda^2)^2} \mathrm{d}\lambda \qquad (8-143)$$

这样通过式（8-143）就可以确定未知参数 p_1，再代入式（8-139）中，可以确定速度系数 λ 与通道计算截面位置 x 的关系，或者用式（8-139）除以式（8-143）得

$$\frac{x}{L} = \frac{\int_0^\lambda \frac{1}{r^n(\lambda)\varepsilon} \frac{1-\lambda^2}{(1+\lambda^2)^2} \mathrm{d}\lambda}{\int_0^{\lambda_{\mathrm{L}}} \frac{1}{r^n(\lambda)\varepsilon} \frac{1-\lambda^2}{(1+\lambda^2)^2} \mathrm{d}\lambda} \qquad (8-144)$$

取不同的 J 值（λ_{L} 确定），代入式（8-144），采用数值积分的方法就能获得 λ 与 x/L 的关系，如图 8-24 所示。由图 8-24 可以看出，J 值一定时，λ 随着 x/L 的增大而增大，而当 J 值增大时，通道内各点的燃气流速普遍增大。在固体火箭发动机工作之初，其装药的初始通道截面积 A_{p} 最小，初始喉通比 J 最大，燃气在通道内的流速也最大，因此固体火箭发动机在工作之初较易出现侵蚀燃烧现象，随着燃烧的进行，通道截面积 A_{p} 不断增大，J 值不断减小，通道内各位置的燃气流速也相应降低，相应的侵蚀燃烧现象也逐渐消失。

通过以上讨论和研究可以发现，当发动机的喉通比 J 给定的情况下，改变装药的长度会引起头部压强 p_1 的变化，但是不能影响到装药通道出口截面处的速度系数 λ_{L}。在存在侧面燃烧加质作用的固体火箭发动机中，燃气能够通过加质作用不断加速，然后进入喷管内进一步加速，因此在上述讨论的情形下，燃气的加速分为两段，一段在燃烧室，另一段在喷管。

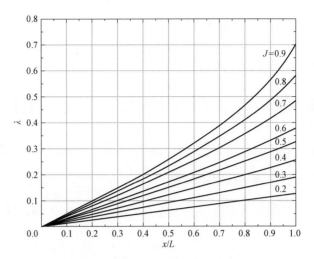

图 8-24 λ 随 x/L 的变化关系

8.8.4 燃气流动参数与截面位置的关系

通过前文已经得到的流动参数与速度系数之间的关系，在给定速度系数后能够使用数值积分计算所对应的截面位置，将数据进行插值拟合则能够建立速度系数与截面位置的对应关系，这样便能够计算得到任意截面位置所对应的速度系数，最后将两者结合起来就能够计算出所在截面的流动参数。但在下面的方程中头部压强仍是未知数，因此首先确定头部压强，最后才能求解任意截面的流场参数。

由

$$\frac{\rho_p \Pi R T_1 a}{p_1^{1-n} A_p a^*} L = \int_0^{\lambda_L} \frac{1}{r^n(\lambda)\varepsilon} \frac{1-\lambda^2}{(1+\lambda^2)^2} d\lambda$$

易知

$$p_1^{1-n} = \frac{\rho_p \Pi R T_1 a L}{\int_0^{\lambda_L} \frac{1}{r^n(\lambda)\varepsilon} \frac{1-\lambda^2}{(1+\lambda^2)^2} d\lambda A_p a^*} \tag{8-145}$$

式中 ρ_p ——推进剂密度；

R ——气体分子常数；

T_1 ——绝热燃烧温度；

a ——燃速系数；

Π ——燃烧周界；

L ——装药通道的长度；

A_p ——通道的截面积；

a^* ——临界声速，$a^* = \sqrt{\frac{2k}{k+1}RT_1}$。

在初始时刻，可用 A_b/L 来计算得到燃烧表面的周长。当 λ_L 确定时，头部压强值也可以进行积分得到，式（8-145）右边均为已知量或可通过已知量计算得到。当任意截面速度系数确定后，通过 $p = p_1 r(\lambda)$ 可以得到压强参数，利用 $T = \tau(\lambda)T_1$ 可以求得所在截面的温度，利

用式 $\rho = RT/p$ 可以计算得到该截面处的密度值，而利用式 $p_0 = \sigma(\lambda)p_1$ 可确定所在截面的总压，利用 $u = \lambda a^*$ 可确定所在截面的流动速度。因此，8.8.3 小节建立了流动参数与截面位置之间的关系，可求得发动机中流动参数沿轴向的分布。

8.9　一维侧面燃烧装药固体火箭发动机内弹道数值计算

本节将介绍一维准定常加质绝能流动方程数值求解的方法及详细过程。

8.9.1　控制方程的化简及数值求解

本小节将分离控制方程中的变量，便于数值求解，首先将控制方程中的质量守恒方程式（8-112）展开可得

$$\rho u \frac{\mathrm{d}A_\mathrm{p}}{\mathrm{d}x} + \rho A_\mathrm{p} \frac{\mathrm{d}u}{\mathrm{d}x} + u A_\mathrm{p} \frac{\mathrm{d}\rho}{\mathrm{d}x} = \rho_\mathrm{p} r \frac{\mathrm{d}A_\mathrm{b}}{\mathrm{d}x} \tag{8-146}$$

接下来将动量守恒方程式（8-113）展开可得

$$\rho u^2 \frac{\mathrm{d}A_\mathrm{p}}{\mathrm{d}x} + u^2 A_\mathrm{p} \frac{\mathrm{d}\rho}{\mathrm{d}x} + 2u\rho A_\mathrm{p} \frac{\mathrm{d}u}{\mathrm{d}x} = -A_\mathrm{p} \frac{\mathrm{d}p}{\mathrm{d}x} \tag{8-147}$$

将能量方程式（8-114）和状态方程式（8-115）两边对截面位置 x 求导数，可得

$$\frac{c_\mathrm{p}\mathrm{d}T}{\mathrm{d}x} + \frac{u\mathrm{d}u}{\mathrm{d}x} = 0 \tag{8-148}$$

$$\frac{1}{p}\frac{\mathrm{d}p}{\mathrm{d}x} = \frac{1}{\rho}\frac{\mathrm{d}\rho}{\mathrm{d}x} + \frac{1}{T}\frac{\mathrm{d}T}{\mathrm{d}x} \tag{8-149}$$

将式（8-148）代入式（8-149）中，消去 $\dfrac{\mathrm{d}T}{\mathrm{d}x}$ 项，可得

$$\frac{\mathrm{d}\rho}{\mathrm{d}x} = \frac{1}{\rho}\left(\frac{1}{p}\frac{\mathrm{d}p}{\mathrm{d}x} + \frac{u}{c_\mathrm{p}T}\frac{\mathrm{d}u}{\mathrm{d}x}\right) \tag{8-150}$$

将式（8-150）代入式（8-146），消去 $\dfrac{\mathrm{d}\rho}{\mathrm{d}x}$，可得

$$\left(1+\frac{u^2}{c_\mathrm{p}T}\right)\frac{\mathrm{d}u}{\mathrm{d}x} + \frac{u}{p}\frac{\mathrm{d}p}{\mathrm{d}x} = \frac{\rho_\mathrm{p}}{\rho}\frac{r}{A_\mathrm{b}}\frac{\mathrm{d}A_\mathrm{b}}{\mathrm{d}x} - \frac{u}{A_\mathrm{p}}\frac{\mathrm{d}A_\mathrm{p}}{\mathrm{d}x} \tag{8-151}$$

将式（8-150）代入式（8-147），消去 $\dfrac{\mathrm{d}\rho}{\mathrm{d}x}$，可得

$$\left(2+\frac{u^2}{c_\mathrm{p}T}\right)\frac{\mathrm{d}u}{\mathrm{d}x} + \left(\frac{u}{p}+\frac{1}{\rho u}\right)\frac{\mathrm{d}p}{\mathrm{d}x} = -\frac{u}{A_\mathrm{p}}\frac{\mathrm{d}A_\mathrm{p}}{\mathrm{d}x} \tag{8-152}$$

用式（8-152）减去式（8-151）消去 $\dfrac{\mathrm{d}A_\mathrm{p}}{\mathrm{d}x}$，且 $\dfrac{\mathrm{d}A_\mathrm{b}}{\mathrm{d}x} = \Pi$，可得

$$\frac{du}{dx} = -\frac{1}{\rho u}\frac{dp}{dx} - \frac{\rho_p}{\rho}\frac{r}{A_b}\Pi \qquad (8-153)$$

将式（8-153）代入式（8-151），消去 $\frac{du}{dx}$ 可得

$$\frac{dp}{dx} = \frac{\rho u^2}{A_p}\frac{a^2}{a^2-u^2}\frac{dA_p}{dx} - \frac{\rho_p r \Pi u}{A_p}\left[\frac{2a^2+(k-1)u^2}{a^2+u^2}\right] \qquad (8-154)$$

将式（8-154）代入式（8-153）中，消去 $\frac{dp}{dx}$ 可得

$$\frac{du}{dx} = \frac{\rho_p r \Pi}{\rho A_p}\frac{a^2+ku^2}{a^2-u^2} - \frac{a^2 u}{A_p(a^2-u^2)}\frac{dA_p}{dx} \qquad (8-155)$$

式（8-154）和式（8-155）中 $\frac{dp}{dx}$ 和 $\frac{du}{dx}$ 的表达式均为 $y'=f(x,y)$ 的形式，可以利用龙格-库塔方法进行数值求解。在求得参数 p 和 u 后，就可以利用下面式子求得其他参数。

（1）燃气温度，即

$$c_p T + \frac{u^2}{2} = c_p T_f$$

则

$$T = T_f - \frac{u^2}{2c_p} \qquad (8-156)$$

（2）燃气密度，即

$$\rho = \frac{p}{RT} \qquad (8-157)$$

（3）速度系数，即

$$\lambda = \frac{u}{a^*} = \frac{u}{\sqrt{\frac{2k}{k+1}RT_f}} \qquad (8-158)$$

（4）燃气滞止压强，即

$$p_0 = p\left(1-\frac{k-1}{k+1}\lambda^2\right)^{\frac{-k}{k-1}} = p\pi(\lambda) \qquad (8-159)$$

（5）考虑侵蚀燃烧的燃速 r。

侵蚀系数为

$$\varepsilon_e = f(p,u)$$

燃速为

$$r = ap^n \varepsilon_e \qquad (8-160)$$

接下来补充边界条件（图 8-25），首先是头部边界条件，即

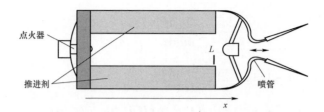

图 8-25　一维侧面燃烧装药的固体火箭发动机

$$u(0,t) = 0$$
$$p(0,t) = p_1$$
$$T(0,t) = T_0$$
$$\rho(0,t) = \frac{p_1}{RT_0}$$

根据等截面一维装药控制方程可知，头部压强 p_1 可由下面的方程进行预估计算，即

$$p_1^{1-n} = \frac{\rho_p \Pi RT_1 aL}{\int_0^{\lambda_L} \frac{1}{r^n(\lambda)\varepsilon} \frac{1-\lambda^2}{(1+\lambda^2)^2} d\lambda A_p a^*} \quad (8-161)$$

将选取的初算值代入控制方程组，求解得到燃气流动沿轴向的分布，同时根据计算得到的尾部滞止压强 p_{0L}，作为预估校正头部压强的条件。

接下来介绍尾部边界条件。根据药柱截面的喉通比与速度系数的方程，利用二分法可以计算得到尾部的速度系数 λ_L，即

$$J = \frac{A_t}{A_p} = q(\lambda_L) = \left(\frac{k+1}{2}\right)^{\frac{1}{k-1}} \lambda_L \left(1 - \frac{k-1}{k+1}\lambda_L^2\right)^{\frac{1}{k-1}} \quad (8-162)$$

将 λ_L 代入前文方程可以得到此时尾部的流动参数 p_L、u_L、ρ_L、p_{0L}，此时尾部边界条件只是初始条件的试算值，准确的尾部边界条件将在后面的预估校正部分进行介绍。

8.9.2　头部压强的预估-校正计算方法

1. 对方程组进行数值迭代

由于头部的流动参数已经初步确定，因此流动参数的控制微分方程组可通过数值积分求得，将试算 p_1 及头部边界条件代入离散的控制微分方程组，求解得到下个节点处流动参数 p、u 值。以 4 阶精度莫森方法为例，针对 $y' = f(x, y)$ 的微分方程为

$$y(x_0) = y_0 \quad (8-163)$$

$$y_1 = y_0 + \frac{1}{3}hf(x_0, y_0) \quad (8-164)$$

$$y_2 = y_0 + \frac{1}{6}hf(x_0, y_0) + \frac{1}{6}hf\left(x_0 + \frac{1}{3}h, y_1\right) \quad (8-165)$$

$$y_3 = y_0 + \frac{1}{8}hf(x_0, y_0) + \frac{3}{8}hf\left(x_0 + \frac{1}{3}h, y_2\right) \quad (8-166)$$

$$y_4 = y_0 + \frac{1}{2}hf(x_0, y_0) - \frac{3}{2}hf\left(x_0 + \frac{1}{3}h, y_2\right) + 2hf\left(x_0 + \frac{1}{3}h, y_3\right) \quad (8-167)$$

$$y_5 = y_0 + \frac{1}{6}hf(x_0, y_0) + \frac{2}{3}hf\left(x_0 + \frac{1}{2}h, y_3\right) + \frac{1}{6}hf(x_0 + h, y_4) \quad (8-168)$$

其中，误差估计式为

$$e_r = \frac{1}{5}|y_5 - y_4| \quad (8-169)$$

定义误差上限为 ε，若 $e_r < \varepsilon$ 则达到误差精度输出结果 y_5；若 $e_r > \varepsilon$ 则将步长缩短一半继续计算，直到 $e_r < \varepsilon$；若 $e_r < \frac{1}{64}\varepsilon$，为了提高计算效率，下个节点计算时将步长增加 1 倍。本书中假定装药尾部位置不变，只考虑侧面燃烧，但是若有端面燃烧，则尾部长度也在不断变化，因此需要计算最后一段药柱的长度和最后一个节点的位置，利用插值法求出边界处的流动参数值。

其中：

$$p_{0L} = p\pi(\lambda) \quad (8-170)$$

2. 修正头部压强

利用试算的头部压强确定了头部边界条件，接下来利用流量公式作为判据修正头部压强的值。在发动机稳定工作时，燃气产生的质量流量 $\dot{m}_b$ 与喷管出口质量流量 $\dot{m}_t$ 匹配，有

$$\dot{m}_t = p_c A_t \frac{\Gamma}{\sqrt{RT_f}} \quad (8-171)$$

$$\dot{m}_b = \rho_p \int_0^L r\Pi \mathrm{d}x \quad (8-172)$$

由流量匹配 $\dot{m}_t = \dot{m}_b$，有

$$p_c = p'_{0L} = \rho_p \sqrt{RT_f} \int_0^L r\Pi \mathrm{d}x / (A_t \Gamma) \quad (8-173)$$

p'_{0L} 为流量限制条件得到的尾部滞止压强，若式（8-170）中计算得到 p_{0L} 满足误差精度，则说明收敛，若不满足则对头部压强进行校正。

定义误差估计式

$$e_p = |p'_{0L} - p_{0L}| \quad (8-174)$$

误差上限为 ε，若 $e_p < \varepsilon$，则头部压强结果满足精度要求，可以用于计算流动参数轴线分布。若 $e_p > \varepsilon$，则不满足精度要求，取 $p_1 = \dfrac{p_1 p'_{0L}}{p_{0L}}$ 代入继续计算，直到满足计算精度为止。

8.9.3 燃烧修正下的时间推进

在校正得到头部压强后，为进行时间推进，需要获得更为准确的平均燃速，在固体火箭发动机工作过程中，单位时间燃烧的肉厚在不断随着流场参数而发生变化。在时间间隔 Δt 内

$$\Delta y_j = r_j \Delta t \quad (8-175)$$

式中，r_j 为平均燃速，由于第 n 个时刻的燃速是未知量，因此利用第 $n-1$ 时刻的燃速，作为第 n 时刻燃速的第一次试算量，即

$$r_j^{(0)}(t^{(n)}) = r_j(t^{(n-1)}) \quad (8-176)$$

代入 $\Delta y_j = r_j \Delta t$ 中，得到下一时刻流场的几何参数，然后代入上一节的数值方程，求解发动机

头部预估校正中得到的轴向流场参数 ρ、u、p 分布,接下来

$$r_j^{(k)}(t^{(n)}) = \frac{1}{2}[r_j(t^{(n-1)}) + r_j^{(k-1)}(t^{(n)})] \qquad (8-177)$$

再次代入上一节的迭代循环中,得到流场参数,当流场参数满足误差精度要求时,则认为燃速收敛,完成下一时刻的流动参数计算。

综上所述,本节所介绍的一维侧面装药内弹道的计算方法,可以认为有三重迭代,属于三重迭代法,对于点火段和排气段需要单独讨论。

详细的计算步骤如图 8-26 所示。

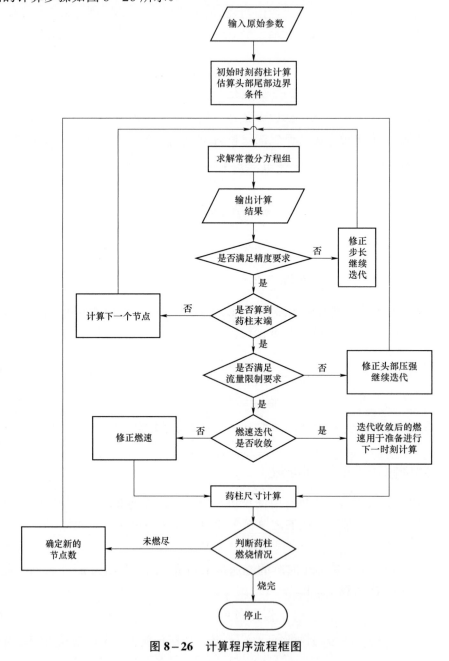

图 8-26 计算程序流程框图

8.10 横向飞行过载下固体火箭发动机内弹道计算方法

近些年来,战略导弹向小型化和机动化方向不断发展,向着高威力、强可靠性、高速方向不断进步,高速地空反导导弹、空空导弹大多需要良好的机动性以及很好的抗过载能力,从而满足战争需求。过载定义为:作用在导弹上除了重力以外所有力的合力与导弹重力的比值。一定的过载会使导弹产生加速度,增加导弹的机动性,但是较大的过载会对发动机工作性能产生影响。迄今为止,世界各国已经研制出数百种防空导弹,从第三代美国的"爱国者"、俄罗斯的"S-300V"到现在发达国家在役的第四代防空导弹,都需要强大的抗过载能力。当前,新型空空导弹的抗转弯能力可达到 $60g$;欧洲导弹集团研制的 AIM-132 过载性能达到了 $70g$。此外,俄罗斯的 53T6 反导导弹的轴向过载达 $210g$,横向过载达 $90g$;美国的 HIBEX 反弹道导弹,轴向过载达 $400g$,第二级横向过载甚至超过 $300g$。为了适应更好的作战需求,导弹将会处于高过载环境中,这必然会对固体火箭发动机的性能造成影响。过载对发动机工作特性的影响主要包括:① 改变推进剂燃速;② 影响凝相颗粒的运动规律,造成绝热层局部烧蚀;③ 影响燃烧室内部压强变化,甚至产生二次压强峰;④ 破坏推进剂药柱的结构完整性。因此,掌握过载加速度对发动机工作过程的影响规律,研究横向过载下发动机的内弹道(推力)性能,对新型高机动战术导弹发动机的设计研制具有重要意义。

8.10.1 横向过载下丁羟三组元推进剂燃速模型

固体火箭发动机的内弹道求解流程如图 8-27 所示,求解的关键为获取推进剂装药的燃面退移规律,得到燃烧过程中每个时刻的燃面位置、形状及燃面面积。当无过载存在时,认为整个燃面上的燃速相等,用 $r_0 = ap^n$ 计算,燃面退移遵循平行层燃烧规律。但是当存在横向过载时,对内孔燃烧的装药来说,不同位置处的燃速有所差异,导致推进剂燃面变成非对称退移。

图 8-27 发动机内弹道求解流程

推进剂表面受到过载加速度的示意图如图 8-28 所示,其中 G 为过载,是一个有方向的矢量,r_0 为推进剂基础燃速,两者夹角 θ 为加速度载荷方位角,范围为 $0°\sim180°$。根据 Greatrix 的过载燃速模型,不同载荷方位角下,推进剂燃速有所差异。因此,在内弹道求解前,需要先建立包含过载大小、方位角因素的推进剂燃速模型。

使用 Greatrix 的多参数燃速模型,对过载下推进剂燃速进行迭代求解。燃速求解公式为

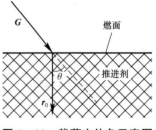

图 8-28 载荷方位角示意图

$$r_g = \frac{\beta\left(\dfrac{r_g + G_a}{\rho_p}\right)}{\exp\left[\dfrac{c_p \delta_0 (\rho_p r_g + G_a)}{\lambda}\right] - 1} \quad (8-178)$$

式中　r_g——过载下推进剂燃速；
　　　β——热流系数；
　　　G_a——加速度质量通量；
　　　ρ_p——推进剂密度；
　　　c_p——燃气定压比热容；
　　　δ_0——燃烧区厚度；
　　　λ——气相热导率。

$$\beta = \frac{c_p(T_f - T_s)}{c_s(T_s - T_i) - \Delta H_s} \tag{8-179}$$

$$c_p = \frac{k}{k-1}R \tag{8-180}$$

式中　k——燃气的比热比；
　　　T_f——推进剂绝热燃烧温度；
　　　T_s——固体推进剂表面温度；
　　　T_i——参考温度；
　　　c_s——固体推进剂比热容；
　　　R——燃气气体常数；
　　　ΔH_s——净放热量。

$$G_a = \left\{ \frac{-Gp}{r_g} \frac{\delta_0}{RT_f} \frac{r_0}{r_g} \right\} \cdot \cos^2\phi_d \tag{8-181}$$

$$\phi_d = \arctan\left[K\left(\frac{r_0}{r_g}\right)^3 \tan\theta \right] \tag{8-182}$$

式中　G——过载加速度大小；
　　　p——参考压强；
　　　r_0——推进剂基础燃速；
　　　θ——燃速 r_0 与过载加速度 G 的夹角（方位角），如图 8-28 所示；
　　　ϕ_d——增强定向角；
　　　K——定向角修正因子，是一个经验常数，常取 8。

$$\delta_0 = \frac{\lambda}{\rho_p r_0 c_p} \ln(1+\beta) \tag{8-183}$$

Greatrix 模型认为，方位角在 90°～180° 范围内，过载对燃速影响可忽略不计。通过迭代即可求解不同过载、不同方位角下燃速 r_g。

经过计算，得到某三组元复合推进剂的燃速特性如图 8-29 所示。

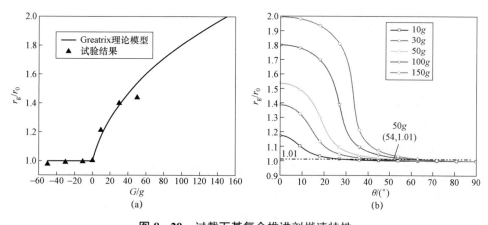

图8-29 过载下某复合推进剂燃速特性
（a）燃速增加率-过载；（b）燃速增加率-载荷方位角

8.10.2 横向过载下二维内孔装药燃面退移模型

对推进剂装药来说，外部载荷对推进剂燃速的影响规律较为复杂，当存在横向过载时，推进剂的燃速不仅是压强的函数，还会受到过载加速度大小及载荷方位角的影响，不同位置燃速的差异，导致推进剂装药发生非对称燃烧，其结构示意图如图8-30所示。

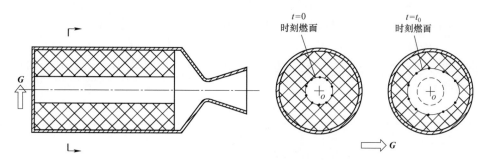

图8-30 横向过载下推进剂燃烧示意图

在建立起推进剂燃速模型后，需要进一步分析横向过载下推进剂装药的燃面退移特性。在横向过载作用下，推进剂装药不同位置处的燃速不同；在进行燃面退移模拟时，将推进剂装药燃面离散化，三维装药二维化，再进行燃面的离散。将推进剂装药的燃面退移问题转化成每个离散数据点按照当地燃速平移问题，不同位置的当地燃速与外部载荷大小有关，得到每个时刻燃面形状，进行燃面面积求解，从而获得推进剂燃面面积随时间的变化关系。

以内孔燃烧的圆管装药为例，分析横向过载下推进剂药柱的燃面退移特性；由于圆管药柱沿装药轴线方向上截面相同，故可以对其某个横截面进行分析。

针对内孔燃烧装药的某个横截面，将推进剂燃面边界离散成有限多个微元，把燃面退移转换成微元点的平移变换。在图8-31中，在任一截面上，横向过载G导致每个位置燃速不同；燃烧过程中，相同时间内每个位置沿燃面法向退移距离不同。$t=0$初始时刻的燃面、$t=t_1$和t_2时刻的燃面形状如图8-31所示，新的燃面不再是同心圆。同时，由于不同周向位置燃速的差异，导致整个燃面在燃烧的过程中，以t_1和t_2时刻为分界点分成了两个阶段，在求解

过程中，两个阶段的计算略有差异。设推进剂装药的内孔直径为 d，外径为 D，长度为 L，则两个阶段的分离点为

$$\frac{d}{2} + r_{\theta=0} \times t_F = \frac{D}{2} \qquad (8-184)$$

式中　　$r_{\theta=0}$——方位角为零时的燃速，即过载条件下的最大燃速；

　　　　t_F——两个阶段的分界点。

当 $t < t_F$ 时位于燃烧第一阶段，第一阶段表示装药内孔都在燃烧；$t > t_F$ 时位于燃烧第二阶段，第二阶段表示部分推进剂已经烧完，发动机燃烧室壁面暴露在燃气中，另外还有一部分推进剂仍然在燃烧。

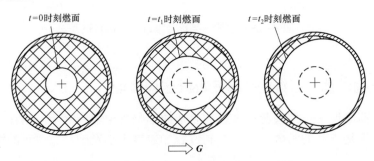

图 8-31　横向过载时燃面退移示意图

图 8-32 所示为从 t_1 到 $t_1 + \Delta t$ 时刻燃面的变化情况，将燃面周长离散成 m 个微元，第 i 个微元中点用下标 $i\,(i=1,2,3,\cdots,m)$ 表示，在 t_1 时刻，第 i 个微元中点的坐标为 $(x_i^{t_1}, y_i^{t_1})$，第 i 个微元的外法线方向（燃烧方向）与过载方向的夹角为 $\theta_i^{t_1}$，燃速大小为 $r_{gi}^{t_1}$，从 t_1 到 $t_1 + \Delta t$ 过程中，退移肉厚为 Δe_i。

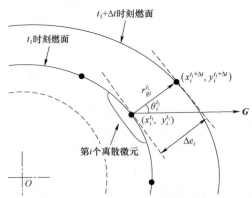

图 8-32　Δt 时间内燃面退移情况

根据每个微元中点处的燃烧方向与过载的夹角，即可获得当地的方位角，进而由燃速求解模型求解出当地燃速；从 t_1 到 $t_1 + \Delta t$ 过程中，有

$$\Delta e_i = r_{gi}^{t_1} \cdot \Delta t \qquad (8-185)$$

$$x_i^{t_1+\Delta t} = x_i^{t_1} + \Delta e_i \cdot \cos\theta_i^{t_1} \qquad (8-186)$$

$$y_i^{t_1+\Delta t} = y_i^{t_1} + \Delta e_i \cdot \sin\theta_i^{t_1} \qquad (8-187)$$

根据上述公式，可以求得每个微元中点在 $t_1+\Delta t$ 时刻的坐标，将这些微元中点连线，可获取此时的燃面形状，进而可求解该形状的燃面面积；燃面面积求解时，计算不同离散微元点与坐标原点组成的扇形面积，如图 8-33 所示。图 8-33（a）为任意时刻 $t=t_1$ 的燃面形状，图 8-33（b）为某一位置的局部放大图，阴影为第 i 个微元中点、第 $i+1$ 个微元中点及坐标原点 O 围成的第 i 个扇形求解区域。

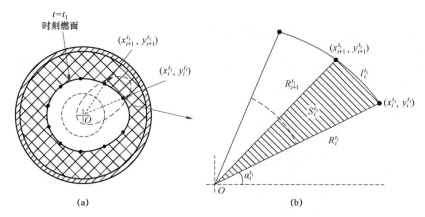

图 8-33　t_1 时刻的燃面求解微元

在 t_1 时刻，第 i 个微元中点与坐标原点 O 的连线的长度为

$$R_i^{t_1} = \sqrt{(x_i^{t_1})^2 + (y_i^{t_1})^2} \tag{8-188}$$

第 i 个微元中点与坐标原点 O 的连线和水平方向的夹角为

$$\alpha_i^{t_1} = \arctan\frac{y_i^{t_1}}{x_i^{t_1}} \tag{8-189}$$

第 i 个扇形求解区域所对应的圆心角为

$$\Delta\alpha_i^{t_1} = \alpha_{i+1}^{t_1} - \alpha_i^{t_1} \tag{8-190}$$

第 i 个扇形求解区域所对应的弧长为

$$l_i^{t_1} = \left(\frac{R_i^{t_1} + R_{i+1}^{t_1}}{2}\right) \cdot \Delta\alpha_i^{t_1} \tag{8-191}$$

第 i 个扇形求解区域所对应的面积为

$$S_i^{t_1} = \frac{1}{2} \cdot \left(\frac{R_i^{t_1} + R_{i+1}^{t_1}}{2}\right)^2 \cdot \Delta\alpha_i^{t_1} \tag{8-192}$$

t_1 时刻该横截面燃面周长是 Π^{t_1}、通气面积是 S^{t_1}、燃面周长与燃速的乘积是 $(\Pi r)^{t_1}$，3 个变量为

$$\Pi^{t_1} = \sum_{i=1}^{m} l_i, \quad S^{t_1} = \sum_{i=1}^{m} S_i, \quad (\Pi r)^{t_1} = \sum_{i=1}^{m} (l_i \cdot r_{gi}) \tag{8-193}$$

若燃面处于 $t=t_2$ 的第二阶段，则式（8-191）变为

$$l_i^{t_2} = 0 \tag{8-194}$$

$$S_i^{t_2} = \frac{D^2}{8} \cdot \Delta\alpha_i^{t_2} \tag{8-195}$$

整个装药的燃面面积和燃烧室自由容积为

$$A_b^{t_1} = \sum_{i=1}^{m}(l_i^{t_1} \cdot L) \tag{8-196}$$

$$V_c^{t_1} = \sum_{i=1}^{m}(S_i^{t_1} \cdot L) \tag{8-197}$$

8.10.3　横向过载下发动机零维内弹道计算模型

在得到推进剂装药每个位置处的燃面面积和燃烧室空腔自由容积的变化规律之后，便可以对发动机开展内弹道求解。零维内弹道求解方程为

$$\begin{cases} \dfrac{d\rho_c}{dt} = \dfrac{1}{V_c}\left[(\rho_p - \rho_c)A_b r - \dfrac{p_c A_t}{c^*}\right] \\ \dfrac{dp_c}{dt} = \dfrac{1}{V_c}(\rho_p A_b r R_c T_f) - \dfrac{p_c A_t}{c^*}R_c T_f - p_c A_b r \\ \dfrac{dV_c}{dt} = A_b r \\ \dfrac{de}{dt} = r \\ r = a p_c^n \\ \rho_c = \dfrac{p_c}{R_c T_f} \end{cases} \tag{8-198}$$

式中　V_c——燃烧室自由容积；

　　　ρ_c——燃气密度；

　　　ρ_p——推进剂密度；

　　　A_b——推进剂装药燃烧面积；

　　　A_t——喷管喉部截面积；

　　　e——装药燃去肉厚；

　　　r——装药燃烧速度；

　　　a——推进剂燃速系数；

　　　n——压强指数；

　　　T_f——燃气温度；

　　　R_c——燃气的气体常数；

　　　c^*——推进剂特征速度。

上述内弹道求解方程中的燃面面积与燃速的乘积 $A_b r$，针对的是整个燃面的燃面面积和该燃面面积所对应的燃速，在没有横向过载时，整个推进剂燃面的燃速均为静态燃速 r_0。但是，在有横向过载作用时，推进剂不同位置处的燃烧方向与载荷的夹角不同，整个推进剂装药燃面不同位置处的燃速不同，因此，需要将不同微元燃面与微元处的燃速相对应。

将不同位置处燃烧掉的推进剂肉厚与燃速相对应，有

$$\frac{\mathrm{d}e_i}{\mathrm{d}t} = r_{gi} \tag{8-199}$$

整个燃面的 $A_b r$ 为

$$A_b r = \sum_{i=1}^{m}(l_i \cdot r_{gi}) \cdot L \tag{8-200}$$

在进行上述变换之后,以整个燃烧室的自由容积为控制体,忽略微量 ρ_c/ρ_p,根据质量守恒原则进行变化,有

$$\begin{cases} \dfrac{\mathrm{d}p_c}{\mathrm{d}t} = \dfrac{RT_f}{V_c}\left(\rho_p A_b r - \dfrac{p_c A_t}{c^*}\right) \\ \dfrac{\mathrm{d}V_c}{\mathrm{d}t} = A_b r \\ A_b r = \sum_{i=1}^{m}(l_i \times r_{gi}) \times L \\ \dfrac{\mathrm{d}e_i}{\mathrm{d}t} = r_{gi} \\ r_0 = a p_c^n \\ \rho_c = \dfrac{p_c}{R_c T_f} \end{cases} \tag{8-201}$$

式中,A_b、V_c、r、p_c 都是时间 t 的函数,任一时刻,装药燃面面积 A_b、燃烧室自由容积 V_c、燃面面积与燃速的乘积 $A_b r$ 根据 8.10.2 小节的求解方法获得。式(8-201)通过初值即可求解,相关参数的初值为:燃烧室压强初值为点火压强;燃面面积初值根据推进剂装药初始尺寸求得;燃烧室初始自由容积可根据发动机和推进剂装药初始尺寸求得;推进剂装药不同位置处,初始时刻的燃速是压强和过载的函数,可由过载燃速模型求得。给定上述初值,可以求解得到下一时刻的相关参数,进行不断迭代,求解发动机工作过程中不同时刻的压强。

上述即为横向过载下发动机内弹道求解流程,下面以某一算例分析横向过载对发动机内弹道特性的影响。

8.10.4 横向过载下发动机零维内弹道计算算例

圆管型装药尺寸如图 8-34 所示,装药内径为 150 mm,外径为 400 mm,长 400 mm,由外表面和一个端面包覆。

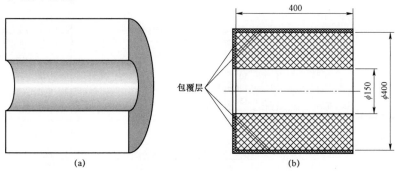

图 8-34 圆管型装药的尺寸
(a)三维图;(b)二维尺寸图

利用前述燃面退移求解方法得到 $50g$ 横向过载下推进剂装药某一截面的燃面退移过程,如图 8-35 所示。

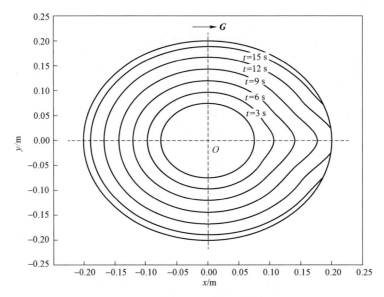

图 8-35 $50g$ 横向过载下燃面退移示意图

横轴 x 表示不同离散微元中点的横坐标值,纵轴 y 表示不同离散微元中点的纵坐标值。右端方位角小的区域,燃速受过载影响较大,烧成一个凹面,而其他位置影响较小。随着燃烧进行,受过载影响较大的区域处的燃面偏离中心轴线方向越来越明显,凹面也越来越大。在无过载情况下,$t=16.54\text{ s}$ 时整个装药同时燃烧完,绝热层开始暴露,而在 $50g$ 横向过载下,$t=10.58\text{ s}$ 时,绝热层就已经暴露在高温燃气流中,提前了近 6 s。

下面进行不同载荷下推进剂装药燃面面积求解,得到燃面面积变化情况如图 8-36 所示。由该图可以发现,在刚开始 $t=0$ 的瞬间,整个推进剂装药燃面面积相同,随着燃烧的进行,受到过载影响的区域燃速变大,而还有一部分区域的燃速不受过载影响,导致装药变成非对

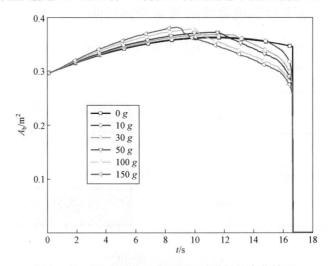

图 8-36 不同过载下燃面面积随时间的变化情况

称燃烧。因此，随着燃烧的进行，装药的燃面面积会比无过载情况大，并且过载值越大，影响越大。其中，在燃烧时间为 8 s 时，无过载的燃面面积为 0.36 m²，150g 过载的燃面面积为 0.38 m²，增加了 5.55%。在计算内弹道时，在燃面面积增加 5.55% 的基础上，还需要计算受到过载的区域内燃速的增加比例，得到过载情况下整个装药 $A_b r$ 增加的百分比。

根据上述燃面退移，对 0～150g 横向过载下的内弹道进行计算，结果如图 8-37 所示，纵轴 p 代表燃烧室压强，图中 p_g 代表过载下燃烧室压强，p_0 代表无过载下燃烧室压强。

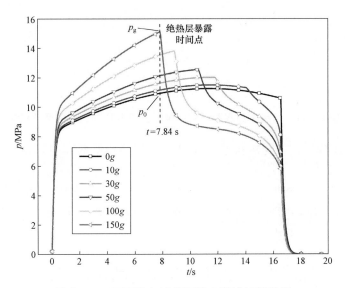

图 8-37　不同横向过载下的内弹道计算结果

可以发现，内弹道曲线分成两个阶段，从开始燃烧到燃速最大位置燃烧完为第 1 阶段，之后为第 2 阶段。以 150g 横向过载下的内弹道曲线为例进行分析，$t = 7.84$ s 为第 1、2 阶段的分界时间点，在该点之前，燃面按照不同位置处的燃速逐渐外扩，燃面面积变大，在 $t = 7.84$ s 时，燃面面积达到最大（0.37 m²），压强也最大，为 15.08 MPa；在下一个时刻，装药的非对称燃烧导致燃烧偏心，燃速大的位置最先燃烧完，绝热层开始暴露在高温燃气流中，燃面面积下降，压强也随之进入第二阶段，从压强最高点逐渐降低至推进剂装药燃烧完毕。

横向过载对绝热层暴露时间和燃烧室压强影响较大，定义压强增加百分比为

$$\eta = \frac{(p_g - p_0)}{p_0} \times 100\% \qquad (8-202)$$

绝热层暴露时间为燃速最大（方位角为 0）位置燃烧完到燃面面积减至 0 m² 的时间，用 t_m 表示。

计算求得绝热层暴露时间、压强增加百分比及比冲随过载的变化情况如图 8-38 所示。绝热层暴露时间随过载的变化趋势与燃速增加率随过载的变化趋势相同，增长趋势逐渐缓慢，而压强增加百分比随过载的变化呈现增长逐渐变快的趋势，但过载对比冲的影响不大；在 150g 过载下，暴露时间达到 8.82 s，压强增长幅值达到 37.98%，这对壳体的强度和绝热层的抗烧蚀特性提出了很大的挑战。

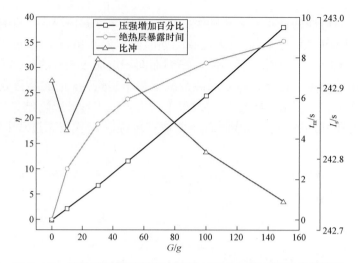

图 8-38 绝热层暴露时间和压强增加百分比随过载的变化情况

结论：基于上述分析，发现横向过载导致推进剂装药变成非对称燃烧，载荷方位角小的局部区域燃速明显变大，对应局部绝热层率先暴露在高温燃气中；同时局部燃速增大，导致相同时间内燃气生成率增加，燃烧室压强增大。在上述算例中，150g 横向过载下，绝热层暴露时间达 8.82 s，压强增加百分率达 37.98%，这对发动机的壳体及绝热层提出了很大的挑战。

8.11 针栓式变推力固体火箭发动机内弹道计算方法

固体火箭发动机因其推力固定、调节困难，严重影响了飞行器的机动灵活性。针栓式变推力固体火箭发动机弥补了传统发动机的这一缺点，能够调节燃烧室压强，实时控制推力大小。当喷管喉部插入针栓时，喉衬型面与针栓型面会组成新的最小流通截面积，形成喷管的等效喉部面积。由针栓式变推力发动机调节原理可知，通过改变针栓在喷管中的轴向位置，从而改变喷管的等效喉部面积，调节燃烧室内压强大小，最终实现推力的调节（图 8-39）。因此，为了得到压强动态响应特性，首先需要获得等效喉部面积随针栓位置的变化关系，以此为基础计算针栓不同移动速度时，等效喉部面积不同变化率情况下的燃烧室压强动态响应特性。

8.11.1 等效喉部面积计算方法

喉衬型面与针栓型面组成的环形面积 S_{ij} 如式（8-203）所示，即喉衬型面任意离散点与针栓型面离散点连线围绕针栓轴线旋转一周组成的环形面积，即

$$S_{ij} = \pi [r_{i1} r_{ij1} - r_{j2} r_{ij2}] \tag{8-203}$$

式中 i, j——分别为正整数，即 i、$j = 1, 2, 3, \cdots$，分别表示喉衬型面与针栓型面的离散点的个数，其大小取决于离散节点；

S_{ij}——喉衬型面第 i 个点与针栓型面第 j 个点构成的环形面积（ac 绕 y 轴旋转一周围成的面积）；

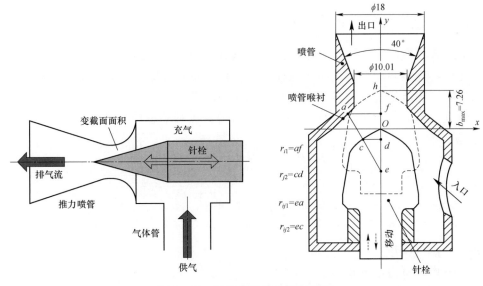

图 8-39 针栓发动机结构示意图

r_{i1}——喉衬型面第 i 个点到 y 轴的垂直距离（af）；

r_{j2}——针栓型面第 j 个点到 y 轴的垂直距离（cd）；

r_{ij1}——喉衬型面第 i 个点与针栓型面第 j 个点的连线与 y 轴的交点到第 i 个点的距离（ea）；

r_{ij2}——喉衬型面第 i 个点与针栓型面第 j 个点的连线与 y 轴的交点到第 j 个点的距离（ec）。

针栓某一位置处，当最小环形面积不大于喉衬喉部面积（A_{t0}）时，则此最小环形面积为等效喉部面积；如果最小环形面积大于喉衬喉部面积，此时喉衬喉部面积大小即为等效喉部面积，如式（8-204）所示，即

$$A_{t.eq} = \begin{cases} \min(S_{ij}), \min(S_{ij}) \leqslant A_{t0} \\ A_{t0}, \min(S_{ij}) > A_{t0} \end{cases} \quad (8-204)$$

式中　$A_{t.eq}$——等效喉部面积，mm^2。

根据等效喉部面积算法，得到了针栓不同位置下的等效喉部面积，如图 8-40 所示。

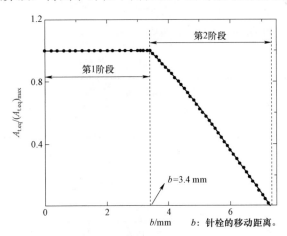

图 8-40 等效喉部面积变化

8.11.2 针栓发动机动态响应模型

基于上述等效喉部面积，结合零维内弹道微分方程，不考虑燃气组分和流场的变化，得到针栓发动机燃烧室内压强的动态响应模型。根据质量守恒原理，即燃烧室内燃气变化率等于推进剂燃烧产物质量生成率减去喷管流出的质量流量，且针栓移动过程中等效喉部面积实时变化，即 $A_{t,eq}(t)$。结合理想气体状态方程即可得到压强动态响应方程，即

$$\frac{V_c}{RT_c}\frac{\mathrm{d}p_c}{\mathrm{d}t} = \rho_b A_b a p_c^n \left(1 - \frac{p_c}{\rho_p RT_c}\right) - \Gamma \frac{p_c A_t}{\sqrt{RT_c}} \quad (8-205)$$

$$\Gamma = \sqrt{k}\left(\frac{2}{k+1}\right)^{\frac{k+1}{2(k-1)}}$$

式中 ρ_c——燃气密度；
V_c——燃烧室自由容积；
ρ_p——推进剂密度；
A_b——装药燃烧面积；
r——装药燃速；
a——燃速系数；
n——压强指数；
p_c——燃烧室瞬时压强；
T_c——燃烧室温度。

发动机产生的推力 F_c 为

$$F_c = C_F p_c A_{t,eq} \quad (8-206)$$

8.11.3 计算案例

为了说明针栓移动中压强的变化，接下来以某个发动机为例进行计算。

计算过程中所需的装药参数和燃气参数如表 8-3 所示，其中 M 为燃气混合物的平均分子量，几何模型即图 8-39 所示的针栓发动机。

表 8-3 推进剂和燃气参数

推进剂		
n	a	$\rho_b/(\mathrm{g \cdot cm^{-3}})$
0.25	4.18	1.8
燃气				
k	T_c/K	$c_p/[\mathrm{kJ \cdot (kg \cdot K)^{-1}}]$	$M/(\mathrm{g \cdot mol^{-1}})$	$R_g/[\mathrm{J \cdot (kg \cdot K)^{-1}}]$
1.25	2 323	1.845 6	23.712	350.6

计算过程以针栓从 3.5 mm 处以速度 V = 0.6 m/s 移动至 6 mm 位置，然后停止 40 ms，最后以相同速度移动至 3.5 mm 位置处为一个计算周期，研究针栓移动过程变推力发动机的动态特性。

图 8-41 是预测的推力和燃烧室压强动态变化过程，与调节原理相同，燃烧室压强和推力会因针栓的移动而改变，然而图中有 4 个值得注意的现象：一是针栓驱动停止后，燃烧室压强和推力持续变化，经过一段时间后稳定，即压强和推力均存在延迟问题；二是推力和压强需要经过一定的变化过程才能达到平衡；三是针栓移入和移出过程中（即燃烧室压强上升和下降过程），燃烧室压强和推力的动态变化过程也存在差异；四是推力在初始调节阶段呈现出相反的变化趋势，即当针栓向喷管喉部移动时，尽管燃烧室压强单调增加（区域Ⅰ），但推力先减小后增大，当针栓从喷管喉部移出时，尽管燃烧室减小，推力也是先增大后减小（区域Ⅱ）。

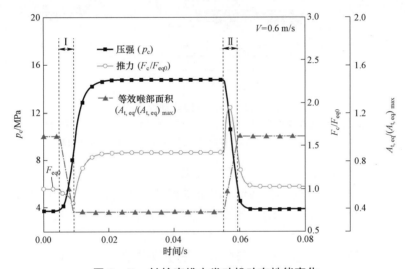

图 8-41 针栓变推力发动机动态性能变化

8.12 旋转阀固体火箭发动机内弹道计算方法

基于旋转阀的固体火箭发动机，可用于测量固体推进剂的压强耦合响应函数，但需获取燃烧室内压强振荡与次级排气面积之间的相位延迟角。为了解工作参数与旋转阀发动机压强振荡的关系，本节建立基于旋转阀的压强振荡理论计算模型。本质上，燃烧室压强振荡是由次级排气面积变化引起的，需先建立旋转阀单次排气运动方程，并推广至周期性排气范畴，而后基于周期性次级排气模型建立燃烧室压强振荡零维计算模型。

8.12.1 旋转阀介绍

小型试验发动机与旋转阀体配合安装，来自发动机燃烧室的高温高压燃气经次级排气端口进入旋转阀模块，在旋转阀模块内部组件的配合作用下周期性地从旋转阀体排气，引发燃烧室内产生振荡频率可控的压强小扰动。

旋转阀模块结构如 8-42 所示,主要由光学读数头、前端盖、圆光栅、转子轴、旋转阀体、定子、转子、深沟球轴承、后端盖及联轴器等零件组成。各零件的功能及安装配合关系如下:

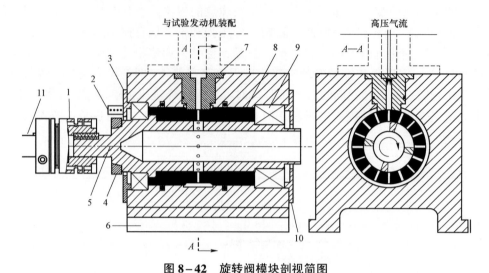

图 8-42 旋转阀模块剖视简图
1—联轴器;2—光学读数头;3—前端盖;4—圆光栅;5—转子轴;6—旋转阀体;
7—定子;8—转子;9—深沟球轴承;10—后端盖;11—伺服电机轴

(1) 旋转阀体为基础组件,对其他零件起支撑作用。

(2) 深沟球轴承安装于旋转阀体两侧,用于支撑转子轴高速旋转,由前后端盖进行限位。

(3) 转子轴为中空轴,来自发动机的高温高压燃气可经转子轴直接排入大气环境。转子轴通过联轴器与伺服电机轴配合安装,随后者同步转动。

(4) 转子周向等间距开有多个转子排气孔,固定安装于转子轴并随轴转动,高温燃气可经转子排气孔进入中空转子轴。

(5) 定子配合安装于旋转阀体,其中部开有与转子排气孔中心对正的定子排气孔,高温燃气可经此孔进入转子和转子轴。

(6) 圆光栅属于精密部件,安装于转子轴头部随轴同步转动,其位置处于旋转阀体外部,不受高温燃气的冲蚀。

(7) 圆光栅转动状态由固定于前端盖上的光学读数头测量,该光学读数头为圆光栅配套产品,主要用于定位圆光栅转动位置,是后续高精度测量次级排气面积和相位延迟角的关键设备。

固体火箭发动机采用端燃推进剂装药,可以排除侵蚀燃烧和速度耦合响应对测试结果的影响。将试验发动机的次级排气端口从前封头位置前移至发动机侧壁,固体推进剂试件燃烧产生的高温燃气可分别从主喷管和次级排气端口排出,产生的压强脉动由安装于喷管段和燃烧室侧壁的压强传感器测量。其中,燃烧室侧壁的压强传感器座与次级排气端口中心同轴,如图 8-43 所示。小型试验发动机设计压强为 20 MPa,圆筒直径为 76 mm,发动机壳体壁厚为 1.5 mm。

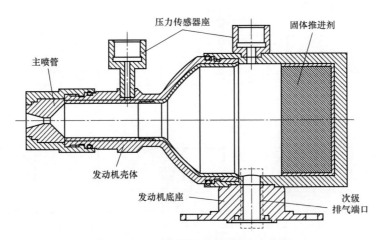

图 8-43 小型试验发动机结构示意图

8.12.2 旋转阀次级排气求解模型

在旋转阀转动过程，定子方孔位置固定，转子圆孔逐渐向右移动，两者局部重叠形成次级排气通道。对于单次排气过程，两者的相对运动示意如图 8-44 所示，其中重叠（阴影）区域代表次级排气面积。以方孔左下两侧边为纵横轴，引入直角坐标系，其中圆孔相对于 y 轴向右移动的距离为 Δx。由图 8-44 可知，次级排气面积大小与 Δx 有关，当 $\Delta x = 0$（图 8-44（a））时，圆孔即将经过方孔，此时次级排气面积为零。当 $0 < \Delta x < R_0$（图 8-44（b））时，圆孔与方孔发生局部重叠。而当 $\Delta x = 2R_0$（图 8-44（c））时，圆孔则完全进入方孔，此时次级排气面积最大。随后，圆孔开始逐渐穿出方孔，在 $\Delta x = 3R_0$（图 8-44（e））时，圆孔一半穿出方孔，并在 $\Delta x = 4R_0$（图 8-44（f））时，完全刚好穿出方孔，此时次级排气面积再次为 0，旋转阀完成一次排气。次级排气面积先随着 Δx 的增加而增大，在 $\Delta x = 2R_0$ 时达到最大，随后逐渐减小，并在 $\Delta x = 4R_0$ 时变为 0。因此，次级排气面积变化具有对称性，可分段进行求解。

当 $0 \leqslant \Delta x \leqslant 2R_0$ 时，次级排气面积为

$$S_r = \theta_1 R_0^2 - R_0(R_0 - \Delta x)\sin\theta_1 \tag{8-207}$$

式中 θ_1——弧 $A_1 B_1$ 对应的圆心角，参见图 8-44（b），由下式定义，即

$$\theta_1 = \arccos\left(1 - \frac{\Delta x}{R_0}\right) \tag{8-208}$$

当 $2R_0 < \Delta x \leqslant 4R_0$ 时，次级排气面积为

$$S_r = (\pi - \theta_2) R_0^2 + R_0(3R_0 - \Delta x)\sin\theta_2 \tag{8-209}$$

式中 θ_2——弧 $A_2 B_2$ 对应的圆心角，参见图 8-44（d），由下式定义，即

$$\theta_2 = \arccos\left(3 - \frac{\Delta x}{R_0}\right) \tag{8-210}$$

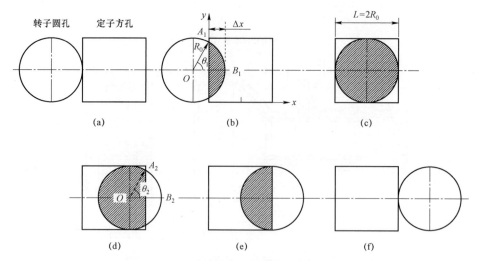

图 8-44 转子圆孔相对定子方孔运动示意图

(a) 圆孔即将经过方孔($\Delta x = 0$);(b) 圆孔与方孔局部重叠($0 \leq \Delta x \leq R_0$);(c) 圆孔完全进入方孔($\Delta x = 2R_0$);
(d) 圆孔开始穿出方孔($2R_0 < \Delta x < 3R_0$);(e) 圆孔一半穿出方孔($\Delta x = 3R_0$);(f) 圆孔完全穿出方孔($\Delta x = 4R_0$)

综上所述,对于定子圆孔和转子方孔组合方案,单次排气过程中次级排气面积与移动距离 Δx 之间满足

$$S_r(\Delta x) = \begin{cases} \theta_1 R_0^2 - R_0(R_0 - \Delta x)\sin\theta_1 & \Delta x \in [0, 2R_0] \\ (\pi - \theta_2)R_0^2 + R_0(3R_0 - \Delta x)\sin\theta_2 & \Delta x \in (2R_0, 4R_0] \end{cases} \quad (8-211)$$

$$\begin{cases} \theta_1 = \arccos\left(\dfrac{1 - \Delta x}{R_0}\right) \\ \theta_2 = \arccos\left(\dfrac{3 - \Delta x}{R_0}\right) \end{cases} \quad (8-212)$$

旋转阀转动过程中,定子与转子相对运动示意图如图 8-45 所示,其中 RED、SED 分别为转子排气通道和定子排气通道的简称。旋转阀工作过程中,转子旋转使 RED 与 SED 之间形成周期性的次级排气通道,燃烧室内高压气体经该通道排出从而引起周期性压强振荡。次级排气通道的"开-闭"由 SED 与 RED 交界面形成的有效排气区域表征,如图 8-46 所示。当次级排气面积 $S_r > 0$ mm² 时,则表示次级排气通道打开;反之则处于关闭状态。为了解旋转阀工作过程中燃烧室内压强振荡与次级排气面积 S_r 和转速 v_r 之间的关系,本节将对旋转阀工作过程进行理论建模。

转子周向有多个 RED,即转子转动一周旋转阀排气多次,为便于研究旋转阀排气特征,首先针对单次排气过程进行分析,具体转动过程如图 8-45 所示,其中 $A_0 \sim A_5$ 为 RED 转动过程中的典型位置,劣弧 A_0A_5 的长度为一个完整排气周期对应行程长。根据 RED 转动过程间歇排气特点,可将一个排气周期分成非排气阶段和排气阶段。在 RED 从 A_0 转到 A_1 过程中,次级排气通道处于关闭状态,无高压气体经 RED 排出,此阶段定义为非排气阶段,如图 8-45(a)所示。而在 RED 从 A_1 转到 A_5 过程中,次级排气通道打开程度则由 RED 位置决定,即由 A_1 位置的完全关闭,经 A_2 转至 A_3 位置的完全打开,而后再经 A_4 转至 A_5 位置的完全关闭,参见图 8-45(a)~(d)。在此过程中,燃烧室内的高压气体可经 RED 排出,因此定义为排气阶段。非排气阶段和排气阶段行程长分别为劣弧 A_0A_1 和劣弧 A_1A_5 对应弧长，具体定义参见图 8-45（e）。

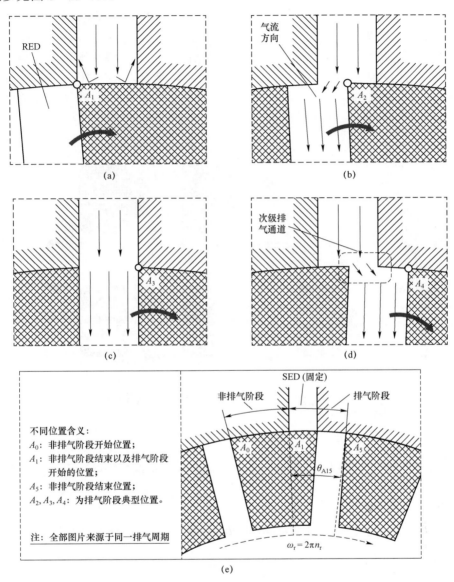

图 8-45 旋转阀转动示意图

(a) 次级排气通道关闭；(b) 次级排气通道局部打开；(c) 次级排气通道完全打开；
(d) 次级排气通道局部打开；(e) RED 所处的典型位置

旋转阀在转动过程中，转子角速度和外周线速度分别为

$$\omega_r = 2\pi n_r \tag{8-213}$$

$$v_r = \omega_r \frac{D_r}{2} \tag{8-214}$$

式中　n_r——转子转速，r/min；

　　　D_r——转子外径，mm。

基于式（8-214）和工作时间 t 可以求出不同时刻 RED 所处的位置。冷气试验中，转子周向初始等间距设计加工了 16 个 RED，因此一个完整排气周期行程长（劣弧 A_0A_5）为 $\pi D_r/16$。由几何关系（图 8-45）可知，劣弧 A_1A_5 对应圆心角 θ_{A15} 为 $4\arcsin(2R_0/D_r)$，其中 R_0 为 RED 半径，则劣弧 A_1A_5 长度为 $D_r\theta_{A15}/2$，与 $4R_0$ 基本一致。因此，在进一步对 RED 运动过程建模求解 S_r 时，将转动时间步划分至 1/1 000 排气周期时长，即可将劣弧 A_1A_5 近似处理为长度为 $4R_0$ 的直线。进而次级排气区域随时间变化如图 8-46 所示，其中非排气阶段行程长为 L_{ne}，t_{A0} 为非排气阶段开始时刻，图 8-46 中的 $A_0 \sim A_5$ 和图 8-45 一一对应，所代表的含义相同。

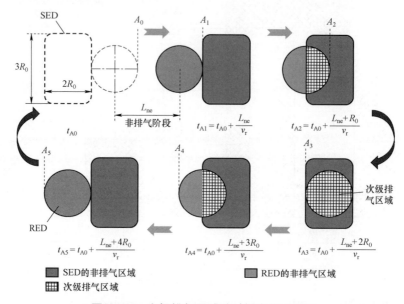

图 8-46　次级排气区域随时间变化示意图

为定量描述非排气阶段与排气阶段行程对燃烧室压强振荡的影响，引入排气行程比，由下式定义，即

$$\Omega_L = \frac{L_{ne}}{4R_0} \tag{8-215}$$

式中　L_{ne}——排气阶段行程长；

$4R_0$——排气阶段等效行程长。

则一个完整排气周期时长满足

$$T_r = \frac{4R_0(\Omega_L+1)}{v_r} \tag{8-216}$$

由图 8-45 和图 8-46 可知，次级排气面积 S_r 随转子转动呈周期性变化。在一个排气周期内，非排气阶段（$A_0 \to A_1$）S_r 为 0 mm²。对于排气阶段（$A_1 \to A_5$），S_r 的变化关于 A_3 位置对称（图 8-46），其由 0 mm²（A_1 位置）逐渐增加至 $1/2 S_{r,max}$（A_2 位置，其中 $S_{r,max}$ 表示 S_r 最大值）、$S_{r,max}$（A_3 位置），而后逐渐减小至 $1/2 S_{r,max}$（A_4 位置）、0 mm²（A_5 位置），最后再次进入非排气阶段。下一个 RED 重复上述变化规律（$A_0 \sim A_5$）进行周期性排气。

引入非排气阶段的零值和多个 RED 周期性排气特征，将式（8-213）~式（8-216）代入式（8-211）和式（8-212）可推导旋转阀转动过程中次级排气面积 S_r 随时间的变化规律，即

$$S_r(t) = \begin{cases} 0, t \in \left[nT, nT + \dfrac{4R_0 \Omega_L}{v_r} \right] \\ \theta_{1n} R_0^2 - \left[R_0 - v_r \left(t - nT - \dfrac{4R_0 \Omega_L}{v_r} \right) \right] R_0 \sin \theta_{1n}, t \in \left[nT_r + \dfrac{4R_0 \Omega_L}{v_r}, (n+1)T_r - \dfrac{2R_0}{v_r} \right] \\ (\pi - \theta_{2n}) R_0^2 + \left[3R_0 - v_r \left(t - (n+1)T_r + \dfrac{2R_0}{v_r} \right) \right] R_0 \sin \theta_{2n}, t \in \left[(n+1)T_r - \dfrac{2R_0}{v_r}, (n+1)T_r \right] \end{cases}$$

（8-217）

$$\begin{cases} \theta_{1n} = \arccos \left(1 - \dfrac{v_r(t - nT_r - 4R_0 \Omega_L / v_r)}{R_0} \right) \\ \theta_{2n} = \arccos \left(3 - \dfrac{v_r(t - (n+1)T_r + 2R_0 / v_r)}{R_0} \right) \end{cases}$$

（8-218）

式中 n——排气周期个数。

8.12.3 旋转阀内弹道计算方法及结果

旋转阀试验装置采用小型发动机，其燃烧室长度远小于压强振荡波长。数值仿真研究表明，由次级排气面积周期性变化引发的燃烧室压强振荡在空间分布均匀，振幅处处相同，即燃烧室压强处于整体振荡状态。同时，由于采用小容积发动机开展点火试验，可进一步忽略壁面热传导损失。对于旋转阀点火试验，燃烧室内加质质量流量来自固体推进剂的燃烧产物，排气方式为主喷管持续排气和次级排气通道间歇排气，且直通大气环境。根据质量守恒定律，可建立旋转阀次级排气面积与燃烧室压强振荡之间的理论计算模型。燃烧室中的气体动态质量变化由下式定义，即

$$\frac{dm}{dt} = \dot{m}_b - \dot{m}_e \qquad (8-219)$$

式中 $\dot{m}_b$——固体推进剂质量流量；
$\dot{m}_e$——旋转阀排气质量流量，包括主喷管和次级排气区域两部分。两者分别由下式定义，即

$$\dot{m}_b = r_b \rho_b A_b \qquad (8-220)$$

$$\dot{m}_e = C_d S_e(t) p \qquad (8-221)$$

$$C_d = \sqrt{\frac{\gamma [2/(\gamma+1)]^{(\gamma+1)/(\gamma-1)}}{R_g T_g}} \qquad (8-222)$$

式中 r_b，ρ_b——推进剂燃速和密度；
A_b——燃烧面积，对于端燃装药，燃面面积不变；

p——燃烧室压强；

C_d——排气流量修正系数；

γ——气体比热比；

R_g，T_g——气体常数和温度；

$S_e(t)$——旋转阀排气面积，包括主喷管和次级排气区域两部分，由下式定义，即

$$S_e(t) = \pi R_n^2 + S_r(t) \tag{8-223}$$

式中　R_n——主喷管喉部半径；

$S_r(t)$——由式（8-217）定义。

对于燃烧产物气体，引入理想气体状态方程，即

$$pV = mR_g T_g \tag{8-224}$$

式中　V——燃烧室自由容积。

将式（8-220）~式（8-224）代入式（8-219）得

$$\frac{V}{R_g T_g} \cdot \frac{dp}{dt} = r_b \rho_b A_b - [\pi R_n^2 + S_r(t)] p \sqrt{\frac{\gamma [2/(\gamma+1)]^{(\gamma+1)/(\gamma-1)}}{R_g T_g}} \tag{8-225}$$

基于式（8-225）可计算得到适用于固体推进剂点火试验中旋转阀转动过程中的转子转速 n_r、排气行程比 Ω_L、RED 半径 R_0 及工作压强 p 等参数对燃烧室压强振荡规律的影响程度，得到点火试验下旋转阀的内弹道曲线。

由图 8-47 可知，理论内弹道计算方法获得的压强曲线与试验测量结果吻合，均由压强最小值上升至供气压强附近，而后维持不变，最后再减小，呈周期性变化。两种方法得出的燃烧室压强最大值 p_{max} 均能达到供气压强，试验排气周期 T_r 比理论计算多 0.15 ms，误差小于 1%。理论计算的压强峰-峰值为 0.038 MPa，比试验值 0.058 MPa 小 0.02 MPa。

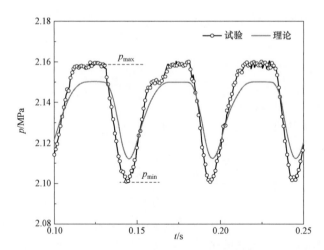

图 8-47　转速等于 75 r/min 时燃烧室压强随时间的变化曲线

8.13　固体火箭发动机内弹道异常典型现象分析

在研制和生产固体火箭发动机的过程中，为了检验发动机的实际性能、结构完整性和工作可靠性，需要进行大量试验。试验的主要内容之一就是通过推力、压强测量获得发动机内弹道曲线，并据此判断发动机工作是否正常，实际性能是否符合预定的战术技术指标等。实践表明，在发动机试验中，人们经常遇到各式各样的内弹道曲线异常现象（表8-4），它们可能是发动机内部过程或局部结构发生意外变化的结果，也可能是测试系统造成的假象。因此，发动机研制人员必须善于分析、鉴别各种内弹道曲线异常的现象，以便迅速查清原因，及时排除故障。目前，内弹道曲线异常的分析、鉴别并无成规可循，只能依靠人们的经验和细致的调查研究，因而往往需要反复多次试验，花费很多的时间，这种状况显然不能满足发动机研制工作的要求。为了解决这个问题，我们应当总结过去的经验，在综合应用已有经验、燃烧研究成果以及某些实用燃烧诊断技术的基础上，逐步发展一套分析、鉴别内弹道曲线异常的工程方法。谢蔚民和吴心平总结了国内科研院所关于固体火箭发动机内弹道曲线异常的现象，以及国外文献资料中的一些实例，以表格形式给出了各种内弹道曲线异常现象的典型实例，并做出了初步归纳和分析，提出一些实用的鉴别方法，供广大科研人员参考。

表8-4　固体火箭发动机典型内弹道异常现象

序号	内弹道曲线	特点	原因分析	鉴别
1		具有初始压强峰	点火药过多、过细或装填密度较大	（1）调整点火药量或粒度，观察曲线变化情况； （2）启动过程计算
2		（1）初始压强峰； （2）减面性； （3）拖尾	侵蚀效应。装填密度、喉通比J或通气参量$æ$值较大	（1）调整有关参数，观察曲线变化情况； （2）应用侵蚀试验或燃速辨识技术确定推进剂的侵蚀特性
3		断续燃烧	（1）燃烧室压强低于临界压强； （2）点火药过少	（1）增加点火药量，提高工作压强，观察发动机工作状况； （2）应用试验发动机测定临界压强

续表

序号	内弹道曲线	特点	原因分析	鉴别
4		(1) 平均压强曲线不规则变化或形成二次压强峰; (2) 动态压强检测发现有频率较高的压强振荡	不含铝推进剂、发动机长径比（L/D）较小。 横向高频不稳定或伴有旋涡形成 含铝推进剂、L/D较大。 纵向中频不稳定,速度耦合	(1) 动态压强测量及频谱分析; (2) 燃烧室声场分析; (3) 发动机稳定性计算
5		(1) 平均压强突然跃升到某一新水平上; (2) 动态压强检测发现有中频压强振荡	纵向脉冲触发不稳定。 (1) 发动机长径比$L/D>10$; (2) 高工作压强; (3) 推进剂燃速较低; (4) 工作过程中,有某种固体碎片（如点火器碎片、包覆片等）通过喷管	进行发动机的脉冲试验
6		(1) 平均压强曲线下凹; (2) 动态压强检测发现有高频压强振荡	高频不稳定,压强耦合。 (1) 双基药; (2) 压强振幅不大	(1) 动态压强测量及频谱分析; (2) 声场分析
7		(1) 低频压强振荡（200 Hz）以下; (2) 振幅较大时,伴有平均压强下降或断燃	L^*不稳定。 (1) 低工作压强; (2) 小L^*值（或$æ$值较大）; (3) 低温	(1) 调整有关参数,观察发动机工作状况; (2) L^*燃烧器试验
8		低频压强振荡,伴有压强突降及恢复	在L^*不稳定的条件下发生脉冲触发（有固体碎块穿过喷喉）。 (1) 低工作压强; (2) 小L^*值（或$æ$值较大）; (3) 低温	脉冲试验

续表

序号	内弹道曲线	特点	原因分析	鉴别
9		点火后很快发生爆炸	裂缝燃烧和爆燃转爆轰（DDT）。 （1）推进剂含硝胺炸药； （2）大发动机 （1）高频不稳定与药柱（自由装填）振动耦合导致药柱破裂； （2）药柱强度不足，点火冲击引起装药破裂	（1）动态压强测量及频谱分析； （2）药柱强度计算； （3）药柱裂缝检验
10		动态压强检测发现有不同频率的振荡信号	干扰： 工频干扰（50 Hz）； 电台干扰（音频）； 接线干扰（随机信号）	（1）频谱分析； （2）测试回路内接监听喇叭； （3）检查测试线路布置、接地、接线情况
11		推力曲线起始段有规则的衰减振荡，但压强曲线没有相应的变化	试车系统机械振动	
12		推力曲线正常，压强上升滞后，并有典型的衰减振荡	旋转台试验和飞行试验引起。 测压管线较长，形状复杂，故压强信号滞后。在点火冲击下，管内发生衰减的自由振荡	
13		压强曲线明显波动，推力曲线有相应变化，但相对较弱	喉部沉积物反复沉积和脱落。 （1）双钴推进剂； （2）喉部直径很小。 （d_t=4.5～5.5 mm）	
14		初始压强偏低，后部有凸起	飞行试验中出现，或自由装填发动机中出现。 （1）测压管线较长，压强上升滞后； （2）侵蚀效应较强，有初始峰减面性，后期由于轴向过载，药柱破裂，燃面增大	

续表

序号	内弹道曲线	特点	原因分析	鉴别
15		后期压强明显下降,并保持平稳,下降段最长可达总工作时间的1/3,总冲变化不明显	由于侵蚀,药柱后部变薄破碎、吹出、使总燃面减小。双基药,高温,有较强侵蚀效应,自由装填	
16		(1) 压强突降,同时出现推力峰;(2) 后期推力曲线下凹	喉衬部分吹掉(非对称),压强下降,推力瞬时增大。因推力偏心,发动机在后期发生了纵向倾斜(12°),使推力曲线出现下凹现象	
17		(1) 压强曲线中段略微凸起;(2) 高频压强检测发现没有压强振荡	复合药浇铸。由于浇铸工艺造成装药组分不均匀,中段燃速大于始段和末段。采用横向隔板,分段装药之间有包覆片等。燃烧产物发生回流,使局部燃速增大。由于脱黏等原因使燃面增大	
18		压强后部拱起,拖尾	旋转发动机。向心加速度导致燃速增大,气体旋涡的侵蚀效应,及减小喉部有效面积的效应	
19		(1) 压强曲线起始段下凹;(2) 动态压强测试发现没有压强振荡	壁面热损失影响较大。缓燃推进剂;低温;壁面损失大;T形发动机	

附　　录

附表 1　$\Gamma(k)$ 的数值表 $\left(\Gamma = \sqrt{k}\left(\dfrac{2}{k+1}\right)^{\frac{k+1}{2(k-1)}}\right)$

k	Γ	k	Γ
1.14	0.636 6	1.23	0.654 3
1.15	0.638 6	1.24	0.656 2
1.16	0.640 6	1.25	0.658 1
1.17	0.642 6	1.26	0.659 9
1.18	0.644 6	1.27	0.661 8
1.19	0.646 6	1.28	0.663 6
1.2	0.648 5	1.29	0.665 4
1.21	0.650 5	1.3	0.667 3
1.22	0.652 4	1.31	0.669 1

附表 2 亚声速段和超声速段的 p/p_c 与 A/A_t 及 k 值的关系表 $\left(\dfrac{A}{A_t}=\dfrac{\Gamma}{\left(\dfrac{p}{p_c}\right)^{\frac{1}{k}}\sqrt{\dfrac{2k}{k-1}\left[1-\left(\dfrac{p}{p_c}\right)^{\frac{k-1}{k}}\right]}}=f\left(k,\dfrac{p}{p_c}\right)\right)$

附表 2-1 亚声速段的 p/p_c 与 A/A_t、k 的关系表

d/d_t	A/A_t	k 1.20	1.21	1.22	1.23	1.24	1.25	1.26	1.27	1.28	1.29	1.30
5.00	25.00	0.999 66	0.999 66	0.999 66	0.999 66	0.999 66	0.999 65	0.999 65	0.999 65	0.999 65	0.999 65	0.999 64
4.50	20.25	0.999 49	0.999 48	0.999 48	0.999 48	0.999 47	0.999 47	0.999 47	0.999 47	0.999 46	0.999 46	0.999 46
4.00	16.00	0.999 18	0.999 17	0.999 17	0.999 16	0.999 16	0.999 15	0.999 15	0.999 14	0.999 14	0.999 13	0.999 13
3.50	12.25	0.998 60	0.998 59	0.998 58	0.998 57	0.998 56	0.998 55	0.998 55	0.998 54	0.998 53	0.998 52	0.998 51
3.00	9.00	0.997 39	0.997 38	0.997 36	0.997 35	0.997 33	0.997 32	0.997 30	0.997 29	0.997 27	0.997 26	0.997 24
2.90	8.41	0.997 02	0.997 00	0.996 98	0.996 96	0.996 94	0.996 93	0.996 91	0.996 89	0.996 88	0.996 86	0.996 84
2.80	7.84	0.996 56	0.996 54	0.996 52	0.996 50	0.996 48	0.996 46	0.996 44	0.996 42	0.996 40	0.996 38	0.996 36
2.70	7.29	0.996 02	0.996 00	0.995 98	0.995 95	0.995 93	0.995 91	0.995 88	0.995 86	0.995 84	0.995 81	0.995 79
2.60	6.76	0.995 37	0.995 34	0.995 32	0.995 29	0.995 26	0.995 23	0.995 21	0.995 18	0.995 15	0.995 13	0.995 10
2.50	6.25	0.994 58	0.994 55	0.994 52	0.994 48	0.994 45	0.994 42	0.994 39	0.994 36	0.994 32	0.994 29	0.994 26
2.40	5.76	0.993 61	0.993 57	0.993 53	0.993 50	0.993 46	0.993 42	0.993 38	0.993 35	0.993 31	0.993 27	0.993 24
2.30	5.29	0.992 41	0.992 37	0.992 32	0.992 28	0.992 23	0.992 19	0.992 15	0.992 10	0.992 06	0.992 01	0.991 97
2.20	4.84	0.990 92	0.990 87	0.990 81	0.990 76	0.990 71	0.990 65	0.990 60	0.990 55	0.990 49	0.990 44	0.990 39
2.10	4.41	0.989 04	0.988 97	0.988 91	0.988 84	0.988 78	0.988 71	0.988 65	0.988 59	0.988 52	0.988 46	0.988 40
2.00	4.00	0.986 63	0.986 55	0.986 47	0.986 40	0.986 32	0.986 24	0.986 16	0.986 09	0.986 01	0.985 93	0.985 86
1.90	3.61	0.983 52	0.983 43	0.983 33	0.983 23	0.983 14	0.983 04	0.982 94	0.982 85	0.982 76	0.982 66	0.982 57
1.80	3.24	0.979 44	0.979 32	0.979 20	0.979 08	0.978 96	0.978 84	0.978 72	0.978 60	0.978 48	0.978 36	0.978 25
1.70	2.89	0.973 98	0.973 82	0.973 67	0.973 52	0.973 37	0.973 22	0.973 07	0.972 92	0.972 77	0.972 62	0.972 47

续表

d/d_t	A/A_t \ k	1.20	1.21	1.22	1.23	1.24	1.25	1.26	1.27	1.28	1.29	1.30
1.60	2.56	0.966 51	0.966 32	0.966 12	0.965 93	0.965 73	0.965 54	0.965 35	0.965 16	0.964 96	0.964 77	0.964 59
1.50	2.25	0.956 06	0.955 80	0.955 54	0.955 29	0.955 04	0.954 78	0.954 53	0.954 28	0.954 03	0.953 79	0.953 54
1.40	1.96	0.940 92	0.940 58	0.940 24	0.939 90	0.939 56	0.939 22	0.938 89	0.938 55	0.938 22	0.937 89	0.937 57
1.30	1.69	0.918 04	0.917 57	0.917 10	0.916 64	0.916 17	0.915 71	0.915 26	0.914 80	0.914 35	0.913 89	0.913 44
1.20	1.44	0.881 12	0.880 46	0.879 79	0.879 13	0.878 48	0.877 82	0.877 17	0.876 53	0.875 88	0.875 24	0.874 60
1.10	1.21	0.813 87	0.812 87	0.811 87	0.810 88	0.809 89	0.808 91	0.807 93	0.806 96	0.806 00	0.805 04	0.804 08

附表 2-2　超声速段的 p/p_c 与 A/A_t, k 的关系表

d/d_t	A/A_t \ k	1.20	1.21	1.22	1.23	1.24	1.25	1.26	1.27	1.28	1.29	1.30
1.00	1.00	0.564 47	0.562 54	0.560 61	0.558 70	0.556 81	0.554 93	0.553 06	0.551 21	0.549 37	0.547 54	0.545 73
1.10	1.21	0.293 31	0.291 14	0.289 00	0.286 88	0.284 78	0.282 70	0.280 64	0.278 61	0.276 60	0.274 61	0.272 64
1.20	1.44	0.208 99	0.207 02	0.205 06	0.203 13	0.201 23	0.199 35	0.197 49	0.195 66	0.193 85	0.192 07	0.190 30
1.30	1.69	0.158 50	0.156 73	0.154 99	0.153 27	0.151 58	0.149 91	0.148 26	0.146 64	0.145 03	0.143 45	0.141 90
1.40	1.96	0.124 68	0.123 11	0.121 56	0.120 03	0.118 53	0.117 05	0.115 59	0.114 15	0.112 74	0.111 35	0.109 98
1.50	2.25	0.100 63	0.099 23	0.097 85	0.096 49	0.095 15	0.093 84	0.092 55	0.091 28	0.090 03	0.088 80	0.087 59
1.60	2.56	0.082 84	0.081 58	0.080 35	0.079 13	0.077 94	0.076 77	0.075 63	0.074 50	0.073 39	0.072 30	0.071 23
1.70	2.89	0.069 27	0.068 15	0.067 04	0.065 95	0.064 89	0.063 84	0.062 82	0.061 81	0.060 82	0.059 85	0.058 90
1.80	3.24	0.058 70	0.057 68	0.056 69	0.055 71	0.054 75	0.053 82	0.052 90	0.051 99	0.051 11	0.050 24	0.049 39
1.90	3.61	0.050 30	0.049 38	0.048 48	0.047 60	0.046 73	0.045 89	0.045 06	0.044 25	0.043 45	0.042 67	0.041 91
2.00	4.00	0.043 51	0.042 68	0.041 86	0.041 06	0.040 28	0.039 52	0.038 77	0.038 03	0.037 32	0.036 61	0.035 93
2.10	4.41	0.037 96	0.037 20	0.036 46	0.035 73	0.035 02	0.034 33	0.033 65	0.032 98	0.032 33	0.031 70	0.031 07

续表

d/d_t	A/A_t	k 1.20	1.21	1.22	1.23	1.24	1.25	1.26	1.27	1.28	1.29	1.30
2.20	4.84	0.033 37	0.032 67	0.031 99	0.031 33	0.030 68	0.030 05	0.029 43	0.028 82	0.028 23	0.027 65	0.027 09
2.30	5.29	0.029 53	0.028 89	0.028 26	0.027 66	0.027 06	0.026 48	0.025 92	0.025 36	0.024 82	0.024 30	0.023 78
2.40	5.76	0.026 28	0.025 69	0.025 12	0.024 56	0.024 02	0.023 48	0.022 96	0.022 46	0.021 96	0.021 48	0.021 01
2.50	6.25	0.023 52	0.022 98	0.022 45	0.021 93	0.021 43	0.020 94	0.020 46	0.020 00	0.019 54	0.019 10	0.018 67
2.60	6.76	0.021 15	0.020 65	0.020 16	0.019 68	0.019 22	0.018 77	0.018 33	0.017 90	0.017 48	0.017 07	0.016 67
2.70	7.29	0.019 11	0.018 64	0.018 19	0.017 75	0.017 32	0.016 90	0.016 49	0.016 09	0.015 71	0.015 33	0.014 96
2.80	7.84	0.017 33	0.016 90	0.016 48	0.016 07	0.015 67	0.015 28	0.014 90	0.014 53	0.014 18	0.013 83	0.013 49
2.90	8.41	0.015 78	0.015 38	0.014 98	0.014 60	0.014 23	0.013 87	0.013 52	0.013 18	0.012 84	0.012 52	0.012 20
3.00	9.00	0.014 42	0.014 04	0.013 67	0.013 32	0.012 97	0.012 63	0.012 31	0.011 99	0.011 68	0.011 38	0.011 09
3.10	9.61	0.013 22	0.012 86	0.012 52	0.012 19	0.011 86	0.011 55	0.011 24	0.010 95	0.010 66	0.010 38	0.010 10
3.20	10.24	0.012 15	0.011 82	0.011 50	0.011 19	0.010 88	0.010 59	0.010 30	0.010 02	0.009 75	0.009 49	0.009 24
3.30	10.89	0.011 20	0.010 89	0.010 59	0.010 30	0.010 01	0.009 74	0.009 47	0.009 21	0.008 96	0.008 71	0.008 47
3.40	11.56	0.010 35	0.010 06	0.009 78	0.009 50	0.009 24	0.008 98	0.008 73	0.008 48	0.008 24	0.008 01	0.007 79
3.50	12.25	0.009 60	0.009 32	0.009 05	0.008 79	0.008 54	0.008 30	0.008 06	0.007 83	0.007 61	0.007 39	0.007 18
3.60	12.96	0.008 91	0.008 65	0.008 40	0.008 16	0.007 92	0.007 69	0.007 47	0.007 25	0.007 04	0.006 84	0.006 64
3.70	13.69	0.008 30	0.008 05	0.007 81	0.007 58	0.007 36	0.007 14	0.006 93	0.006 73	0.006 53	0.006 34	0.006 15
3.80	14.44	0.007 74	0.007 50	0.007 28	0.007 06	0.006 85	0.006 64	0.006 45	0.006 25	0.006 07	0.005 89	0.005 71
3.90	15.21	0.007 23	0.007 01	0.006 80	0.006 59	0.006 39	0.006 20	0.006 01	0.005 83	0.005 65	0.005 48	0.005 31
4.00	16.00	0.006 77	0.006 56	0.006 36	0.006 16	0.005 97	0.005 79	0.005 61	0.005 44	0.005 27	0.005 11	0.004 95
4.10	16.81	0.006 35	0.006 15	0.005 96	0.005 77	0.005 59	0.005 42	0.005 25	0.005 08	0.004 93	0.004 77	0.004 62

续表

d/d_t	A/A_t	k 1.20	1.21	1.22	1.23	1.24	1.25	1.26	1.27	1.28	1.29	1.30
4.20	17.64	0.005 97	0.005 78	0.005 59	0.005 41	0.005 24	0.005 08	0.004 92	0.004 76	0.004 61	0.004 47	0.004 33
4.30	18.49	0.005 61	0.005 43	0.005 26	0.005 09	0.004 93	0.004 77	0.004 62	0.004 47	0.004 33	0.004 19	0.004 05
4.40	19.36	0.005 29	0.005 12	0.004 95	0.004 79	0.004 63	0.004 48	0.004 34	0.004 20	0.004 06	0.003 93	0.003 81
4.50	20.25	0.004 99	0.004 83	0.004 67	0.004 51	0.004 37	0.004 22	0.004 08	0.003 95	0.003 82	0.003 70	0.003 58
4.60	21.16	0.004 71	0.004 56	0.004 41	0.004 26	0.004 12	0.003 98	0.003 85	0.003 72	0.003 60	0.003 48	0.003 37
4.70	22.09	0.004 46	0.004 31	0.004 17	0.004 03	0.003 89	0.003 76	0.003 63	0.003 51	0.003 40	0.003 28	0.003 17
4.80	23.04	0.004 22	0.004 08	0.003 94	0.003 81	0.003 68	0.003 56	0.003 44	0.003 32	0.003 21	0.003 10	0.002 99
4.90	24.01	0.004 01	0.003 87	0.003 74	0.003 61	0.003 48	0.003 37	0.003 25	0.003 14	0.003 03	0.002 93	0.002 83
5.00	25.00	0.003 80	0.003 67	0.003 54	0.003 42	0.003 30	0.003 19	0.003 08	0.002 97	0.002 87	0.002 77	0.002 68
5.10	26.01	0.003 62	0.003 49	0.003 37	0.003 25	0.003 14	0.003 03	0.002 92	0.002 82	0.002 72	0.002 63	0.002 54
5.20	27.04	0.003 44	0.003 32	0.003 20	0.003 09	0.002 98	0.002 88	0.002 77	0.002 68	0.002 58	0.002 49	0.002 41
5.30	28.09	0.003 28	0.003 16	0.003 05	0.002 94	0.002 83	0.002 73	0.002 64	0.002 54	0.002 45	0.002 37	0.002 28
5.40	29.16	0.003 12	0.003 01	0.002 90	0.002 80	0.002 70	0.002 60	0.002 51	0.002 42	0.002 33	0.002 25	0.002 17
5.50	30.25	0.002 98	0.002 87	0.002 77	0.002 67	0.002 57	0.002 48	0.002 39	0.002 30	0.002 22	0.002 14	0.002 06
5.60	31.36	0.002 85	0.002 74	0.002 64	0.002 55	0.002 45	0.002 36	0.002 28	0.002 19	0.002 11	0.002 04	0.001 96
5.70	32.49	0.002 72	0.002 62	0.002 52	0.002 43	0.002 34	0.002 26	0.002 17	0.002 09	0.002 02	0.001 94	0.001 87
5.80	33.64	0.002 60	0.002 51	0.002 41	0.002 32	0.002 24	0.002 15	0.002 07	0.002 00	0.001 92	0.001 85	0.001 78
5.90	34.81	0.002 49	0.002 40	0.002 31	0.002 22	0.002 14	0.002 06	0.001 98	0.001 91	0.001 84	0.001 77	0.001 70
6.00	36.00	0.002 39	0.002 30	0.002 21	0.002 13	0.002 05	0.001 97	0.001 90	0.001 83	0.001 76	0.001 69	0.001 63
6.10	37.21	0.002 29	0.002 20	0.002 12	0.002 04	0.001 96	0.001 89	0.001 82	0.001 75	0.001 68	0.001 62	0.001 56

续表

d/d_t	A/A_t	k 1.20	1.21	1.22	1.23	1.24	1.25	1.26	1.27	1.28	1.29	1.30
6.20	38.44	0.002 20	0.002 11	0.002 03	0.001 95	0.001 88	0.001 81	0.001 74	0.001 67	0.001 61	0.001 55	0.001 49
6.30	39.69	0.002 11	0.002 03	0.001 95	0.001 87	0.001 80	0.001 73	0.001 67	0.001 60	0.001 54	0.001 48	0.001 43
6.40	40.96	0.002 03	0.001 95	0.001 87	0.001 80	0.001 73	0.001 66	0.001 60	0.001 54	0.001 48	0.001 42	0.001 37
6.50	42.25	0.001 95	0.001 87	0.001 80	0.001 73	0.001 66	0.001 60	0.001 53	0.001 47	0.001 42	0.001 36	0.001 31
6.60	43.56	0.001 87	0.001 80	0.001 73	0.001 66	0.001 60	0.001 53	0.001 47	0.001 42	0.001 36	0.001 31	0.001 26
6.70	44.89	0.001 80	0.001 73	0.001 66	0.001 60	0.001 53	0.001 47	0.001 42	0.001 36	0.001 31	0.001 26	0.001 21
6.80	46.24	0.001 74	0.001 67	0.001 60	0.001 54	0.001 48	0.001 42	0.001 36	0.001 31	0.001 26	0.001 21	0.001 16
6.90	47.61	0.001 67	0.001 61	0.001 54	0.001 48	0.001 42	0.001 37	0.001 31	0.001 26	0.001 21	0.001 16	0.001 11
7.00	49.00	0.001 61	0.001 55	0.001 49	0.001 43	0.001 37	0.001 31	0.001 26	0.001 21	0.001 16	0.001 12	0.001 07
7.10	50.41	0.001 56	0.001 49	0.001 43	0.001 38	0.001 32	0.001 27	0.001 22	0.001 17	0.001 12	0.001 07	0.001 03
7.20	51.84	0.001 50	0.001 44	0.001 38	0.001 33	0.001 27	0.001 22	0.001 17	0.001 12	0.001 08	0.001 03	0.000 99
7.30	53.29	0.001 45	0.001 39	0.001 33	0.001 28	0.001 23	0.001 18	0.001 13	0.001 08	0.001 04	0.001 00	0.000 96
7.40	54.76	0.001 40	0.001 34	0.001 29	0.001 24	0.001 19	0.001 14	0.001 09	0.001 05	0.001 00	0.000 96	0.000 92
7.50	56.25	0.001 36	0.001 30	0.001 25	0.001 19	0.001 14	0.001 10	0.001 05	0.001 01	0.000 97	0.000 93	0.000 89
7.60	57.76	0.001 31	0.001 26	0.001 20	0.001 15	0.001 11	0.001 06	0.001 02	0.000 97	0.000 93	0.000 90	0.000 86
7.70	59.29	0.001 27	0.001 21	0.001 16	0.001 12	0.001 07	0.001 03	0.000 98	0.000 94	0.000 90	0.000 86	0.000 83
7.80	60.84	0.001 23	0.001 18	0.001 13	0.001 08	0.001 03	0.000 99	0.000 95	0.000 91	0.000 87	0.000 84	0.000 80
7.90	62.41	0.001 19	0.001 14	0.001 09	0.001 04	0.001 00	0.000 96	0.000 92	0.000 88	0.000 84	0.000 81	0.000 77
8.00	64.00	0.001 15	0.001 10	0.001 06	0.001 01	0.000 97	0.000 93	0.000 89	0.000 85	0.000 81	0.000 78	0.000 75
8.10	65.61	0.001 12	0.001 07	0.001 02	0.000 98	0.000 94	0.000 90	0.000 86	0.000 82	0.000 79	0.000 75	0.000 72

续表

d/d_t	A/A_t	k 1.20	1.21	1.22	1.23	1.24	1.25	1.26	1.27	1.28	1.29	1.30
8.20	67.24	0.001 08	0.001 04	0.000 99	0.000 95	0.000 91	0.000 87	0.000 83	0.000 80	0.000 76	0.000 73	0.000 70
8.30	68.89	0.001 05	0.001 00	0.000 96	0.000 92	0.000 88	0.000 84	0.000 81	0.000 77	0.000 74	0.000 71	0.000 68
8.40	70.56	0.001 02	0.000 97	0.000 93	0.000 89	0.000 85	0.000 82	0.000 78	0.000 75	0.000 72	0.000 68	0.000 65
8.50	72.25	0.000 99	0.000 95	0.000 90	0.000 87	0.000 83	0.000 79	0.000 76	0.000 72	0.000 69	0.000 66	0.000 63
8.60	73.96	0.000 96	0.000 92	0.000 88	0.000 84	0.000 80	0.000 77	0.000 74	0.000 70	0.000 67	0.000 64	0.000 62
8.70	75.69	0.000 93	0.000 89	0.000 85	0.000 82	0.000 78	0.000 75	0.000 71	0.000 68	0.000 65	0.000 62	0.000 60
8.80	77.44	0.000 91	0.000 87	0.000 83	0.000 79	0.000 76	0.000 72	0.000 69	0.000 66	0.000 63	0.000 60	0.000 58
8.90	79.21	0.000 88	0.000 84	0.000 80	0.000 77	0.000 74	0.000 70	0.000 67	0.000 64	0.000 61	0.000 59	0.000 56
9.00	81.00	0.000 86	0.000 82	0.000 78	0.000 75	0.000 71	0.000 68	0.000 65	0.000 62	0.000 60	0.000 57	0.000 54
9.10	82.81	0.000 83	0.000 80	0.000 76	0.000 73	0.000 69	0.000 66	0.000 63	0.000 61	0.000 58	0.000 55	0.000 53
9.20	84.64	0.000 81	0.000 77	0.000 74	0.000 71	0.000 67	0.000 64	0.000 62	0.000 59	0.000 56	0.000 54	0.000 51
9.30	86.49	0.000 79	0.000 75	0.000 72	0.000 69	0.000 66	0.000 63	0.000 60	0.000 57	0.000 55	0.000 52	0.000 50
9.40	88.36	0.000 77	0.000 73	0.000 70	0.000 67	0.000 64	0.000 61	0.000 58	0.000 56	0.000 53	0.000 51	0.000 48
9.50	90.25	0.000 75	0.000 71	0.000 68	0.000 65	0.000 62	0.000 59	0.000 57	0.000 54	0.000 52	0.000 49	0.000 47
9.60	92.16	0.000 73	0.000 70	0.000 66	0.000 63	0.000 60	0.000 58	0.000 55	0.000 53	0.000 50	0.000 48	0.000 46
9.70	94.09	0.000 71	0.000 68	0.000 65	0.000 62	0.000 59	0.000 56	0.000 54	0.000 51	0.000 49	0.000 47	0.000 45
9.80	96.04	0.000 69	0.000 66	0.000 63	0.000 60	0.000 57	0.000 55	0.000 52	0.000 50	0.000 48	0.000 45	0.000 43
9.90	98.01	0.000 67	0.000 64	0.000 61	0.000 59	0.000 56	0.000 53	0.000 51	0.000 48	0.000 46	0.000 44	0.000 42
10.00	100.00	0.000 66	0.000 63	0.000 60	0.000 57	0.000 54	0.000 52	0.000 50	0.000 47	0.000 45	0.000 43	0.000 41

附表 3　气体动力学函数表

附表 3-1　函数定义及其表达式

函数	定义	表达式	各函数间的关系
$\tau(\lambda)$	$\dfrac{T}{T_0}$	$1-\dfrac{k-1}{k+1}\lambda^2$	
$\varepsilon(\lambda)$	$\dfrac{\rho}{\rho_0}$	$\left(1-\dfrac{k-1}{k+1}\lambda^2\right)^{\frac{1}{k-1}}$	$\varepsilon(\lambda)=\dfrac{\pi(\lambda)}{\tau(\lambda)}$
$\pi(\lambda)$	$\dfrac{p}{p_0}$	$\left(1-\dfrac{k-1}{k+1}\lambda^2\right)^{\frac{k}{k-1}}$	$\pi(\lambda)=f(\lambda)r(\lambda)$
$q(\lambda)$	$\dfrac{\rho u}{\rho^* u^*}$	$\left(\dfrac{k+1}{2}\right)^{\frac{1}{k-1}}\lambda\left(1-\dfrac{k-1}{k+1}\lambda^2\right)^{\frac{1}{k-1}}$	$q(\lambda)=y(\lambda)\pi(\lambda)$
$y(\lambda)$	$\dfrac{p_0 A^*}{pA}$	$\left(\dfrac{k+1}{2}\right)^{\frac{1}{k-1}}\lambda\left(1-\dfrac{k-1}{k+1}\lambda^2\right)^{-1}$	$y(\lambda)r(\lambda)Z(\lambda)=[f(1)]^{-2}$
$f(\lambda)$	$\dfrac{p+\rho u^2}{p_0}$	$(1+\lambda^2)\left(1-\dfrac{k-1}{k+1}\lambda^2\right)^{\frac{1}{k-1}}$	$f(\lambda)=q(\lambda)Z(\lambda)f(1)$ $f(1)=2\left(\dfrac{2}{k+1}\right)^{\frac{1}{k-1}}$
$r(\lambda)$	$\dfrac{p}{p+\rho u^2}$	$(1-\lambda^2)^{-1}\left(1-\dfrac{k-1}{k+1}\lambda^2\right)$	$\pi(\lambda)=f(\lambda)r(\lambda)$
$M(\lambda)$	$\dfrac{u}{a}$	$\left(\dfrac{2}{k+1}\right)^{\frac{1}{2}}\lambda\left(1-\dfrac{k-1}{k+1}\lambda^2\right)^{-\frac{1}{2}}$	
$Z(\lambda)$	$\dfrac{(p+\rho u^2)A}{(p^*+\rho^* u^{*2})A^*}$	$\dfrac{1}{2}\left(\lambda+\dfrac{1}{\lambda}\right)$	

附表 3-2　不同 k 值的函数值

$k=1.12$

λ	$\tau(\lambda)$	$\varepsilon(\lambda)$	$\pi(\lambda)$	$q(\lambda)$	$y(\lambda)$	$f(\lambda)$	$r(\lambda)$	$M(\lambda)$
0.00	1.000 0	1.000 0	1.000 0	0.000 0	0.000 0	1.000 0	1.000 0	0.000 0
0.05	0.999 9	0.998 8	0.998 7	0.081 2	0.081 3	1.001 3	0.997 4	0.048 6
0.10	0.999 4	0.995 3	0.994 7	0.161 7	0.162 6	1.005 2	0.989 5	0.097 2
0.15	0.998 7	0.989 4	0.988 2	0.241 2	0.244 1	1.011 7	0.976 7	0.145 8
0.20	0.997 7	0.981 3	0.979 1	0.318 9	0.325 8	1.020 5	0.959 4	0.194 5
0.25	0.996 5	0.970 9	0.967 5	0.394 5	0.407 7	1.031 6	0.937 8	0.243 3
0.30	0.994 9	0.958 3	0.953 4	0.467 2	0.490 0	1.044 6	0.912 8	0.292 1

续表

λ	$\tau(\lambda)$	$\varepsilon(\lambda)$	$\pi(\lambda)$	$q(\lambda)$	$y(\lambda)$	$f(\lambda)$	$r(\lambda)$	$M(\lambda)$
0.35	0.993 1	0.943 7	0.937 1	0.536 7	0.572 8	1.059 3	0.884 7	0.341 1
0.40	0.990 9	0.927 0	0.918 6	0.602 6	0.656 0	1.075 3	0.854 3	0.390 3
0.45	0.988 5	0.908 4	0.898 0	0.664 3	0.739 8	1.092 4	0.822 1	0.439 6
0.50	0.985 8	0.888 0	0.875 4	0.721 6	0.824 2	1.110 0	0.788 7	0.489 1
0.55	0.982 9	0.866 0	0.851 1	0.774 0	0.909 4	1.127 9	0.754 6	0.538 8
0.60	0.979 6	0.842 3	0.825 2	0.821 3	0.995 3	1.145 6	0.720 3	0.588 8
0.65	0.976 1	0.817 3	0.797 8	0.863 4	1.082 2	1.162 6	0.686 2	0.639 0
0.70	0.972 3	0.791 0	0.769 1	0.899 9	1.170 0	1.178 7	0.652 5	0.689 5
0.75	0.968 2	0.763 6	0.739 3	0.930 8	1.258 9	1.193 2	0.619 6	0.740 3
0.80	0.963 8	0.735 3	0.708 7	0.955 9	1.349 0	1.205 9	0.587 7	0.791 5
0.85	0.959 1	0.706 1	0.677 2	0.975 4	1.440 2	1.216 3	0.556 8	0.843 0
0.90	0.954 2	0.676 3	0.645 3	0.989 2	1.532 9	1.224 1	0.527 2	0.894 9
0.95	0.948 9	0.646 0	0.613 0	0.997 3	1.627 0	1.229 0	0.498 8	0.947 2
1.00	0.943 4	0.615 3	0.580 5	1.000 0	1.722 6	1.230 7	0.471 7	1.000 0
1.05	0.937 6	0.584 5	0.548 0	0.997 4	1.819 9	1.228 9	0.445 9	1.053 2
1.10	0.931 5	0.553 6	0.515 7	0.989 7	1.919 1	1.223 5	0.421 5	1.107 0
1.15	0.925 1	0.522 9	0.483 7	0.977 2	2.020 1	1.214 4	0.398 3	1.161 3
1.20	0.918 5	0.492 4	0.452 2	0.960 2	2.123 2	1.201 4	0.376 4	1.216 2
1.25	0.911 6	0.462 2	0.421 4	0.939 0	2.228 5	1.184 5	0.355 7	1.271 6
1.30	0.904 3	0.432 6	0.391 2	0.913 9	2.336 1	1.163 7	0.336 2	1.327 8
1.35	0.896 8	0.403 6	0.362 0	0.885 5	2.446 3	1.139 2	0.317 7	1.384 6
1.40	0.889 1	0.375 3	0.333 7	0.853 9	2.559 1	1.111 0	0.300 4	1.442 1
1.45	0.881 0	0.347 9	0.306 5	0.819 7	2.674 7	1.079 3	0.284 0	1.500 5
1.50	0.872 6	0.321 3	0.280 4	0.783 3	2.793 4	1.044 4	0.268 5	1.559 6
1.55	0.864 0	0.295 8	0.255 6	0.745 1	2.915 4	1.006 4	0.253 9	1.619 6
1.60	0.855 1	0.271 3	0.232 0	0.705 4	3.040 8	0.965 8	0.240 2	1.680 6
1.65	0.845 9	0.247 9	0.209 7	0.664 8	3.169 9	0.922 9	0.227 2	1.742 5
1.70	0.836 4	0.225 7	0.188 8	0.623 5	3.303 0	0.877 9	0.215 0	1.805 4
1.75	0.826 7	0.204 7	0.169 2	0.582 0	3.440 3	0.831 4	0.203 5	1.869 5
1.80	0.816 6	0.184 8	0.150 9	0.540 7	3.582 1	0.783 7	0.192 6	1.934 7
1.85	0.806 3	0.166 2	0.134 0	0.499 7	3.728 8	0.735 1	0.182 3	2.001 1
1.90	0.795 7	0.148 8	0.118 4	0.459 6	3.880 7	0.686 2	0.172 6	2.068 9
1.95	0.784 8	0.132 7	0.104 1	0.420 5	4.038 1	0.637 2	0.163 4	2.138 0
2.00	0.773 6	0.117 7	0.091 1	0.382 7	4.201 5	0.588 7	0.154 7	2.208 6

续表

λ	$\tau(\lambda)$	$\varepsilon(\lambda)$	$\pi(\lambda)$	$q(\lambda)$	$y(\lambda)$	$f(\lambda)$	$r(\lambda)$	$M(\lambda)$
2.05	0.762 1	0.104 0	0.079 2	0.346 3	4.371 3	0.540 9	0.146 5	2.280 8
2.10	0.750 4	0.091 3	0.068 5	0.311 7	4.548 0	0.494 2	0.138 7	2.354 7
2.15	0.738 3	0.079 8	0.058 9	0.278 9	4.732 2	0.448 9	0.131 3	2.430 3
2.20	0.726 0	0.069 4	0.050 4	0.248 1	4.924 3	0.405 3	0.124 3	2.507 8
2.25	0.713 4	0.060 0	0.042 8	0.219 3	5.125 1	0.363 6	0.117 7	2.587 3
2.30	0.700 6	0.051 5	0.036 1	0.192 6	5.335 3	0.324 1	0.111 4	2.669 0
2.35	0.687 4	0.044 0	0.030 2	0.168 0	5.555 7	0.287 0	0.105 4	2.753 0
2.40	0.674 0	0.037 3	0.025 2	0.145 6	5.787 1	0.252 3	0.099 7	2.839 5
2.45	0.660 2	0.031 4	0.020 8	0.125 2	6.030 4	0.220 2	0.094 3	2.928 6
2.50	0.646 2	0.026 3	0.017 0	0.106 8	6.286 9	0.190 6	0.089 1	3.020 6
2.55	0.631 9	0.021 8	0.013 8	0.090 4	6.557 7	0.163 7	0.084 2	3.115 7
2.60	0.617 4	0.018 0	0.011 1	0.075 9	6.844 1	0.139 4	0.079 6	3.214 0
2.65	0.602 5	0.014 7	0.008 8	0.063 2	7.147 8	0.117 7	0.075 1	3.316 0
2.70	0.587 4	0.011 9	0.007 0	0.052 1	7.470 4	0.098 3	0.070 9	3.421 8
2.75	0.571 9	0.009 5	0.005 4	0.042 5	7.813 9	0.081 4	0.066 8	3.531 9

$k = 1.16$

λ	$\tau(\lambda)$	$\varepsilon(\lambda)$	$\pi(\lambda)$	$q(\lambda)$	$y(\lambda)$	$f(\lambda)$	$r(\lambda)$	$M(\lambda)$
0.00	1.000 0	1.000 0	1.000 0	0.000 0	0.000 0	1.000 0	1.000 0	0.000 0
0.05	0.999 8	0.998 8	0.998 7	0.080 8	0.080 9	1.001 3	0.997 3	0.048 1
0.10	0.999 3	0.995 4	0.994 6	0.161 0	0.161 9	1.005 3	0.989 4	0.096 3
0.15	0.998 3	0.989 6	0.988 0	0.240 1	0.243 1	1.011 9	0.976 4	0.144 5
0.20	0.997 0	0.981 6	0.978 7	0.317 6	0.324 5	1.020 9	0.958 7	0.192 7
0.25	0.995 4	0.971 4	0.966 9	0.392 9	0.406 3	1.032 1	0.936 8	0.241 1
0.30	0.993 3	0.959 1	0.952 7	0.465 4	0.488 6	1.045 4	0.911 3	0.289 6
0.35	0.990 9	0.944 6	0.936 0	0.534 8	0.571 4	1.060 3	0.882 8	0.338 3
0.40	0.988 1	0.928 2	0.917 2	0.600 6	0.654 8	1.076 7	0.851 9	0.387 2
0.45	0.985 0	0.909 9	0.896 2	0.662 3	0.739 1	1.094 1	0.819 1	0.436 3
0.50	0.981 5	0.889 7	0.873 3	0.719 7	0.824 1	1.112 2	0.785 2	0.485 6
0.55	0.977 6	0.867 9	0.848 5	0.772 2	0.910 1	1.130 5	0.750 6	0.535 3
0.60	0.973 3	0.844 6	0.822 0	0.819 8	0.997 2	1.148 6	0.715 7	0.585 2
0.65	0.968 7	0.819 8	0.794 1	0.862 0	1.085 5	1.166 1	0.681 0	0.635 5
0.70	0.963 7	0.793 7	0.764 9	0.898 8	1.175 0	1.182 6	0.646 8	0.686 1
0.75	0.958 3	0.766 4	0.734 5	0.929 9	1.266 0	1.197 6	0.613 3	0.737 2

续表

λ	$\tau(\lambda)$	$\varepsilon(\lambda)$	$\pi(\lambda)$	$q(\lambda)$	$y(\lambda)$	$f(\lambda)$	$r(\lambda)$	$M(\lambda)$
0.80	0.952 6	0.738 2	0.703 2	0.955 3	1.358 6	1.210 6	0.580 8	0.788 7
0.85	0.946 5	0.709 1	0.671 1	0.975 0	1.452 8	1.221 4	0.549 5	0.840 7
0.90	0.940 0	0.679 3	0.638 5	0.989 0	1.548 9	1.229 5	0.519 3	0.893 2
0.95	0.933 1	0.648 9	0.605 5	0.997 3	1.646 9	1.234 6	0.490 5	0.946 3
1.00	0.925 9	0.618 2	0.572 4	1.000 0	1.747 1	1.236 3	0.463 0	1.000 0
1.05	0.918 3	0.587 2	0.539 2	0.997 3	1.849 6	1.234 5	0.436 8	1.054 3
1.10	0.910 4	0.556 0	0.506 2	0.989 5	1.954 7	1.228 9	0.411 9	1.109 4
1.15	0.902 0	0.525 0	0.473 6	0.976 7	2.062 4	1.219 3	0.388 4	1.165 1
1.20	0.893 3	0.494 1	0.441 4	0.959 2	2.173 0	1.205 7	0.366 1	1.221 7
1.25	0.884 3	0.463 6	0.409 9	0.937 4	2.286 8	1.187 9	0.345 1	1.279 1
1.30	0.874 8	0.433 5	0.379 2	0.911 6	2.404 0	1.166 1	0.325 2	1.337 4
1.35	0.865 0	0.404 0	0.349 4	0.882 2	2.524 7	1.140 2	0.306 5	1.396 7
1.40	0.854 8	0.375 1	0.320 7	0.849 6	2.649 4	1.110 4	0.288 8	1.457 1
1.45	0.844 3	0.347 1	0.293 1	0.814 2	2.778 4	1.076 9	0.272 1	1.518 5
1.50	0.833 3	0.320 0	0.266 6	0.776 4	2.911 9	1.039 9	0.256 4	1.581 1
1.55	0.822 0	0.293 8	0.241 5	0.736 7	3.050 3	0.999 7	0.241 6	1.645 0
1.60	0.810 4	0.268 7	0.217 7	0.695 5	3.194 0	0.956 6	0.227 6	1.710 3
1.65	0.798 3	0.244 7	0.195 4	0.653 2	3.343 5	0.910 9	0.214 5	1.777 0
1.70	0.785 9	0.221 9	0.174 4	0.610 2	3.499 2	0.863 1	0.202 0	1.845 2
1.75	0.773 1	0.200 3	0.154 8	0.567 0	3.661 6	0.813 6	0.190 3	1.915 1
1.80	0.760 0	0.179 9	0.136 7	0.523 9	3.831 4	0.762 9	0.179 2	1.986 8
1.85	0.746 5	0.160 8	0.120 1	0.481 3	4.009 1	0.711 3	0.168 8	2.060 4
1.90	0.732 6	0.143 0	0.104 8	0.439 6	4.195 6	0.659 3	0.158 9	2.136 0
1.95	0.718 3	0.126 5	0.090 9	0.399 0	4.391 4	0.607 4	0.149 6	2.213 9
2.00	0.703 7	0.111 2	0.078 3	0.359 8	4.597 7	0.556 1	0.140 7	2.294 2
2.05	0.688 7	0.097 2	0.066 9	0.322 4	4.815 3	0.505 7	0.132 4	2.377 0
2.10	0.673 3	0.084 4	0.056 8	0.286 8	5.045 3	0.456 7	0.124 5	2.462 6
2.15	0.657 6	0.072 8	0.047 9	0.253 3	5.289 1	0.409 4	0.117 0	2.551 2
2.20	0.641 5	0.062 4	0.040 0	0.221 9	5.548 0	0.364 2	0.109 8	2.643 1
2.25	0.625 0	0.053 0	0.033 1	0.192 9	5.823 7	0.321 3	0.103 1	2.738 6
2.30	0.608 1	0.044 7	0.027 2	0.166 2	6.118 1	0.281 0	0.096 7	2.838 0
2.35	0.590 9	0.037 3	0.022 1	0.141 9	6.433 3	0.243 5	0.090 6	2.941 6
2.40	0.573 3	0.030 9	0.017 7	0.120 0	6.771 8	0.208 9	0.084 8	3.050 0
2.45	0.555 4	0.025 3	0.014 1	0.100 4	7.136 4	0.177 4	0.079 3	3.163 5

续表

λ	$\tau(\lambda)$	$\varepsilon(\lambda)$	$\pi(\lambda)$	$q(\lambda)$	$y(\lambda)$	$f(\lambda)$	$r(\lambda)$	$M(\lambda)$
2.50	0.537 0	0.020 5	0.011 0	0.083 1	7.530 7	0.148 9	0.074 1	3.282 7
2.55	0.518 3	0.016 5	0.008 5	0.067 9	7.958 5	0.123 5	0.069 1	3.408 2
2.60	0.499 3	0.013 0	0.006 5	0.054 8	8.424 5	0.101 0	0.064 3	3.540 8
2.65	0.479 8	0.010 2	0.004 9	0.043 5	8.934 5	0.081 5	0.059 8	3.681 3
2.70	0.460 0	0.007 8	0.003 6	0.034 1	9.495 2	0.064 7	0.055 5	3.830 7
2.75	0.439 8	0.005 9	0.002 6	0.026 2	10.114 9	0.050 5	0.051 4	3.990 1

$k = 1.20$

λ	$\tau(\lambda)$	$\varepsilon(\lambda)$	$\pi(\lambda)$	$q(\lambda)$	$y(\lambda)$	$f(\lambda)$	$r(\lambda)$	$M(\lambda)$
0.00	1.000 0	1.000 0	1.000 0	0.000 0	0.000 0	1.000 0	1.000 0	0.000 0
0.05	0.999 8	0.998 9	0.998 6	0.080 4	0.080 5	1.001 4	0.997 3	0.047 7
0.10	0.999 1	0.995 5	0.994 6	0.160 3	0.161 2	1.005 4	0.989 2	0.095 4
0.15	0.998 0	0.989 8	0.987 8	0.239 1	0.242 1	1.012 1	0.976 0	0.143 2
0.20	0.996 4	0.981 9	0.978 4	0.316 3	0.323 3	1.021 2	0.958 0	0.191 0
0.25	0.994 3	0.971 9	0.966 4	0.391 3	0.404 9	1.032 7	0.935 8	0.239 0
0.30	0.991 8	0.959 8	0.951 9	0.463 7	0.487 1	1.046 1	0.909 9	0.287 2
0.35	0.988 9	0.945 5	0.935 0	0.533 0	0.570 0	1.061 4	0.880 9	0.335 6
0.40	0.985 5	0.929 4	0.915 8	0.598 7	0.653 7	1.078 1	0.849 5	0.384 2
0.45	0.981 6	0.911 3	0.894 5	0.660 4	0.738 3	1.095 8	0.816 3	0.433 1
0.50	0.977 3	0.891 4	0.871 2	0.717 8	0.824 0	1.114 3	0.781 8	0.482 2
0.55	0.972 5	0.869 9	0.845 9	0.770 5	0.910 8	1.133 0	0.746 6	0.531 8
0.60	0.967 3	0.846 7	0.819 0	0.818 2	0.999 0	1.151 6	0.711 2	0.581 7
0.65	0.961 6	0.822 2	0.790 6	0.860 7	1.088 6	1.169 5	0.676 0	0.632 0
0.70	0.955 5	0.796 3	0.760 8	0.897 7	1.179 9	1.186 4	0.641 2	0.682 8
0.75	0.948 9	0.769 2	0.729 8	0.929 1	1.273 0	1.201 8	0.607 3	0.734 1
0.80	0.941 8	0.741 0	0.697 9	0.954 7	1.368 0	1.215 3	0.574 3	0.786 0
0.85	0.934 3	0.712 0	0.665 2	0.974 7	1.465 2	1.226 4	0.542 4	0.838 4
0.90	0.926 4	0.682 2	0.632 0	0.988 8	1.564 7	1.234 8	0.511 8	0.891 6
0.95	0.918 0	0.651 8	0.598 3	0.997 2	1.666 7	1.240 0	0.482 5	0.945 4
1.00	0.909 1	0.620 9	0.564 5	1.000 0	1.771 6	1.241 8	0.454 5	1.000 0
1.05	0.899 8	0.589 7	0.530 6	0.997 3	1.879 4	1.239 9	0.428 0	1.055 4
1.10	0.890 0	0.558 4	0.497 0	0.989 3	1.990 5	1.234 1	0.402 7	1.111 7
1.15	0.879 8	0.527 1	0.463 7	0.976 1	2.105 2	1.224 1	0.378 8	1.169 0
1.20	0.869 1	0.495 8	0.430 9	0.958 2	2.223 7	1.209 8	0.356 2	1.227 3

续表

λ	τ(λ)	ε(λ)	π(λ)	q(λ)	y(λ)	f(λ)	r(λ)	M(λ)
1.25	0.858 0	0.464 9	0.398 8	0.935 8	2.346 4	1.191 2	0.334 8	1.286 7
1.30	0.846 4	0.434 3	0.367 6	0.909 3	2.473 7	1.168 3	0.314 6	1.347 3
1.35	0.834 3	0.404 3	0.337 3	0.878 9	2.605 9	1.141 0	0.295 6	1.409 2
1.40	0.821 8	0.374 9	0.308 1	0.845 2	2.743 6	1.109 6	0.277 6	1.472 5
1.45	0.808 9	0.346 2	0.280 1	0.808 6	2.887 1	1.074 2	0.260 7	1.537 2
1.50	0.795 5	0.318 5	0.253 3	0.769 4	3.037 0	1.035 0	0.244 8	1.603 6
1.55	0.781 6	0.291 7	0.228 0	0.728 1	3.193 9	0.992 4	0.229 7	1.671 7
1.60	0.767 3	0.265 9	0.204 0	0.685 2	3.358 4	0.946 7	0.215 5	1.741 6
1.65	0.752 5	0.241 3	0.181 6	0.641 2	3.531 4	0.898 2	0.202 1	1.813 6
1.70	0.737 3	0.217 8	0.160 6	0.596 4	3.713 5	0.847 4	0.189 5	1.887 7
1.75	0.721 6	0.195 6	0.141 2	0.551 4	3.905 8	0.794 8	0.177 6	1.964 2
1.80	0.705 5	0.174 7	0.123 3	0.506 5	4.109 3	0.740 8	0.166 4	2.043 3
1.85	0.688 9	0.155 1	0.106 9	0.462 2	4.325 2	0.686 0	0.155 8	2.125 2
1.90	0.671 8	0.136 9	0.091 9	0.418 8	4.554 8	0.630 9	0.145 7	2.210 2
1.95	0.654 3	0.119 9	0.078 5	0.376 7	4.799 6	0.576 0	0.136 2	2.298 5
2.00	0.636 4	0.104 4	0.066 4	0.336 1	5.061 6	0.521 8	0.127 3	2.390 5
2.05	0.618 0	0.090 1	0.055 7	0.297 5	5.342 7	0.468 8	0.118 8	2.486 4
2.10	0.599 1	0.077 2	0.046 2	0.261 0	5.645 3	0.417 5	0.110 7	2.586 9
2.15	0.579 8	0.065 5	0.038 0	0.226 8	5.972 3	0.368 3	0.103 1	2.692 2
2.20	0.560 0	0.055 1	0.030 8	0.195 1	6.327 0	0.321 6	0.095 9	2.803 1
2.25	0.539 8	0.045 8	0.024 7	0.166 0	6.713 3	0.277 8	0.089 0	2.920 0
2.30	0.519 1	0.037 7	0.019 6	0.139 6	7.135 9	0.237 1	0.082 5	3.043 8
2.35	0.498 0	0.030 6	0.015 2	0.115 9	7.600 5	0.199 7	0.076 3	3.175 2
2.40	0.476 4	0.024 5	0.011 7	0.094 8	8.114 0	0.165 8	0.070 5	3.315 5
2.45	0.454 3	0.019 4	0.008 8	0.076 4	8.685 0	0.135 5	0.064 9	3.465 7
2.50	0.431 8	0.015 0	0.006 5	0.060 5	9.324 0	0.108 9	0.059 6	3.627 4
2.55	0.408 9	0.011 4	0.004 7	0.046 9	10.044 4	0.085 7	0.054 5	3.802 4
2.60	0.385 5	0.008 5	0.003 3	0.035 6	10.863 3	0.066 0	0.049 7	3.992 9
2.65	0.361 6	0.006 2	0.002 2	0.026 4	11.803 0	0.049 6	0.045 1	4.201 9
2.70	0.337 3	0.004 4	0.001 5	0.019 0	12.892 8	0.036 2	0.040 7	4.432 8
2.75	0.312 5	0.003 0	0.000 9	0.013 2	14.172 5	0.025 5	0.036 5	4.690 4

$$k = 1.22$$

λ	$\tau(\lambda)$	$\varepsilon(\lambda)$	$\pi(\lambda)$	$q(\lambda)$	$y(\lambda)$	$f(\lambda)$	$r(\lambda)$	$M(\lambda)$
0.00	1.000 0	1.000 0	1.000 0	0.000 0	0.000 0	1.000 0	1.000 0	0.000 0
0.05	0.999 8	0.998 9	0.998 6	0.080 3	0.080 4	1.001 4	0.997 3	0.047 5
0.10	0.999 0	0.995 5	0.994 5	0.160 0	0.160 9	1.005 5	0.989 1	0.095 0
0.15	0.997 8	0.989 9	0.987 7	0.238 6	0.241 6	1.012 2	0.975 8	0.142 5
0.20	0.996 0	0.982 1	0.978 2	0.315 6	0.322 7	1.021 4	0.957 7	0.190 2
0.25	0.993 8	0.972 2	0.966 1	0.390 6	0.404 3	1.032 9	0.935 3	0.238 0
0.30	0.991 1	0.960 1	0.951 5	0.462 9	0.486 4	1.046 5	0.909 2	0.286 0
0.35	0.987 9	0.946 0	0.934 5	0.532 1	0.569 4	1.061 9	0.880 1	0.334 2
0.40	0.984 1	0.929 9	0.915 2	0.597 8	0.653 2	1.078 7	0.848 4	0.382 7
0.45	0.979 9	0.912 0	0.893 7	0.659 5	0.738 0	1.096 6	0.814 9	0.431 5
0.50	0.975 2	0.892 2	0.870 1	0.716 9	0.823 9	1.115 3	0.780 2	0.480 6
0.55	0.970 0	0.870 8	0.844 7	0.769 7	0.911 2	1.134 2	0.744 7	0.530 0
0.60	0.964 3	0.847 8	0.817 5	0.817 4	0.999 9	1.153 0	0.709 1	0.579 9
0.65	0.958 1	0.823 3	0.788 8	0.860 0	1.090 2	1.171 2	0.673 6	0.630 3
0.70	0.951 4	0.797 5	0.758 8	0.897 1	1.182 3	1.188 3	0.638 6	0.681 2
0.75	0.944 3	0.770 5	0.727 6	0.928 6	1.276 4	1.203 9	0.604 3	0.732 6
0.80	0.936 6	0.742 4	0.695 3	0.954 5	1.372 7	1.217 6	0.571 1	0.784 6
0.85	0.928 4	0.713 4	0.662 3	0.974 5	1.471 3	1.228 9	0.539 0	0.837 3
0.90	0.919 7	0.683 6	0.628 8	0.988 7	1.572 5	1.237 4	0.508 1	0.890 7
0.95	0.910 6	0.653 2	0.594 8	0.997 2	1.676 6	1.242 7	0.478 6	0.944 9
1.00	0.900 9	0.622 3	0.560 6	1.000 0	1.783 8	1.244 6	0.450 5	1.000 0
1.05	0.890 7	0.591 0	0.526 4	0.997 3	1.894 3	1.242 6	0.423 7	1.056 0
1.10	0.880 1	0.559 6	0.492 5	0.989 1	2.008 5	1.236 6	0.398 2	1.112 9
1.15	0.868 9	0.528 1	0.458 9	0.975 9	2.126 8	1.226 4	0.374 1	1.171 0
1.20	0.857 3	0.496 7	0.425 8	0.957 7	2.249 4	1.211 8	0.351 4	1.230 1
1.25	0.845 2	0.465 5	0.393 4	0.935 0	2.376 8	1.192 8	0.329 8	1.290 6
1.30	0.832 5	0.434 7	0.361 9	0.908 1	2.509 3	1.169 3	0.309 5	1.352 3
1.35	0.819 4	0.404 4	0.331 3	0.877 3	2.647 6	1.141 3	0.290 3	1.415 6
1.40	0.805 8	0.374 7	0.301 9	0.843 0	2.792 1	1.109 1	0.272 2	1.480 3
1.45	0.791 6	0.345 8	0.273 7	0.805 7	2.943 4	1.072 7	0.255 2	1.546 8
1.50	0.777 0	0.317 7	0.246 8	0.765 8	3.102 2	1.032 4	0.239 1	1.615 1
1.55	0.761 9	0.290 5	0.221 4	0.723 7	3.269 2	0.988 6	0.223 9	1.685 5
1.60	0.746 3	0.264 5	0.197 4	0.680 0	3.445 2	0.941 5	0.209 6	1.757 9
1.65	0.730 2	0.239 5	0.174 9	0.635 0	3.631 2	0.891 5	0.196 2	1.832 7

续表

λ	$\tau(\lambda)$	$\varepsilon(\lambda)$	$\pi(\lambda)$	$q(\lambda)$	$y(\lambda)$	$f(\lambda)$	$r(\lambda)$	$M(\lambda)$
1.70	0.713 6	0.215 7	0.153 9	0.589 3	3.828 3	0.839 2	0.183 4	1.910 1
1.75	0.696 5	0.193 2	0.134 6	0.543 4	4.037 6	0.784 9	0.171 4	1.990 3
1.80	0.678 9	0.172 0	0.116 8	0.497 5	4.260 6	0.729 3	0.160 1	2.073 5
1.85	0.660 8	0.152 1	0.100 5	0.452 3	4.498 8	0.672 8	0.149 4	2.160 1
1.90	0.642 3	0.133 6	0.085 8	0.408 0	4.754 0	0.616 1	0.139 3	2.250 3
1.95	0.623 2	0.116 5	0.072 6	0.365 1	5.028 5	0.559 6	0.129 8	2.344 6
2.00	0.603 6	0.100 8	0.060 8	0.323 9	5.324 7	0.503 9	0.120 7	2.443 4
2.05	0.583 5	0.086 4	0.050 4	0.284 7	5.645 5	0.449 7	0.112 2	2.547 2
2.10	0.563 0	0.073 4	0.041 3	0.247 8	5.994 4	0.397 2	0.104 1	2.656 5
2.15	0.541 9	0.061 7	0.033 5	0.213 3	6.375 6	0.347 2	0.096 4	2.772 1
2.20	0.520 4	0.051 3	0.026 7	0.181 5	6.794 1	0.299 8	0.089 1	2.894 7
2.25	0.498 3	0.042 2	0.021 0	0.152 5	7.256 0	0.255 7	0.082 2	3.025 3
2.30	0.475 8	0.034 2	0.016 3	0.126 3	7.768 7	0.214 9	0.075 6	3.165 0
2.35	0.452 7	0.027 3	0.012 3	0.103 0	8.341 5	0.177 8	0.069 4	3.315 0
2.40	0.429 2	0.021 4	0.009 2	0.082 5	8.986 2	0.144 6	0.063 5	3.477 2
2.45	0.405 2	0.016 5	0.006 7	0.064 8	9.717 5	0.115 3	0.057 9	3.653 4
2.50	0.380 6	0.012 4	0.004 7	0.049 8	10.554 8	0.089 9	0.052 5	3.846 2
2.55	0.355 6	0.009 1	0.003 2	0.037 3	11.523 4	0.068 3	0.047 4	4.058 8
2.60	0.330 1	0.006 5	0.002 1	0.027 1	12.657 7	0.050 3	0.042 5	4.295 3
2.65	0.304 1	0.004 5	0.001 4	0.019 0	14.004 8	0.035 8	0.037 9	4.561 3
2.70	0.277 6	0.003 0	0.000 8	0.012 8	15.631 8	0.024 5	0.033 5	4.864 3
2.75	0.250 6	0.001 9	0.000 5	0.008 2	17.637 2	0.015 9	0.029 3	5.214 5

$k = 1.26$

λ	$\tau(\lambda)$	$\varepsilon(\lambda)$	$\pi(\lambda)$	$q(\lambda)$	$y(\lambda)$	$f(\lambda)$	$r(\lambda)$	$M(\lambda)$
0.00	1.000 0	1.000 0	1.000 0	0.000 0	0.000 0	1.000 0	1.000 0	0.000 0
0.05	0.999 7	0.998 9	0.998 6	0.079 9	0.080 0	1.001 4	0.997 2	0.047 0
0.10	0.998 8	0.995 6	0.994 4	0.159 3	0.160 2	1.005 5	0.989 0	0.094 1
0.15	0.997 4	0.990 1	0.987 5	0.237 6	0.240 6	1.012 4	0.975 5	0.141 3
0.20	0.995 4	0.982 4	0.977 9	0.314 4	0.321 5	1.021 7	0.957 1	0.188 6
0.25	0.992 8	0.972 6	0.965 6	0.389 1	0.402 9	1.033 4	0.934 4	0.236 0
0.30	0.989 6	0.960 8	0.950 8	0.461 2	0.485 1	1.047 2	0.907 9	0.283 7
0.35	0.985 9	0.946 9	0.933 5	0.530 3	0.568 0	1.062 9	0.878 3	0.331 6
0.40	0.981 6	0.931 0	0.913 9	0.595 9	0.652 0	1.080 0	0.846 2	0.379 8

续表

λ	$\tau(\lambda)$	$\varepsilon(\lambda)$	$\pi(\lambda)$	$q(\lambda)$	$y(\lambda)$	$f(\lambda)$	$r(\lambda)$	$M(\lambda)$
0.45	0.976 7	0.913 3	0.892 0	0.657 6	0.737 2	1.098 3	0.812 2	0.428 3
0.50	0.971 2	0.893 8	0.868 1	0.715 1	0.823 7	1.117 3	0.777 0	0.477 3
0.55	0.965 2	0.872 6	0.842 3	0.768 0	0.911 8	1.136 6	0.741 0	0.526 6
0.60	0.958 6	0.849 9	0.814 7	0.815 9	1.001 5	1.155 8	0.704 8	0.576 5
0.65	0.951 4	0.825 6	0.785 5	0.858 7	1.093 2	1.174 4	0.668 8	0.626 9
0.70	0.943 6	0.800 0	0.754 9	0.896 0	1.187 0	1.192 0	0.633 3	0.677 9
0.75	0.935 3	0.773 1	0.723 1	0.927 8	1.283 1	1.208 0	0.598 6	0.729 5
0.80	0.926 4	0.745 2	0.690 3	0.953 9	1.381 8	1.222 1	0.564 9	0.781 9
0.85	0.916 9	0.716 2	0.656 7	0.974 1	1.483 4	1.233 7	0.532 3	0.835 1
0.90	0.906 8	0.686 4	0.622 5	0.988 6	1.588 1	1.242 5	0.501 0	0.889 1
0.95	0.896 2	0.656 0	0.587 9	0.997 2	1.696 2	1.248 0	0.471 0	0.944 0
1.00	0.885 0	0.625 0	0.553 1	1.000 0	1.808 1	1.249 9	0.442 5	1.000 0
1.05	0.873 2	0.593 5	0.518 3	0.997 2	1.924 2	1.247 9	0.415 3	1.057 1
1.10	0.860 8	0.561 8	0.483 6	0.988 9	2.044 7	1.241 7	0.389 5	1.115 3
1.15	0.847 9	0.530 0	0.449 4	0.975 3	2.170 3	1.231 0	0.365 1	1.174 9
1.20	0.834 3	0.498 3	0.415 7	0.956 7	2.301 4	1.215 8	0.341 9	1.235 9
1.25	0.820 2	0.466 7	0.382 8	0.933 4	2.438 5	1.195 8	0.320 1	1.298 4
1.30	0.805 6	0.435 4	0.350 7	0.905 7	2.582 2	1.171 2	0.299 5	1.362 5
1.35	0.790 3	0.404 5	0.319 7	0.873 9	2.733 2	1.141 8	0.280 0	1.428 5
1.40	0.774 5	0.374 3	0.289 9	0.838 4	2.892 3	1.107 8	0.261 7	1.496 5
1.45	0.758 1	0.344 7	0.261 3	0.799 8	3.060 4	1.069 5	0.244 4	1.566 6
1.50	0.741 2	0.316 0	0.234 2	0.758 4	3.238 4	1.026 9	0.228 0	1.639 1
1.55	0.723 6	0.288 2	0.208 5	0.714 7	3.427 5	0.980 4	0.212 7	1.714 1
1.60	0.705 5	0.261 4	0.184 4	0.669 2	3.628 9	0.930 5	0.198 2	1.792 0
1.65	0.686 8	0.235 7	0.161 9	0.622 4	3.844 2	0.877 5	0.184 5	1.873 0
1.70	0.667 5	0.211 3	0.141 0	0.574 7	4.075 0	0.821 9	0.171 6	1.957 4
1.75	0.647 7	0.188 1	0.121 8	0.526 8	4.323 4	0.764 3	0.159 4	2.045 6
1.80	0.627 3	0.166 3	0.104 3	0.479 0	4.591 7	0.705 2	0.147 9	2.138 0
1.85	0.606 3	0.145 9	0.088 5	0.431 9	4.882 7	0.645 3	0.137 1	2.235 1
1.90	0.584 7	0.126 9	0.074 2	0.385 9	5.199 7	0.585 1	0.126 8	2.337 5
1.95	0.562 5	0.109 4	0.061 5	0.341 4	5.546 8	0.525 5	0.117 1	2.445 8
2.00	0.539 8	0.093 4	0.050 4	0.298 8	5.928 2	0.466 8	0.108 0	2.560 7
2.05	0.516 5	0.078 8	0.040 7	0.258 5	6.350 5	0.409 9	0.099 3	2.683 3
2.10	0.492 7	0.065 7	0.032 4	0.220 7	6.820 6	0.355 4	0.091 1	2.814 5
2.15	0.468 2	0.054 0	0.025 3	0.185 8	7.347 6	0.303 7	0.083 3	2.955 8
2.20	0.443 2	0.043 7	0.019 4	0.153 9	7.943 0	0.255 3	0.075 9	3.108 8

续表

λ	$\tau(\lambda)$	$\varepsilon(\lambda)$	$\pi(\lambda)$	$q(\lambda)$	$y(\lambda)$	$f(\lambda)$	$r(\lambda)$	$M(\lambda)$
2.25	0.417 6	0.034 8	0.014 5	0.125 2	8.621 5	0.210 9	0.068 9	3.275 4
2.30	0.391 4	0.027 1	0.010 6	0.099 8	9.402 4	0.170 6	0.062 2	3.458 4
2.35	0.364 7	0.020 7	0.007 5	0.077 7	10.311 4	0.134 7	0.055 9	3.660 8
2.40	0.337 3	0.015 3	0.005 2	0.058 8	11.383 7	0.103 5	0.049 9	3.887 2
2.45	0.309 4	0.011 0	0.003 4	0.043 1	12.668 6	0.076 9	0.044 2	4.143 2
2.50	0.281 0	0.007 6	0.002 1	0.030 3	14.237 1	0.054 9	0.038 8	4.436 8
2.55	0.251 9	0.005 0	0.001 3	0.020 3	16.196 4	0.037 4	0.033 6	4.779 3
2.60	0.222 3	0.003 1	0.000 7	0.012 8	18.714 6	0.023 9	0.028 6	5.187 6
2.65	0.192 1	0.001 8	0.000 3	0.007 4	22.073 1	0.014 1	0.023 9	5.687 8
2.70	0.161 3	0.000 9	0.000 1	0.003 9	26.779 6	0.007 4	0.019 5	6.323 7
2.75	0.130 0	0.000 4	0.000 1	0.001 7	33.854 1	0.003 3	0.015 2	7.175 6

$k = 1.30$

λ	$\tau(\lambda)$	$\varepsilon(\lambda)$	$\pi(\lambda)$	$q(\lambda)$	$y(\lambda)$	$f(\lambda)$	$r(\lambda)$	$M(\lambda)$
0.00	1.000 0	1.000 0	1.000 0	0.000 0	0.000 0	1.000 0	1.000 0	0.000 0
0.05	0.999 7	0.998 9	0.998 6	0.079 6	0.079 7	1.001 4	0.997 2	0.046 6
0.10	0.998 7	0.995 7	0.994 4	0.158 6	0.159 5	1.005 6	0.988 8	0.093 3
0.15	0.997 1	0.990 3	0.987 3	0.236 7	0.239 7	1.012 5	0.975 1	0.140 1
0.20	0.994 8	0.982 7	0.977 6	0.313 2	0.320 4	1.022 0	0.956 5	0.187 0
0.25	0.991 8	0.973 1	0.965 2	0.387 6	0.401 6	1.033 9	0.933 5	0.234 1
0.30	0.988 3	0.961 4	0.950 1	0.459 6	0.483 7	1.047 9	0.906 7	0.281 4
0.35	0.984 0	0.947 7	0.932 6	0.528 5	0.566 7	1.063 8	0.876 6	0.329 0
0.40	0.979 1	0.932 1	0.912 7	0.594 1	0.650 9	1.081 3	0.844 1	0.377 0
0.45	0.973 6	0.914 6	0.890 5	0.655 8	0.736 5	1.099 9	0.809 6	0.425 3
0.50	0.967 4	0.895 4	0.866 2	0.713 4	0.823 6	1.119 2	0.773 9	0.474 0
0.55	0.960 5	0.874 4	0.839 9	0.766 3	0.912 4	1.138 9	0.737 5	0.523 3
0.60	0.953 0	0.851 9	0.811 9	0.814 4	1.003 1	1.158 5	0.700 8	0.573 1
0.65	0.944 9	0.827 8	0.782 2	0.857 4	1.096 1	1.177 6	0.664 2	0.623 6
0.70	0.936 1	0.802 4	0.751 1	0.895 0	1.191 5	1.195 6	0.628 2	0.674 7
0.75	0.926 6	0.775 7	0.718 8	0.927 0	1.289 7	1.212 0	0.593 0	0.726 5
0.80	0.916 5	0.747 8	0.685 4	0.953 3	1.390 8	1.226 5	0.558 9	0.779 2
0.85	0.905 8	0.719 0	0.651 2	0.973 8	1.495 3	1.238 4	0.525 8	0.832 8
0.90	0.894 3	0.689 2	0.616 4	0.988 4	1.603 5	1.247 5	0.494 1	0.887 4
0.95	0.882 3	0.658 7	0.581 2	0.997 1	1.715 7	1.253 2	0.463 7	0.943 1
1.00	0.869 6	0.627 6	0.545 7	1.000 0	1.832 4	1.255 2	0.434 8	1.000 0
1.05	0.856 2	0.596 0	0.510 3	0.997 1	1.954 1	1.253 1	0.407 2	1.058 2

续表

λ	$\tau(\lambda)$	$\varepsilon(\lambda)$	$\pi(\lambda)$	$q(\lambda)$	$y(\lambda)$	$f(\lambda)$	$r(\lambda)$	$M(\lambda)$
1.10	0.842 2	0.564 1	0.475 1	0.988 7	2.081 2	1.246 6	0.381 1	1.117 7
1.15	0.827 5	0.532 0	0.440 2	0.974 8	2.214 4	1.235 5	0.356 3	1.178 9
1.20	0.812 2	0.499 8	0.406 0	0.955 7	2.354 3	1.219 6	0.332 9	1.241 7
1.25	0.796 2	0.467 8	0.372 5	0.931 8	2.501 6	1.198 8	0.310 7	1.306 3
1.30	0.779 6	0.436 0	0.339 9	0.903 2	2.657 2	1.172 9	0.289 8	1.373 0
1.35	0.762 3	0.404 6	0.308 4	0.870 4	2.821 9	1.142 1	0.270 1	1.441 9
1.40	0.744 3	0.373 8	0.278 2	0.833 8	2.996 9	1.106 3	0.251 5	1.513 2
1.45	0.725 8	0.343 5	0.249 3	0.793 7	3.183 5	1.065 8	0.233 9	1.587 2
1.50	0.706 5	0.314 1	0.221 9	0.750 8	3.382 9	1.020 9	0.217 4	1.664 1
1.55	0.686 6	0.285 6	0.196 1	0.705 3	3.597 0	0.971 7	0.201 8	1.744 3
1.60	0.666 1	0.258 1	0.171 9	0.658 0	3.827 5	0.918 8	0.187 1	1.828 1
1.65	0.644 9	0.231 7	0.149 4	0.609 2	4.076 8	0.862 6	0.173 2	1.916 0
1.70	0.623 0	0.206 6	0.128 7	0.559 5	4.347 7	0.803 5	0.160 2	2.008 4
1.75	0.600 5	0.182 7	0.109 7	0.509 5	4.643 2	0.742 3	0.147 8	2.105 8
1.80	0.577 4	0.160 3	0.092 5	0.459 7	4.967 4	0.679 6	0.136 2	2.209 0
1.85	0.553 6	0.139 3	0.077 1	0.410 6	5.324 9	0.616 1	0.125 2	2.318 6
1.90	0.529 1	0.119 8	0.063 4	0.362 8	5.721 6	0.552 4	0.114 8	2.435 7
1.95	0.504 0	0.101 9	0.051 4	0.316 6	6.164 7	0.489 4	0.104 9	2.561 3
2.00	0.478 3	0.085 5	0.040 9	0.272 6	6.663 3	0.427 7	0.095 7	2.696 8
2.05	0.451 8	0.070 8	0.032 0	0.231 2	7.229 2	0.368 3	0.086 9	2.843 9
2.10	0.424 8	0.057 6	0.024 5	0.192 8	7.877 3	0.311 7	0.078 5	3.004 6
2.15	0.397 1	0.046 0	0.018 3	0.157 6	8.627 9	0.258 7	0.070 6	3.181 7
2.20	0.368 7	0.035 9	0.013 3	0.126 0	9.507 8	0.209 9	0.063 1	3.378 6
2.25	0.339 7	0.027 3	0.009 3	0.098 0	10.554 7	0.165 8	0.056 0	3.600 0
2.30	0.310 0	0.020 2	0.006 3	0.073 9	11.822 0	0.126 8	0.049 3	3.852 1
2.35	0.279 7	0.014 3	0.004 0	0.053 6	13.388 8	0.093 3	0.042 9	4.143 7
2.40	0.248 7	0.009 7	0.002 4	0.037 0	15.376 9	0.065 4	0.036 8	4.487 7
2.45	0.217 1	0.006 1	0.001 3	0.024 0	17.984 6	0.043 0	0.031 0	4.903 7
2.50	0.184 8	0.003 6	0.000 7	0.014 3	21.557 8	0.026 1	0.025 5	5.423 3
2.55	0.151 8	0.001 9	0.000 3	0.007 6	26.758 3	0.014 0	0.020 2	6.102 2
2.60	0.118 3	0.000 8	0.000 1	0.003 4	35.031 5	0.006 3	0.015 2	7.050 2
2.65	0.084 0	0.000 3	0.000 0	0.001 1	50.255 1	0.002 1	0.010 5	8.525 1
2.70	0.049 1	0.000 0	0.000 0	0.000 2	87.566 8	0.000 4	0.005 9	11.359 0
2.75	0.013 6	0.000 0	0.000 0	0.000 0	322.505 1	0.000 0	0.001 6	22.000 0

附表 4 特征推力系数 C_F^0 表 $\left(C_F^0 = \Gamma\sqrt{\dfrac{2k}{k-1}\left[1-\left(\dfrac{p_e}{p_c}\right)^{\frac{k-1}{k}}\right]}\right)$

d/d_t	A/A_t \ k	1.20	1.21	1.22	1.23	1.24	1.25	1.26	1.27	1.28	1.29	1.30
1.00	1.00	0.677 4	0.680 7	0.683 9	0.687 2	0.690 4	0.693 7	0.696 9	0.700 0	0.703 2	0.706 3	0.709 4
1.10	1.21	0.966 0	0.969 5	0.973 0	0.976 5	0.979 9	0.983 3	0.986 7	0.990 0	0.993 4	0.996 7	0.999 9
1.20	1.44	1.076 6	1.079 9	1.083 1	1.086 3	1.089 5	1.092 6	1.095 8	1.098 9	1.101 9	1.104 9	1.107 9
1.30	1.69	1.155 1	1.158 0	1.160 9	1.163 8	1.166 7	1.169 5	1.172 3	1.175 0	1.177 8	1.180 5	1.183 1
1.40	1.96	1.216 5	1.219 1	1.221 6	1.224 2	1.226 6	1.229 1	1.231 6	1.234 0	1.236 4	1.238 7	1.241 1
1.50	2.25	1.266 9	1.269 1	1.271 3	1.273 5	1.275 6	1.277 8	1.279 8	1.281 9	1.284 0	1.286 0	1.288 0
1.60	2.56	1.309 5	1.311 4	1.313 2	1.315 1	1.316 9	1.318 7	1.320 4	1.322 1	1.323 8	1.325 5	1.327 2
1.70	2.89	1.346 4	1.347 9	1.349 4	1.350 9	1.352 3	1.353 8	1.355 2	1.356 6	1.358 0	1.359 3	1.360 7
1.80	3.24	1.378 7	1.379 9	1.381 0	1.382 2	1.383 3	1.384 4	1.385 5	1.386 6	1.387 6	1.388 7	1.389 7
1.90	3.61	1.407 4	1.408 2	1.409 1	1.409 9	1.410 7	1.411 5	1.412 3	1.413 0	1.413 8	1.414 6	1.415 3
2.00	4.00	1.433 1	1.433 7	1.434 2	1.434 7	1.435 2	1.435 7	1.436 2	1.436 7	1.437 1	1.437 6	1.438 0
2.10	4.41	1.456 4	1.456 7	1.456 9	1.457 1	1.457 3	1.457 4	1.457 6	1.457 8	1.458 0	1.458 2	1.458 4
2.20	4.84	1.477 6	1.477 6	1.477 5	1.477 4	1.477 3	1.477 2	1.477 1	1.477 0	1.476 9	1.476 9	1.476 7
2.30	5.29	1.497 0	1.496 7	1.496 4	1.495 9	1.495 6	1.495 3	1.494 9	1.494 5	1.494 2	1.493 8	1.493 5
2.40	5.76	1.515 0	1.514 3	1.513 7	1.513 0	1.512 4	1.511 8	1.511 2	1.510 5	1.510 0	1.509 4	1.508 8
2.50	6.25	1.531 5	1.530 6	1.529 7	1.528 8	1.527 9	1.527 0	1.526 2	1.525 3	1.524 5	1.523 6	1.522 8
2.60	6.76	1.546 9	1.545 7	1.544 6	1.543 4	1.542 3	1.541 1	1.540 0	1.538 9	1.537 9	1.536 8	1.535 8
2.70	7.29	1.561 2	1.559 8	1.558 4	1.557 0	1.555 6	1.554 3	1.552 9	1.551 6	1.550 3	1.549 0	1.547 8
2.80	7.84	1.574 7	1.573 0	1.571 3	1.569 7	1.568 1	1.566 5	1.565 0	1.563 4	1.561 8	1.560 4	1.558 9
2.90	8.41	1.587 3	1.585 3	1.583 5	1.581 6	1.579 8	1.577 9	1.576 2	1.574 4	1.572 7	1.571 0	1.569 4
3.00	9.00	1.599 1	1.597 0	1.594 9	1.592 7	1.590 7	1.588 7	1.586 7	1.584 7	1.582 8	1.580 9	1.579 0
3.10	9.61	1.610 2	1.607 9	1.605 6	1.603 2	1.601 0	1.598 8	1.596 6	1.594 4	1.592 3	1.590 2	1.588 2
3.20	10.24	1.620 9	1.618 3	1.615 7	1.613 2	1.610 8	1.608 3	1.606 0	1.603 6	1.601 3	1.599 0	1.596 7
3.30	10.89	1.630 9	1.628 1	1.625 3	1.622 6	1.620 0	1.617 3	1.614 7	1.612 2	1.609 7	1.607 3	1.604 9
3.40	11.56	1.640 4	1.637 4	1.634 4	1.631 5	1.628 6	1.625 8	1.623 0	1.620 4	1.617 7	1.615 1	1.612 5
3.50	12.25	1.649 3	1.646 2	1.643 1	1.640 0	1.636 9	1.633 9	1.631 0	1.628 1	1.625 2	1.622 5	1.619 8
3.60	12.96	1.658 0	1.654 6	1.651 3	1.647 9	1.644 7	1.641 6	1.638 4	1.635 4	1.632 4	1.629 4	1.626 6

续表

d/d_t	A/A_t \ k	1.20	1.21	1.22	1.23	1.24	1.25	1.26	1.27	1.28	1.29	1.30
3.70	13.69	1.666 2	1.662 6	1.659 1	1.655 6	1.652 2	1.648 9	1.645 6	1.642 3	1.639 2	1.636 1	1.633 1
3.80	14.44	1.674 0	1.670 4	1.666 6	1.662 9	1.659 3	1.655 9	1.652 3	1.649 1	1.645 7	1.642 4	1.639 3
3.90	15.21	1.681 6	1.677 6	1.673 7	1.669 9	1.666 2	1.662 4	1.658 9	1.655 3	1.651 9	1.648 5	1.645 2
4.00	16.00	1.688 8	1.684 6	1.680 5	1.676 6	1.672 7	1.668 8	1.665 1	1.661 4	1.657 8	1.654 2	1.650 8
4.10	16.81	1.695 6	1.691 4	1.687 1	1.683 0	1.678 9	1.674 9	1.671 0	1.667 3	1.663 4	1.659 8	1.656 2
4.20	17.64	1.702 2	1.697 7	1.693 5	1.689 2	1.685 0	1.680 7	1.676 7	1.672 8	1.668 9	1.665 0	1.661 2
4.30	18.49	1.708 7	1.704 0	1.699 4	1.695 0	1.690 6	1.686 3	1.682 1	1.678 0	1.674 0	1.670 0	1.666 3
4.40	19.36	1.714 7	1.709 9	1.705 3	1.700 7	1.696 2	1.691 8	1.687 4	1.683 1	1.679 1	1.675 0	1.670 8
4.50	20.25	1.720 7	1.715 6	1.710 8	1.706 2	1.701 4	1.697 0	1.692 5	1.688 1	1.683 8	1.679 5	1.675 4
4.60	21.16	1.726 5	1.721 2	1.716 2	1.711 4	1.706 6	1.701 9	1.697 3	1.692 8	1.688 4	1.684 1	1.679 7
4.70	22.09	1.731 9	1.726 6	1.721 4	1.716 4	1.711 5	1.706 7	1.702 1	1.697 4	1.692 7	1.688 4	1.684 0
4.80	23.04	1.737 3	1.731 8	1.726 6	1.721 3	1.716 3	1.711 2	1.706 3	1.701 7	1.697 0	1.692 4	1.688 1
4.90	24.01	1.742 2	1.736 8	1.731 3	1.726 0	1.721 0	1.715 7	1.710 8	1.705 9	1.701 2	1.696 4	1.691 9
5.00	25.00	1.747 4	1.741 7	1.736 2	1.730 7	1.725 4	1.720 1	1.715 0	1.710 1	1.705 1	1.700 4	1.695 5

附表 5　真空推力系数 C_{FV} 表 $\left(C_{FV} = \Gamma \sqrt{\dfrac{2k}{k-1}\left[1-\left(\dfrac{p_e}{p_c}\right)^{\frac{k-1}{k}}\right]} + \dfrac{A_e}{A_t}\left(\dfrac{p_e}{p_c}\right) \right)$

d/d_t	A/A_t \ k	1.20	1.21	1.22	1.23	1.24	1.25	1.26	1.27	1.28	1.29	1.30
1.00	1.00	1.241 8	1.243 2	1.244 6	1.245 9	1.247 3	1.248 6	1.249 9	1.251 2	1.252 6	1.253 9	1.255 2
1.10	1.21	1.320 9	1.321 8	1.322 7	1.323 6	1.324 5	1.325 4	1.326 3	1.327 2	1.328 1	1.328 9	1.329 8
1.20	1.44	1.377 5	1.378 0	1.378 4	1.378 8	1.379 3	1.379 7	1.380 2	1.380 6	1.381 0	1.381 5	1.382 0
1.30	1.69	1.422 9	1.422 9	1.422 9	1.422 8	1.422 8	1.422 8	1.422 8	1.422 8	1.422 9	1.422 9	1.422 9
1.40	1.96	1.460 8	1.460 3	1.459 9	1.459 4	1.459 0	1.458 5	1.458 1	1.457 7	1.457 3	1.457 0	1.456 6
1.50	2.25	1.493 3	1.492 4	1.491 5	1.490 6	1.489 7	1.488 9	1.488 1	1.487 3	1.486 5	1.485 8	1.485 0
1.60	2.56	1.521 6	1.520 2	1.518 9	1.517 6	1.516 4	1.515 2	1.514 0	1.512 8	1.511 7	1.510 6	1.509 5
1.70	2.89	1.546 5	1.544 8	1.543 1	1.541 5	1.539 9	1.538 3	1.536 7	1.535 2	1.533 7	1.532 3	1.530 9
1.80	3.24	1.568 8	1.566 7	1.564 7	1.562 7	1.560 7	1.558 8	1.556 9	1.555 0	1.553 2	1.551 5	1.549 7
1.90	3.61	1.588 9	1.586 5	1.584 1	1.581 7	1.579 4	1.577 2	1.574 9	1.572 8	1.570 7	1.568 6	1.566 6
2.00	4.00	1.607 2	1.604 4	1.601 6	1.598 9	1.596 3	1.593 7	1.591 2	1.588 8	1.586 4	1.584 0	1.581 7

续表

d/d_t	A/A_t	k 1.20	1.21	1.22	1.23	1.24	1.25	1.26	1.27	1.28	1.29	1.30
2.10	4.41	1.623 8	1.620 7	1.617 6	1.614 6	1.611 7	1.608 8	1.606 0	1.603 3	1.600 6	1.598 0	1.595 4
2.20	4.84	1.639 1	1.635 7	1.632 3	1.629 0	1.625 8	1.622 6	1.619 6	1.616 5	1.613 6	1.610 7	1.607 9
2.30	5.29	1.653 2	1.649 5	1.645 8	1.642 3	1.638 8	1.635 3	1.632 0	1.628 7	1.625 5	1.622 3	1.619 3
2.40	5.76	1.666 3	1.662 3	1.658 4	1.654 5	1.650 7	1.647 1	1.643 4	1.639 9	1.636 5	1.633 1	1.629 8
2.50	6.25	1.678 5	1.674 2	1.670 0	1.665 9	1.661 9	1.657 9	1.654 1	1.650 3	1.646 6	1.643 0	1.639 5
2.60	6.76	1.689 9	1.685 3	1.680 8	1.676 5	1.672 2	1.668 0	1.663 9	1.659 9	1.656 0	1.652 2	1.648 5
2.70	7.29	1.700 5	1.695 7	1.691 0	1.686 4	1.681 9	1.677 5	1.673 2	1.668 9	1.664 8	1.660 8	1.656 8
2.80	7.84	1.710 5	1.705 5	1.700 5	1.695 7	1.690 9	1.686 3	1.681 8	1.677 3	1.673 0	1.668 8	1.664 7
2.90	8.41	1.720 0	1.714 7	1.709 5	1.704 4	1.699 4	1.694 6	1.689 9	1.685 2	1.680 7	1.676 3	1.672 0
3.00	9.00	1.728 9	1.723 3	1.717 9	1.712 6	1.707 5	1.702 4	1.697 5	1.692 6	1.687 9	1.683 3	1.678 8
3.10	9.61	1.737 3	1.731 5	1.725 9	1.720 4	1.715 0	1.709 8	1.704 6	1.699 6	1.694 7	1.690 0	1.685 3
3.20	10.24	1.745 3	1.739 3	1.733 5	1.727 7	1.722 2	1.716 7	1.711 4	1.706 2	1.701 2	1.696 2	1.691 4
3.30	10.89	1.752 9	1.746 7	1.740 6	1.734 7	1.729 0	1.723 3	1.717 8	1.712 5	1.707 2	1.702 1	1.697 1
3.40	11.56	1.760 1	1.753 7	1.747 4	1.741 3	1.735 4	1.729 6	1.723 9	1.718 4	1.713 0	1.707 7	1.702 6
3.50	12.25	1.766 9	1.760 4	1.753 9	1.747 7	1.741 5	1.735 6	1.729 7	1.724 0	1.718 5	1.713 0	1.707 7
3.60	12.96	1.773 5	1.766 7	1.760 1	1.753 7	1.747 4	1.741 2	1.735 2	1.729 4	1.723 6	1.718 1	1.712 6
3.70	13.69	1.779 8	1.772 8	1.766 0	1.759 4	1.752 9	1.746 6	1.740 5	1.734 5	1.728 6	1.722 9	1.717 3
3.80	14.44	1.785 8	1.778 7	1.771 7	1.764 9	1.758 3	1.751 8	1.745 5	1.739 3	1.733 3	1.727 5	1.721 7
3.90	15.21	1.791 6	1.784 2	1.777 1	1.770 1	1.763 4	1.756 7	1.750 3	1.744 0	1.737 8	1.731 8	1.726 0
4.00	16.00	1.797 1	1.789 6	1.782 3	1.775 2	1.768 2	1.761 5	1.754 9	1.748 4	1.742 1	1.736 0	1.730 0
4.10	16.81	1.802 4	1.794 7	1.787 3	1.780 0	1.772 9	1.766 0	1.759 3	1.752 7	1.746 3	1.740 0	1.733 9
4.20	17.64	1.807 5	1.799 7	1.792 1	1.784 6	1.777 4	1.770 4	1.763 5	1.756 8	1.750 2	1.743 8	1.737 6
4.30	18.49	1.812 4	1.804 4	1.796 7	1.789 1	1.781 7	1.774 5	1.767 5	1.760 7	1.754 0	1.747 5	1.741 2
4.40	19.36	1.817 2	1.809 0	1.801 1	1.793 4	1.785 9	1.778 6	1.771 4	1.764 4	1.757 7	1.751 0	1.744 6
4.50	20.25	1.821 7	1.813 5	1.805 4	1.797 5	1.789 9	1.782 4	1.775 2	1.768 1	1.761 2	1.754 4	1.747 9
4.60	21.16	1.826 1	1.817 7	1.809 5	1.801 5	1.793 7	1.786 2	1.778 8	1.771 6	1.764 5	1.757 7	1.751 0
4.70	22.09	1.830 4	1.821 8	1.813 5	1.805 4	1.797 5	1.789 8	1.782 2	1.774 9	1.767 8	1.760 8	1.754 1
4.80	23.04	1.834 5	1.825 8	1.817 4	1.809 1	1.801 1	1.793 2	1.785 6	1.778 2	1.770 9	1.763 9	1.757 0
4.90	24.01	1.838 5	1.829 7	1.821 1	1.812 7	1.804 5	1.796 6	1.788 8	1.781 3	1.774 0	1.766 8	1.759 8
5.00	25.00	1.842 4	1.833 4	1.824 7	1.816 2	1.807 9	1.799 8	1.792 0	1.784 3	1.776 9	1.769 6	1.762 5

附录1 化学平衡常数表

T/K	K_{p,CO_2} $=\dfrac{p_{CO}p_{O_2}^{1/2}}{p_{CO_2}}$	K_{p,H_2O} $=\dfrac{p_{H_2}p_{O_2}^{1/2}}{p_{H_2O}}$	K_p $=\dfrac{p_{CO}p_{H_2O}}{p_{CO_2}p_{H_2}}$	K_{p,H_2O} $=\dfrac{p_{OH}p_{H}^{1/2}}{p_{H_2O}}$	$K_{p,NO}$ $=\dfrac{p_{NO}^2}{p_{N_2}p_{O_2}}$	K_{p,H_2} $=\dfrac{p_{H}^2}{p_{H_2}}$	K_{p,O_2} $=\dfrac{p_{O}^2}{p_{O_2}}$	K_{p,N_2} $=\dfrac{p_{N}^2}{p_{N_2}}$	$K_{p,HCl}$ $=\dfrac{p_{H}p_{Cl}}{p_{HCl}}$
300	0.1825×10^{-44}	0.1637×10^{-39}	0.1115×10^{-4}	0.5140×10^{-46}	0.6653×10^{-30}	0.1813×10^{-70}	0.8191×10^{-80}	0.216×10^{-118}	5.0582×10^{-71}
400	0.3895×10^{-32}	0.5759×10^{-29}	0.6764×10^{-3}	0.1237×10^{-33}	0.4898×10^{-22}	0.1811×10^{-51}	0.3084×10^{-58}	0.3395×10^{-87}	3.3305×10^{-51}
500	0.9886×10^{-23}	0.1302×10^{-22}	0.7593×10^{-2}	0.2518×10^{-26}	0.2587×10^{-17}	0.4899×10^{-40}	0.2944×10^{-45}	0.1879×10^{-68}	7.0437×10^{-41}
600	0.8624×10^{-20}	0.2333×10^{-18}	0.3696×10^{-1}	0.3400×10^{-21}	0.3648×10^{-14}	0.2153×10^{-32}	0.1387×10^{-36}	0.6218×10^{-56}	2.2558×10^{-33}
700	0.2900×10^{-16}	0.2614×10^{-15}	0.1109	0.1265×10^{-17}	0.6489×10^{-12}	0.6425×10^{-27}	0.2240×10^{-30}	0.5633×10^{-47}	7.1318×10^{-28}
800	0.1277×10^{-13}	0.5156×10^{-13}	0.2475	0.6119×10^{-15}	0.3163×10^{-10}	0.8426×10^{-23}	0.1034×10^{-25}	0.3010×10^{-40}	8.6636×10^{-24}
900	0.1445×10^{-11}	0.3185×10^{-11}	0.4537	0.7568×10^{-13}	0.6495×10^{-9}	0.1369×10^{-19}	0.4450×10^{-22}	0.5230×10^{-35}	1.3301×10^{-20}
1 000	0.6331×10^{-10}	0.8728×10^{-10}	0.7254	0.3604×10^{-11}	0.7302×10^{-8}	0.5148×10^{-17}	0.3631×10^{-19}	0.8239×10^{-31}	4.7852×10^{-18}
1 100	0.1389×10^{-8}	0.1314×10^{-8}	1.0560	0.8519×10^{-10}	0.5277×10^{-7}	0.6676×10^{-15}	0.8820×10^{-17}	0.2262×10^{-27}	5.9776×10^{-15}
1 200	0.1814×10^{-7}	0.1267×10^{-7}	1.4320	0.1193×10^{-8}	0.2752×10^{-6}	0.3886×10^{-13}	0.8630×10^{-15}	0.1673×10^{-24}	3.3731×10^{-14}
1 300	0.1591×10^{-6}	0.8648×10^{-7}	1.8400	0.1116×10^{-7}	0.1112×10^{-5}	0.1220×10^{-11}	0.4191×10^{-13}	0.4503×10^{-22}	1.0313×10^{-12}
1 400	0.1020×10^{-5}	0.4501×10^{-6}	2.2660	0.7603×10^{-7}	0.3680×10^{-5}	0.2358×10^{-10}	0.1173×10^{-11}	0.5478×10^{-20}	1.9467×10^{-11}
1 500	0.5087×10^{-5}	0.1885×10^{-5}	2.6990	0.4016×10^{-6}	0.1039×10^{-4}	0.3087×10^{-9}	0.2118×10^{-10}	0.3527×10^{-18}	2.4963×10^{-10}
1 600	0.2074×10^{-4}	0.6615×10^{-5}	3.1350	0.1726×10^{-5}	0.2575×10^{-4}	0.2944×10^{-8}	0.2657×10^{-9}	0.1354×10^{-16}	2.3911×10^{-9}
1 700	0.7131×10^{-4}	0.2005×10^{-4}	3.5550	0.6250×10^{-5}	0.5738×10^{-4}	0.2162×10^{-7}	0.2486×10^{-8}	0.3393×10^{-15}	1.9873×10^{-8}
1 800	0.2135×10^{-3}	0.5383×10^{-4}	3.9670	0.1964×10^{-4}	0.1170×10^{-3}	0.1277×10^{-6}	0.1819×10^{-7}	0.5961×10^{-14}	9.8107×10^{-8}
1 900	0.5687×10^{-3}	0.1303×10^{-3}	4.3630	0.5475×10^{-4}	0.2213×10^{-3}	0.6267×10^{-6}	0.1080×10^{-6}	0.7761×10^{-13}	4.7512×10^{-7}

续表

T/K	K_{p,CO_2} $=\dfrac{p_{CO}p_{O_2}^{1/2}}{p_{CO_2}}$	K_{p,H_2O} $=\dfrac{p_{H_2}p_{O_2}^{1/2}}{p_{H_2O}}$	K_p $=\dfrac{p_{CO}p_{H_2O}}{p_{CO_2}p_{H_2}}$	K_{p,H_2O} $=\dfrac{p_{OH}p_{H}^{1/2}}{p_{H_2O}}$	$K_{p,NO}$ $=\dfrac{p_{NO}^2}{p_{N_2}p_{O_2}}$	K_{p,H_2} $=\dfrac{p_{H}^2}{p_{H_2}}$	K_{p,O_2} $=\dfrac{p_{O}^2}{p_{O_2}}$	K_{p,N_2} $=\dfrac{p_{N}^2}{p_{N_2}}$	$K_{p,HCl}$ $=\dfrac{p_{H}p_{Cl}}{p_{HCl}}$
2 000	$0.137\,1 \times 10^{-2}$	$0.289\,2 \times 10^{-3}$	4.741 0	$0.137\,8 \times 10^{-3}$	$0.392\,6 \times 10^{-3}$	$0.263\,1 \times 10^{-5}$	$0.537\,6 \times 10^{-6}$	$0.782\,9 \times 10^{-12}$	$1.969\,7 \times 10^{-6}$
2 100	$0.303\,5 \times 10^{-2}$	$0.595\,4 \times 10^{-3}$	5.097 0	$0.317\,8 \times 10^{-3}$	$0.659\,5 \times 10^{-3}$	$0.965\,8 \times 10^{-5}$	$0.229\,9 \times 10^{-5}$	$0.634\,9 \times 10^{-11}$	$7.143\,3 \times 10^{-6}$
2 200	$0.624\,0 \times 10^{-2}$	$0.114\,9 \times 10^{-2}$	5.430 0	$0.679\,7 \times 10^{-3}$	$0.105\,7 \times 10^{-2}$	$0.315\,5 \times 10^{-4}$	$0.862\,4 \times 10^{-5}$	$0.426\,3 \times 10^{-10}$	$2.308\,3 \times 10^{-5}$
2 300	$0.120\,3 \times 10^{-1}$	$0.209\,4 \times 10^{-2}$	5.746 0	$0.136\,1 \times 10^{-2}$	$0.162\,5 \times 10^{-2}$	$0.931\,3 \times 10^{-4}$	$0.288\,5 \times 10^{-4}$	$0.242\,9 \times 10^{-9}$	$6.746\,8 \times 10^{-5}$
2 400	$0.219\,5 \times 10^{-1}$	$0.363\,4 \times 10^{-2}$	6.039 0	$0.257\,3 \times 10^{-2}$	$0.241\,0 \times 10^{-2}$	$0.251\,6 \times 10^{-3}$	$0.873\,8 \times 10^{-4}$	$0.119\,8 \times 10^{-8}$	$1.805\,5 \times 10^{-4}$
2 500	$0.381\,0 \times 10^{-1}$	$0.603\,7 \times 10^{-2}$	6.311 0	$0.462\,5 \times 10^{-2}$	$0.339\,1 \times 10^{-2}$	$0.628\,4 \times 10^{-3}$	$0.242\,3 \times 10^{-3}$	$0.520\,6 \times 10^{-8}$	$4.472\,0 \times 10^{-4}$
2 600	$0.633\,3 \times 10^{-1}$	$0.964\,9 \times 10^{-2}$	6.563 0	$0.794\,7 \times 10^{-2}$	$0.484\,0 \times 10^{-2}$	$0.146\,4 \times 10^{-2}$	$0.621\,5 \times 10^{-3}$	$0.202\,3 \times 10^{-7}$	$1.033\,5 \times 10^{-3}$
2 700	0.101 3	$0.149\,0 \times 10^{-1}$	6.794 0	$0.131\,2 \times 10^{-1}$	$0.659\,2 \times 10^{-2}$	$0.320\,7 \times 10^{-2}$	$0.148\,7 \times 10^{-2}$	$0.711\,4 \times 10^{-7}$	$2.247\,0 \times 10^{-3}$
2 800	0.156 5	$0.223\,3 \times 10^{-1}$	7.008 0	$0.209\,1 \times 10^{-1}$	$0.878\,6 \times 10^{-2}$	$0.664\,9 \times 10^{-2}$	$0.334\,5 \times 10^{-2}$	$0.228\,9 \times 10^{-6}$	$4.598\,3 \times 10^{-3}$
2 900	0.234 5	$0.325\,6 \times 10^{-1}$	7.202 0	$0.322\,8 \times 10^{-1}$	$0.114\,8 \times 10^{-1}$	$0.131\,2 \times 10^{-1}$	$0.711\,7 \times 10^{-2}$	$0.976\,7 \times 10^{-6}$	$9.069\,8 \times 10^{-3}$
3 000	0.341 7	$0.462\,8 \times 10^{-1}$	7.382 0	$0.484\,1 \times 10^{-1}$	$0.147\,2 \times 10^{-1}$	$0.247\,5 \times 10^{-1}$	$0.144\,1 \times 10^{-1}$	$0.187\,9 \times 10^{-5}$	$1.707\,0 \times 10^{-2}$
3 100	0.485 4	$0.643\,6 \times 10^{-1}$	7.543 0	$0.707\,4 \times 10^{-1}$	$0.185\,8 \times 10^{-1}$	$0.448\,5 \times 10^{-1}$	$0.278\,6 \times 10^{-1}$	$0.486\,6 \times 10^{-5}$	$3.064\,8 \times 10^{-2}$
3 200	0.674 4	$0.877\,0 \times 10^{-1}$	7.690 0	0.100 9	$0.231\,0 \times 10^{-1}$	$0.783\,6 \times 10^{-1}$	$0.517\,4 \times 10^{-1}$	$0.118\,9 \times 10^{-4}$	$5.362\,0 \times 10^{-2}$
3 300	0.917 9	0.117 3	7.821 0	0.141 0	$0.283\,3 \times 10^{-1}$	0.132 4	$0.925\,3 \times 10^{-1}$	$0.275\,1 \times 10^{-4}$	$8.955\,7 \times 10^{-2}$
3 400	1.226 0	0.154 4	7.941 0	0.193 3	$0.343\,1 \times 10^{-1}$	0.217 0	0.160 0	$0.606\,4 \times 10^{-4}$	$1.461\,2 \times 10^{-1}$
3 500	1.610 0	0.200 0	8.048 0	0.260 1	$0.411\,5 \times 10^{-1}$	0.345 9	0.268 0	$0.127\,8 \times 10^{-3}$	$2.319\,5 \times 10^{-1}$
3 600	2.081 0	0.255 6	8.143 0	0.344 4	$0.488\,2 \times 10^{-1}$	0.537 4	0.436 4	$0.258\,7 \times 10^{-3}$	0.358 5
3 700	2.652 0	0.322 2	8.228 0	0.449 2	$0.573\,6 \times 10^{-1}$	0.815 6	0.692 6	$0.504\,2 \times 10^{-3}$	0.542 8

续表

T/K	K_{p,CO_2} $=\dfrac{p_{CO}p_{O_2}^{1/2}}{p_{CO_2}}$	K_{p,H_2O} $=\dfrac{p_{H_2}p_{O_2}^{1/2}}{p_{H_2O}}$	K_p $=\dfrac{p_{CO}p_{H_2O}}{p_{CO_2}p_{H_2}}$	K_{p,H_2O} $=\dfrac{p_{OH}p_{H}^{1/2}}{p_{H_2O}}$	$K_{p,NO}$ $=\dfrac{p_{NO}^2}{p_{N_2}p_{O_2}}$	K_{p,H_2} $=\dfrac{p_H^2}{p_{H_2}}$	K_{p,O_2} $=\dfrac{p_O^2}{p_{O_2}}$	K_{p,N_2} $=\dfrac{p_N^2}{p_{N_2}}$	$K_{p,HCl}$ $=\dfrac{p_H p_{Cl}}{p_{HCl}}$
3 800	3.334 0	0.401 7	8.299 0	0.578 0	0.667 7 × 10⁻¹	1.212 0	1.073 0	0.949 1 × 10⁻³	0.821 9
3 900	4.141 0	0.495 1	8.364 0	0.734 3	0.772 0 × 10⁻¹	1.763 0	1.624 0	0.173 1 × 10⁻²	1.165 5
4 000	5.087 0	0.604 2	8.418 0	0.921 7	0.885 1 × 10⁻¹	2.519 0	2.408 0	0.306 3 × 10⁻²	1.663
4 100	6.181 0	0.730 3	8.465 0	1.145 0	0.100 8	3.538 0	3.505 0	0.527 6 × 10⁻²	2.325 4
4 200	7.442 0	0.875 0	8.506 0	1.407 0	0.114 1	4.889 0	5.010 0	0.885 7 × 10⁻²	3.206 3
4 300	8.874 0	1.040 0	8.531 0	1.713 0	0.128 3	6.658 0	7.046 0	0.145 2 × 10⁻¹	4.356 2
4 400	10.500 0	1.228 0	8.557 0	2.067 0	0.143 6	8.939 0	9.754 0	0.233 0 × 10⁻¹	5.838 5
4 500	12.530 0	1.437 0	8.576 0	2.475 0	0.159 8	11.850 0	13.310 0	0.366 0 × 10⁻¹	7.723 3
4 600	14.360 0	1.673 0	8.586 0	2.940 0	0.177 0	15.520 0	17.930 0	0.564 1 × 10⁻¹	10.097 0
4 700	16.620 0	1.934 0	8.592 0	3.466 0	0.195 2	20.080 0	23.830 0	0.854 1 × 10⁻¹	13.053 0
4 800	19.110 0	2.224 0	8.592 0	4.061 0	0.214 3	25.720 0	31.320 0	0.127 2	16.685 0
4 900	21.840 0	2.543 0	8.588 0	4.726 0	0.234 3	32.620 0	40.700 0	0.186 3	21.145 0
5 000	24.830 0	2.894 0	8.578 0	5.473 0	0.255 3	40.990 0	52.340 0	0.268 9	26.534 0
5 100	28.060 0	3.276 0	8.567 0	6.298 0	0.277 1	51.010 0	66.650 0	0.382 8	33.070 0
5 200	31.580 0	3.694 0	8.549 0	7.209 0	0.299 7	62.980 0	84.100 0	0.537 9	40.720 0
5 300	35.370 0	4.146 0	8.531 0	8.213 0	0.323 4	77.140 0	105.200 0	0.746 4	49.843 0
5 400	39.410 0	4.634 0	8.504 0	9.311 0	0.347 8	93.780 0	130.500 0	1.023 0	60.566 0
5 500	43.750 0	5.160 0	8.478 0	10.510 0	0.373 1	113.200 0	160.600 0	1.389 0	73.081 0
5 600	48.370 0	5.727 0	8.445 0	11.810 0	0.398 8	135.700 0	196.300 0	1.864 0	87.600 0
5 700	53.270 0	6.333 0	8.412 0	13.230 0	0.425 8	161.700 0	238.100 0	2.475 0	104.356 6
5 800	58.480 0	6.981 0	8.377 0	14.760 0	0.453 3	191.500 0	287.000 0	3.261 0	123.563 3
5 900	63.960 0	7.670 0	8.339 0	16.400 0	0.481 2	225.500 0	343.800 0	4.256 0	145.517 0
6 000	69.740 0	8.405 0	8.299 0	18.180 0	0.510 0	264.000 0	409.400 0	5.508 0	170.411 3

注：表中数据来源于文献——李宜敏，张中钦，张远君. 固体火箭发动机原理[M]. 北京：北京航空航天大学出版社，1991。

附录2 某些物质的标准生成焓 H_f^{298}

物质	分子式	分子量	生成焓 H_f^{298} / (kcal·mol^{-1})
硝化棉	$[C_6H_7O_2(ONO_2)_2]_n$		$-(1\,400-67\times N\%)$kcal/kg N%——含氮量
硝化甘油	$C_3H_5O_9N_3$	277	-87.8
二硝基甲苯	$C_6H_3CH_3(NO_2)_2$	182	-13
邻苯二甲酸二乙酯	$C_{12}H_{14}O_4$	222	-59
邻苯二甲酸二丁酯	$C_{16}H_{22}O_4$	278	-207.2
凡士林	$C_{15}H_{32}$	212	-114
中定剂	$C_{15}H_{16}ON_2$	266	-187
二苯胺	$C_{12}H_{11}N$	269	29
过氯酸铵	NH_4ClO_4	117	-69.4
过氯酸锂	$LiClO_4$	106.4	-98
过氯酸钾	$KClO_4$	138.6	-103.6
硝酸铵	NH_4NO_3	80.5	-87.3
硝酸锂	$LiNO_3$	68.95	-115.3
苯乙烯	C_8H_8	104	24.7
聚硫橡胶	$C_{29.9083}H_{61}S_{11.7937}O_{12.675}$	1 000	253.4
环氧树脂	$C_{60.7833}H_{70.3}O_{12.525}$	1 000	-343
铝粉	Al	26.98	0
氧化镁（固）	MgO（固）	40.32	-143.7
氧化镁（气）	MgO（气）	40.32	4.19
氧化钙（固）	CaO（固）	56.08	-151.6
碳酸钙（固）	$CaCO_3$（固）	100.09	-288.45
四氧化三钴（固）	Co_3O_4（固）	240.82	-210.0
硝化二乙二醇	$C_2H_2O_6N_2$	152.07	-99.0
氧化铅（固）	PbO（红色晶体）	223.21	-52.41
氧化铅（固）	PbO（黄色晶体）	223.21	-52.07
氧化铅（液）	PbO（液）	223.21	-46.712
氧化铅（气）	PbO（气）	223.21	11.48

续表

物质	分子式	分子量	生成焓 H_f^{298} / (kcal·mol^{-1})
二氧化钛（固）	TiO$_2$（固）	79.9	-225.5
二氧化钛（液）	TiO$_2$（液）	79.9	-212.32
二氧化钛（气）	TiO$_2$（气）	79.9	-79.8
三氧化二铝（固）	Al$_2$O$_3$（固）	102	-399.09
三氧化二硼（固）	B$_2$O$_3$（固）	69.62	-302
氧化铍（固）	BeO（固）	25	-143.1
二氧化硫	SO$_2$	64.06	-70.96
氯化氢	HCl	36.45	22.063
镁粉	Mg（固）	24.31	0
碳（固）	C（固）	12	0
氢	H$_2$	1	0
氧	O$_2$	16	0
氮	N$_2$	14	0
氯	Cl$_2$	35.45	0
一氧化碳（固）	CO（固）	28	0
一氧化碳（气）	CO（气）	28	-26.416
二氧化碳	CO$_2$	44	-94.052
水	H$_2$O（液）	18	-68.317
水蒸气	H$_2$O（气）	18	-57.798
原子氮	N	14	85.565
一氧化氮	NO	30	21.6
原子氯	Cl	35.45	29.012
原子氢	H	1	52.089
氢氧根	OH	17	10.06
原子氧	O	16	59.15

注：表中各物质的数据来源于文献——李宜敏，张中钦，张远君. 固体火箭发动机原理 [M]. 北京：北京航空航天大学出版社，1991。

附录 3 某些燃烧产物的总焓

cal/mol

T/K	CO$_2$	H$_2$O	CO	OH	NO	H$_2$	O$_2$	N$_2$	H	O	N	Cl	HCl	Cl$_2$
300	−93 990.0	−57 731.4	−26 375.1	10 107.9	21 645.2	46.9	47.9	47.6	52 115.6	59 183.1	85 591.6	29 042.1	−22 012.6	55.6
400	−93 049.8	−56 919.4	−25 676.8	10 815.0	22 359.2	741.4	758.0	744.3	52 612.4	59 701.0	86 088.4	29 572.5	−21 316.4	885.1
500	−92 021.8	−56 087.9	−24 970.6	11 520.4	23 082.3	1 439.9	1 489.1	1 447.5	53 109.2	60 211.5	86 585.2	30 113.5	−20 617.4	1 738.1
600	−90 922.2	−55 231.2	−24 251.1	12 226.2	23 819.6	2 139.0	2 244.4	2 160.5	53 606.0	60 717.8	87 082.0	30 657.6	−19 913.8	2 607.7
700	−89 763.3	−54 341.9	−23 514.8	12 932.5	24 575.0	2 841.9	3 022.3	2 887.8	54 102.8	61 221.6	87 578.8	31 201.2	−19 202.3	3 486.6
800	−83 555.2	−53 423.8	−22 760.8	13 643.8	25 348.0	3 547.8	3 819.9	3 631.1	54 599.6	61 723.7	88 075.6	31 742.0	−18 479.2	4 371.5
900	−87 304.7	−52 478.7	−21 990.0	14 362.8	26 138.9	4 258.4	4 634.0	4 390.5	55 096.4	62 224.8	88 572.4	32 279.0	−17 743.6	5 261.7
1 000	−86 022.6	−51 505.4	−21 204.1	15 091.4	26 944.4	4 976.2	5 461.5	5 165.0	55 593.2	62 724.9	89 069.2	32 812.2	−16 995.4	6 153.7
1 100	−84 709.6	−50 505.1	−20 404.6	15 830.0	27 762.9	5 702.7	6 300.3	5 953.2	56 090.0	63 224.5	89 566.0	33 341.8	−16 233.2	7 053.2
1 200	−83 371.8	−49 477.2	−19 592.3	16 579.6	28 592.1	6 438.5	7 148.6	6 753.7	56 586.8	63 723.7	90 062.8	33 868.1	−15 457.8	7 953.7
1 300	−82 013.4	−48 423.2	−18 771.7	17 340.3	29 430.5	7 184.3	8 005.1	7 565.1	57 083.6	64 222.5	90 559.6	34 391.5	−14 999.9	8 856.7
1 400	−80 637.2	−47 344.3	−17 941.0	18 112.0	30 276.7	7 940.5	8 869.0	8 336.0	57 580.4	64 721.0	91 056.4	34 912.3	−13 870.7	9 761.7
1 500	−79 575.6	−46 242.2	−17 102.6	18 894.4	31 129.6	8 707.3	9 739.6	9 215.1	58 077.2	65 219.3	91 553.2	35 430.8	−13 061.4	10 668.7
1 600	−77 840.4	−45 118.3	−16 257.6	19 686.8	31 988.3	9 484.4	10 616.5	10 051.6	58 574.0	65 717.4	92 050.0	35 947.3	−12 243.4	11 578.2
1 700	−76 423.0	−43 974.5	−15 406.8	20 488.7	32 852.0	10 271.7	11 499.4	10 894.5	59 070.8	66 215.4	92 546.8	36 462.0	−11 417.7	12 489.8
1 800	−74 995.0	−42 812.4	−14 550.7	21 299.6	33 720.1	11 068.8	12 388.1	11 743.0	59 567.6	66 713.2	93 043.6	36 975.2	−10 585.2	13 403.0
1 900	−73 557.4	−41 633.7	−13 690.1	22 118.9	34 592.1	11 875.2	13 232.6	12 596.6	60 064.4	67 211.1	93 540.5	37 487.0	−9 746.0	14 317.6
2 000	−72 111.2	−40 440.1	−12 825.5	22 945.9	35 467.6	12 690.4	14 182.7	13 454.7	60 561.2	67 708.8	94 037.4	37 997.6	−8 900.3	15 234.0
2 100	−70 657.4	−39 232.8	−11 957.3	23 780.2	36 346.2	13 514.0	15 088.3	14 316.8	61 058.0	68 206.6	94 531.3	38 507.1	−8 048.7	16 151.8

续表

T/K	CO_2	H_2O	CO	OH	NO	H_2	O_2	N_2	H	O	N	Cl	HCl	Cl_2
2 200	−69 169.4	−38 013.1	−11 085.9	24 621.3	37 227.6	14 345.5	15 999.5	15 182.5	61 554.8	68 704.4	95 031.3	39 015.7	−7 191.7	17 071.0
2 300	−67 729.0	−36 782.1	−10 211.5	25 468.6	38 111.6	15 184.5	16 916.1	16 051.5	62 051.6	69 202.3	95 528.5	39 523.4	−6 329.8	17 991.8
2 400	−66 255.6	−35 540.7	−9 334.4	26 321.9	38 997.9	16 030.8	17 838.2	16 923.4	62 548.4	69 700.4	96 025.8	40 030.3	−5 463.4	18 914.0
2 500	−64 776.6	−34 289.9	−8 454.9	27 180.6	39 886.4	16 883.9	18 765.7	17 798.0	63 045.2	70 198.6	96 523.4	40 536.5	−4 592.8	19 837.7
2 600	−63 292.4	−33 030.3	−7 573.2	28 044.5	40 778.8	17 743.5	19 698.4	18 675.1	63 542.0	70 697.1	97 021.4	41 042.1	−3 718.4	20 763.8
2 700	−61 803.2	−31 762.6	−6 689.5	28 913.1	41 669.1	18 609.5	20 636.4	19 554.5	64 038.3	71 195.9	97 519.8	41 547.1	−2 840.5	21 689.4
2 800	−60 309.3	−30 487.6	−5 803.9	29 786.4	42 563.2	19 481.3	21 579.4	20 436.0	64 535.6	71 695.0	98 018.9	42 051.6	−1 959.3	22 617.4
2 900	−58 811.1	−29 205.7	−4 916.6	30 664.0	43 458.9	20 358.9	22 527.3	21 319.5	65 032.4	72 194.6	98 518.6	42 555.6	−1 074.9	23 546.8
3 000	−57 308.8	−27 917.4	−4 027.6	31 545.8	44 356.3	21 242.1	23 480.0	22 204.7	65 529.2	72 694.8	99 019.2	43 059.2	−187.8	24 477.6
3 100	−55 002.6	−26 623.4	−3 136.0	32 431.6	45 255.1	22 130.6	24 437.3	23 091.6	66 026.0	73 195.5	99 520.9	43 562.4	702.1	25 409.6
3 200	−54 292.7	−25 324.1	−2 244.0	33 321.1	46 155.4	23 024.4	25 399.1	23 980.2	66 522.8	73 696.8	100 023.3	44 065.2	1 594.5	26 343.0
3 300	−52 779.2	−24 020.0	−1 350.7	34 214.2	47 057.1	23 923.3	26 365.2	24 870.2	67 019.6	74 198.9	100 528.0	44 567.9	2 489.4	27 277.8
3 400	−51 262.4	−22 711.4	−456.2	35 110.7	47 960.2	24 827.2	27 335.5	25 761.6	67 516.4	74 701.8	101 033.9	45 069.9	3 386.6	28 214.0
3 500	−49 742.4	−21 398.7	439.6	36 010.6	48 864.5	25 736.0	28 309.7	26 654.3	68 013.2	75 205.4	101 541.6	45 041.9	4 286.0	29 151.5
3 600	−48 219.2	−20 082.2	1 336.4	36 913.7	49 770.0	26 649.6	29 287.8	27 548.3	68 510.0	75 710.0	102 051.4	46 073.5	5 187.4	30 090.4
3 700	−46 693.2	−18 762.1	2 234.4	37 819.9	50 676.7	27 568.0	30 269.5	28 443.5	69 006.8	76 215.5	102 563.3	46 575.0	6 090.7	31 030.6
3 800	−45 164.4	−17 438.7	3 133.4	38 729.1	51 584.6	28 491.0	31 254.7	29 339.3	69 503.6	76 722.0	103 077.7	47 076.2	6 996.0	31 972.1
3 900	−43 632.8	−16 112.2	4 033.4	39 641.2	52 493.6	29 418.5	32 243.2	30 237.2	70 000.4	77 229.5	103 594.8	47 577.1	7 603.2	32 915.0
4 000	−42 098.6	−14 782.8	4 934.4	40 556.0	53 403.8	30 350.5	33 234.8	31 135.6	70 497.2	77 738.1	104 114.7	48 077.9	8 812.2	33 859.2

续表

T/K	CO$_2$	H$_2$O	CO	OH	NO	H$_2$	O$_2$	N$_2$	H	O	N	Cl	HCl	Cl$_2$
4 100	−40 561.8	−13 450.7	5 836.3	41 473.6	54 315.0	31 286.9	34 229.4	32 035.0	70 994.0	78 247.8	104 637.7	48 578.6	9 722.8	34 804.6
4 200	−39 022.6	−12 116.1	6 739.2	42 393.8	55 227.3	32 227.6	35 226.8	32 935.4	71 490.8	78 758.6	105 164.0	49 079.0	10 635.1	35 751.4
4 300	−37 480.9	−10 779.1	7 643.0	43 316.6	56 140.6	33 172.5	36 226.8	33 836.6	71 987.6	79 270.6	105 693.8	49 579.3	11 549.0	36 699.5
4 400	−35 936.8	−9 439.0	8 547.7	44 241.9	57 054.9	34 121.7	37 229.3	34 738.8	72 484.4	79 783.8	106 227.3	50 079.4	12 464.5	37 649.0
4 500	−34 390.5	−8 098.6	9 453.2	45 169.7	57 970.2	35 074.9	38 234.1	35 641.9	72 981.2	80 298.1	106 764.6	50 579.4	13 381.4	38 599.7
4 600	−32 841.3	−6 755.2	10 359.5	46 099.9	58 886.5	36 032.1	39 241.2	36 545.8	73 478.0	80 813.7	107 305.9	51 079.3	14 299.7	39 551.8
4 700	−31 291.0	−5 409.8	11 266.5	47 032.5	59 803.8	36 993.4	40 250.4	37 450.6	73 974.8	81 330.5	107 851.4	51 579.0	15 219.5	40 505.1
4 800	−29 737.8	−4 062.4	12 174.3	47 967.5	60 722.1	37 958.6	41 261.6	38 356.2	74 471.6	81 848.5	108 401.1	52 078.7	16 140.7	41 459.8
4 900	−28 182.6	−2 713.2	13 082.9	48 904.8	61 641.4	38 927.7	42 274.6	39 262.6	74 968.4	82 367.7	108 955.4	52 578.2	17 063.2	42 415.7
5 000	−26 625.0	−1 362.0	13 992.1	49 844.3	62 561.7	39 900.5	43 289.3	40 169.8	75 465.2	82 888.1	109 514.1	56 077.7	17 987.0	43 373.0
5 100	−25 065.4	−9.0	14 902.1	50 786.0	63 483.0	40 877.2	44 305.7	41 077.8	75 962.0	83 409.7	110 077.6	53 577.0	18 912.1	44 331.6
5 200	−23 503.4	1 346.0	15 812.7	51 729.7	64 405.3	41 857.6	45 323.7	41 986.5	76 458.8	83 932.5	110 645.8	54 076.3	19 838.5	45 291.4
5 300	−21 939.4	2 702.8	16 724.1	52 675.6	65 328.5	42 841.6	46 343.1	42 896.1	76 955.6	84 456.6	111 218.9	54 575.5	20 766.1	46 253.6
5 400	−20 373.0	4 061.4	17 636.1	53 623.5	66 252.6	43 829.3	47 363.9	43 806.3	77 452.4	84 981.8	111 796.9	55 074.6	21 694.9	47 215.1
5 500	−18 804.6	5 422.0	16 548.7	54 573.4	67 177.7	44 820.5	48 386.0	44 717.4	77 949.2	85 508.2	112 380.0	55 573.7	22 624.9	48 179.0
5 600	−17 233.8	6 784.3	19 462.1	55 525.3	63 103.8	45 815.1	49 409.9	45 629.1	78 446.0	86 035.8	112 968.1	56 072.7	23 556.1	49 144.1
5 700	−15 661.0	8 148.5	20 376.1	56 479.1	69 030.9	46 813.5	50 433.8	46 541.6	78 942.8	86 564.6	113 561.4	56 571.5	24 488.5	50 110.6
5 800	−14 085.8	9 514.5	21 290.7	57 434.9	69 958.9	47 815.1	51 459.4	47 454.9	79 439.6	87 094.5	114 159.9	57 070.4	25 422.1	51 078.3
5 900	−12 508.6	10 882.3	22 206.0	58 392.5	70 887.8	48 820.1	52 485.9	48 368.8	79 936.4	87 625.5	114 763.7	57 669.2	26 356.9	52 047.4
6 000	−10 929.0	12 251.9	23 121.9	59 351.9	71 817.7	49 828.5	53 513.4	49 283.5	80 433.2	88 157.7	115 372.8	58 067.9	27 292.8	53 047.7

续表

T/K	SO_2^*	SO_2	Al_2O_3（凝）	MgO（气）	MgO（固）	PbO（气）	PbO（红色晶体）	PbO（黄色晶体）	TiO_2（气）	TiO_2（液）	TiO_2（固）	CaO（固）
300	−70 920.0	−70 942.4	−399 055.3	4 204.0	−143 083.0	11 494.0	−52 390.0	−52 050.0	−79 779.0	−212 285.0	−225 476.0	−151 875.0
400	−69 918.3	−69 945.4	−396 940.0	4 992.0	−142 722.0	12 292.0	−51 252.0	−50 918.0	−76 619.0	−210 385.0	−224 037.0	−150 620.0
500	−68 839.8	−68 869.0	−394 494.0	5 812.0	−141 669.0	13 121.0	−50 042.0	−49 731.0	−77 376.0	−208 485.0	−222 455.0	−149 000.0
600	−67 710.2	−67 726.2	−391 870.0	6 655.0	−140 559.0	13 969.0	−48 771.0	−48 502.0	−76 072.0	−206 585.0	−220 799.0	−148 121.4
700	−66 541.3	−66 531.1	−389 132.0	7 512.0	−139 409.0	14 831.0	−47 452.0	−47 238.0	−74 727.0	−204 685.0	−219 099.0	−146 870.2
800	−65 338.3	−65 295.5	−386 312.0	8 380.0	−138 231.0	15 702.0	−46 092.0	−45 942.0	−73 351.0	−202 785.0	−217 368.0	−145 619.0
900	−64 104.1	−64 028.6	−383 427.0	9 256.0	−137 030.0	16 580.0	−44 692.0	−44 617.0	−71 953.0	−200 885.0	−215 614.0	−144 367.8
1 000	−62 840.6	−62 737.2	−380 488.0	10 138.0	−135 812.0	17 463.0	−43 252.0	−43 261.0	−70 538.0	−198 985.0	−213 841.0	−143 116.6
1 100	−61 548.8	−61 426.4	−377 501.0	11 025.0	−134 581.0	18 350.0	−41 772.0	−41 876.0	−69 111.0	−197 085.0	−212 053.0	−141 865.4
1 200	−60 229.4	−60 100.0	−374 471.0	11 915.0	−133 338.0	19 240.0	−40 252.0	−40 463.0	−67 674.0	−195 185.0	−210 252.0	−140 614.2
1 300	−58 879.4	−58 760.6	−371 400.0	12 809.0	−132 086.0	20 133.0	−38 692.0	−39 021.0	−66 229.0	−193 285.0	−208 439.0	−139 363.0
1 400	−57 499.4	−57 410.6	−368 290.0	13 705.0	−130 826.0	21 028.0	−37 092.0	−37 552.0	−64 779.0	−191 385.0	−206 614.0	−138 111.8
1 500	−56 093.9	−56 051.6	−365 144.0	14 604.0	−129 559.0	21 925.0	−35 452.0	−36 055.0	−63 323.0	−189 485.0	−204 780.0	−136 860.6
1 600	−54 662.9	−54 684.6	−361 962	15 505	−128 286	22 824	−33 772	−34 530	−61 863	−187 585	−202 937	−135 609.4
1 700	−53 206.4	−53 311.2	−358 745	16 408	−127 008	23 725	−32 052	−32 978	−60 399	−185 685	−201 084	−134 358.2
1 800	−51 724.4	−51 931.8	−355 494	17 313	−125 725	24 627	−30 292	−31 398	−58 933	−183 785	−199 223	−133 107
1 900	−50 216.4	−50 547.1	−352 210	18 219	−124 439	25 530	−28 492	−29 791	−57 464	−181 885	−197 353	−131 855.8
2 000	−48 682.9	−49 157.6	−348 893	19 128	−123 149	26 434	−26 652	−28 156	−55 993	−179 985	−195 474	−130 607.6

续表

T/K	SO$_2^*$	SO$_2$	Al$_2$O$_3$（凝）	MgO（气）	MgO（固）	PbO（气）	PbO（红色晶体）	PbO（黄色晶体）	TiO$_2$（气）	TiO$_2$（液）	TiO$_2$（固）	CaO（固）
2 100	-47 124.4	-47 763.9	-345 543	20 037	-121 856	27 340	-24 772	-26 494	-54 521	-178 085	-193 587	-129 353.4
2 200	-45 540.4	-46 366.2	-342 160	20 948	-120 560	28 247	-22 852	-24 805	-53 046	-176 185	-191 692	-128 102.2
2 300	-43 935.9	-44 965.0	-338 745	21 861	-119 262	29 155	-20 892	-23 088	-51 571	-174 285	-189 788	-126 851
2 400	-42 300.9	-43 560.4	-329 232	22 774	-117 961	30 064	-18 892	-21 344	-50 094	-172 835	-187 876	-125 599.8
2 500	-40 640.4	-42 152.6	-325 627	23 689	-116 659	30 974	-16 852	-19 573	-48 616	-170 435	-185 955	-124 348.6
2 600	-38 954.9	-40 741.8	-322 002	24 606	-115 354	31 886		-17 775	-47 137	-168 585		-123 097.4
2 700	-37 243.9	-39 328.2	-318 357	25 523	-114 048	32 798		-15 950	-45 657	-166 685		-121 846.2
2 800	-35 507.4	-37 912	-314 692	26 442	-112 741	33 711		-14 097	-44 177	-164 785		-120 000
2 900	-33 745.4	-36 493.3	-311 007	27 362	-111 432	34 625		-12 217	-42 695	-162 885		-119 000
3 000	-31 957.9	-35 072.1	-307 302	28 283	-110 122	35 540		-10 310	-41 214	-160 985		-118 092.6
3 100	-30 145.4	-33 648.6	-303 577	29 205		36 455			-39 731	-159 085		
3 200	-28 307.4	-32 222.7	-299 832	30 128		37 372			-38 248	-157 185		
3 300	-26 443.9	-30 794.6	-296 067	31 053		38 289			-36 765	-155 285		
3 400	-24 554.9	-29 364.5	-292 282	31 978		39 208			-35 281	-153 385		
3 500	-22 640.4	-27 932.2	-288 477	32 905		40 127			-33 797	-151 485		
3 600	-20 700.9		-284 653									
3 700	-18 735.9		-280 807									
3 800	-16 745.4		-276 942									

续表

T/K	SO_2^*	SO_2	Al_2O_3（凝）	MgO（气）	MgO（固）	PbO（气）	PbO（红色晶体）	PbO（黄色晶体）	TiO_2（气）	TiO_2（液）	TiO_2（固）	CaO（固）
3 900	−14 729.4		−273 057									
4 000	−12 687.9		−269 152									
4 100	−10 621.4											
4 200	−8 529.4											
4 300	−6 411.9											
4 400	−4 268.9											
4 500	−2 100.4											
4 600	93.1											
4 700	2 312.1											
4 800	4 556.6											
4 900	6 826.6											
5 000	9 122.6											

注：表中燃烧产物的总焓数据来源于文献——李宜敏，张中钦，张远君．固体火箭发动机原理[M]．北京：北京航空航天大学出版社，1991。其中 SO_2^*、SO_2 和 Al_2O_3（凝）的总焓是按 $I_{T_2} = I_{T_1} + \dfrac{c_{p1}+c_{p2}}{2}(T_2 - T_1)$ 计算出来的。当 $T_1 = 298$ K 时，$I_{T_1} = H_f^{T_1}$，$H_f^{T_1}$ 的数据由附录 2 查得，c_p 由附录 4 中 SO_2^*、Al_2O_3（固）和 Al_2O_3（液）的数据中查得。所以表中的总焓值要与另外两表中的对应数据一起使用。因 SO_2^* 的比热数据在 1 800 K 以上误差较大，所以此表中 SO_2^* 的熵值在 1 800 K 以上误差也较大。

附录 4　某些燃烧产物的定压比热容

T/K	CO_2	H_2O	CO	OH	NO	H_2	O_2	N_2	H	O	N
298.16	8.874 0	8.025 0	6.965 0	7.141 0	7.137 0	6.892 0	7.021 0	6.960 0	4.968 0	5.236 4	4.968 0
300	8.894 0	8.026 0	6.965 0	7.139 0	7.134 0	9.895 0	7.023 0	6.961 0	4.968 0	5.233 8	4.968 0
400	9.871 0	8.185 0	7.013 0	7.074 0	7.162 0	9.974 0	7.196 0	6.991 0	4.968 0	5.134 1	4.968 0
500	10.662 0	8.415 0	7.120 0	7.048 0	7.289 0	9.993 0	7.431 0	7.070 0	4.968 0	5.080 2	4.968 0
600	11.311 0	8.677 0	7.276 0	7.053 0	7.468 0	7.008 0	7.670 0	7.197 0	4.968 0	5.048 6	4.968 0
700	11.849 0	8.959 0	7.451 0	7.087 0	7.657 0	7.035 0	7.883 0	7.351 0	4.968 0	5.028 4	4.968 0
800	12.300 0	9.254 0	7.624 0	7.150 0	7.833 0	7.078 0	8.063 0	7.512 0	4.968 0	5.015 0	4.968 0
900	12.678 0	9.559 0	7.787 0	7.234 0	7.990 0	7.139 0	8.212 0	7.671 0	4.968 0	5.005 5	4.968 0
1 000	12.995 0	9.861 0	7.932 0	7.333 0	8.126 0	7.219 0	8.336 0	7.816 0	4.968 0	4.998 8	4.968 0
1 100	13.265 0	10.145 0	8.058 0	7.440 0	8.243 0	7.310 0	8.439 0	7.947 0	4.968 0	4.993 6	4.968 0
1 200	13.490 0	10.413 0	8.167 0	7.551 0	8.342 0	7.407 0	8.527 0	8.063 0	4.968 0	4.989 4	4.968 0
1 300	13.680 0	10.668 0	8.265 0	7.663 0	8.426 0	7.509 0	8.604 0	8.165 0	4.968 0	4.986 4	4.968 0
1 400	13.844 0	10.909 0	8.349 0	7.772 0	8.498 0	7.615 0	8.674 0	8.253 0	4.968 0	4.983 8	4.968 0
1 500	13.988 0	11.134 0	8.419 0	7.875 0	8.560 0	7.720 2	8.738 0	8.330 0	4.968 0	4.981 9	4.968 0
1 600	14.116 0	11.343 0	8.481 0	7.973 0	8.614 0	7.823 2	8.800 0	8.399 0	4.968 0	4.980 5	4.968 0
1 700	14.230 0	11.534 0	8.536 0	8.066 0	8.660 0	7.922 9	8.858 0	8.459 0	4.968 0	4.979 2	4.968 1
1 800	14.331 0	11.708 0	8.585 0	8.152 0	8.702 0	8.018 5	8.916 0	8.512 0	4.968 0	4.978 4	4.968 3
1 900	14.421 0	11.865 0	8.627 0	8.233 0	8.738 0	8.109 3	8.973 0	8.560 0	4.968 0	4.977 8	4.968 5
2 000	14.502 0	12.008 0	8.665 0	8.308 0	8.771 0	8.194 9	9.029 0	8.602 0	4.968 0	4.977 6	4.969 0

续表

T/K	CO_2	H_2O	CO	OH	NO	H_2	O_2	N_2	H	O	N
2 100	14.576 0	12.138 0	8.699 0	8.378 0	8.801 0	8.276 2	9.084 0	8.640 0	4.968 0	4.977 8	4.969 7
2 200	14.643 0	12.256 0	8.730 0	8.443 0	8.828 0	8.353 7	9.139 0	8.674 0	4.968 0	4.978 4	4.970 8
2 300	14.705 0	12.364 0	8.758 0	8.504 0	8.852 0	8.427 4	9.194 0	8.705 0	4.968 0	4.979 6	4.972 4
2 400	14.763 0	12.463 0	8.784 0	8.561 0	8.874 0	8.497 7	9.248 0	8.733 0	4.968 0	4.981 2	4.974 6
2 500	14.817 0	12.554 0	8.806 0	8.614 0	8.895 0	8.564 7	9.301 0	8.759 0	4.968 0	4.983 4	4.977 7
2 600	14.868	12.638	8.827	8.663	8.914	8.629	9.354	8.783	4.968	4.986	4.982
2 700	14.916	12.715	8.847	8.710	8.932	8.690	9.405	8.805	4.968	4.990	4.987
2 800	14.961	12.786	8.865	8.755	8.949	8.748	9.455	8.825	4.968	4.994	4.994
2 900	15.003	12.852	8.882	8.798	8.966	8.804	9.503	8.844	4.968	4.909	5.002
3 000	15.043	12.913	8.898	8.838	8.981	8.859	9.551	8.861	4.968	5.004	5.011
3 100	15.081	13.968	8.913	8.877	8.996	8.912	9.596	8.877	4.968	5.010	5.022
3 200	15.117	13.018	8.927	8.913	9.010	8.964	9.640	8.893	4.968	5.017	5.035
3 300	15.152	13.064	8.939	8.949	9.024	9.014	9.682	8.907	4.968	5.025	5.050
3 400	15.185	13.107	8.952	8.982	9.037	9.064	9.723	8.921	4.968	5.033	5.068
3 500	15.216	13.147	8.963	9.015	9.049	9.113	9.762	8.934	4.968	5.041	5.087
3 600	15.246	13.184	8.974	9.047	9.061	9.160	9.799	8.946	4.968	5.050	5.108
3 700	15.275	13.218	8.985	9.077	9.073	9.207	9.835	8.958	4.968	5.060	5.131
3 800	15.302	13.250	8.995	9.107	9.085	9.253	9.869	8.969	4.968	5.070	5.157
3 900	15.329	13.280	9.005	9.135	9.096	9.298	9.901	8.979	4.968	5.081	5.184
4 000	15.355	13.308	9.015	9.162	9.107	9.342	9.932	8.989	4.968	5.091	5.214

续表

T/K	C_l	HC_l	Cl_2	Al_2O_3（固）	Al_2O_3（液）	Al_2O_3（气）	SO_2^*	SO_2
298.16	5.220 3	6.96	8.11	18.814 4			9.530	
300	5.223 7	6.96	8.12	18.936 8			9.565	9.547
400	5.370 5	6.97	8.44	23.360 3			10.508	10.395
500	5.436 3	7.00	8.62	25.572			11.082	11.132
600	5.444 8	7.07	8.74	26.913 2			11.509	11.723
700	5.423 2	7.17	8.82	27.843 4			11.868	12.180
800	5.388 7	7.29	8.88	28.554 6			12.192	12.532
900	5.350 6	7.42	8.92	29.138 3			12.491	12.806
1 000	5.313 3	7.55	8.96	29.643 0		23.360	12.778	13.022
1 100	5.273 8	7.690	8.990	30.096 0		23.754	13.057	13.194
1 200	5.247 7	7.819	9.020	30.513 8		24.064	13.33	13.335
1 300	5.220 1	7.938	9.040	30.906 8		24.311	13.67	13.451
1 400	5.195 8	8.046	9.060	31.281 9		24.510	13.93	13.549
1 500	5.174 5	8.140	9.080	31.643 6		24.672	14.18	13.632
1 600	5.155 7	8.221	9.109	31.995 1		24.805	14.44	13.704
1 700	5.139 2	8.292	9.124	32.338 9		24.916	14.69	13.767
1 800	5.124 6	8.358	9.139	32.676 6		25.010	14.95	13.822
1 900	5.111 7	8.426	9.155	33.009 4		25.090	15.21	13.872
2 000	5.100 2	8.488	9.171	33.338 3		25.159	15.46	13.917
2 100	5.090 0	8.545	9.185	33.663 9		25.221	15.71	13.958

续表

T/K	C_1	HC_1	Cl_2	Al_2O_3（固）	Al_2O_3（液）	Al_2O_3（气）	SO_2^*	SO_2
2 200	5.080 9	8.595	9.200	33.987 0		25.277	15.97	13.995
2 300	5.072 7	8.643	9.215	34.307 9	(35.79)	25.329	16.22	14.030
2 400	5.065 4	8.685	9.230	(34.370 4)	35.95	25.374	16.48	14.063
2 500	5.058 8	8.726	9.244		36.15	25.408	16.73	14.093
2 600	5.052 8	8.762	9.259		36.35	25.439	16.98	14.122
2 700	5.047 4	8.796	9.273		36.55	25.466	17.24	14.149
2 800	5.042 5	8.829	9.287		36.75	25.491	17.49	14.175
2 900	5.038 0	8.858	9.300		36.95	25.514	17.75	14.200
3 000	5.033 9	8.885	9.315		37.15	25.534	18.00	14.224
3 100	5.030 1	8.912	9.327		37.35	25.552	18.25	14.247
3 200	5.026 7	8.937	9.341		37.55	25.570	18.51	14.270
3 300	5.023 5	8.961	9.355		37.75	25.585	18.76	14.291
3 400	5.020 6	8.983	9.368		37.95	25.599	19.02	14.312
3 500	5.017 9	9.004	9.382		38.15	25.613	19.27	14.333
3 600	5.015 4	9.024	9.395		38.35	25.624		
3 700	5.013 1	9.043	9.409		38.55	25.635		
3 800	5.010 9	9.063	9.422		38.75	25.645		
3 900	5.008 9	9.081	9.436		38.95	25.655		
4 000	5.007	9.098	9.448		39.15	25.663		

续表

T/K	MgO（气）	MgO（固）	PbO（气）	PbO（红色晶体）	TiO$_2$（气）	TiO$_2$（液）	TiO$_2$（固）
300	7.672	8.939	7.778	11.960	11.097	19.000	13.250
400	8.062	10.148	8.155	12.760	12.064	19.000	15.270
500	8.329	10.854	8.400	12.420	12.769	19.000	16.260
600	8.508	11.323	8.560	12.970	13.268	19.000	16.810
700	8.633	11.656	8.670	13.400	13.621	19.000	17.170
800	8.723	11.905	8.748	13.800	13.881	19.000	17.440
900	8.791	12.098	8.806	14.200	14.074	19.000	17.640
1 000	8.884	12.251	8.850	14.600	14.214	19.000	17.810
1 100	8.886	12.375	8.886	15.000	14.324	19.000	17.950
1 200	8.921.	12.478	8.915	15.400	14.411	19.000	18.070
1 300	8.951	12.565	8.940	15.800	14.479	19.000	18.190
1 400	8.977	12.638	8.962	16.200	14.635	19.000	18.290
1 500	9.000	12.701	8.980	16.400	14.580	19.000	18.390
1 600	9.021	12.756	8.997	17.000	14.619	19.000	18.480
1 700	9.040	12.804	9.013	17.400	14.650	19.000	18.570
1 800	9.057	12.845	9.027	17.800	14.676	19.000	18.660
1 900	9.073	12.882	9.040	18.200	14.699	19.000	18.740
2 000	9.089	12.915	9.052	18.600	14.719	19.000	18.850
2 100	9.103	12.945	9.064	19.000	14.735	19.000	18.910
2 200	9.117	12.971	9.075	19.400	14.750	19.000	19.000

续表

T/K	MgO（气）	MgO（固）	PbO（气）	PbO（红色晶体）	TiO$_2$（气）	TiO$_2$（液）	TiO$_2$（固）
2 300	9.131	12.994	9.086	19.800	14.765	19.000	19.080
2 400	9.144	13.016	9.096	20.200	14.774	19.000	19.170
2 500	9.157	13.035	9.106	20.600	14.784	19.000	19.250
2 600	9.169	13.052	9.116		14.793	19.000	
2 700	9.181	13.068	9.126		14.801	19.000	
2 800	9.193	13.082	9.135		14.808	19.000	
2 900	9.205	13.095	9.144		14.815	19.000	
3 000	9.216	13.107	9.153		14.821	19.000	
3 100	9.228		9.162		14.826	19.000	
3 200	9.239		9.171		14.831	19.000	
3 300	9.250		9.180		14.835	19.000	
3 400	9.261		9.188		14.839	19.000	
3 500	9.272		9.197		14.843	19.000	

注：1. 从 CO$_2$ 到 Al$_2$O$_3$（气）的定压比热容数据来源于 NACA-TN-2161，*Tables of Thermodynamic Functions for Analysis of Aircraft Propulsion*。Al$_2$O$_3$（固）和 Al$_2$O$_3$（液）的数据中加括号者是相变温度 2 319.57 K 时的定压比热容。

2. 带*号的 SO$_2$ 的定压比热容数据是根据 $c_p = a + bT + \dfrac{c'}{T^2}$（cal/mol）计算出来的。式中 $a = 10.38$，$b = 2.54 \times 10^{-3}$，$c' = -1.42 \times 10^5$，适用温度范围是 298～1 800 K，在 1 800 K 以上使用时误差较大。

3. 未注*号的 SO$_2$ 以后的数据来源于文献——李宜敏，张中钦，张远君. 固体火箭发动机原理[M]. 北京：北京航空航天大学出版社，1991。

附录 5 某些燃烧产物在一个物理大气压下的熵 S_i^0

cal/(mol·K)

T/K	CO_2	H_2O	CO	OH	NO	H_2	O_2	N_2	H	O
0										
298.16	51.061 0	45.106 0	47.301 0	43.888 0	50.339 0	31.211 0	49.011 0	45.767 0	27.392 7	38.468 9
300	51.116 0	45.154 0	47.342 0	43.934 0	50.384 0	31.253 0	49.056 0	45.809 0	27.423 2	38.501 0
400	53.815 0	47.490 0	49.352 0	45.978 0	52.436 0	33.250 0	51.098 0	47.818 0	28.852 4	39.991 5
500	56.113 0	49.344 0	50.927 0	47.553 0	54.048 0	34.809 0	52.728 0	49.385 0	29.961	41.130 8
600	58.109 0	50.903 0	52.238 0	48.840	55.392 0	36.084 0	54.105 0	50.685 0	30.866 7	42.054 0
700	59.895 0	52.269 0	53.373 0	49.927 0	56.556 0	37.167 0	55.303 0	51.805 0	31.632 6	42.830 7
800	61.507 0	53.490 0	54.379 0	50.877 0	57.589 0	38.108 0	56.368 0	52.797 0	32.295 9	43.501 1
900	62.980 0	54.599 0	55.287 0	51.723 0	58.520 0	38.946 0	57.327 0	53.692 0	32.881 1	44.091 4
1 000	64.331 0	55.618 0	56.116 0	52.491 0	59.370 0	39.704 0	58.199 0	54.509 0	33.404 5	44.618 3
1 100	65.582 2	56.571 2	56.877 9	53.194 9	60.150 0	40.396 3	58.998 3	55.260 1	33.878 0	45.094 5
1 200	66.746 1	57.465 4	57.583 7	53.847 0	60.871 5	41.036 5	59.736 4	55.956 5	34.310 3	45.528 8
1 300	67.833 4	58.309 0	58.241 3	54.455 9	61.542 5	41.633 4	60.422 0	56.608 0	34.707 9	45.928 1
1 400	68.853 2	59.108 4	58.856 9	55.027 8	62.169 6	42.193 8	61.062 2	57.214 3	35.076 1	46.297 5
1 500	69.813 2	59.868 7	59.435 3	55.567 5	62.758 0	42.722 7	61.662 8	57.786 3	35.418 8	46.641 3
1 600	70.720 0	60.593 9	59.980 6	56.078 8	63.312 2	43.224 3	62.228 7	58.326 1	35.739 5	46.962 8
1 700	71.579 2	61.287 3	60.496 4	56.565 0	63.835 8	43.701 6	62.764 0	58.837 1	36.040 7	47.264 6
1 800	72.395 5	61.951 5	60.985 7	57.028 5	64.331 9	44.157 1	63.271 9	59.322 1	36.324 6	47.549 2
1 900	73.172 7	62.588 7	61.451 0	57.471 4	64.803 4	44.593 1	63.755 5	59.783 6	36.593 2	47.818 4
2 000	73.914 5	63.201 0	61.894 5	57.895 5	65.252 4	45.011 2	64.217 2	60.223 7	36.848 0	48.073 7

续表

T/K	CO$_2$	H$_2$O	CO	OH	NO	H$_2$	O$_2$	N$_2$	H	O
2 100	74.623 8	63.790 0	62.318 1	58.302 7	65.681 1	45.413 0	64.659	60.644 3	37.090 4	48.316 6
2 200	75.303 4	64.357 4	62.723 4	58.693 9	66.091 2	45.799 8	65.082 9	61.047 1	37.321 5	48.548 1
2 300	75.955 7	64.904 5	63.112 1	59.070 5	66.484 1	46.172 8	65.490 4	61.433 3	37.542 4	48.769 5
2 400	76.582 8	65.432 8	63.485 2	59.433 7	66.861 3	46.532 9	65.882 8	61.804 4	37.753 8	48.981 4
2 500	77.186 5	65.943 4	63.844 4	59.784 2	67.224 0	46.881 2	66.261 4	62.161 4	37.956 6	49.184 8
2 600	77.768 7	66.437 4	64.190 2	60.123	67.573 2	47.218 3	66.627 2	62.505 4	38.151 5	49.380 3
2 700	78.330 7	66.915 9	64.523 8	60.450 8	67.91	47.545 1	66.981 2	62.837 3	38.339 0	49.568 6
2 800	78.874	67.379 6	64.845 8	60.768 4	68.235 1	47.862 2	67.324 1	63.157 9	38.519 6	49.750 1
2 900	79.399 7	67.829 4	65.157 2	61.076 4	68.549 4	48.170 2	67.656 8	63.467 9	38.694 0	49.925 4
3 000	79.909	68.266 1	65.458 6	61.375 3	68.853 7	48.469 6	67.979 7	63.768	38.862 4	50.095
3 100	80.402 9	68.690 4	65.750 6	61.665 8	69.148 4	48.760 9	68.293 6	64.058 8	39.025 3	50.259 2
3 200	80.882 2	69.102 9	66.033 8	61.948 2	69.434 2	49.044 7	68.599 0	64.340 9	39.183	50.418 3
3 300	81.348	69.504 2	66.308 7	62.223	69.711 7	49.321 3	68.896 3	64.614 8	39.335 9	50.572 8
3 400	81.800 8	69.894 9	66.575 7	62.490 6	69.981 3	49.591 1	69.185 9	64.880 9	39.484 2	50.722 9
3 500	82.241 4	70.275 4	66.835 4	62.751 5	70.243 4	49.854 5	69.468 3	65.139 7	39.628 2	50.868 9
3 600	82.670 5	70.646 3	67.088	63.005 9	70.498 5	50.111 9	69.743 9	65.391 5	39.768 1	51.011 1
3 700	83.088 6	71.008	67.334 0	63.254 2	70.746 9	50.363 5	70.012 8	65.636 8	39.904 3	51.149 6
3 800	83.496 3	71.360 9	67.573 8	63.496 6	70.989 1	50.609 7	70.275 6	65.875 8	40.036 6	51.284 6
3 900	83.894 1	71.705 4	67.807 6	63.733 6	71.225 2	50.850 6	70.532 3	66.108 9	40.165 8	51.416 5
4 000	84.282 6	72.042 0	68.035 7	63.965 2	71.455 6	51.086 6	70.733 4	66.336 4	40.291 6	51.545 2

续表

T/K	CO_2	H_2O	CO	OH	NO	H_2	O_2	N_2	H	O
4 100	84.662 0	72.371 0	68.258 4	64.191 7	71.680 6	51.317 8	71.029 0	66.558 5	40.414 2	51.671 1
4 200	85.032 9	72.692 6	68.476 0	64.413 5	71.900 5	51.544 5	71.269 3	66.775 4	40.534 0	51.794 2
4 300	85.395 7	73.007 1	68.688 7	64.630 6	72.115 4	51.766 8	71.504 6	66.987 5	40.650 9	51.914 7
4 400	85.750 7	73.315 0	68.896 6	64.843 4	72.325 6	51.985 0	71.735 1	67.194 9	40.765 1	52.032 6
4 500	86.098 2	73.616 4	69.100 1	65.051 8	72.531 2	52.199 2	71.960 9	67.397 9	40.876 7	52.148 2
4 600	86.438 6	73.911 7	69.299 3	65.256 3	72.732 6	52.409 6	72.182 2	67.596 5	40.985 9	52.261 5
4 700	86.772 1	74.201 1	69.494 4	65.456 9	72.992 9	52.616 4	72.399 3	67.791 1	41.092 8	52.372 1
4 800	87.099 1	74.484 7	69.685 5	65.653 7	73.123 2	52.819 6	72.612 2	67.981 8	41.197 3	52.481 7
4 900	87.419 8	74.762 9	69.872 8	65.847 0	73.312 8	53.019 4	72.821 0	68.168 7	41.299 8	52.588 8
5 000	87.734 4	75.035 9	70.056 5	66.036 8	73.498 7	53.215 9	73.026 1	68.352 0	41.400 2	52.693 9
5 100	88.043 3	75.303 8	70.236 7	66.223 3	73.681 2	53.409 3	73.227 3	68.531 8	41.498 5	52.797 2
5 200	88.346 6	75.566 9	70.413 6	66.406 5	73.860 2	53.599 7	73.425 0	68.708 2	41.595 0	52.898 8
5 300	88.644 5	75.825 4	70.587 2	66.586 7	74.036 1	53.787 1	73.619 2	68.881 5	41.689 6	52.996 6
5 400	88.937 3	76.079 4	70.757 6	66.763 9	74.208 8	53.971 7	73.810 0	69.051 6	41.782 5	53.096 8
5 500	89.225 1	76.329 0	70.925 1	66.938 2	74.378 6	54.153 6	73.997 5	69.218 8	41.873 6	53.193 3
5 600	89.508 1	76.574 5	71.089 7	67.109 7	74.545 4	54.332 8	74.181 9	69.383 1	41.963 2	53.288 4
5 700	89.786 5	76.815 9	71.251 4	67.278 5	74.709 5	54.509 5	74.363 2	69.544 6	42.051 1	53.382 0
5 800	90.060 4	77.053 5	71.410 5	67.444 7	74.870 9	54.683 7	74.541 6	69.703 5	42.137 5	53.474 2
5 900	90.330 1	77.287 3	71.567 0	67.608 4	75.029 7	54.855 5	74.717 1	69.859 6	42.222 4	53.554 9
6 000	90.595 5	77.517 5	71.720 9	67.769 7	75.186 0	55.025	74.389 8	70.013 4	42.305 9	53.654 4

续表

T/K	N	Cl	HCl	Cl_2	C(固)	C(气)	SO_2^*	SO_2	Al_2O_3(凝)
0									
298.16	36.614 5	39.456 9	44.617 0	53.286 0		37.761 1	59.40	59.400 0	12.500 0
300	36.645 0	39.489 0	44.661 0	53.336 0		37.791 7	59.464 0	59.463 9	12.616 0
400	38.074 2	41.013 8	46.656 0	55.720 0	2.080 9	39.223 5	62.351 6	62.332 6	18.754 5
500	39.182 8	42.220 6	48.224 0	57.625 0	2.790 9	40.333 3	64.757 7	64.733 9	24.228 5
600	40.088 5	43.213 2	49.506 0	59.207 0	3.480 9	41.239 8	66.817 0	66.817 1	29.017 9
700	40.854 4	44.051 1	50.603 0	60.562 0	4.130 9	42.006 0	68.619 4	68.660 1	33.240 3
800	41.517 7	44.773 1	51.568 0	61.744 0	4.740 9	42.669 6	70.225 4	70.309 6	37.006 4
900	42.102 9	45.405 6	52.434 0	62.792 0	5.310 9	43.255 0	71.679 3	71.802 0	40.404 1
1 000	42.626 3	45.967 4	53.222 0	63.735 0	5.830 9	43.778 5	73.011 0	73.163 1	43.501 0
1 100	43.099 8	46.472 2	53.948 4	64.590 4	6.320 9	44.252 1	74.242 1	74.412 3	46.347 5
1 200	43.532 1	46.930 2	54.623 0	65.373 9	6.780 9	44.684 5	75.721 1	75.566 3	48.984 1
1 300	43.929 7	47.349 1	55.253 6	66.096 7	7.210 9	45.082 3	76.801 1	76.637 8	51.442 1
1 400	44.297 9	47.735 1	55.845 8	66.767 4	7.610 9	45.450 7	77.823 7	77.638 1	53.746 2
1 500	44.640 6	48.092 8	56.404 1	67.393 1	7.990 9	45.793 9	78.793 5	78.575 9	55.916 8
1 600	44.961 3	48.426 2	56.932 0	67.980 0	8.350 9	46.115 0	79.717 9	79.458 8	57.970 2
1 700	45.262 5	48.738 3	57.432 5	68.582 7	8.690 9	46.417 0	80.600 5	80.291 2	59.920 2
1 800	45.546 4	49.031 6	57.908 4	69.054 2	9.020 9	46.702 0	81.448 2	81.080 2	61.778 2
1 900	45.815 1	49.308 3	58.362 1	69.549 2	9.340 9	46.972 0	82.262 5	81.828 0	63.553 5
2 000	46.059 9	49.570 2	58.795 8	70.019 2	9.650 9	47.228 7	83.049 2	82.540 8	65.255 4
2 100	46.312 4	49.818 8	59.271 4	70.467 0	9.950 9	47.473 2	83.809 7	83.220 9	66.889 9
2 200	46.543 6	50.055 4	59.610 0	70.894 6	10.230 9	47.707 0	84.546 3	83.870 8	68.463 4
2 300	46.764 6	50.281 1	59.993 2	71.303 9	10.510 9	47.931 0	85.260 3	84.494 4	69.981 2

续表

T/K	N	Cl	HCl	Cl$_2$	C（固）	C（气）	SO$_2^*$	SO$_2$	Al$_2$O$_3$（凝）
2 400	46.976 3	50.496 8	60.361 9	71.696 4		48.145 0	85.955 2	85.091 4	74.081 9
2 500	47.179 4	50.703 4	60.717 2	72.073 5		48.353 0	86.634 3	85.667 2	75.553 5
2 600	47.374 7	50.901 7	61.060 2	72.436 4		48.552 4	87.595 0	86.220 2	76.975 3
2 700	47.562 8	51.092 3	61.391 5	72.786 0		48.745 0	87.940 1	86.753 1	78.350 9
2 800	47.744 3	51.275 8	61.712 0	73.123 5		48.931 2	88.572 2	87.268 6	79.683 7
2 900	47.919 7	51.452 7	62.022 3	73.449 7		49.111 6	89.190 7	87.766 6	80.976 8
3 000	48.089 4	51.623 4	62.323 1	73.765 2		49.286 4	89.796 6	88.248 3	82.232 9
3 100	48.253 9	51.788 4	62.614 8	74.070 8		49.456 2	90.391 2	88.715 3	83.454 3
3 200	48.413 5	51.948 0	62.898 2	74.367 2		49.621 2	90.973 9	89.167 2	84.643 2
3 300	48.568 7	52.102 7	63.173 6	74.654 8		49.781 6	91.547 9	89.607 1	85.801 8
3 400	48.719 7	52.252 6	63.441 4	74.934 3		49.937 9	92.050 8	90.033 3	86.931 7
3 500	48.866 9	52.398 1	63.702 1	75.206 0		50.090 1	92.606 0	90.448 6	88.034 7
3 600	49.010 5	52.539 4	63.956 0	75.470 5		50.238 6			89.112 2
3 700	49.150 8	52.676 8	64.203 5	75.728 1		50.383 4			90.165 7
3 800	49.288 0	52.810 5	64.445 0	75.979 2		50.524 9			91.196 4
3 900	49.422 3	52.940 6	64.480 6	76.224 1		50.663 1			92.205 5
4 000	49.553 9	53.067 4	64.910 8	76.463 2		50.798 2			93.194 2
4 100	49.683 0	53.191 0	65.135 6	76.696 6		50.930 3			
4 200	49.809 9	53.311 6	65.355 4	76.924 3		51.059 6			
4 300	49.934 5	53.429 3	65.570 5	77.147 9		51.186 2			
4 400	50.057 2	53.544 3	65.781 0	77.366 2		51.310 2			
4 500	50.177 9	53.656 6	65.987 0	77.579 8		51.431 7			

续表

T/K	N	Cl	HCl	Cl_2	C（固）	C（气）	SO_2^*	SO_2	Al_2O_3（凝）
4 600	50.296 9	53.766 5	66.188 8	77.789 1		51.550 8			
4 700	50.414 2	53.874 0	66.386 7	77.994 1		51.667 5			
4 800	50.529 9	53.979 2	66.580 6	78.195 1		51.782 0			
4 900	50.644 2	54.082 2	66.770 8	78.392 2		51.894 3			
5 000	50.757 1	54.183 1	66.957 4	78.585 6		52.004 5			
5 100	50.868 7	54.282 0	67.140 6	78.775 4		52.112 7			
5 200	50.979 0	54.378 9	67.320 5	78.961 8		52.218 9			
5 300	51.088 2	54.474 0	67.497 2	79.144 9		52.323 1			
5 400	51.196 2	54.567 3	67.670 8	79.324 8		52.425 6			
5 500	51.303 2	54.658 9	67.841 5	79.501 6		52.526 2			
5 600	51.409 2	54.748 8	68.009 3	79.675 5		52.625 0			
5 700	51.514 2	54.837 1	68.174 3	79.846 6		52.722 1			
5 800	51.618 3	54.923 9	68.336 7	80.014 9		52.817 6			
5 900	51.721 5	55.009 1	68.496 5	80.180 6		52.911 4			
6 000	51.823 8	55.092 9	68.653 8	80.343 6		53.003 7			

注：1. SO_2 的熵值是按公式 $S_2 = S_1 + \frac{c_{p1} + c_{p2}}{2}(\ln T_2 - \ln T_1)$ 计算出来的。所以计算出熵的数据应与附录 4 中的相应数据一起使用。当 $T_1 = 298.16$ K 时，$S_1 = 59.40$ cal/（mol·K）；c_p 由附录 4 中取得。

2. SO_2^* 的熵值是根据 $S_{T_2} = S_{T_1} + \frac{c_{p1} + c_{p2}}{2}(\ln T_2 - \ln T_1)$ 计算出来的。当 $T_1 = 298.16$ K 时，$S_{T_1} = 59.40$ cal/（mol·K）；c_p 由附录 4 中 SO_2^* 的数据中查得，因 SO_2^* 的定压比热容数据在 1 800 K 以上时误差较大，所以表中 SO_2^* 的熵值在 1 800 K 以上时误差也较大。

3. Al_2O_3（凝）的数据来源于 NACA-TN-2161，*Tables of Thermodynamic Functions for Analysis of Aircraft Propulsion*。

4. 其他数据来源于文献——李宜敏，张中钦，张远君. 固体火箭发动机原理 [M]. 北京：北京航空航天大学出版社，1991。

附录 6 绝热指数 k 的函数表

k	$\sqrt{k}$	$\dfrac{1}{1-k}$	$\dfrac{k}{1-k}$	$\dfrac{2}{k+1}$	$\dfrac{k}{k+1}$	$\sqrt{\dfrac{k}{k+1}}$	$\dfrac{k-1}{k}$	$\dfrac{k-1}{k+1}$	$\sqrt{\dfrac{2}{k+1}}$	$\left(\dfrac{k+1}{2}\right)^{\frac{1}{k-1}}$	$\left(\dfrac{2}{k+1}\right)^{\frac{1}{k-1}}$	$\left(\dfrac{2}{k+1}\right)^{\frac{k}{k-1}}$	$\left(\dfrac{2}{k+1}\right)^{\frac{k+1}{k-1}}$	$\left(\dfrac{2}{k+1}\right)^{\frac{k+1}{2(k-1)}}$
1.10	1.048 8	10.000 0	11.000	0.952 4	0.523 8	0.723 8	0.090 9	0.047 6	0.976 0	1.628 8	0.613 9	0.584 6	0.359 0	0.599 1
1.11	1.053 5	9.090 9	10.090	0.947 9	0.526 1	0.725 3	0.099 1	0.052 1	0.973 6	1.626 9	0.614 6	0.582 6	0.358 1	0.598 4
1.12	1.058 3	8.333 3	9.333 3	0.943 4	0.528 3	0.726 9	0.107 1	0.056 6	0.971 3	1.625 0	0.615 4	0.580 5	0.357 2	0.597 7
1.13	1.063	7.692 3	8.692 3	0.939 0	0.530 5	0.728 4	0.115 0	0.061 0	0.969 0	1.623 2	0.616 1	0.578 5	0.356 4	0.597 0
1.14	1.067 7	7.142 8	8.142 8	0.934 6	0.532 7	0.729 9	0.122 8	0.065 4	0.966 7	1.621 3	0.616 8	0.576 4	0.355 5	0.596 3
1.15	1.072 3	6.666 6	7.666 6	0.930 2	0.534 9	0.731 4	0.130 4	0.069 8	0.964 5	1.619 5	0.617 5	0.574 4	0.354 7	0.595 5
1.16	1.077	6.250 0	7.250 0	0.925 9	0.537	0.732 8	0.137 9	0.074 1	0.962 2	1.617 6	0.618 2	0.572 4	0.353 8	0.594 8
1.17	1.081 6	5.882 3	6.882 3	0.921 7	0.539 2	0.734 3	0.145 5	0.078 3	0.960 0	1.615 8	0.618 9	0.570 4	0.353 0	0.594 1
1.18	1.086 2	5.555 5	6.555 5	0.917 4	0.541 3	0.735 7	0.152 5	0.082 6	0.957 8	1.614 0	0.619 6	0.568 4	0.352 2	0.593 4
1.19	1.090 8	5.256 1	6.263 1	0.913 2	0.543 4	0.737 1	0.159 7	0.086 8	0.955 5	1.612 2	0.620 2	0.566 4	0.351 3	0.592 7
1.20	1.095 4	5.000 0	6.000 0	0.909 1	0.545 5	0.738 6	0.166 7	0.090 9	0.953 5	1.610 5	0.620 9	0.564 5	0.350 5	0.592 0
1.21	1.100 0	4.761 9	5.761 9	0.905 0	0.547 5	0.739 9	0.173 6	0.095 0	0.951 3	1.608 7	0.621 6	0.562 5	0.349 7	0.591 3
1.22	1.104 5	4.545 4	5.545 4	0.900 9	0.549 6	0.741 3	0.180 3	0.099 1	0.949 2	1.606 9	0.622 3	0.560 6	0.348 9	0.590 6
1.23	1.109 0	4.347 8	5.347 8	0.896 9	0.551 6	0.742 7	0.187 0	0.103 1	0.947 0	1.605 2	0.623 0	0.558 7	0.348 1	0.590 0
1.24	1.113 5	4.166 6	5.166 6	0.892 9	0.553 6	0.744 0	0.193 6	0.107 1	0.945 0	1.603 5	0.623 6	0.556 8	0.347 2	0.589 3
1.25	1.118 0	4.000 0	5.000 0	0.888 9	0.555 6	0.745 4	0.200 0	0.111 1	0.942 8	1.601 8	0.624 3	0.554 9	0.346 4	0.588 6
1.26	1.122 5	3.846 1	4.846 1	0.885 0	0.557 5	0.746 7	0.206 4	0.115 0	0.940 7	1.600 1	0.625 0	0.553 1	0.345 6	0.587 9
1.27	1.126 9	3.703 7	4.703 7	0.881 1	0.559 5	0.748 0	0.212 6	0.118 9	0.938 7	1.598 4	0.625 6	0.551 2	0.344 9	0.587 2
1.28	1.131 3	3.571 4	4.571 4	0.877 2	0.561 4	0.749 3	0.218 8	0.122 8	0.936 6	1.596 7	0.626 3	0.549 4	0.344 1	0.586 6
1.29	1.135 7	3.448 2	4.448 2	0.873 4	0.563 3	0.750 6	0.224 8	0.126 6	0.934 5	1.595 0	0.627 0	0.547 6	0.343 3	0.585 9
1.30	1.140 1	3.333 3	4.333 3	0.869 6	0.565 2	0.751 8	0.230 8	0.130 4	0.932 5	1.593 3	0.627 6	0.545 7	0.342 5	0.585 2

附录 7 $\left(\dfrac{p_c}{p_e}\right)^{\frac{1}{k}}$ 值[①]

p_c/p_e \ k	10	20	30	40	50	60	70	80	90	100	150	200	250	300	350	400	450	500
1.10	8.120	15.23	22.02	28.6	35.03	41.35	47.57	53.71	59.78	65.80	95.11	123.55	151.32	178.6	205.48	232.02	258.24	284.13
1.11	7.960	14.86	21.41	27.75	33.83	39.99	45.97	51.84	57.61	63.36	91.3	118.30	144.64	170.46	195.88	220.92	245.62	270.1
1.12	7.811	14.51	20.84	26.95	32.89	38.7	44.13	50.05	55.56	61.05	87.69	113.36	138.35	162.82	186.86	210.53	233.85	256.94
1.13	7.674	14.17	20.28	26.17	31.81	37.46	42.93	48.34	53.63	58.87	84.33	108.72	132.50	155.64	178.41	200.8	222.83	244.63
1.14	7.519	13.85	19.75	25.43	30.92	36.29	41.55	46.73	51.78	56.80	81.07	104.33	126.89	148.9	170.48	191.66	212.50	233.1
1.15	7.516	13.53	19.25	24.72	30.02	35.18	40.22	45.17	50.04	54.84	78.02	100.2	121.86	142.57	163.02	183.08	202.82	222.29
1.16	7.280	13.22	18.77	24.05	29.16	34.11	38.95	43.73	48.39	52.97	75.16	96.30	116.72	136.59	156.02	175.07	19.375	212.19
1.17	7.157	12.94	18.30	23.41	28.32	33.1	37.76	42.35	46.79	51.22	72.43	92.61	112.07	130.97	149.43	166.88	185.22	202.69
1.18	7.042	12.66	17.85	22.79	27.53	32.14	36.61	41.02	45.30	49.43	69.85	89.13	107.65	125.61	143.23	160.39	177.21	193.77
1.19	6.923	12.4	17.43	22.2	26.77	31.14	35.52	39.76	43.87	47.94	67.4	85.83	102.45	120.68	137.38	153.69	160.67	185.39
1.20	6.820	12.14	17.02	21.63	26.05	30.33	34.48	38.54	42.51	46.42	65.07	82.70	99.59	115.94	131.84	147.37	162.55	177.48
1.21	6.705	11.89	16.62	21.09	25.36	29.49	33.49	37.39	41.21	44.97	62.86	79.78	95.88	111.48	126.63	141.42	155.86	170.07
1.22	6.602	11.65	16.24	20.57	24.69	28.68	32.54	36.30	39.97	43.58	60.77	76.93	92.34	107.25	121.7	135.8	149.53	163.03

续表

p_c/p_e \ k	10	20	30	40	50	60	70	80	90	100	150	200	250	300	350	400	450	500
1.23	6.501	11.42	15.88	20.07	24.06	27.91	31.63	35.26	38.8	42.27	58.77	74.26	89.02	103.26	117.05	130.48	143.57	156.43
1.24	6.404	11.2	15.53	19.59	23.45	27.16	30.76	34.26	37.66	41.01	56.88	71.72	85.86	99.47	112.86	125.45	137.93	150.18
1.25	6.310	10.98	15.20	19.13	22.87	26.46	29.93	33.31	36.59	39.81	55.06	69.91	82.85	95.87	105.47	120.69	132.59	144.27
1.26	6.218	10.78	14.87	18.69	22.31	25.78	29.13	32.39	35.56	38.67	53.35	67.01	80.00	92.46	104.50	116.18	127.56	138.70
1.27	6.129	10.58	14.56	18.29	21.76	25.13	28.37	31.51	34.57	37.57	51.70	64.83	77.29	89.21	100.75	111.92	122.78	133.40
1.28	6.046	10.39	14.26	17.85	21.25	24.50	27.64	30.68	33.63	36.52	50.16	62.77	74.71	86.15	97.18	107.87	118.25	128.35
1.29	5.960	10.20	13.96	17.46	20.75	23.90	26.93	29.87	32.73	35.52	48.63	60.77	62.26	83.23	93.79	104.03	113.96	123.67
1.30	5.885	10.02	13.68	17.07	20.27	23.32	26.26	29.10	31.86	34.35	47.20	58.89	69.90	80.43	90.58	100.37	109.88	119.18
1.35	5.304	9.198	12.42	15.37	18.13	20.76	23.26	25.69	28.02	30.31	40.92	50.63	59.73	68.36	79.65	84.62	92.33	99.83
1.40	5.188	8.498	11.35	13.94	16.35	18.63	20.79	22.82	24.88	26.83	35.84	44.01	51.62	58.79	65.64	72.22	78.55	84.69
1.45	4.894	7.893	10.43	12.73	14.82	16.84	18.73	20.53	22.27	23.95	31.68	38.63	45.05	51.09	56.83	62.31	67.58	72.68
1.50	4.642	7.367	9.655	11.70	13.57	15.33	16.99	18.57	20.08	21.54	28.23	34.20	39.68	44.81	49.66	54.29	58.73	63.00
1.55	4.418	6.908	8.973	10.80	12.48	14.04	15.50	16.90	18.23	19.51	25.35	30.52	35.24	39.64	43.79	47.73	51.49	55.11

附录 8 常用气体分子的碰撞直径 σ 及 ε/k_0 [①]

分子	σ	ε/k_0	分子	σ	ε/k_0	分子	σ	ε/k_0
Al	2.655	2 750	CF_2	3.977	108	HS	3.673	86.4
AlCl	3.578	932	CF_3	4.320	121	H_2	2.827	59.7
$AlCl_3$	5.127	472	CF_4	4.662	134	H_2O	2.641	809.1
AlF	3.148	556	CH	3.370	68.6	H_2O_2	4.196	289.3
AlF_3	4.198	1 846	$CHClF_2$	4.680	261	H_2S	3.623	301.1
AlN	3.369	2 682	CHCl	5.389	340.2	He	2.551	10.22
AlO	3.204	542	CHF_3	4.330	240	Li	2.850	1 899
AlS	3.730	1 526	CH_2Cl_2	4.898	356.3	LiBr	3.748	1 815
Al_3	2.940	2 750	CH_2F_2	4.080	318	LiCN	3.996	569.1
Air	3.711	78.6	CH_2I_2	5.160	630	LiCl	3.708	1 919
Ar	3.542	93.3	CH_2Br	4.118	449.2	LiF	3.278	2 305
AsH_3	4.145	259.8	CH_3Cl	4.182	350	LiO	3.334	450
B	2.265	3 331	CH_3F	3.730	333	Li_2	3.2	1 899
BBr_3	5.439	430	CH_3I	4.230	519	Li_2O	3 561	1 827
BCl	3.318	1 026	CH_3OH	3.626	481.8	Mg	2.926	1 614
BCl_2	4.222	682	CH_4	3.758	148.6	MgCl	3.759	714
BCl_3	5.127	337.7	CN	3.856	75	$MgCl_2$	4.34	1 988
BF	2.888	612	CO	3.69	91.7	MgF	3.329	426
BF_2	3.543	399	CO_2	3..941	195.2	MgF_2	3.623	2 964
BF_3	4.198	186.3	CP	4.4	227	Mg_2	3.301	1 614
BI_3	5.906	570.2	CS	4.216	199.4	N	3.298	71.4
BO	2.944	596	CS_2	4.483	467	NF_2	4.154	175
B_2	2.42	3 331	C_2	3.913	78.8	NH	3.312	65.3
B_2H_6	4.821	213.2	C_2H_2	4.033	231.8	NH_3	2.9	558.3
B_2O_3	4.158	2 092	C_2H_4	4.163	224.7	NO	3.492	116.7
Be	2.618	3 603	C_2H_6	4.443	215.7	NOCl	4.112	395.3
$BeBr_2$	4.235	936	C_2H_5Cl	4.898	300	N_2	3.798	71.4
BeCl	3.554	1 067	C_2H_5OH	4.530	362.6	N_2O	3.828	232.4
$BeCl_2$	4.169	936	C_2N_2	4.361	348.6	Na	3.567	1 375

续表

分子	σ	ε/k_0	分子	σ	ε/k_0	分子	σ	ε/k_0
BeF	3.124	637	$C(CH_3)_4$	6.464	193.4	NaBr	4.226	1 963
BeF_2	3.452	1 266	C_6H_6	5.349	412.3	NaCN	4.395	2 088
BeI_2	4.955	1 019	C_6H_{12}	6.182	297.1	NaCl	4.186	1 989
Be_2	2.891	3 603	Cl	3.613	130.8	NaF	3.756	2 333
Br	3.672	236.6	ClCN	4.047	338.7	NaI	4.658	1 856
BrF	3.826	239	ClF	3.668	203.4	NaO	3.812	383
BrF_3	4.366	481.7	ClF_3	4.288	335.7	NaOH	3.804	1 962
BrO	3.882	233	ClO	3.842	184.0	Na_2	4.156	1 375
Br_2	4.296	507.9	Cl_2	4.217	316.0	Na_2O	4.358	1 827
C	3.385	30.6	F	2.968	112.6	Ne	2.82	32.8
CBr_4	6.12	442	FCN	3.578	168.0	O	3.05	106.7
CCl	4.065	157.8	F_2	3.357	112.6	OF	3.412	109.6
$CClF_3$	4.96	188	H	2.708	37.0	OF_2	3.828	161
CCl_2	4.692	213	HBr	3.353	449.0	OH	3.147	79.8
CCl_2F_2	5.25	253	HCN	3.63	569.1	O_2	3.467	106.7
CCl_3	5.32	268	HCl	3.339	344.7	P	4.115	653
CCl_4	5.947	322.7	HF	3.148	330.0	PCl	4.552	454
CF	3.635	94.2	HI	4.211	288.7	PCl_3	5.24	419
PF	4.122	271	SO	3.993	301.0	SiF_3Cl	4.975	231
PF_2	4.360	203.3	SO_2	4.112	335.4	SiF_4	4.880	171.9
PH_2	3.981	251.5	S_2	4.519	847.0	SiH_4	4.084	207.6
PN	4.342	216	S_2F_2	4.702	205.6	SiO	3.374	569
PO	4.177	264	Si	2.91	3 036.0	SiO_2	3.706	2 954
PS	4.703	744	SiCl	3.748	980.0	Si_2	3.280	3 036
P_2	4.887	653	$SiCl_4$	5.977	390.2	Xe	4.047	231
P_4	5.455	711	SiF	3.318	585.0	Zn	2.284	1 393
S	3.839	847	$SiFCl_2$	3.318	585			
SF_6	5.128	222.1	SiF_2Cl_2	5.270	277.0			

注：① 本表数据取自 NASA TR R-132，*Estimated Viscosities and Thermal Conductivities of Gases at High Temperatures*。

附录9　确定分子碰撞直径 σ 及 ε/k_0 的近似方法[①]

1. 利用已测得的试验数据的方法

（1）利用试验得到的黏性数据，用最小二乘法求 σ 及 ε/k_0。

（2）利用试验得到的黏性数据，绘成图线，再用图解法求 σ 及 ε/k_0。

（3）利用试验得到的热传导数据，用最小二乘法求 σ 及 ε/k_0。

（4）利用试验得到的热传导数据，先绘成图线，再用图解法求 σ 及 ε/k_0。

2. 利用气体的物理性能数据的方法

（1）利用其沸点时的分子体积 V_b：

$$b_0 = \frac{2}{3}\pi N\sigma^3 = 2.0V_b - 5$$

式中　N——阿伏加德罗常数。

（2）利用其熔点时的分子体积 V_m：

$$b_0 = \frac{2}{3}\pi N\sigma^3 = 2.3V_m$$

（3）利用其临界条件时的温度 T_c 及压强 p_c：

$$b_0 = \frac{2}{3}\pi N\sigma^3 = 17.28 T_c/p_c$$

（4）利用其沸点 $T_b\,(T_{sub})$：

$$\varepsilon/k_0 = 1.18 T_b = (1.18 T_{sub})$$

（5）利用其临界温度 T_c：

$$\varepsilon/k_0 = 0.75 T_c$$

（6）利用维里（Virial）系数。

3. 经验或综合规则

（1）$\sigma_{单原子} = 2\bar{r} + 1.8$；

（2）$\sigma_{三原子} = \dfrac{5}{12}(\sigma_{A双原子} + \sigma_{B双原子} + \sigma_{C双原子}) - 0.55$；

（3）$\sigma_{单原子} = \dfrac{3}{4}\sigma_{单原子} + 0.45$；

（4）$\sigma_{单原子} = \dfrac{4}{3}\sigma_{单原子} - 0.60$；

（5）$(\varepsilon/k_0)_{单原子} = (\varepsilon/k_0)_{双原子}$；

（6）$\sigma_{AB} = \dfrac{1}{2}(\sigma_{AA} + \sigma_{BB})$，

$(\varepsilon/k_0)_{AB} = \sqrt{(\varepsilon/k_0)_{AA}(\varepsilon/k_0)_{BB}}$；

[①] 选自 NASA TR R-132，*Estimated Viscosities and Thermal Conductivities of Gases at High Temperatures*。

附录 10　碰撞积分 Ω_μ 中的值[①]

T^*	Ω_μ	T^*	Ω_μ	T^*	Ω_μ	T^*	Ω_μ
0.30	2.785	1.35	1.375	2.80	1.058 0	4.90	0.930 5
0.35	2.628	1.40	1.353	2.90	1.048 0	5.00	0.926 9
0.40	2.492	1.45	1.333	3.00	1.039 0	6.00	0.896 3
0.45	2.368	1.50	1.314	3.10	1.030 0	7.00	0.872 7
0.50	2.257	1.55	1.296	3.20	1.022 0	8.00	0.853 8
0.55	2.156	1.60	1.279	3.30	1.014 0	9.00	0.837 9
0.60	2.065	1.65	1.264	3.40	1.007 0	10.0	0.824 2
0.65	1.982	1.70	1.248	3.50	0.999 9	20.0	0.743 2
0.70	1.908	1.75	1.234	3.60	0.993 2	30.0	0.700 5
0.75	1.841	1.80	1.221	3.70	0.987 0	40.0	0.671 8
0.80	1.78	1.85	1.209	3.80	0.981 1	50.0	0.650 4
0.85	1.725	1.90	1.197	3.90	0.975 5	60.0	0.633 5
0.90	1.675	1.95	1.186	4.00	0.970 0	70.0	0.619 4
0.95	1.629	2.00	1.175	4.10	0.964 9	80.0	0.607 6
1.00	1.587	2.10	1.156	4.20	0.960 0	90.0	0.597 3
1.05	1.549	2.20	1.138	4.30	0.955 3	100.0	0.588 2
1.10	1.514	2.30	1.122	4.40	0.950 7	200.0	0.532 0
1.15	1.482	2.40	1.107	4.50	0.946 4	300.0	0.501 6
1.20	1.452	2.50	1.093	4.60	0.942 2	400.0	0.481 1
1.25	1.424	2.60	1.081	4.70	0.938 2		
1.30	1.399	2.70	1.069	4.80	0.934 3		

注：① 本表数据取自 F. Rosenberger《Fundamentals of Crystal Growth 1》第 237 页。

附录 11　主 要 符 号

A	面积
A_b	推进剂装药燃烧表面积
A_{kj}	一个 j 组分分子中含有 k 元素的原子数
A_p	推进剂装药通道横截面积
A_t	喷管喉部面积
$A_{t,eq}$	喷管等效喉部面积
a	声速；无侵蚀燃速公式所定义的燃速系数
a_f	冻结流声速

B		颗粒与气体之间的对流传热耦合参数
b_s		凝相颗粒的质量摩尔浓度
C_D		喷管流量系数
C_d		排气流量修正系数
C_F		推力系数
C_R		单个颗粒的阻力系数
c		凝相物质比热容
c^*		特征速度
c_p		气相物质定压比热容
c_{pg}		气相的定压比热容
c_{pm}		混合物的定压比热容
c_s		固体推进剂比热容
c_v		气相物质定容比热容
c_{vg}		气相的定容比热容
c_{vm}		两相混合物的定容比热容
D_p		凝相颗粒粒径
D_t		喷管喉径
d_c		凝相粒子直径
d		推进剂药柱内径
D		推进剂药柱外径
E		内能;微粒与气体之间的阻力耦合参数;装药的总燃烧肉厚
E_{ch}		化学能
e		装药烧去肉厚
F		推力
F_D		作用于单个颗粒上的作用力
F_f		摩擦阻力
f		摩擦系数
f_D		气体作用在单位质量颗粒上的作用力
$f_纵$		纵向振荡频率
$f_切$		切向振荡频率
$f_径$		径向振荡频率
G		吉布斯自由能
G^0		标准大气压下吉布斯自由能
$\tilde{G}$		1 kg 燃烧产物自由能之和
$\tilde{G}_j$		1 kg 燃烧产物中第 j 种组分的吉布斯自由能
g		重力加速度,9.8 m/s^2

g_i	1 mol i 组分的吉布斯自由能
H	总焓
$\tilde{H}$	1 kg 物质所具有的焓
$\tilde{H}_f$	绝热燃烧温度下 1 kg 燃气的焓
H_f^0	绝对零度下的生成焓
$H_{fj}^{T_s}$	j 组分的标准生成焓
H_j	1 mol j 组分的焓
h_{0m}	两相混合物的滞止焓
h_c	凝相焓
h_g	气相焓；燃气对壁面的对流换热系数
h_m	混合物的焓
Δh_p	物质的相变焓
Δh_f^0	标准生成焓
I	总冲
I_j	1 mol j 组分的总焓
$\tilde{I}_m$	1 kg 质量燃烧产物的总焓
Q	热量
Q_j	1 kg j 组分实际具有的热量
Q_p	1 kg 推进剂的燃烧热
q	热流密度
q_c	对流换热热流密度
q_r	辐射换热热流密度
$\dot{q}$	单位质量流量传热量
R	气体常数；气相燃烧产物的平均气体常数（第 3 章用 R）
$\bar{r}$	气相燃烧产物的平均气体常数（只限第 3 章使用）
R_0	通用气体常数，8 314 J/（kg·K）
Re	雷诺数
R_j	气相 j 组分的气体常数
$\tilde{R}_m$	二相流体等价气体常数
R_t^*	喷喉壁面的曲率半径
r	燃速；半径
r_0	无侵蚀燃速；基本燃速
r_g	过载下推进剂燃速
r_m	质量燃速
$\bar{r}$	平均燃速；气相燃烧产物的平均气体常数（只限第 3 章使用）
S	熵

S_b	推进剂装药燃面面积
S_e	燃烧产物在出口的熵
S_r	次级排气面积
$\tilde{S}$	1 kg 质量燃烧产物的熵
S_j	1 mol j 组分的熵
S_j^0	1 mol j 组分的标准熵
S_i	气相产物中第 i 种组分的熵
S_i^0	标准状态下 1 mol 第 i 种气相组分的熵
T	绝对温度
T_0	燃烧室燃气温度
T_c	燃烧室燃气温度
T_e	喷管出口界面的燃气温度
T_f	绝热燃烧温度
T_i	推进剂初温
T_r	排气周期
T_s	固体推进剂表面温度
T_w	壁面温度
t	时间
t_a	发动机工作时间
t_g	燃烧时间
t_r	两相流在喷管中的停留时间
t_t	热松弛时间
t_v	动力松弛时间
u、v、w	气流速度
u_{ef}	等效喷气速度
u_L	极限喷气速度
V	容积；火箭飞行速度
V_c	燃烧室自由容积
V_m	混合物的体积
V_g	纯气相的体积
v	比体积
$\bar{v}$	分子运动平均速度
W	功
w_t	比循环功
$\tilde{I}_p$	1 kg 质量推进剂的总焓
I_s	比冲

I^{T_s}	基准温度下物质的总焓
$I^{T_s}_{st}$	标准元素在基准温度下的总焓
$I_{s,V,2\varphi}$	两相流的实际真空比冲
J	喉通比,即喷管喉部截面面积对装药末端通道截面面积之比
K	燃喉比,即推进剂装药燃烧面积对喷管喉部截面面积之比;侵蚀燃烧常数
K_N	面喉比
K_n	用物质的量表示的化学平衡常数
K_p	用气体分压表示的化学平衡常数
k	比热比;等熵指数;燃烧产物的平均等熵指数
k_f、k_b	正、反向的化学反应速度常数
k_m	燃烧产物(含凝相)等熵指数
L	装药长度;凝相组分总数
L^*	发动机的特征长度
L_D	扩散混合路径
L_K	化学反应所需要行经的路径
L_n	喷管扩张段长度
L_{ne}	非排气阶段行程长
l	分子运动的平均自由程
Ma	马赫数
M_c	火箭有效载荷质量
M_p	推进剂的总质量
m_s	发动机结构质量
m	分子量
m_c	凝相的质量;燃烧室内存留的燃气质量
$\dot{m}$	质量流量
$\bar{m}$	气相燃烧产物的平均分子量
m_g	气相质量
m_i	i 组分的分子量
m_p	凝相与气相的质量流量比
m_m	混合物的质量;燃烧室内两相燃气的质量
$\dot{m}_b$	燃烧室内的燃气生成率
$\dot{m}_c$	凝相质量流量
$\dot{m}_e$	旋转阀排气质量流量
$\dot{m}_g$	气相质量流量
$\dot{m}_t$	发动机喷管排出的质量流量
N	燃烧产物中各组分种类的总数

N_k	1 kg 推进剂中第 k 种原子的总数
Nu	努赛数
n	燃速压强指数
n_g	1 kg 质量燃烧产物中气相组分的摩尔总数
n_r	旋转阀转子转速
n_j	1 kg 质量燃烧产物中 j 组分的物质的量
Pr	普朗特数
p	压强
p_a	环境压强
p_j	气相 j 组分的分压强
p_m	二相混合物压强
$p_{c,eq}$	瞬时平衡压强
p_e	喷管出口压强
p_{eq}	平衡压强
p_g	过载下燃烧室压强
p_{ig}	发动机初始点火压强
p_j	气相 j 组分的分压强
p'	振荡的压强
λ	热导率;气动函数
ξ	发动机设计质量系数或发动机冲量系数
ξ_a	考虑喷管流动非轴向损失的冲量系数
ξ_C	燃烧室设计质量系数或燃烧室冲量系数
ξ_e	考虑喷喉烧蚀损失的冲量系数
ξ_f	考虑喷管壁面摩擦损失的冲量系数
ξ_N	喷管设计质量系数或喷管冲量系数
ξ_n	考虑喷管内化学不平衡损失的冲量系数
ξ_p	考虑喷管内二相流损失的冲量系数
ξ_q	考虑喷管散热损失的冲量系数
ξ_a	考虑射流非轴向损失的冲量系数
ξ_{qf}	附面层损失冲量系数
η	压强增加百分比
η_t	热效率
θ	燃速与过载加速度的夹角;金属丝与燃面的夹角
θ_e	喷管出口扩张半角
μ	动力黏性系数;火箭质量数
μ_j	j 组分的化学位

$\pi_{\frac{p}{r}}$		一定的 p/r 值下,发动机压强的温度敏感度
Π		推进剂燃面在轴向截面上的燃烧边界长度
ρ		密度
ρ_c		燃气的平均密度
ρ_g		二相流体中气相密度
ρ_j		j 组分的密度
ρ_m		二相混合物总密度
ρ_p		凝相物质密度
σ_{bt}		考虑附面层内密度与黏性系数变化的无量纲参数
σ_p		燃速的温度敏感系数
σ_K		推进剂燃速的温度敏感系数
σ_j		j 组分的源函数
ς_i		相对比冲损失系数
τ		摩擦应力;剪应力
τ_v, τ_t		无量纲特征参数
$\varphi_{tp,m}$		两相流的流量系数
ϕ		凝相容积比
ϕ_d		增强定向角
χ		热损失修正系数
$æ$		面通比
Ω_L		排气行程比
α		喷管扩张半角;散热系数
α_g		燃气的吸收率
β		喷管收敛半角
γ		气体比热比
δ		相对比热比
δ_{div}		非轴向损失系数
δ_0		燃烧区厚度
Γ		比热比函数,$\Gamma = \sqrt{k}\left(\dfrac{2}{k+1}\right)^{\frac{k+1}{2(k-1)}}$
ε		侵蚀系数;二相流体中凝相微粒的质量比
ε_A		喷管面积比,$\varepsilon_A = \dfrac{A_e}{A_t}$
ε_p		喷管压强比,$\varepsilon_p = \dfrac{p_e}{p_c}$
ε_w		壁面有效黑度
ε'_w		壁面黑度

X		化学能
X_j		j 组分的质量分数

上脚标

—		平均值
*		无量纲参数；滞止参数
0		零次迭代

下脚标

c		燃烧室出口截面；喷管进口截面
e		喷管出口截面；平衡流
ef		有效值；等效值
eq		平衡值
exp		实际值
f		冻结流
g		气体；气相
j		各值；第 j 组分的值
ig		点火器
in		发动机室壁内表面
L		装药通道出口截面
m		二相混合物
ou		发动机室壁外表面
p		推进剂；凝相微粒
s		推进剂表面
t		喷管喉部截面
th		理论值
V		真空中的值
0		滞止参数；初始值
1		装药通道进口截面

参 考 文 献

[1] 谢蔚民,吴心平. 固体火箭发动机内弹道曲线异常现象的鉴别[J]. 推进技术,1985(2): 7-13.

[2] 董师颜,张兆良. 固体火箭发动机原理[M]. 北京:北京理工大学出版社,1996.

[3] 张平,孙维申,睢英,等. 固体火箭发动机原理[M]. 北京:北京理工大学出版社, 1992.

[4] 梁国柱. 火箭发动机原理[M]. 北京:北京航空航天大学出版社,2005.

[5] 唐金兰,刘佩进. 固体火箭发动机原理[M]. 北京:国防工业出版社,2013.

[6] 方丁酉,张为华,杨涛. 固体火箭发动机内弹道学[M]. 湖南:国防科技大学出版社, 1997.

[7] 武晓松,陈军,王栋. 固体火箭发动机气体动力学[M]. 北京:国防工业出版社,2005.

[8] 萨顿 G P,比布拉兹 O. 火箭发动机基础[M]. 洪鑫,等译,北京:科学出版社,2003.

[9] 谢兴华. 推进剂与烟火[M]. 合肥:中国科学技术大学出版社,2012.

[10] 李一苇. 改性双基推进剂的最新进展——一种新型的固体火箭推进剂 NEPE[J]. 火炸药,1985(5):19,20-28.

[11] 蔡顺才,黄一忱. 日本固体火箭推进剂的研制历史与现状[J]. 飞航导弹,1995(10): 19-28.

[12] 李月洁,谢侃,隋欣. 组分对 CMDB 推进剂抗过载性能的影响[J]. 固体火箭技术, 2019,42(3):303-307.

[13] 雷宁. CL-20 及 CL-20 推进剂的燃烧研究[J]. 固体火箭技术,1995(1):53.

[14] 郑法成. MX 导弹计划的进展情况[J]. 国外导弹与宇航,1982(3):1-5.

[15] 侯竹林,韩盘铭. NEPE 固体推进剂动态力学性能的研究[J]. 固体火箭技术,1999 (2):39-41,53.

[16] 张鑫,唐根,庞爱民. NEPE 推进剂力学性能研究进展[C]//中国航天第三专业信息网第三十九届技术交流会暨第三届空天动力联合会议论文集——SO_2 固体推进技术, 2018.

[17] 董存胜. 对双基推进剂燃速起主导作用的反应区[J]. 火炸药,1985(5):11-19.

[18] 王稼祥,强洪夫,王哲君. 复合固体推进剂细观力学研究进展[J]. 固体火箭技术, 2020,43(6):788-798.

[19] 贾展宁. 改性双基推进剂及在战术导弹中的应用[J]. 现代兵器,1990(6):39-41.

[20] 欧育湘,孟征,刘进全. 高能量密度化合物 CL-20 的合成和制备工艺进展[J]. 化工进展,2007(6):762-768.

[21] 龚建良,李鹏,张正泽,等. 固体火箭发动机装药结构完整性研究进展[J]. 科学技术与工程,2021,21(2):434-441.

[22] 宋会彬,刘云飞,姚维尚. 含CL-20的NEPE固体推进剂的性能[J]. 火炸药学报,2006(4):44-46.

[23] 刘放,王宇,任军. 美国陆基洲际弹道导弹部署方案的研究[C]//第八届中国指挥控制大会论文集,2020.

[24] 张建彬,鞠玉涛,周长省. 双基固体推进剂的特性研究[J]. 固体火箭技术,2013,36(1):94-97.

[25] Rogers C L, Simmons B A. 260-in.-dia Motor Propellant Improvement Program Final Report: Process Control and Propellant Formulations for Large Motors[R]. California: NASA Lewis Research Center, 1969.

[26] Ward T. Aerospace Propulsion Systems[M]. Oxford: Blackwell Publishing Ltd., 2010.

[27] Eugene L. Tactical Missile Design[M]. Reston: American Institute of Aeronautics and Astronautics, 2001.

[28] Thomas B B, Wuzhen R, Vigor Y. Solid Propellant Chemistry, Combustion, and Motor Interior Ballistics[M]. Reston: American Institute of Aeronautics and Astronautics, 2000.

[29] Watson K. Fast Reaction of Nano-aluminum: A Study on Fluorination Versus Oxidation[D]. Texas: Texas Tech University, 2007.

[30] Charles E R. The Solid Rocket Motor-Part 6: Erosive Burning Design Criteria for High Power and Experimental/Amateur Solid Rocket Motors[J]. High Power Rocketry, 2005, 16-37.

[31] Kubota N. Propellants and Explosives: Thermochemical Aspects of Combustion[M]. 3rd ed. Hoboken: John Wiley & Sons, 2015.

[32] Kuo K, Summerfield M. Fundamentals of Solid Propellant Combustion[M]. New York: Progress in Astronautics and Aeronautics, 1984.

[33] Beckstead M W. A Summary of Aluminum Combustion[C]//Internal Aerodynamics in Solid Rocket Propulsion, 2002.

[34] Aziz A, Mamat R, Ali W K W. Development of Strand Burner for Solid Propellant Burning Rate Studies[C]//2nd International Conference on Mechanical Engineering Research, 2013.

[35] Bossi I, Freeiello P, DeLuca L T. Acoustic Emission of Underwater Burning Composite Solid Rocket Propellants[C]//XVI Congresso Nazionale Aidaa, Italy, 2011.

[36] Gupta G, Jawale L, Mehilal D, et al. Various Methods for the Determination of the Burning Rates of Solid Propellants: an Overview[J]. Central European Journal of Energetic Materials, 2015, 12(3): 593-620.

[37] Coats D E, Levine J N, Cohen N S, et al. A Computer Program for the Prediction of Solid Propellant Rocket Motor Performance: Volume II[R]. California: Ultrasysems, Inc., 1975.

[38] Hedman T D, Cho K Y, Satija A, et al. Experimental Observation of the Flame Structure of a Bimodal Ammonium Perchlorate Composite Propellant Using 5 kHz PLIF[J]. Combustion

& Flame，2012，159（1）：427-437.

[39] Barron J. Generalized Coordinate Grain Design and Internal Ballistics Evaluation Program [M]. New York：American Institute of Aeronautics and Astronautics，1968.

[40] Culick F E. T-burner Testing of Metallized Solid Propellants [R]. California Inst. of Tech. Pasadena Guggenheim Jet Propulsion Center，1974.

[41] Isert S，Lane C D，Gunduz I E，et al. Tailoring Burning Rates Using Reactive Wires in Composite Solid Rocket Propellants [J]. Proceedings of the Combustion Institute，2017，36，2283-2290.

[42] Kuma M，Kuo K K. Flame Spreading and Overall Ignition Transient [J]. Fundamentals of Solid-Propellant Combustion，1984：305-360.

[43] Blomshield F S. Pressure-Coupled Response for Solid Propellants [J]. International Journal of Energetic Materials and Chemical Propulsion，2011（10）：85-105.

[44] Liang Y，Beckstead M. Numerical Simulation of Unsteady, Single Aluminum Particle Combustion in Air [C]. AIAA/ASME/SAE/ASEE Joint Propulsion Conference and Exhibit，2013.

[45] Washburn E B，Trivedi J N，Catoire L，et al. The Simulation of the Combustion of Micrometer-Sized Aluminum Particles with Steam [J]. Combustion Science & Technology，2008，180（8）：1502-1517.

[46] Greatrix D R，Gottlieb J. Model for Prediction of Normal Acceleration Augmentation of Composite-Propellant Combustion [J]. Mental Retardation，1987，7（2）：3-6.

[47] Greatrix D R. Acceleration-based Combustion Augmentation Modelling for Noncylindrical Grain Solid Rocket motors [C]//San Diego：31st Joint Propulsion Conference and Exhibit，1995.

[48] Brown R S，Erickson J E，Babcock W R. Combustion Response Function Measurements by the Rotating Valve Method [J]. AIAA Journal，1974，12（11）：1502-1510.

[49] 国防科学技术工业委员会. φ315标准试验发动机型式和尺寸：GJB 293—1987[S]. 西安：国防科工委，1987.

[50] 方丁酉，夏智勋，张为华，等. 固体火箭发动机性能预示[J]. 固体火箭技术，2000（1）：1-5.

[51] 唐泉，庞爱民，汪越. 固体推进剂铝粉燃烧特性及机理研究进展分析[J]. 固体火箭技术，2015，38（2）：232-238.

[52] 孙娜，娄永春，李莎莎，等. 大长径比固体火箭发动机涡声耦合特性数值分析[J]. 弹箭与制导学报，2022，42（4）：87-91.

[53] 田忠亮，李军伟，贺业，等. 横向过载下锥孔三维药柱的内弹道特性[J]. 兵工学报，2023，44（7）：1896-1907.

[54] 王宁飞，张峤，李军伟，等. 固体火箭发动机不稳定燃烧研究进展[J]. 航空动力学报，2011，26（6）：1405-1414.

[55] 官典，李世鹏，刘筑，等. 横向过载对固体火箭发动机推进剂点火建压过程的影响[J].

兵工学报，2021，42（9）：1877-1887.
[56] 张衡，张晓宏，赵凤起.固体火箭发动机声振不稳定燃烧抑制剂的研究进展[J].飞航导弹，2008（7）：50-53.
[57] 席运志,王宁飞,李军伟,等.基于旋转阀的固体火箭发动机燃烧室压强振荡特性[J].兵工学报，2021，42（1）：33-44.
[58] 郑令仪，孙祖国，赵静霞.工程热力学[M].北京：国防工业出版社，1983.
[59] 圆山重直.热力学[M].张信荣，译.北京：北京大学出版社，2011.
[60] 李宜敏，张中钦，张远君.固体火箭发动机原理[M].北京：北京航空航天大学出版社，1991.